国家林业和草原局普通高等教育“十三五”规划教材

大学物理

周兵　王白娟　主编

中国林業出版社

图书在版编目(CIP)数据

大学物理 / 周兵，王白娟主编. —北京：中国林业出版社，2020.9(2023.12 重印)
国家林业和草原局普通高等教育"十三五"规划教材
ISBN 978-7-5219-0750-6

Ⅰ.①大… Ⅱ.①周… ②王… Ⅲ.①物理学—高等学校—教材 Ⅳ.①O4

中国版本图书馆 CIP 数据核字(2020)第 161594 号

中国林业出版社教育分社

策划编辑：肖基浒　　**责任编辑**：肖基浒　田夏青
电话：(010)83143555　　**传真**：(010)83143516

出版发行　中国林业出版社(100009　北京市西城区刘海胡同 7 号)
E-mail:jiaocaipublic@163.com　电话:(010)83223120
http://www.forestry.gov.cn/lycb.html
经　　销　新华书店
印　　刷　北京中科印刷有限公司
版　　次　2020 年 9 月第 1 版
印　　次　2023 年 12 月第 3 次印刷
开　　本　850mm×1168mm　1/16
印　　张　16
字　　数　380 千字
定　　价　42.00 元

《大学物理》编写人员

主　　编　周　兵　王白娟

副 主 编　张海涛　何继燕　赵金燕　张晋恒

编写人员　（按姓氏笔画排序）

王化忠　王白娟　朱俊涛　杨秀莲
杨建平　吴兴纯　何继燕　张　云
张晋恒　张海涛　周　兵　赵红伟
赵金燕　赵家松　胡宝晶　戴　兵

主　　审　戴　宏

前言

物理学是研究物质最基本的结构、最普遍的运动形式和规律的科学，是八大自然学科的基础，是人类认识自然、改造自然和推动社会进步的重要科学支撑。物理学的基本概念和方法，为整个自然科学提供了规范、模板及描述语言。物理学取得的辉煌成就，深刻地影响人类对自然界的基本认识，并极大地改变社会生活的每一个层面。

大学物理课程作为高等院校各专业的一门重要基础课程，在培养学生树立科学世界观、探索精神和创新意识方面具有其他课程不可替代的作用。为培养更多具备宽厚知识基础、扎实专业技能和较强综合分析能力及适应能力的复合型人才，我们依据教育部高等学校大学物理课程教学指导委员会农林类专业工作委员会制定的《农林类普通高等院校大学物理课程教学基本要求》，在吸收国内同类教材优点和总结多年农林院校物理教学改革实践经验的基础上，由云南农业大学物理教学一线教师集体编写了本书。本书共11章，包含力学、热学、光学、电磁学等方面的介绍，内容相对完整，保留了教学基本要求中的核心部分，适当扩展了相关知识，以满足高等农林院校不同课时物理课程的教学需求。

本书紧紧围绕大学物理课程教学的基本要求，以新技术中广泛应用的基本物理原理为依据，尽量做到科学性和思想性相统一，理论联系实际，注重知识应用性、启发性和趣味性的结合。既注重系统阐述物理学的基础理论，又注意对物理学新思想、新方法和新技术的介绍。为此，本书的部分章节设置了物理广角内容，利用物理学与许多前沿课题、高新技术、日常生活的联系，介绍相关科学研究的新成果，以拓展学生视野，强化学生的学习兴趣。

我们本着编写出一套可读性强，易学、易教、好用的大学物理教材的原则，在处理好大学物理与中学物理教学内容衔接的同时，还融入了以下编写理念：(1)考虑到农林院校各专业的实际情况，全书着重于物理学基本概念、基本理论及思维方式的介绍，尽量避免过多烦琐的数学运算；(2)精选内容，切实减轻学生负担，既给学生更多的学习时间，又保证为后续课程提供必要的理论基础；(3)在阐述本学科的理论和概念时，力求做到文字规范、语言流畅、层次分明、条理清楚，书中图文力求配合恰当，图表清晰、准确，可读性强。

本书在编写过程中借鉴和吸纳了许多相关教材和参考文献的内容，书中未能一一列出，我们对这些教材和文献的作者表示诚挚的敬意和衷心的感谢！同时，对参与编写的全体教师所给予的帮助和支持深表感谢，正是他们的辛勤工作，才使本书得以不断完善。限于时间紧迫，加之编者水平有限，虽经多次审校，书中的疏漏及不当之处在所难免，请专家、同行和读者批评指正。

本书既可作为高等院校相关专业的大学物理学课程教材或教学参考书使用，也可作为对基础物理理论知识有需要了解的其他人员参考。

编 者

2020 年 4 月

目　录

第1章　质点运动学

自然界的一切物质都处于永恒的运动之中。运动是绝对的，静止是相对的。物体间位置的相互变化称为机械运动。研究宏观物体机械运动规律的学科称为力学。

力学诞生于17世纪，创始人是英国物理学家牛顿(I. Newton)。因此，人们又称这一学科为牛顿力学或经典力学。牛顿力学包括三大部分：运动学、动力学、静力学。

运动学是从几何观点出发，研究和描述物体机械运动规律，即物体位置随时间的变化规律。它不涉及产生机械运动(变化)的原因。运动学中的运动状态用位置、速度、加速度等物理量来描述。运动学的核心是运动方程。动力学在于阐明使物体发生机械运动的内在联系及其规律。静力学则着重于研究物体在一定相互条件下的平衡问题。

1.1　质点运动的描述

1.1.1　质点的概念

1)质点

任何物体都有大小和形状。物体在运动时它各部分的位置变化是不同的，物体的运动情况非常复杂。例如：在太阳系中，行星除了绕太阳公转外，还有自转；从枪口射出的子弹，它在空间向前飞行的同时，还绕自身轴高速转动；由多个原子组成的分子，除了分子的平动、转动外，分子内各原子还在作振动。但是，当研究某些运动时，在一定的近似条件下，可以不考虑物体上各部分之间的运动差异性，用物体上任意一点的运动来代表整个物体的运动。这时我们就可以将物体的大小和形状忽略不计，把物体当作只有质量没有形状和大小的点——质点。例如：研究地球绕太阳公转的规律时，虽然地球的体积很大(其半径约为6370km)，但比起地球到太阳的距离(约为1.5×10^{8}km)却小得多，地球上各点相对于太阳的运动可近似地看作相同的，这时就可以忽略地球的大小和形状，把地球当作一个质点来处理。但是在研究地球的自转时，则不能把地球看作一个质点。由此来看，一个物体能否抽象为一个质点，应根据问题的具体情况而定。一个只需考虑质量而可以忽略大小和形状的理想物体，可视为质点。

2)质点是一种理想模型

质点的概念是在考虑主要因素而忽略次要因素引入的一个理想化的力学模型。一个物体能否视为质点，取决于研究问题的性质。

建立理想模型是经常采用的一种科学思维方法，是根据所研究问题的性质，突出主要因素，忽略次要因素，使问题简化但又不失客观真实性的一种抽象思维方法。除质点外，在物理学中还有刚体、线性弹簧振子、理想气体、点电荷等都是理想模型。

1.1.2 质点的位置

1)参考系

在自然界中，绝对静止的物体是找不到的。大到星系，小到原子、电子等微观粒子，无一不在运动着。静止在地面上的物体似乎是不动的，但是由于地球存在公转和自转，因此地面上的物体自然也跟着地球一起在运动。总之，自然界中所有的物质都处于永恒的运动之中，运动和物质是不可分割的，运动是物质的存在形式，是物质的固有属性。这就是运动的绝对性。

然而，对物体运动的描述是相对的。例如：在行进的火车中，坐在车厢中的乘客可看到窗外的树木、房屋都在向后倒退；可是站在地面上的人却看到这些树木、房屋都是静止的。由此可知，物体运动的状况因观察者的不同而不同。这是运动描述的相对性。

为了描述一个物体的运动，通常需要选择另外一个物体或一组彼此静止的物体作为参考，这个被选作参考的其他物体或物体组，称为“参考系”或“参照系”。选择不同的参考系，对同一物体的运动状况的描述是不同的。因此，在描述物体的运动时，必须指明是相对什么参考系而言的。

2)确定质点位置常用的坐标系

要定量描述物体的位置与运动情况，就要运用数学手段，采用固定在参考系上的坐标系。常用的坐标系有直角坐标系(x, y, z)，极坐标系(ρ, θ)，球坐标系(R, θ, φ)，柱坐标系(R, φ, z)，如图 1-1 所示。

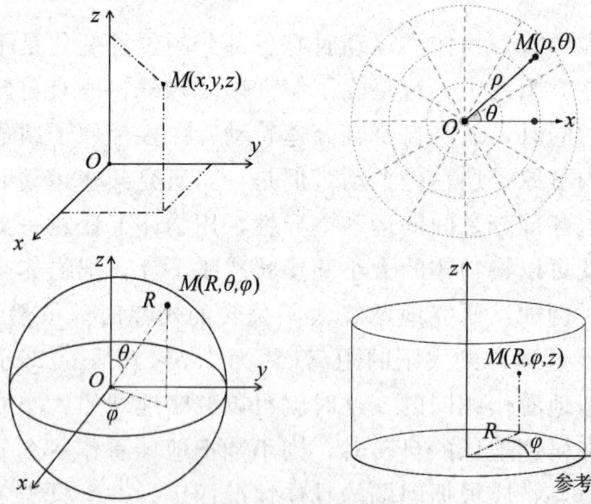

图 1-1　常见坐标系

对物体运动状态的描述取决于参考系，对于固定在同一参考系内的不同坐标系，只是描述物体运动状态的参数或变量不同，而物体的运动状态不会因为选择不同的坐标系而改变，对具体的问题进行分析时，灵活、正确地建立坐标系往往可以使复杂的问题简单化。

1.1.3　运动学方程

1)质点的运动学方程

在选定的参考系中，用来确定质点 P 相对于坐标系的位置(x，y，z)随时间 t 变化的数学表达式称为运动学方程(图 1-2)。

$$x=x(t),\ y=y(t),\ z=z(t) \tag{1-1}$$

$$\boldsymbol{r}=\boldsymbol{r}(t) \tag{1-2}$$

2)运动学方程的几种表示法

质点的运动学方程：

$$\boldsymbol{r}=\boldsymbol{r}(t) \tag{1-3}$$

直角坐标系中：

$$\boldsymbol{r}=x(t)\boldsymbol{i}+y(t)\boldsymbol{j}+z(t)\boldsymbol{k} \tag{1-4}$$

分量表示：

$$x=x(t),\ y=y(t),\ z=z(t) \tag{1-5}$$

可以简化为一维、二维和三维运动方程。

运动轨迹：运动质点所经空间各点联成的曲线。

轨迹方程：表示轨道曲线的方程式。

$$x=x(t),\ y=y(t),\ z=z(t) \tag{1-6}$$

消去参数 t，得到轨迹方程 $f(x, y, z)=0$。

3)运动描述的相对性

知道质点运动学方程，就可以确定任意时刻质点的位置、质点的运动轨迹，以及任意时刻质点的速度和加速度等。运动学的重要任务之一，就是要找出各种物体运动时所遵循的运动学方程。但同一物体的运动，由于所选参考系的不同而有不同的描述，这一事实称为运动描述的相对性。同一运动在不同参考系中的运动学方程也不相同。

1.1.4　位置矢量和位移

1)位置矢量

设 P 的坐标为 $P(x, y, z)$，为了表征某时刻 t 质点在坐标系中的位置，从原点 O 到质点 P 作一矢量 $\boldsymbol{r}=\boldsymbol{OP}$。我们通常把 $\boldsymbol{r}$ 称为 P 点在时刻 t 的位置矢量。位置矢量简称位矢。如图 1-3 所示。

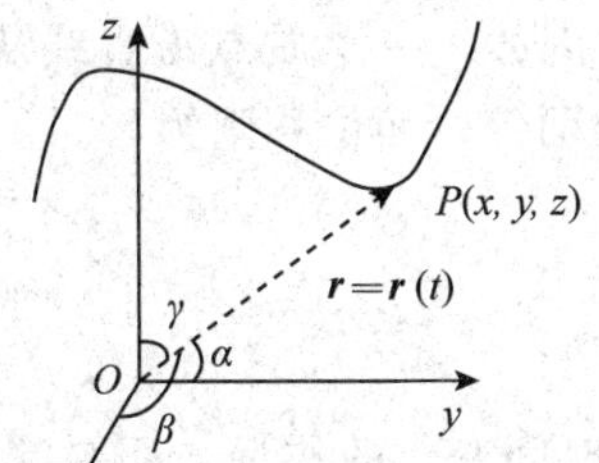

图 1-2　运动方程

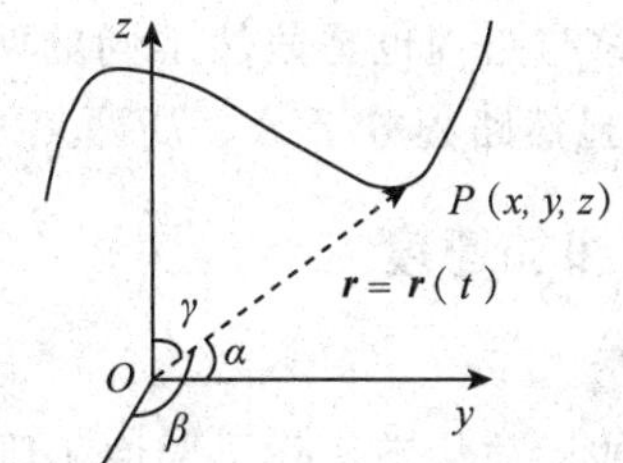

图 1-3　位置矢量

P 点矢径$\boldsymbol{r}$：

$$\boldsymbol{r}=x(t)\boldsymbol{i}+y(t)\boldsymbol{j}+z(t)\boldsymbol{k} \tag{1-7}$$

P 点矢径$\boldsymbol{r}$ 的大小：

$$|\boldsymbol{r}|=\sqrt{x^2+y^2+z^2} \tag{1-8}$$

P 点矢径$\boldsymbol{r}$ 的方向：

$$\cos\alpha=\frac{x}{r}，\cos\beta=\frac{y}{r}，\cos\gamma=\frac{z}{r} \tag{1-9}$$

质点的位矢既具有大小，又具有方向，它是矢量。

2)位移矢量

质点在某一段时间内位置矢量的增量称为位移。如图 1-4 所示，若 t_1 时刻在质点 A 处的位矢$\boldsymbol{r}_A$，t_2 时刻在质点 B 处的位矢$\boldsymbol{r}_B$，则位移 $\Delta\boldsymbol{r}$ 记为 $\Delta\boldsymbol{r}=\boldsymbol{r}_B-\boldsymbol{r}_A$。

位移是描述质点位置变化(位置矢量改变)的物理量，与质点运动状态变化相对应，它是从质点所在的初始位置指向质点末位置的有向线段。

在三维直角坐标系中，若$\boldsymbol{r}_A=x_A\boldsymbol{i}+y_A\boldsymbol{j}+z_A\boldsymbol{k}$，$\boldsymbol{r}_B=x_B\boldsymbol{i}+y_B\boldsymbol{j}+z_B\boldsymbol{k}$，则位移矢量为：

$$\Delta\boldsymbol{r}=(x_B-x_A)\boldsymbol{i}+(y_B-y_A)\boldsymbol{j}+(z_B-z_A)\boldsymbol{k}=\Delta x\boldsymbol{i}+\Delta y\boldsymbol{j}+\Delta z\boldsymbol{k} \tag{1-10}$$

路程是质点在某个时间段内运动轨迹的长度。如图 1-4 中的弧线 Δs 的长度。路程是一标量。

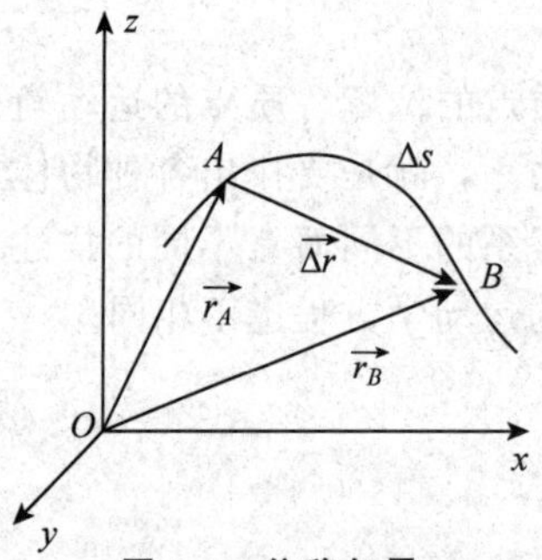

图 1-4 位移矢量

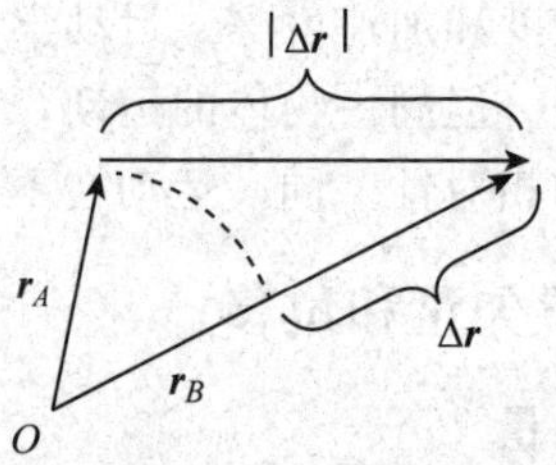

图 1-5 $\Delta\boldsymbol{r}$ 和Δr

注意：a. $\Delta\boldsymbol{r}$ 和 Δr 是两个不同的概念，如图 1-5 所示。b. 位移和路程是两个不同的概念。位移是矢量，是指位置矢量的变化。路程是标量，是指运动轨迹的长度。即便在直线运动中，位移与路程也是截然不同的两个概念。例如，一个质点沿直线从 A 点到 B 点又折回 A 点，显然路程等于 A、B 两点之间距离的两倍，而位移则为零。

1.1.5 速度和加速度

1)速度矢量

描述质点的运动状态，除了要说明质点位置随时间变化的快慢，还要说明质点的运动方向。这便是物理学中速度矢量的概念，它可以同时将质点运动的快慢与方向表示出来。

(1)平均速度

若质点在 Δt 时间内位置矢量的改变量为 $\Delta\boldsymbol{r}$，$\Delta\boldsymbol{r}$ 与 Δt 的比值称为质点在 Δt 内的平

均速度。公式为：

$$\bar{v}=\frac{\Delta \boldsymbol{r}}{\Delta t} \tag{1-11}$$

$$\bar{v}=\frac{\Delta \boldsymbol{x}}{\Delta t}\boldsymbol{i}+\frac{\Delta \boldsymbol{y}}{\Delta t}\boldsymbol{j}+\frac{\Delta \boldsymbol{z}}{\Delta t}\boldsymbol{k}=\overline{v_x}\boldsymbol{i}+\overline{v_y}\boldsymbol{j}+\overline{v_z}\boldsymbol{k} \tag{1-12}$$

上式表明平均速度是矢量，方向与 $\Delta \boldsymbol{r}$ 相同。

(2)瞬时速度

当 Δt 趋于 0 时，$\Delta \boldsymbol{r}$ 也趋于 0，则$\frac{\Delta \boldsymbol{r}}{\Delta t}$趋于一极限值，此极限值称为质点在 t 时刻的瞬时速度，简称为速度。

$$\boldsymbol{v}=\lim_{\Delta t\to 0}\frac{\boldsymbol{r}(t+\Delta t)-\boldsymbol{r}(t)}{\Delta t}=\lim_{\Delta t\to 0}\frac{\Delta \boldsymbol{r}}{\Delta t}=\frac{\mathrm{d}\boldsymbol{r}}{\mathrm{d}t} \tag{1-13}$$

方向是该时刻轨道切线方向，并指向质点前进的方向。

(3)速度的叠加

速度是各分速度之矢量和。

$$\boldsymbol{v}=v_x\boldsymbol{i}+v_y\boldsymbol{j}+v_z\boldsymbol{k} \tag{1-14}$$

(4)平均速率

若质点在 Δt 时间内经过的路程为 Δs，Δs 与 Δt 的比值称为质点在这段时间内的平均速率。

$$\bar{v}=\frac{\Delta s}{\Delta t} \tag{1-15}$$

(5)速率

速率：速度大小的值。

$$v=|\boldsymbol{v}|=\sqrt{v_x^2+v_y^2+v_z^2} \tag{1-16}$$

思考：$\frac{\mathrm{d}r}{\mathrm{d}t}$是速率吗？$\left|\frac{\mathrm{d}\boldsymbol{r}}{\mathrm{d}t}\right|$与$\left|\frac{\mathrm{d}r}{\mathrm{d}t}\right|$有何区别？

(6)速度矢量与位置矢量的关系

按照速度的定义，若质点的运动速度为$\boldsymbol{v}(t)$，则它在时间 $\mathrm{d}t$ 内的位移为：

$$\mathrm{d}\boldsymbol{r}=\boldsymbol{v}(t)\,\mathrm{d}t \tag{1-17}$$

则自 t_0 时刻到 t 时刻质点的总位移等于这段时间内各无穷小的时间内位移的矢量和。即

$$\boldsymbol{r}(t)-\boldsymbol{r}(t_0)=\int_{t_0}^{t}\boldsymbol{v}(t)\,\mathrm{d}t \tag{1-18}$$

上式说明，只要知道质点的运动的速度$\boldsymbol{v}(t)$和质点的初始位置矢量$\boldsymbol{r}(t_0)$，就可以根据上式求出任意时刻质点的位置矢量$\boldsymbol{r}(t)$。

(7)应用举例

【例 1-1】设质点的位置矢量为$\boldsymbol{r}(t)=R(\boldsymbol{i}\cos\omega t+\boldsymbol{j}\sin\omega t)$，式中，$R$，$\omega$ 为常数；$\boldsymbol{i}$，$\boldsymbol{j}$ 为平面直角坐标系中的单位矢量。试求：(1)质点的运动速度及速率；(2)质点的运动轨迹。

解：(1)由题意可得速度为：

$$\boldsymbol{v}(t)=\frac{\mathrm{d}\boldsymbol{r}}{\mathrm{d}t}=-(R\omega\sin\omega t)\boldsymbol{i}+(R\omega\cos\omega t)\boldsymbol{j}$$

该质点的运动速率为：

$$v=|\boldsymbol{v}|=\sqrt{R^2\omega^2(\sin^2\omega t+\cos^2\omega t)}=R\omega$$

(2)运动方程

$$\begin{cases}x(t)=R\cos\omega t\\y(t)=R\sin\omega t\end{cases}$$

由运动方程消去参数 t 可得轨迹方程为：$x^2+y^2=R^2$。

2)加速度矢量

质点运动时，其速度大小和方向都可能随时间变化，为此引入加速度来描述速度变化的快慢程度。加速度是描述速度随时间变化规律的物理量。

(1)速度的增量

如图 1-6 所示，质点做曲线运动，t 时刻在 A 点速度为$\boldsymbol{v}_1$，$t+\Delta t$ 时刻到达 B 点速度为$\boldsymbol{v}_2$，在 Δt 时间内增量定义为：

$$\Delta\boldsymbol{v}=\boldsymbol{v}_2-\boldsymbol{v}_1 \tag{1-19}$$

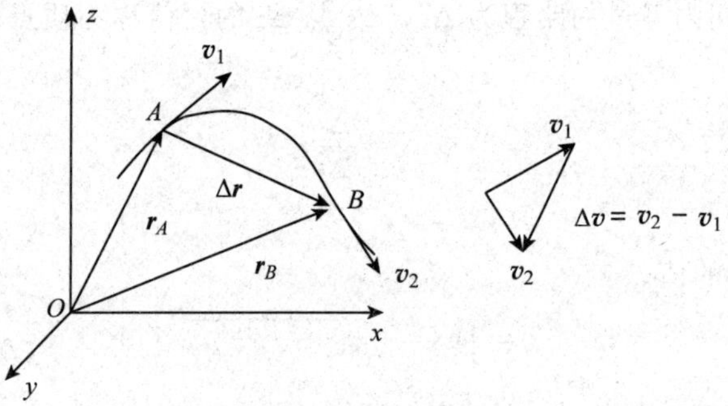

图 1-6 速度的增量

(2)平均加速度

$$\overline{\boldsymbol{a}}=\frac{\Delta\boldsymbol{v}}{\Delta t} \tag{1-20}$$

由上式可知，平均加速度的方向与速度增量的方向相同。

(3)瞬时加速度

令 $\Delta t\rightarrow 0$，$\dfrac{\Delta\boldsymbol{v}}{\Delta t}$的极限值就是质点在 A 点处的瞬时加速度，简称加速度。公式为：

$$\boldsymbol{a}=\lim_{\Delta t\rightarrow 0}\frac{\Delta\boldsymbol{v}}{\Delta t}=\frac{\mathrm{d}\boldsymbol{v}}{\mathrm{d}t}=\frac{\mathrm{d}^2\boldsymbol{r}}{\mathrm{d}t^2} \tag{1-21}$$

上式说明加速度为位矢的时间二阶导数。

注意：瞬时加速度是矢量，方向与速度改变方向相同。速度的大小、方向二者之一发生变化，瞬时加速度不等于零。

(4)加速度的大小

$$|\boldsymbol{a}|=\sqrt{a_x^2+a_y^2+a_z^2}=\sqrt{\left(\frac{\mathrm{d}v_x}{\mathrm{d}t}\right)^2+\left(\frac{\mathrm{d}v_y}{\mathrm{d}t}\right)^2+\left(\frac{\mathrm{d}v_z}{\mathrm{d}t}\right)^2}$$

$$=\sqrt{\left(\frac{\mathrm{d}^2x}{\mathrm{d}t^2}\right)^2+\left(\frac{\mathrm{d}^2y}{\mathrm{d}t^2}\right)^2+\left(\frac{\mathrm{d}^2z}{\mathrm{d}t^2}\right)^2} \tag{1-22}$$

(5)速度和加速度的方向，用三个方位角 α，β，γ

$$\cos\alpha=\frac{v_x}{|\boldsymbol{v}|},\ \cos\beta=\frac{v_y}{|\boldsymbol{v}|},\ \cos\gamma=\frac{v_z}{|\boldsymbol{v}|} \tag{1-23}$$

$$\cos\alpha'=\frac{a_x}{|\boldsymbol{a}|},\ \cos\beta'=\frac{a_y}{|\boldsymbol{a}|},\ \cos\gamma'=\frac{a_z}{|\boldsymbol{a}|} \tag{1-24}$$

3)加速度矢量与速度矢量的关系

按照加速度的定义，若质点的运动速度为$\boldsymbol{a}(t)$，则它在时间 dt 内的速度的增量为：

$$\mathrm{d}\boldsymbol{v}=\boldsymbol{a}(t)\mathrm{d}t \tag{1-25}$$

则自 t_0 时刻到 t 时刻质点的运动速度的改变量：

$$\boldsymbol{v}(t)-\boldsymbol{v}(t_0)=\int_{t_0}^{t}\boldsymbol{a}(t)\mathrm{d}t \tag{1-26}$$

上式说明，只要知道质点的运动速度$\boldsymbol{a}(t)$和质点的初始位置矢量$\boldsymbol{v}(t_0)$，就可以根据上式求出任意时刻质点的速度矢量$\boldsymbol{v}(t)$。

4)应用举例

【例 1-2】如图 1-7 所示，一质点在 xOy 平面内做逆时针的圆周运动，半径为 R，圆心在坐标原点。位矢和 x 轴正方向的夹角 θ 随时间线性增加，初始时刻质点位于 x 轴上 A 点。求质点的运动方程、任一时刻的速度和加速度。

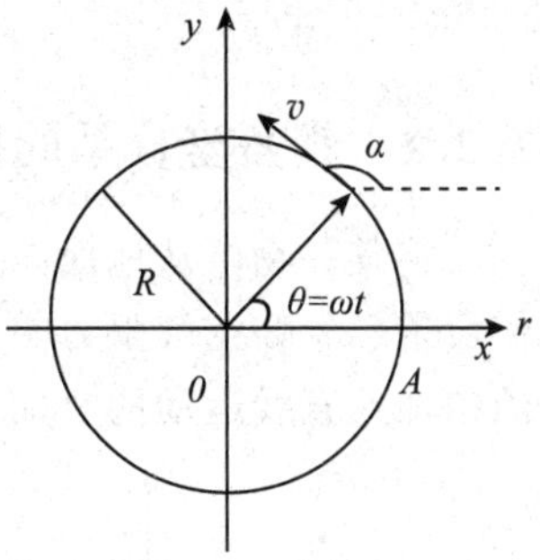

图 1-7　匀速圆周运动

解：初始质点在 A 点，则 t 时刻，位矢与 x 轴夹角 $\theta=\omega t$，其中 ω 为常量，其实就是质点对 O 点的角速度。因此，t 时刻质点的位置坐标和位矢为：

$$x(t)=R\cos(\omega t),\ y(t)=R\sin(\omega t)$$

和

$$\boldsymbol{r}(t)=R\cos(\omega t)\boldsymbol{i}+R\sin(\omega t)\boldsymbol{j}$$

质点 t 时刻的速度为：

$$\boldsymbol{v}=\frac{\mathrm{d}\boldsymbol{r}}{\mathrm{d}t}=-R\omega\sin(\omega t)\boldsymbol{i}+R\omega\cos(\omega t)\boldsymbol{j}$$

速度大小为：

$$v=\sqrt{v_x^2+v_y^2}=\sqrt{[-R\omega\sin(\omega t)]^2+[R\omega\cos(\omega t)]^2}=R\omega$$

质点做匀速率圆周运动。设速度与 x 轴的夹角为 α，速度的方向余弦 $\cos\alpha=\frac{v_x}{v}=-\sin(\omega t)$，因此 $\alpha=\omega t+\frac{\pi}{2}$，刚好是该时刻质点所在处的切线方向。

质点 t 时刻的加速度为：

$$\boldsymbol{a}=\frac{\mathrm{d}\boldsymbol{v}}{\mathrm{d}t}=-R\omega^2\cos(\omega t)\boldsymbol{i}-R\omega^2\sin(\omega t)\boldsymbol{j}$$

加速度的方向总是与位矢反向，指向圆心，其大小为 $a=R\omega^2$。

该例子说明已知质点的运动方程，可以利用微分方程求得任一时刻质点的速度和加速度。

【例 1-3】已知质点作匀加速直线运动，加速度为$\boldsymbol{a}$，求质点的运动方程。

解：已知速度或加速度求运动方程，采用积分法$\boldsymbol{a}=\frac{\mathrm{d}\boldsymbol{v}}{\mathrm{d}t}$，$\mathrm{d}\boldsymbol{v}=\boldsymbol{a}\mathrm{d}t$

两端积分得：$\int_{v_0}^{v}\mathrm{d}\boldsymbol{v}=\int_0^t\boldsymbol{a}\mathrm{d}t$，$\boldsymbol{v}=\boldsymbol{v}_0+\boldsymbol{a}t$

根据速度的定义式：$\frac{\mathrm{d}\boldsymbol{x}}{\mathrm{d}t}=\boldsymbol{v}=\boldsymbol{v}_0+\boldsymbol{a}t$

两端积分得到运动方程：$\int_{x_0}^{x}\mathrm{d}\boldsymbol{x}=\int_0^t(\boldsymbol{v}_0+\boldsymbol{a}t)\mathrm{d}t$

所以运动方程为：$\boldsymbol{x}=\boldsymbol{x}_0+\boldsymbol{v}_0t+\frac{1}{2}\boldsymbol{a}t^2$

1.2 圆周运动和曲线运动

1.2.1 直角坐标系的抛体运动

将某一物体从地面向空中抛出，它在空中的运动就是抛体运动。在重力加速度可以看作恒量、忽略空气阻力的条件下，二维抛体运动可以看成水平方向的匀速运动和竖直方向的匀加速直线运动的叠加，如图 1-8 和图 1-9 所示。

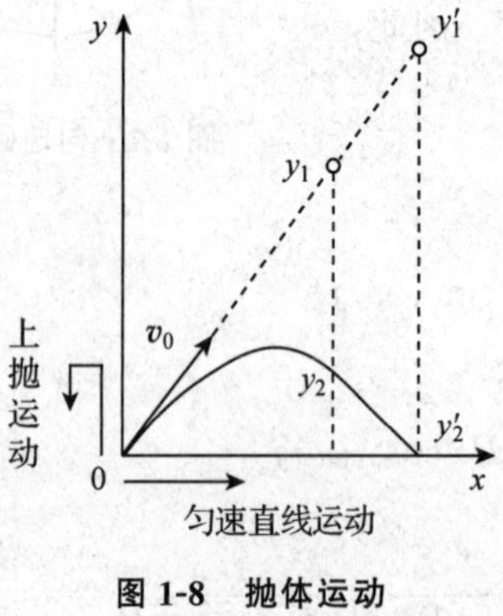

图 1-8 抛体运动

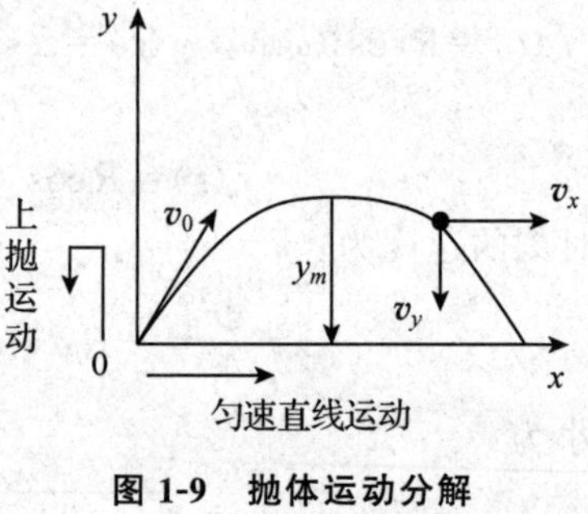

图 1-9 抛体运动分解

$$v_x=\frac{\mathrm{d}x}{\mathrm{d}t}=v_0\cos\theta,\quad v_y=\frac{\mathrm{d}y}{\mathrm{d}t}=v_0\sin\theta-gt \tag{1-27}$$

以上两式对 t 积分：

$$x=v_0t\cos\theta,\ y=v_0t\sin\theta-\frac{1}{2}gt^2 \tag{1-28}$$

消去参数 t，得质点做抛体时的轨道方程为：

$$y = x\tan\theta - \frac{g}{2v_0^2\cos^2\theta}x^2 \tag{1-29}$$

上式是一条抛物线。令 $v_y=0$，可求出质点上升到最高点的时间为 $t=\frac{v_0}{g}\sin\theta$，从而可求得质点所能达到的最大高度为 $y_m=\frac{v_0^2\sin^2\theta}{2g}$。令 $y=0$，可求得质点落地时的时间为 $t_2=\frac{2v_0\sin\theta}{g}$。于是，抛体以一仰角 θ 抛出的射程为 $x_m=\frac{2v_0^2\sin\theta\cos\theta}{g}=\frac{v_0^2\sin 2\theta}{g}$。当 $\theta=\frac{\pi}{4}$时，抛体具有最大射程 $x_m=\frac{v_0^2}{g}$。

质点在空间所做的曲线运动与质点的直线运动相比，一般要复杂得多。但是，根据运动的矢量性，我们可以把曲线运动看作三个相互垂直的分运动的叠加。这便是运动的叠加原理。下面我们进一步用运动的叠加原理说明抛体运动的矢量性。

如图 1-9 所示，将抛体运动分解为沿 x，y 方向上的两个独立运动。

加速度的矢量形式：

$$\boldsymbol{a}=\boldsymbol{g}=-g\boldsymbol{j} \tag{1-30}$$

速度的矢量形式：

$$\boldsymbol{v}=(v_0\cos\theta)\boldsymbol{i}+(v_0\sin\theta-gt)\boldsymbol{j} \tag{1-31}$$

运动方程的矢量形式：

$$\boldsymbol{r}=\int_0^t(v_x\boldsymbol{i}+v_y\boldsymbol{j})\,\mathrm{d}t=(v_0t\cos\theta)\boldsymbol{i}+\left(v_0t\sin\theta-\frac{1}{2}gt^2\right)\boldsymbol{j} \tag{1-32}$$

也可将抛体运动分解为沿初速度方向的匀速直线运动和竖直方向上的自由落体运动的叠加。

$$\boldsymbol{r}=\boldsymbol{v}_0t+\frac{1}{2}\boldsymbol{g}t^2=(v_0\cos\theta\boldsymbol{i}+v_0\sin\theta\boldsymbol{j})t-\frac{1}{2}gt^2\boldsymbol{j} \tag{1-33}$$

思考：若考虑空气阻力的情况下，抛体运动轨迹会发生怎样的变化?

1.2.2　圆周运动和曲线运动

圆周运动是曲线运动的一个重要特例。对于定轴转动物体，其上任意质点都在做圆周运动。了解圆周运动的特点与规律，对于掌握其他复杂的曲线运动具有特别重要的意义。

1)圆周运动

(1)匀速圆周运动

如图 1-10 所示，设质点沿半径为 R 的圆周，以速率 v 做匀速圆周运动，圆心为 O。在 Δt 时间内，质点沿圆周从 A 点运动到 B 点，在这两点的速度矢量分别为$\boldsymbol{v}_A$ 和$\boldsymbol{v}_B$。按加速度的定义：

$$\boldsymbol{a}=\lim_{\Delta t\to 0}\frac{\boldsymbol{v}_B-\boldsymbol{v}_A}{\Delta t}=\lim_{\Delta t\to 0}\frac{\Delta\boldsymbol{v}}{\Delta t}=\frac{\mathrm{d}\boldsymbol{v}}{\mathrm{d}t} \tag{1-34}$$

当 $\Delta t\to 0$ 时，$\Delta\theta\to 0$，$\Delta\boldsymbol{v}\perp\boldsymbol{v}_A$。这是一种极限情况，即速度增量的方向沿半径指向圆

心。加速度的大小为：

$$a=\frac{v^2}{R} \tag{1-35}$$

对于匀速圆周运动，加速度方向沿半径指向圆心并与速度方向垂直。因此，我们称它为向心加速度(或者法向加速度)，记为：

$$\boldsymbol{a}_n=\frac{v^2}{R}\boldsymbol{e}_n \tag{1-36}$$

(2)变速圆周运动

如图 1-11 所示，设质点做变速圆周运动，在 A、B 两点的速度矢量分别为$\boldsymbol{v}_A$ 和$\boldsymbol{v}_B$。在 $O'B'$ 上取点 C'，使 $O'A'=O'C'$，于是 $\Delta\boldsymbol{v}=\boldsymbol{v}_B-\boldsymbol{v}_A=\boldsymbol{A'B'}=\boldsymbol{A'C'}+\boldsymbol{C'B'}$。按加速度的定义：

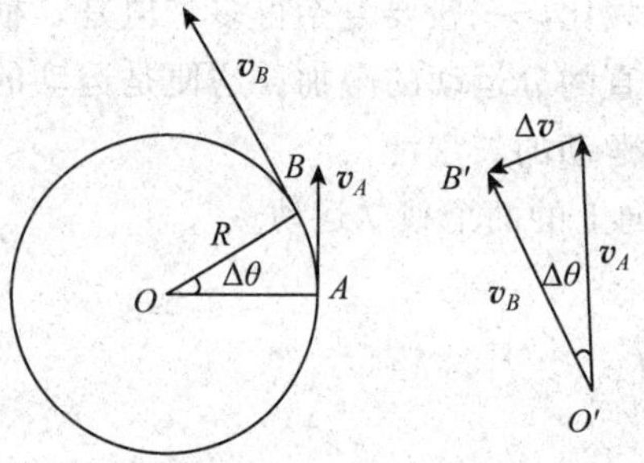

图 1-10 匀速圆周运动

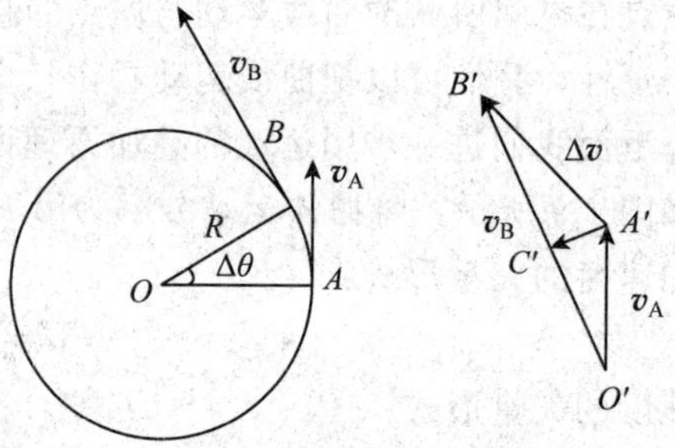

图 1-11 变速圆周运动

$$\boldsymbol{a}=\lim_{\Delta t\to 0}\frac{\Delta\boldsymbol{v}}{\Delta t}=\lim_{\Delta t\to 0}\frac{\boldsymbol{A'C'}}{\Delta t}+\lim_{\Delta t\to 0}\frac{\Delta\boldsymbol{C'B'}}{\Delta t} \tag{1-37}$$

第一项$\lim\limits_{\Delta t\to 0}\dfrac{\boldsymbol{A'C'}}{\Delta t}$正是前面讨论过的向心加速度$\boldsymbol{a}_n$，其大小为：$a_n=\dfrac{v^2}{R}$方向与速度方向垂直指向圆心。

后一项$\lim\limits_{\Delta t\to 0}\dfrac{\Delta\boldsymbol{C'B'}}{\Delta t}$在 $\Delta t\to 0$ 时 $\Delta\theta\to 0$，$\boldsymbol{C'B'}$的方向为质点运动轨迹的切线方向，若记$\boldsymbol{a}_\tau=\lim\limits_{\Delta t\to 0}\dfrac{\Delta\boldsymbol{C'B'}}{\Delta t}$，$\boldsymbol{a}_\tau$ 称为切向加速度，其大小为：

$$a_\tau=\lim_{\Delta t\to 0}\frac{\Delta v}{\Delta t}=\lim_{\Delta t\to 0}\frac{v_B-v_A}{\Delta t}=\frac{\mathrm{d}v}{\mathrm{d}t} \tag{1-38}$$

方向在切线方向上并指向质点运动的一侧。

综上所述，变速圆周运动的加速度为：$\boldsymbol{a}=a_n\boldsymbol{n}+a_\tau\boldsymbol{\tau}$，如图 1-12 所示。

这里的$\boldsymbol{n}$ 与$\boldsymbol{\tau}$ 分别是 A 点处的法线方向与切线方向的单位矢量。a_n 称为 A 点处的法向加速度大小，a_τ 称为 A 点处的切向加速度大小，上式是变速圆周运动的加速度合成公式。

关于这个公式，须做如下说明：

①在任意时刻，加速度矢量的大小为 $a=\sqrt{a_n^2+a_\tau^2}$。

②在任意时刻，加速度矢量的方向既不沿圆周运动的半径方向，也不沿圆周运动的切

线方向。任意时刻，质点加速矢量与速度矢量的夹角 $\theta=\tan^{-1}\dfrac{a_n}{a_\tau}$。

③以上关于变速圆周运动的讨论与结果对任何曲线运动都成立，只不过是曲率半径 $\rho=R$。

匀速圆周运动作为变速圆周运动的特例，若把匀速圆周运动的加速度公式写成 $\boldsymbol{a}=a_n\boldsymbol{n}+a_\tau\boldsymbol{\tau}$，由于 $a_\tau=\lim\limits_{\Delta t\to 0}\dfrac{\Delta v}{\Delta t}=\lim\limits_{\Delta t\to 0}\dfrac{v_B-v_A}{\Delta t}=0$，所以 $\boldsymbol{a}=a_n\boldsymbol{n}$。

2)曲线运动

在一般曲线运动中，质点速度的大小和方向都在改变，即存在加速度。采用自然坐标系，可以更好地理解平面曲线运加速度的物理意义。

(1)自然坐标系

在运动轨道上任一点建立正交坐标系，其一根坐标轴沿轨道切线方向，正方向为运动的前进方向；一根沿轨道法线方向，正方向指向轨道内凹的一侧。

(2)自然坐标系下的加速度(切向加速度和法向加速度)(图 1-13)

切向单位矢量：

$$\boldsymbol{\tau}=\boldsymbol{e}_\tau \tag{1-39}$$

法向单位矢量：

$$\boldsymbol{n}=\boldsymbol{e}_n \tag{1-40}$$

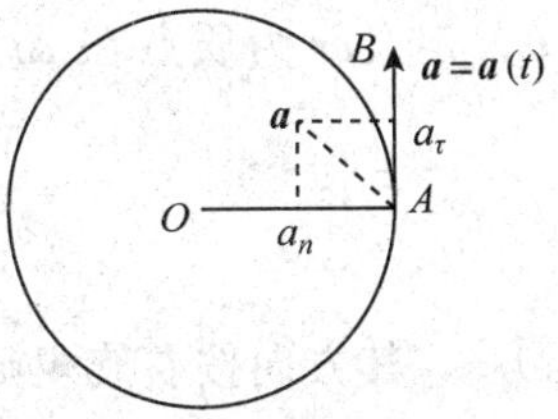

图 1-12　变速圆周运动的加速度

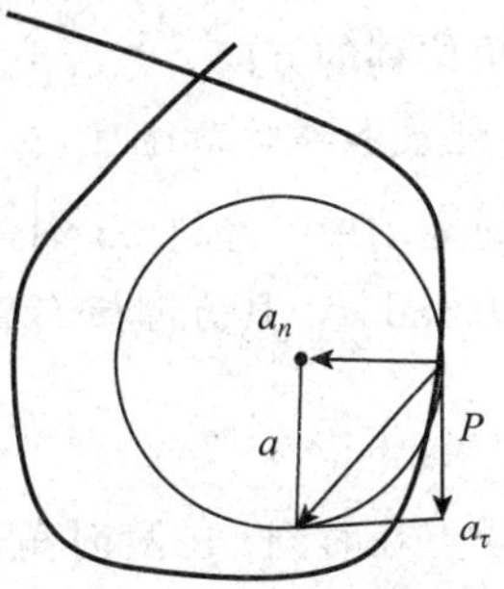

图 1-13　自然坐标系下的加速度

法向加速度反映了质点运动方向的变化，而切向加速度则反映了质点速度大小的变化。在一般曲线运动中，同时存在着法向和切向加速度。换而言之，如果只有法向加速度，没有切向加速度，那么质点作的是匀速率曲线运动。如果只有切向加速度，没有法向加速度，那么质点作的是匀变速直线运动。

由于质点速度的方向一定沿着轨迹的切向，因此，自然坐标系中可将速度表示为：

$$\boldsymbol{v}=v\boldsymbol{\tau}=\frac{\mathrm{d}s}{\mathrm{d}t}\boldsymbol{\tau},\ (\boldsymbol{\tau}=\boldsymbol{e}_\tau,\boldsymbol{n}=\boldsymbol{e}_n) \tag{1-41}$$

$$\boldsymbol{a}=\frac{\mathrm{d}}{\mathrm{d}t}(v\boldsymbol{\tau})=\frac{\mathrm{d}v}{\mathrm{d}t}\boldsymbol{\tau}+v\,\frac{\mathrm{d}\boldsymbol{\tau}}{\mathrm{d}t} \tag{1-42}$$

$$\mathrm{d}\boldsymbol{\tau}=|\boldsymbol{\tau}|\,\mathrm{d}\theta\,\boldsymbol{n}=\mathrm{d}\theta\,\boldsymbol{n} \tag{1-43}$$

$$\frac{\mathrm{d}\boldsymbol{\tau}}{\mathrm{d}t}=\frac{\mathrm{d}\theta}{\mathrm{d}t}\boldsymbol{n}=\frac{R\,\mathrm{d}\theta}{R\,\mathrm{d}t}\boldsymbol{n}=\frac{1}{R}\frac{\mathrm{d}s}{\mathrm{d}t}\boldsymbol{n}=\frac{v}{R}\boldsymbol{n} \tag{1-44}$$

$$\boldsymbol{a}=\frac{\mathrm{d}v}{\mathrm{d}t}\boldsymbol{\tau}+\frac{v^2}{R}\boldsymbol{n}=a_\tau\boldsymbol{\tau}+a_n\boldsymbol{n} \tag{1-45}$$

$$a_\tau=\frac{\mathrm{d}v}{\mathrm{d}t},\ a_n=\frac{v^2}{R} \tag{1-46}$$

$$a=|\boldsymbol{a}|=\sqrt{a_\tau^2+a_n^2} \tag{1-47}$$

1.2.3　圆周运动的角量描述

对于圆周运动，选择平面极坐标来描述其运动状态是很方便的。在圆周运动中，常用角位移、角速度、角加速度等物理量来描述质点的运动状态。

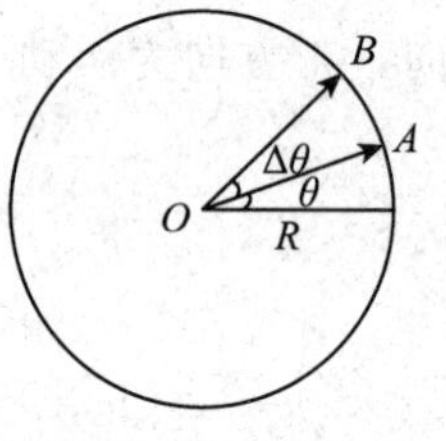

图 1-14　角位移

(1)角位移

如图 1-14 所示，设质点沿半径为 R 的圆周作圆周运动，圆心为 O。在时刻 t 时质点位于 A 点，此时质点的位置矢量与 x 轴的夹角为 θ；经过 Δt 时间，质点运动到 B 点，其位置矢量与 x 轴的夹角为 $\theta+\Delta\theta$。我们把 $\boldsymbol{\theta}$ 称为质点在时刻 t 的角位置，$\Delta\boldsymbol{\theta}$ 称为质点经过时间 Δt 的角位移。

特别注意：角位移 $\Delta\boldsymbol{\theta}$ 是一矢量，单位为弧度(rad)，其方向按右手螺旋规则确定，即以右手四指自然弯曲的方向表示获得角度的转向，则右手大拇指的指向就是无限小角位移的方向。

(2)平均角速度和瞬时角速度

质点在圆周运动中，经过 Δt 时间的角位移为 $\Delta\boldsymbol{\theta}$，定义 $\overline{\boldsymbol{\omega}}$ 为质点在 Δt 时间内的平均角速度，单位为 rad/s，其方向按右旋规则确定。

$$\overline{\boldsymbol{\omega}}=\frac{\Delta\boldsymbol{\theta}}{\Delta t} \tag{1-48}$$

定义 $\boldsymbol{\omega}$ 为质点在时刻 t 的瞬时角速度，单位为 rad/s，其方向按右旋规则确定。

$$\boldsymbol{\omega}=\lim_{\Delta t\to 0}\frac{\Delta\boldsymbol{\theta}}{\Delta t}=\frac{\mathrm{d}\boldsymbol{\theta}}{\mathrm{d}t} \tag{1-49}$$

(3)角加速度

在圆周运动中，若质点在 t 时刻的瞬时角速度为 $\boldsymbol{\omega}$，在 $t+\Delta t$ 时刻的瞬时角速度为 $\boldsymbol{\omega}+\Delta\boldsymbol{\omega}$。定义 $\overline{\boldsymbol{\beta}}$ 为质点在 Δt 时间内的平均角加速度。

$$\overline{\boldsymbol{\beta}}=\frac{\Delta\boldsymbol{\omega}}{\Delta t} \tag{1-50}$$

定义 $\boldsymbol{\beta}$ 为质点在 t 时间内的瞬时角加速度，简称角加速度。

$$\boldsymbol{\beta}=\lim_{\Delta t\to 0}\frac{\Delta\boldsymbol{\omega}}{\Delta t}=\frac{\mathrm{d}\boldsymbol{\omega}}{\mathrm{d}t}=\frac{\mathrm{d}^2\boldsymbol{\theta}}{\mathrm{d}t^2} \tag{1-51}$$

上式说明角加速度是角速度的一阶导数，角位移的二阶导数。

尽管角位移、角速度和角加速度都是矢量，但是当质点在一个给定的圆周上作圆周运动时，它们的方向在垂直于圆平面的轴线方向上有两种可能的取向。所以在处理实际问题时，可以选定坐标轴线的正方向，将这些矢量用有正负号的代数量来表示。当矢量的实际方向与轴线的正方向相同时取“＋”号，相反时取“－”号。

在圆周运动中选择角位移、角速度、角加速度等角量来描述质点的运动状态，实质上是在平面极坐标中选择一个变量 θ(角位移)来描述一个二维运动问题，从而使问题的数学处理过程得以简化。

1.2.4　圆周运动中线量和角量之间的关系

(1)线速度与角速度

在图 1-14 中，由于 $\widehat{AB}$ 的弧长 $\Delta l=R\cdot\Delta\theta$，质点沿圆周运动的速率为：

$$v=\lim_{\Delta t\to 0}\frac{\Delta l}{\Delta t}=R\lim_{\Delta t\to 0}\frac{\Delta\theta}{\Delta t}=R\omega \tag{1-52}$$

v 又称为质点沿圆周运动的线速率(线速度的大小)。

(2)切向加速度与角加速度

$$a_\tau=\frac{\mathrm{d}v}{\mathrm{d}t}=R\,\frac{\mathrm{d}\omega}{\mathrm{d}t}=R\beta \tag{1-53}$$

(3)法向加速度与角速度

$$a_n=\frac{v^2}{R}=v\omega=R\omega^2 \tag{1-54}$$

1.2.5　应用举例

【例 1-4】质点作变速圆周运动，半径为 r，速率 $v=3t^2$。求质点在 t 时刻的切向加速度大小、向心加速度大小和时间 t 内通过的路程。

解：质点的切向加速度大小为：$a_\tau=\dfrac{\mathrm{d}v}{\mathrm{d}t}=6t$

向心加速度大小为：$a_n=\dfrac{v^2}{r}=\dfrac{9t^4}{r}$

由 $v=\dfrac{\mathrm{d}s}{\mathrm{d}t}$，得 $\mathrm{d}s=v\mathrm{d}t$，因此 $s=\int_0^t 3t^2\,\mathrm{d}t=t^3$

【例 1-5】求平抛物体 t 时刻的切向加速度大小、法向加速度大小及轨道的曲率半径。

解：如图 1-15 所示，首先选取直角坐标系。质点从坐标原点以水平速度 v_0 抛出

t 时刻质点速度的大小为：

$$v=\sqrt{v_0^2+g^2t^2}$$

得质点得切向加速度大小：

$$a_\tau=\frac{\mathrm{d}v}{\mathrm{d}t}=\frac{g^2t}{\sqrt{v_0^2+g^2t^2}}$$

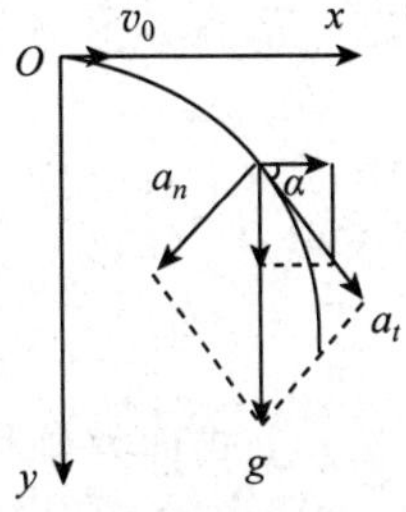

图 1-15　抛体运动的速度和加速度

质点的总加速度就是重力加速度 $\boldsymbol{g}$，直角坐标系中可表示为 $\boldsymbol{g}=g\boldsymbol{j}$；而沿抛物轨道建

立的自然坐标系中按切向和法向分解，表示为 $\boldsymbol{g}=\boldsymbol{a}_\tau\boldsymbol{\tau}+\boldsymbol{a}_n\boldsymbol{n}$，所以法向加速度为：

$$a_n=\sqrt{g^2-a_\tau^2}=\frac{gv_0}{\sqrt{v_0^2+g^2t^2}}$$

t 时刻质点轨道的曲率半径为：

$$\rho=\frac{v^2}{a_n}=\frac{(v_0^2+g^2t^2)^{\frac{3}{2}}}{gv_0}$$

1.3 相对运动和伽利略坐标变换

运动是绝对的，但是运动的描述具有相对性。力学中所说的运动，都是相对于某一参照系而言的。描述运动的物理量(如速度、加速度等)都与参照系有关。同一物体的运动状态，在不同的参照系中进行观测，可以有完全不同的结果。

1.3.1 伽利略坐标变换

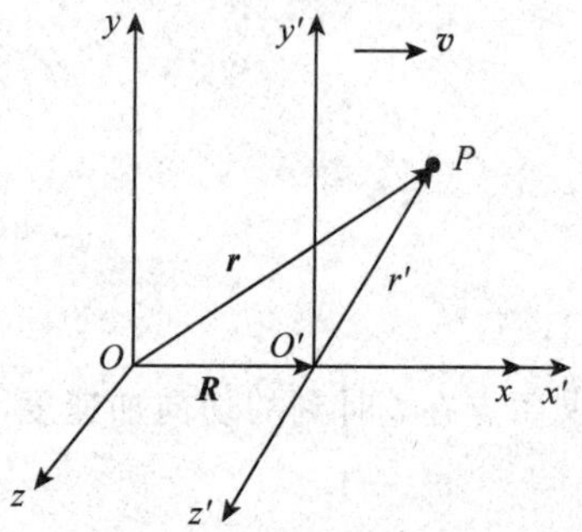

图 1-16 伽利略坐标变换

不同参考系对同一个运动描述的结果不同，其结果之间是否有某种联系呢？

如图 1-16 所示，考虑两个参考系中的坐标系 S 和 S' ($Oxyz$ 和 $Ox'y'z'$)，S' 相对于 S 以速度 $\boldsymbol{v}$ 作匀速直线运动。

在 $t=0$ 时刻，坐标原点重合。某时刻 t，质点 P 在 S 和 S' 中的位置矢量为 $\boldsymbol{r}$ 和 $\boldsymbol{r}'$。从图中很容易看出矢量关系：

$$\boldsymbol{O'P}=\boldsymbol{r}',\boldsymbol{r}=\boldsymbol{R}+\boldsymbol{r}' \tag{1-55}$$

上式成立的条件：绝对时空观。

空间绝对性：空间两点距离的测量与坐标系无关。

时间绝对性：时间的测量与参照系无关。

$$t=t' \tag{1-56}$$

因此，满足经典时空观(参考系的相对速度较小，或者说远小于光速)的条件时

$$\boldsymbol{r}'=\boldsymbol{r}-\boldsymbol{R}=\boldsymbol{r}-\boldsymbol{v}t \tag{1-57}$$

P 在 S 和 S' 系的空间坐标、时间坐标的对应关系为：

$$x'=x-vt \tag{1-58}$$

$$y'=y \tag{1-59}$$

$$z'=z \tag{1-60}$$

$$t'=t \tag{1-61}$$

上式称为伽利略坐标变换式。

1.3.2 速度变换

仍然假设 S 为基本参照系，S' 是为相对于 S 以速度 $\boldsymbol{v}$ 沿 x 轴作匀速直线运动的另一参照系。质点在 S' 系中运动的速度为：

$$\boldsymbol{v}_{s'}=\frac{\mathrm{d}\boldsymbol{r}'}{\mathrm{d}t'}=\frac{\mathrm{d}\boldsymbol{r}'}{\mathrm{d}t'}=\frac{\mathrm{d}(\boldsymbol{r}-\boldsymbol{v}t)}{\mathrm{d}t}=\boldsymbol{v}_s-\boldsymbol{v} \tag{1-62}$$

写成分量式为：

$$v_{xs'}=\frac{\mathrm{d}x'}{\mathrm{d}t'}=\frac{\mathrm{d}(x-vt)}{\mathrm{d}t}=\frac{\mathrm{d}x}{\mathrm{d}t}-v=v_{xs}-v \tag{1-63}$$

$$v_{ys'}=\frac{\mathrm{d}y'}{\mathrm{d}t'}=\frac{\mathrm{d}y}{\mathrm{d}t}=v_{ys} \tag{1-64}$$

$$v_{zs'}=\frac{\mathrm{d}z'}{\mathrm{d}t'}=\frac{\mathrm{d}z}{\mathrm{d}t}=v_{zs} \tag{1-65}$$

为了方便记忆，伽利略速度变换经常写成$\boldsymbol{v}_{s'}=\boldsymbol{v}_s-\boldsymbol{v}_{ss'}$，其中$\boldsymbol{v}_{ss'}=\boldsymbol{v}$ 是 S 系相对于 S' 系的速度。

注意：对于低速运动的物体满足速度变换式，并且可以通过实验证实，对于高速(接近光速)运动的物体，上述变换式失效。

1.3.3　加速度变换

设 S'相对于 S 以速度$\boldsymbol{v}$ 作匀加速直线运动，加速度为$\boldsymbol{a}$，并且沿 x 轴。

$$t=0,\quad \boldsymbol{v}=\boldsymbol{v}_0 \tag{1-66}$$

S'系相对于 S 系的速度

$$\boldsymbol{v}=\boldsymbol{v}_0+\boldsymbol{a}t \tag{1-67}$$

于是

$$\frac{\mathrm{d}v_s}{\mathrm{d}t}=\frac{\mathrm{d}_{vs'}}{\mathrm{d}t}+\frac{\mathrm{d}v}{\mathrm{d}t} \tag{1-68}$$

$$\boldsymbol{a}_s=\boldsymbol{a}_{s'}+\boldsymbol{a} \tag{1-69}$$

当$\boldsymbol{a}=0$ 时，$\boldsymbol{a}_s=\boldsymbol{a}_{s'}$，此式表明质点的加速度相对于作匀速运动的各个参考系不变。

1.3.4　应用举例

【例 1-6】静止于地面上的人观察到雨点竖直下落，其速度为 10 m/s。若一汽车以 8 m/s 的速度相对于地面前进。求雨点相对汽车的速度。

解：如图 1-17 所示，分别在地面和汽车上建立坐标系 $S(Oxy)$和 $S'(O'x'y')$。设汽车相对于地面的速度为$\boldsymbol{v}$，雨点相对于地面的速度为$\boldsymbol{u}$，雨点相对于汽车的速度为$\boldsymbol{u}'$，则$\boldsymbol{u}'=\boldsymbol{u}-\boldsymbol{v}$ 从图中可以看出：

$$u'=\sqrt{u^2+v^2}=\sqrt{10^2+8^2}=12.8(\mathrm{m/s})$$

$$\theta=\tan^{-1}\frac{v}{u}=\tan^{-1}\frac{4}{5}=38°40'$$

由上例可知，相对于地面竖直下落的物体，作出各个坐标系中的速度方向，它们满足矢量三角形。

【例 1-7】设雨滴相对地面以 $v=3\mathrm{m/s}$ 的速度竖直下落，车厢以 $u=4\mathrm{m/s}$ 的速度在地面上水平向右运动。求雨滴相对车厢的速度。

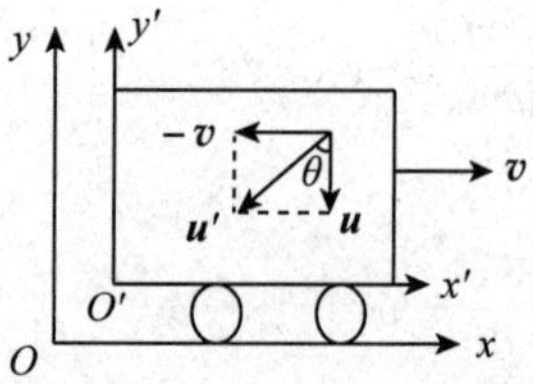

图 1-17 例 1-6 速度分析

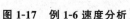

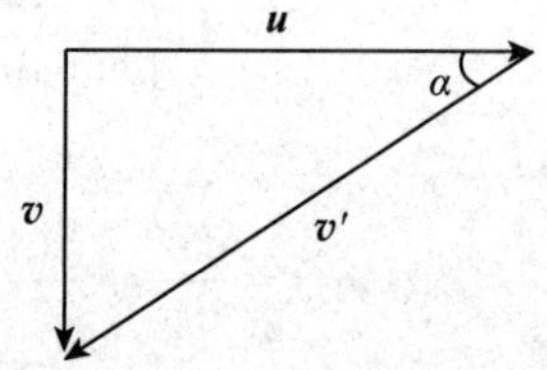

图 1-18 例 1-17 速度变换分析

解：设地面为 S 系，车厢为 S'系，由伽利略速度变换可得雨滴相对车厢的速度为：

$$\boldsymbol{v}'=\boldsymbol{v}-\boldsymbol{u}$$

由图 1-18 可知：

$$v'=\sqrt{v^2+u^2}=5(\text{m/s})$$

设 v'与水平方向夹角为 α，则：

$$\tan\alpha=\frac{v}{u}=\frac{3}{4}$$

习 题

1-1 以下为两质点的位置矢量，求质点的速度矢量和加速度矢量。(1)$\boldsymbol{r}=A\,\mathrm{e}^{-t}\boldsymbol{i}+at\boldsymbol{j}$（$A$，$a$ 为正常数）；(2)$\boldsymbol{r}=(R\cos\omega t)\boldsymbol{i}+t\boldsymbol{j}$（$R$，$\omega$ 为正常数）。

1-2 已知一质点的运动方程为 $\boldsymbol{r}=2t\boldsymbol{i}+(2-t^2)\boldsymbol{j}$，求：(1)$t=1$s 和 $t=2$s 时的位矢；(2)$t=1$s 到 $t=2$s 内的位移；(3)$t=1$s 和 $t=2$s 时质点的速度；(4)$t=1$s 和 $t=2$s 时质点的加速度。

1-3 一质点在直角坐标系 xoy 平面内运动，沿两坐标轴的速度分别为 $v_x=(4t^3+4t)$，$v_y=4t$，已知当 $t=0$ 时，位置坐标为(1，2)。求质点的运动轨迹。

1-4 某质点做平面曲线运动，运动方程(其位置矢量$\boldsymbol{r}$ 与时间 t 的关系式)为$\boldsymbol{r}(t)=8t^3i-6t^2j$，式中各量均采用国际单位。求该质点在 3s 时的速度和加速度。

1-5 已知质点的位置矢量为 $\boldsymbol{r}(t)=R(\boldsymbol{i}\cos\omega t+\boldsymbol{j}\sin\omega t)$，式中 R、ω 为常数，$\boldsymbol{i}$、$\boldsymbol{j}$ 为平面直角坐标系中的单位矢量。求：(1)质点的运动速度及速率；(2)质点的轨迹方程。

1-6 已知质点的初始位置矢量和速度矢量为：$\boldsymbol{r}(0)=R\boldsymbol{j}$，$v(t)=v_0(\boldsymbol{i}\cos\omega t+\boldsymbol{j}\sin\omega t)$，式中的 R、ω、v_0 均为常数。求质点的位置矢量和轨迹方程。

1-7 一质点沿 x 轴运动，已知加速度大小为 $a=8t$，初始条件为 $t=0$ 时，$v_0=0$，$x_0=8$m。求运动方程。

1-8 某质点的加速度 a 与时间 t 的关系是 $\boldsymbol{a}(t)=\cos\omega t\boldsymbol{i}+t^2\boldsymbol{j}$，式中各量采用国际单位，已知 $t=0$ 时，$v_0=0$，$\boldsymbol{r}(0)=3\boldsymbol{i}$。试求 t 时刻的速度矢量和位置矢量。

1-9 一质点沿半径为 R 的圆周按规律 $s=v_0t-\dfrac{1}{2}bt^2$ 运动，v_0、b 都是恒量。求：(1)t 时刻质点的加速度矢量；(2)t 为何值加速度在数值上等于 b；(3)当加速度为 b 时质点已沿圆周运动了多少圈。

1-10 一质点在 xy 平面上运动，运动函数为 $x=2t$，$y=4t^2-8$。求：(1)质点运动的轨道方程并画出轨道曲线；(2)$t_1=1$s 和 $t_2=2$s 时，质点的位置、速度和加速度。

1-11 一飞轮半径 $R=2$m，其角量运动方程为 $\theta=2+3t-4t^3$(式中各量均采用国际单位)。求距离轴心 $r=1$m 处的点在 $t=2$s 末的(1)角速度、角加速度；(2)切向加速度、法向加速度。

1-12 汽车在半径 $R=400$m 的圆弧弯道上减速行驶，设在某一时刻，汽车的速率为 $v=10$m/s，切

向加速度的大小为 $a_\tau=0.2\text{m/s}^2$。求汽车的法向加速度和总加速度的大小和方向。

1-13　一质点运动方程为 $\boldsymbol{r}=2\cos 5t\boldsymbol{i}+2\sin 5t\boldsymbol{j}$。试求该运动的切向加速度及法向加速度。

1-14　一个人以 2.0km/h 的速率自东向西行走时，看见雨点竖直下落，当他的速率增加至 4.0km/h 时看见雨点与人前进的方向成 45°角下落，求雨点对于地面的速度。

1-15　某人骑自行车以速率 v 向西行驶，北风以速率 v 吹来(对地面)，问骑车者遇到的风速及风向如何?

1-16　一人划船渡江，江水的流速为 2.0km/h，船相对江水的速率为 4.0km/h，江水宽 1.0km，若想用最短时间渡江，人应按什么方向划行？要经过多长时间渡过江去?

第 2 章　质点动力学

质点动力学主要研究作用于物体的力与物体运动的关系。它以牛顿运动定律为基础，研究运动速度远小于光速的宏观物体的运动规律。质点动力学是牛顿力学或经典力学的一部分。17 世纪初，伽利略（Galileo Galilei）用实验揭示了物质的惯性原理，牛顿（I. Newton）和莱布尼兹（Gottfried Wilhelm Leibniz）建立微积分学，使动力学研究进入了一个崭新的时代。牛顿在 1687 年出版的《自然哲学的数学原理》中，明确地提出了惯性定律、质点运动定律、作用和反作用定律、力的独立作用定律。质点动力学以牛顿三大定律为核心，研究质点和质点系运动状态发生变化的原因及基本规律。

对质点动力学的研究使人们掌握了物体的运动基本规律，而相对论问世以后，牛顿力学的时空概念和其他一些力学量的基本概念有了重大改变。虽然当物体速度接近于光速时，经典动力学就完全不适用了，但是，在工程等实际问题中，所接触的宏观物体运动速度都远小于光速，用牛顿力学进行研究不但足够精确，而且远比相对论计算简单。因此，经典动力学仍是解决实际工程问题的基础。

2.1　牛顿运动定律

2.1.1　自然界中的基本相互作用

牛顿在《自然哲学的数学原理》序言中写道：我奉献的这一作品，作为哲学的数学原理，因为哲学的全部责任似乎在于——从运动现象去研究自然界中的力，然后从这些力的角度来说明自然现象。指出力是自然界中物质间的相互作用，这种相互作用的表现形式多种多样，但大体上可归结为四种相互作用，分别是：万有引力相互作用、电磁相互作用、强相互作用和弱相互作用。

1)万有引力相互作用

万有引力是所有物体之间存在的一种相互作用，如图 2-1 所示，牛顿万有引力定理指出：质量分别为 m_1 和 m_2 的两个质点，相距为 r 时，它们之间的引力大小为：$F=G\dfrac{m_1 \cdot m_2}{r^2}$，方向在两个质点质心的连线上，质点 m_1 受 m_2 的引力由 m_1 的质心指向 m_2 的质心。质点 m_2 受 m_1 的引力由 m_2 的质心指向 m_1 的质心。

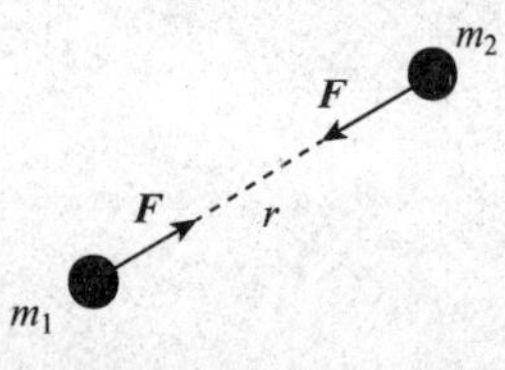

图 2-1　万有引力相互作用

由于万有引力常数 $G=6.67\times10^{-11}\,\text{N}\cdot\text{m}^2/\text{kg}^2$ 很小，因此对

于通常大小的物体，它们之间的引力相互作用非常微弱，一般物体之间的万有引力常被忽略。但是对于一个具有极大质量的天体，万有引力成为天体之间以及天体与物体之间的主要作用。例如：地球对它表面上一般物体的引力决定了自由落体和抛体运动的规律。万有引力对于天体，人造地球卫星或关闭动力后的航天器的运动起主导作用。

2)电磁相互作用

静止的电荷之间存在电场力(或称库仑力)，运动的电荷之间存在电场力和磁场力，由于它们在本质上是相互联系的，故总称为电磁力。所以电磁相互作用又称电磁力相互作用。电磁相互作用是库仑首先发现的。

电磁相互作用指出：运动着的带电粒子之间，若用$\boldsymbol{E}$，$\boldsymbol{B}$ 分别表示带电粒子间的电场强度和磁感强度，$\boldsymbol{V}$ 表示带电粒子的运动速度，q 代表电量，那么电磁作用力可表示为：

$$\boldsymbol{F}=q\,\boldsymbol{E}+q\,\boldsymbol{V}\times\boldsymbol{B} \tag{2-1}$$

从力程的角度说，万有引力和电磁力作用力都是长程力。从理论上说，它们的作用范围是无限的，但与万有引力不同的是：电磁作用力既有引力形式也有斥力形式，它们的数值比相同距离的万有引力大得多。所以考虑带电粒子相互作用时，可忽略万有引力作用。

由于任何物体都是由分子、原子等带电粒子组成，所以两物体间的相互作用力基本上都是它们所带电荷间的电磁相互作用力。例如：物体间的摩擦力、弹性力，空气的阻力、压力都是相邻的分子、原子之间的电磁作用力的宏观表现。因此，除万有引力外，我们日常所见的力基本上都属于电磁力作用范畴。

3)强相互作用和弱相互作用

强相互作用和弱相互作用只有在原子核内部和基本粒子的相互作用中，这种力才能显示出来，在宏观世界里我们根本觉察不到它们的存在。弱相互作用是在原子核衰变过程中发现的，核子(原子、中子)、电子、中微子等参与弱相互作用。弱相互作用力的大小一般为 10^{-2}N，强相互作用是介子和重子(包括质子、中子)之间的相互作用。就力程来说，强相互作用和弱相互作用都是短程力，其作用范围在原子核尺度内，强相互作用力只有在 10^{-15} m 范围内才有显著作用，弱相互作用力的范围不超过 10^{-16} m。

四种相互作用按强度排序，其顺序是：强相互作用，电磁相互作用，弱相互作用，万有引力相互作用。一对质子相距 10^{-16} m 时，假定强相互作用强度的数量级为 1，那么电磁相互作用强度的数量级为 10^{-2}，弱相互作用为 10^{-12}，万有引力相互作用为 10^{-40}。

最后，应该指出的是：在四种相互作用中，万有引力和电磁力作用最先为人们所充分认识。由近代物理所揭示的强相互作用和弱相互作用规律还有待近一步完善。尽管四种相互作用存在巨大的差别，物理学家们还在努力寻求力的统一。近年来，在弱相互作用和电磁相互作用统一方面，已经取得成功。实验已经证明，正如电和磁是电磁相互作用的两种不同表现形式一样，弱相互作用和电磁相互作用也只不过是统一的弱电相互作用的两种不同的表现形式而已。

2.1.2　牛顿第一定律和第三定律

1)牛顿第一定律(惯性定律)

定律内容：任何物体都要保持静止或匀速直线运动状态，直到其他物体作用于它上面的力迫使它改变这种运动状态。牛顿第一定律说明，任何物体都具有保持其运动状态不变的性质。这种性质称为物体的惯性。牛顿第一定律还说明力是物体间的相互作用，力可以改变物体的运动状态，而保持运动状态不需要力。

牛顿第一定律另一种表述：任何质点如果不受外力作用，则将保持其原来的静止或匀速直线运动状态。这种表述说明任何物体都具有保持静止或匀速直线运动状态的特性。物体保持其运动状态不变的固有属性称为惯性，而匀速直线运动又称为惯性运动。另外，该定律也说明质点受力作用时，将改变静止成匀速直线运动状态，说明力是改变质点运动状态的原因。

物体的惯性与物体的质量有关，质量大的物体惯性大，质量小的物体惯性小。质量是物体惯性大小的度量，因此牛顿第一定律又称惯性定律。同样大小的力作用于不同的物体，质量小的物体运动状态改变剧烈，质量大的物体运动状态改变缓慢。例如：当锤子敲击一大铁块时，铁块下的手不会有强烈的冲击；而当用一木头取代铁块时，木块下的手会感到明显的撞击。

力是改变物体运动的原因。当有力作用于物体时，其运动状态将发生改变，而运动总是相对于一定参照系而言的，牛顿第一定律只适用于惯性系。在一个参照系中观察一个不受力或处于平衡状态的物体，若这个物体保持静止状态或匀速直线运动状态，那么这个参照系称惯性参照系，简称惯性系。

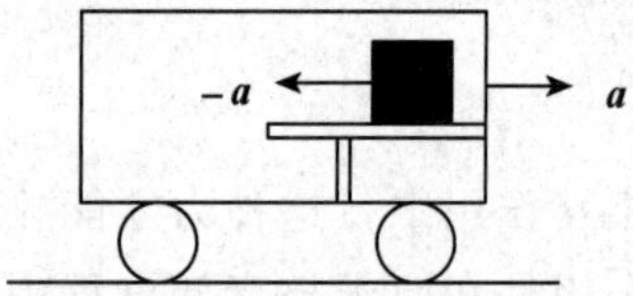

图 2-2　加速运动的车厢

例如：在封闭的车厢内，观察桌面上的木块。①当车厢相对于地面静止或做匀速直线运动时，无论是地面上的观察者还是车厢里的观察者所观察到的木块，相对于车厢来说都是静止的。对于这种情况，其原因就是地面与车厢都是惯性参照。②如图 2-2 所示，当车厢相对于地面以加速度$\boldsymbol{a}$ 作匀速直线运动时，站在地面上的观察者发现，车厢以加速$\boldsymbol{a}$ 前进，而木头则以$-\boldsymbol{a}$ 的加速度对桌面产生相对运动。但对于车厢里的观察者来说，木块也以$-\boldsymbol{a}$ 的加速度对桌面产生了相对运动，即木块在不受力作用的情况下，其运动状态也发生了改变。对于这种情况，牛顿第一定律不成立了，其原因就是当车厢相对于地面作匀加速直线运动时，车厢参照系为非惯性系，简称非惯性系。

上述这个例子说明：①牛顿第一定律是一个理想化的抽象思维的产物，不能用实验严格验证；②牛顿第一定律只有在惯性参照系才能成立，所以该定律也称牛顿惯性定律。

使牛顿定律成立的参照系称为惯性系，同一运动可以有不同的惯性系，不同的惯性系是等价的。一切对惯性系来说做加速运动的参照系都是非惯性系。

注意：牛顿第一定律是从大量观察和实验中抽象概括出来的，不能直接用实验证明。因为我们不可能使一个物体完全不受其他物体的作用而“孤立”起来。但是，从物理上讲，我们总可以使其他物体的作用减小到可以忽略不计的程度，从而接近这一理想状态。例如：在天文观察中，天文学家发现，当彗星远离其他星体时，其运行速度几乎保持不变。这一事实使人们相信牛顿第一定律是正确的。

牛顿第一定律的正确性，不仅体现在它来源于实验推断，而且还在于它的推论经受了实践的考验。如果有几个力共同作用在一个质点上，而且合力为零，那么这时质点的运动状态与质点不受外力作用时运动状态是一样的。在日常生活中我们已经知道，以一定速度运动的物体，在比较光滑的水平面上滑动的时间比在粗糙水平面上滑动的时间长，而且接触面越光滑，滑动时间越长。设想一下，在摩擦阻力为零的极限情况下，则物体将会永远运动下去，就好像完全不受力时的情况一样。

2)牛顿第三定律

定律内容：两物体之间的作用力$\boldsymbol{F}_{ab}$与反作用力$\boldsymbol{F}_{ba}$总是同时出现，它们大小相等，方向相反，并且作用在同一条直线上。

大量实验表明，当一个物体对另一个物体有力的作用时，另外一个物体对这个物体也有力的作用。即力总是成对出现的，我们将这一对力称为作用力与反作用力。

几点说明：①$\boldsymbol{F}_{ab}=-\boldsymbol{F}_{ba}$；②作用力与反作用力同时存在，不能说："先有作用力后有反作用力"或"作用力引起反作用力"；③分别作用在两个物体上，不能抵消，如地球和太阳之间的作用力和反作用力分别作用于地球和太阳，二者的效果不可抵消；④作用力与反作用力属同一种性质的力，例如，地球和太阳间的作用力和反作用力都是万有引力；⑤牛顿第三定律指出了力有相互作用的性质，为我们正确分析物体的受力提供了依据。

2.1.3　牛顿第二定律

定律内容：物体在受到合力作用时，它所获得的加速度大小与合力大小呈正比，与物体本身的质量呈反比，加速度的方向与合力方向一致。

牛顿第二定律是自然界中的一条普遍原理。当物体的质量不随时间变化时，其数学表达式为：

$$\boldsymbol{F}=m\boldsymbol{a} \tag{2-2}$$

$\boldsymbol{F}$是质量m的质点所受的合力外，$\boldsymbol{a}$是质点受力所获得的加速度。上式是力的定义式，它建立了力与物体质量(惯性)、加速度(运动状态)的关系。

牛顿第二定律说明：运动的变化与所加的合力呈正比，并且发生在这个力所沿的直线方向上。牛顿第二定律将物体的作用力与运动的变化相联系起来。这里的"运动"指物体的质量和速度矢量的乘积，即动量$\boldsymbol{p}=m\boldsymbol{v}$。

所以，牛顿第二定律的另一种表述：质点动量的时间变化率与作用在质点上的力呈正比，并沿力的方向发生。其数学表达式为：

$$\boldsymbol{F}=\frac{\mathrm{d}\boldsymbol{p}}{\mathrm{d}t}\quad \text{或}\quad \mathrm{d}\boldsymbol{p}=\boldsymbol{F}\mathrm{d}t \tag{2-3}$$

上式是牛顿第二定律的微分形式，也是物理学中的牛顿第二定律的普通形式，适用高速运动和变质量的动力学问题。又

$$\boldsymbol{F}=m\boldsymbol{a}=m\frac{\mathrm{d}\boldsymbol{v}}{\mathrm{d}t}=m\frac{\mathrm{d}^2\boldsymbol{r}}{\mathrm{d}t^2} \tag{2-4}$$

上式建立了力与质点运动状态之间的关系，是动力学中的基本方程，也是推导其他动力学方程的出发点。若质点同时受n个力作用时，则$\boldsymbol{F}$理解为这些力的合力。

叠加原理：几个力同时作用在一个物体上，$\boldsymbol{F}$表示合力，$\boldsymbol{a}$表示合加速度，$\boldsymbol{a}_1$，$\boldsymbol{a}_2$，…，$\boldsymbol{a}_i$分别表示各个力产生的加速度。

$$\boldsymbol{F}=\sum_i \boldsymbol{F}_i=\boldsymbol{F}_1+\boldsymbol{F}_2+\cdots+\boldsymbol{F}_i=m\boldsymbol{a}_1+m\boldsymbol{a}_2+\cdots+m\boldsymbol{a}_i=m\boldsymbol{a} \tag{2-5}$$

牛顿第二定律的几点说明：①定律的内涵，即力是质点获得加速度的原因，为了得到一定的加速度，必须要对质点施加一个力的作用。②定律的瞬时关系，即质点的加速度与所受外力之间的关系是瞬时关系，它们同时存在，同时改变，同时消失。一旦作用在质点上的外力被撤去，质点的加速度立即消失。③定律的矢量性，即力和加速度都是矢量，加速度方向与所受外力的方向始终保持一致。

牛顿第二定律的微分形式$\boldsymbol{F}=m\dfrac{\mathrm{d}\boldsymbol{v}}{\mathrm{d}t}=m\dfrac{\mathrm{d}^2\boldsymbol{r}}{\mathrm{d}t^2}$中包含了质点速度矢量、位置矢量对时间导数的方程，通常称为运动学方程。

直角坐标系中，运动学方程的分量形式为：

$$F_x=m\frac{\mathrm{d}v_x}{\mathrm{d}t}=m\frac{\mathrm{d}^2x}{\mathrm{d}t^2} \tag{2-6}$$

$$F_y=m\frac{\mathrm{d}v_y}{\mathrm{d}t}=m\frac{\mathrm{d}^2y}{\mathrm{d}t^2} \tag{2-7}$$

$$F_z=m\frac{\mathrm{d}v_z}{\mathrm{d}t}=m\frac{\mathrm{d}^2z}{\mathrm{d}t^2} \tag{2-8}$$

当外力$\boldsymbol{F}$($\boldsymbol{F}_x$， $\boldsymbol{F}_y$， $\boldsymbol{F}_z$)及初始条件给后，可从上式解出指点运动轨迹参数方程：

$$x=x(t) \tag{2-9}$$

$$y=y(t) \tag{2-10}$$

$$z=z(t) \tag{2-11}$$

在自然坐标系中，牛顿第二定律的分量形式为：

$$F_\tau=ma_\tau=m\frac{\mathrm{d}v}{\mathrm{d}t} \tag{2-12}$$

$$F_n=ma_n=m\frac{v^2}{R} \tag{2-13}$$

2.1.4 牛顿力学所表达的时空关系及其运用举例

牛顿方程$\boldsymbol{F}=m\dfrac{\mathrm{d}\boldsymbol{v}}{\mathrm{d}t}=m\dfrac{\mathrm{d}^2\boldsymbol{r}}{\mathrm{d}t^2}$是一个二阶常微分方程，在给定外力$\boldsymbol{F}$和两个初始条件$\boldsymbol{r}|_{t_0=0}=\boldsymbol{r}_0$及$\left.\dfrac{\mathrm{d}\boldsymbol{r}}{\mathrm{d}t}\right|_{t_0=0}=v_0$下，该微分方程的解就是唯一的。

具体解法就是将牛顿方程改写为分量标量式：

$$F_x=m\frac{\mathrm{d}v_x}{\mathrm{d}t}=m\frac{\mathrm{d}^2x}{\mathrm{d}t^2} \tag{2-14}$$

$$F_y=m\frac{\mathrm{d}v_y}{\mathrm{d}t}=m\frac{\mathrm{d}^2y}{\mathrm{d}t^2} \tag{2-15}$$

$$F_z=m\frac{\mathrm{d}v_z}{\mathrm{d}t}=m\frac{\mathrm{d}^2z}{\mathrm{d}t^2} \tag{2-16}$$

两次积分代入初始条件，得质点运动轨道的参数方程：

$$x=x(t) \tag{2-17}$$

$$y=y(t) \tag{2-18}$$

$$z=z(t) \tag{2-19}$$

写成位置矢量方程形式为：

$$\boldsymbol{r}(t)=x(t)\boldsymbol{i}+y(t)\boldsymbol{j}+z(t)\boldsymbol{k} \tag{2-20}$$

在位置矢量方程求得以后，我们又可以通过导数关系求得质点运动速度矢量和加速度矢量随时间变化的规律。

牛顿力学所表达的时空关系：在外力$\boldsymbol{F}$，质点初始运动状态$\boldsymbol{r}_0$，$\boldsymbol{v}_0$给定的条件，质点在以后任意时刻的运动状态就完全确定下来。

【例 2-1】质量为 m 的小球最初位于 A 点，然后沿半径为 R 的光滑圆弧面下滑。求小球在任一位置时的速度和对圆弧面的作用。

解：以小球为研究对象，分析受力，建立坐标系如图 2-3 所示。

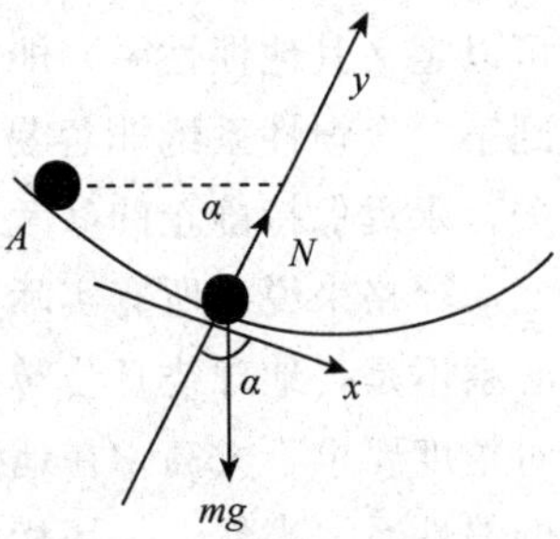

图 2-3　受力分析图

$$mg\cos\alpha=m\frac{\mathrm{d}v}{\mathrm{d}t}$$

$$N-mg\sin\alpha=m\frac{v^2}{R}$$

由于$\frac{\mathrm{d}v}{\mathrm{d}t}=\frac{\mathrm{d}v\,\mathrm{d}s}{\mathrm{d}s\,\mathrm{d}t}=v\frac{\mathrm{d}v}{R\,\mathrm{d}\alpha}$，于是有：

$$v\,\mathrm{d}v=Rg\cos\alpha\,\mathrm{d}\alpha$$

积分得：

$$\int_0^v v\,\mathrm{d}v=\int_0^\alpha Rg\cos\alpha\,\mathrm{d}\alpha$$

$$\frac{1}{2}v^2=Rg\sin\alpha，v=\sqrt{2Rg\sin\alpha}$$

小球对圆弧面的作用满足 $N-mg\sin\alpha=m\frac{v^2}{R}$，于是：

$$N=mg\sin\alpha+m\frac{2Rg\sin\alpha}{R}=3mg\sin\alpha$$

【例 2-2】质量为 m 的子弹以速度 v_0 垂直向下射入竖直的、足够深的油管路中。子弹受到的浮力为 f_b，油对子弹产生的黏滞力与速度方向相反，大小与速率呈正比，比例系数为 k(k 为正常数)。求：(1)子弹射入后，速度随时间变化的函数式；(2)子弹的终级速度。

解：(1)子弹做一维运动，取初始位置为坐标原点，向下为 x 轴正方向。子弹运动方程中受到向下的重力、向上的黏滞力和浮力三个力的作用，由牛顿第二定律

$$mg-f_b-kv=m\frac{\mathrm{d}v}{\mathrm{d}t}$$

整理后积分，有

$$\int_0^t-\frac{k}{m}\mathrm{d}t=\int_{v_0}^v\frac{1}{v-\frac{mg-f_b}{k}}\mathrm{d}v，v=\left(v_0-\frac{mg-f_b}{k}\right)\mathrm{e}^{-\frac{k}{m}t}+\frac{mg-f_b}{k}$$

(2)根据(1)的结果，初始条件不同，子弹速度可能增加，也可能减小。不管怎样，当 $t\to\infty$ 时，速度达到极限值$\dfrac{mg-f_b}{k}$，之后匀速下降。其实子弹在运动过程中，随着速度的变化，合力同时发生着变化，当合力为零时，子弹加速度为零，速度不再发生变化，即达到终级速度，并保持该惯性运动状态。由 $mg-f_b-kv_T=0$ 同样可得到终级速度 v_T。

2.1.5　非惯性参照系与惯性力

惯性系：使牛顿定律成立的参考系。一切相对于惯性系，静止或匀速运动的参照系都是惯性系。

非惯性系：相对于惯性系作加速运动参照系，在非惯性系中牛顿定律不成立。

牛顿称他的三个定律在惯性系严格成立。什么是惯性系呢？必须有了第一个惯性系才可以定义其他惯性系，即相对一个惯性系作匀速直线运动的参考系都是惯性系。然而，找到第一个惯性系绝非容易之事。于是，牛顿提出了绝对空间，即一个与外界任何事物无关，永远保持静止的参考系。

严格来说，所有实际参考系都不是精确的惯性系。地面参考系不是，地球在自转；地心系不是，地球绕日公转；日心系也不是，其在银河系中有向心加速度。不过，如果我们对精度要求不太高，在地面测量距离不太大，时间不太长，地面参考系可以认为是相当好的惯性系。当然，一切相对地面有加速运动或者旋转的参考系都不是惯性系。

在非惯性系中处理力学问题时，由于牛顿定律不成立，无疑给处理问题带来了困难。为使问题处理方便，引入惯性力的概念。所谓惯性力，就是在非惯性系统中，为了使牛顿第二定律能在非惯性系中成立而引入的一种虚构的力。

惯性力是一种虚构的力，它的大小等于运动质点的质量 m 与非惯性加速度$\boldsymbol{a}$ 的乘积，其方向与非惯性加速度的方向相反。惯性力不存在施加者，也不存在反作用力。

(1)加速度直线平动参照系中的惯性力

当车厢相对于地面以加速度$\boldsymbol{a}$ 做直线平动时，车厢不是一个惯性系，地面是一个惯性系。为了在车厢能使牛顿第二定律成立，假想到一个惯性力$\boldsymbol{f}=-m\boldsymbol{a}$。

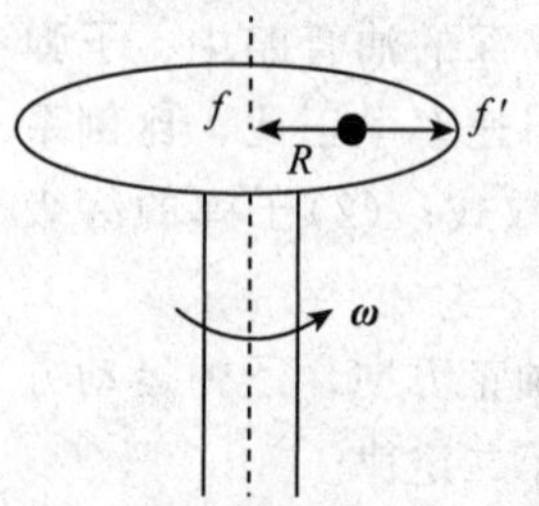

图 2-4　叠性离心力

(2)在匀角速转动参照系中的惯性力(离心力)

如图 2-4 所示，转盘相对于地面以角速度 w 转动，盘面上有一质量为 m 的质点，质点通过一细绳与盘心相连随圆盘一起作圆周转动，其距离为 R。质点与转盘保持相对静止。

对于地面参照系来说，质点受到细绳的拉力 $f=m\omega^2R$ 随转盘做圆周转动，符合牛顿定律。但对于转动参照系来说，质点受到细绳的拉力 $f'=m\omega^2R$ 却相对圆盘静止，牛顿定律就不成立了。现在我们假想质点受到另一惯性力$\boldsymbol{f}=\boldsymbol{f}'$，其大小为 $m\omega^2R$，方向沿半径向外。质点在$\boldsymbol{f}$ 和$\boldsymbol{f}'$共同作用下相对于圆盘保持平衡而迅速转动，牛顿定律就成立了。

必须指出，惯性力是人们在非惯性参考系中，为了在形式上仍能够用牛顿运动定律求解问题而引入的一种虚拟的、假象的力。惯性力并非物体间的相互作用力，它既没有施力者，也没有反作用力。但是在非惯性系中，惯性力是可以用弹簧秤等测力器测量出来的，如在加速上升的电梯中，人们确实能感受到惯性力的压迫，从这个意义上可以说，惯性力是“实在”的力。实质上，惯性力是物体的惯性在非惯性系中的表现。惯性力一般表示为：

$$\boldsymbol{f}=-m\boldsymbol{a} \tag{2-21}$$

在非惯性系中，这牛顿定律表示为：

$$\boldsymbol{F}+\boldsymbol{f}=m\boldsymbol{a} \tag{2-22}$$

2.1.6　经典力学中的相对性原理

在讨论相对运动时，得出过以下关系：

$$\boldsymbol{a}=\frac{\mathrm{d}\boldsymbol{v}}{\mathrm{d}t}+\boldsymbol{a}' \tag{2-23}$$

如图 2-5 所示，如果两参照系相对匀速运动(都是惯性系)，则

$$\frac{\mathrm{d}\boldsymbol{v}}{\mathrm{d}t}=0,\quad \boldsymbol{a}=\boldsymbol{a}' \tag{2-24}$$

牛顿力学还认为物体的质量和相互作用力与参照系无关，即存在 $m=m'$，$\boldsymbol{F}=\boldsymbol{F}'$，只要在 S 系中有$\boldsymbol{F}=m\,\boldsymbol{a}$，那么在 S'中一定有$\boldsymbol{F}'=m\,\boldsymbol{a}'$。一切惯性系都是等价的，或者说力学定律对于惯性系变换具有不变性。

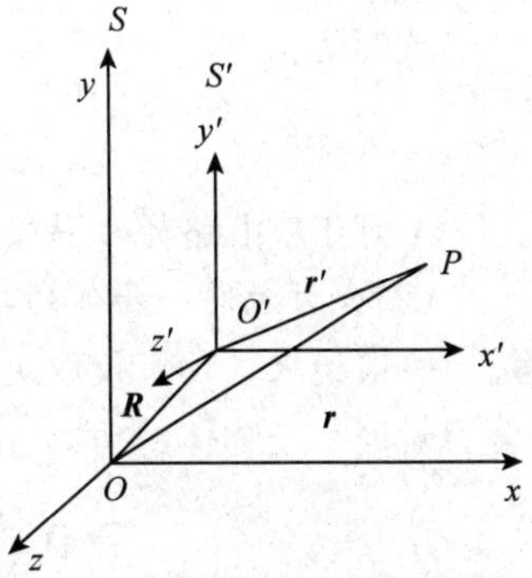

图 2-5　相对匀速运动的两参考系

2.2　功和能

2.2.1　功

(1)功的定义

如图 2-6 所示，质点 m 在外力$\boldsymbol{F}$ 的作用下，在空间某点发生了一无限小的位移 d$\boldsymbol{r}$，若 d$\boldsymbol{r}$ 与$\boldsymbol{F}$ 之间的夹角为θ。在此过程中，外力对质点所做的元功 dA 定义为：

$$\mathrm{d}A=\boldsymbol{F}\cdot\mathrm{d}\boldsymbol{r}=F\mathrm{d}r\cos\theta=F\cos\theta\mathrm{d}r \tag{2-25}$$

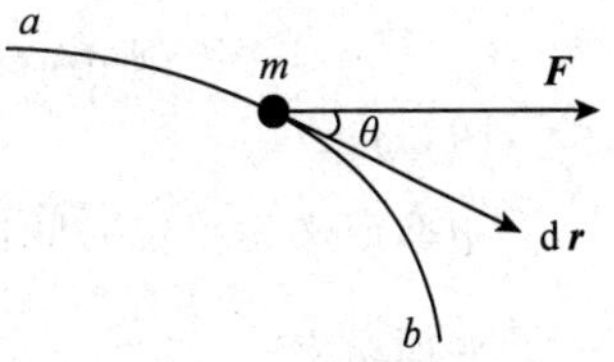

图 2-6　功的定义

上式的几点说明：

①dr、dA 是元位移、元功；

②$\boldsymbol{F}\cdot\mathrm{d}\boldsymbol{r}$ 两矢量的点乘，在数值上等于$F\mathrm{d}r\cos\theta$；

③$F\mathrm{d}r\cos\theta$ 为力在位移方向上的投影与位移的乘积；

④功是两个矢量$\boldsymbol{F}$ 与 d$\boldsymbol{r}$ 的标积：$\mathrm{d}\boldsymbol{A}=\boldsymbol{F}\cdot\mathrm{d}\boldsymbol{r}\Leftrightarrow\mathrm{d}A=F\,|\,\mathrm{d}r\,|\cos\theta$。

若质点在外力$\boldsymbol{F}$ 作用下，从 a 点沿曲线 $\overset{\frown}{ab}$ 运动到 b 点，则外力所做的功为：

$$\boldsymbol{A}=\int_a^b\boldsymbol{F}\cdot\mathrm{d}\boldsymbol{r} \tag{2-26}$$

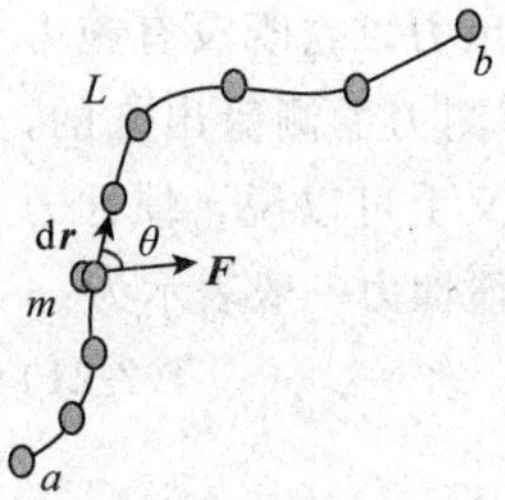

图 2-7 质点运动曲线

功是表示力对空间积累效应的物理量，是力在空间上的积累效应。功是标量，它没有方向，但有正负。功的正负由$\boldsymbol{F}$与$\mathrm{d}\boldsymbol{r}$之间的夹角θ决定。

如图 2-7 所示，质点沿曲线L从a运动到b，力$\boldsymbol{F}$所做的功：

$$\begin{aligned}\boldsymbol{A}&=\int_L \boldsymbol{F}\cdot \mathrm{d}\boldsymbol{r}\\&=\int_L (F_x\boldsymbol{i}+F_y\boldsymbol{j}+F_z\boldsymbol{k})\cdot \mathrm{d}(x\boldsymbol{i}+y\boldsymbol{j}+z\boldsymbol{k})\\&=\int_L F_x\mathrm{d}x+F_y\mathrm{d}y+F_z\mathrm{d}z\end{aligned}\tag{2-27}$$

或写为：

$$\boldsymbol{A}=\int_a^b \boldsymbol{F}\cdot \mathrm{d}\boldsymbol{r}=\int_L F\cos\theta\,\mathrm{d}\theta\tag{2-28}$$

$\boldsymbol{A}$等于$\boldsymbol{F}$沿路径L从a运动到b的微积分。

(2)合力对同一物体的功

一般说来，功不仅取决于质点的初态和末态，而且与运动过程有关，是一个过程量。合力对同一个物体的功：

$$\begin{aligned}\boldsymbol{A}&=\int_a^b \boldsymbol{F}\cdot \mathrm{d}\boldsymbol{r}=\int_a^b (\boldsymbol{F}_1+\boldsymbol{F}_2+\cdots+\boldsymbol{F}_n)\cdot \mathrm{d}\boldsymbol{r}\\&=\int_a^b \boldsymbol{F}_1\cdot \mathrm{d}\boldsymbol{r}+\int_a^b \boldsymbol{F}_2\cdot \mathrm{d}\boldsymbol{r}+\cdots+\int_a^b \boldsymbol{F}_n\cdot \mathrm{d}\boldsymbol{r}\\&=\sum_{i=1}^n\int_a^b \boldsymbol{F}_i\cdot \mathrm{d}\boldsymbol{r}\end{aligned}\tag{2-29}$$

合力对同一物体的功等于各分力所作功的代数和。

(3)一对相互作用力的功

$$\boldsymbol{F}_1=-\boldsymbol{F}_2\tag{2-30}$$

$$\begin{aligned}\mathrm{d}A=\mathrm{d}A_1+\mathrm{d}A_2&=\boldsymbol{F}_1\cdot \mathrm{d}\boldsymbol{r}_1+\boldsymbol{F}_2\cdot \mathrm{d}\boldsymbol{r}_2=\boldsymbol{F}_1\cdot \mathrm{d}\boldsymbol{r}_1-\boldsymbol{F}_1\cdot \mathrm{d}\boldsymbol{r}_2\\&=\boldsymbol{F}_1\cdot \mathrm{d}(\boldsymbol{r}_1-\boldsymbol{r}_2)=\boldsymbol{F}_1\cdot \mathrm{d}\boldsymbol{r}_{12}\end{aligned}\tag{2-31}$$

若$\mathrm{d}\,\boldsymbol{r}_{12}=0$，则$\mathrm{d}A=0$。

(4)功率

功率定义为单位时间内力所作的功。

平均功率： $\overline{P}=\dfrac{\Delta A}{\Delta t}$，单位：W = J/s。 (2-32)

瞬时功率：

$$P=\lim_{\Delta t\to 0}\frac{\Delta A}{\Delta t}=\frac{\mathrm{d}A}{\mathrm{d}t}\tag{2-33}$$

$$P=\frac{\mathrm{d}A}{\mathrm{d}t}=\frac{\boldsymbol{F}\cdot \mathrm{d}\boldsymbol{r}}{\mathrm{d}t}=\boldsymbol{F}\cdot\boldsymbol{v}\tag{2-34}$$

即瞬时功率等于力和速度矢量的标量积。功率的大小反映了力做功的快慢程度。功率越大，做同样的功所花费的时间就越少，做功的效率也越高。在国际单位制中，功的单位是N · m或J；功率的单位是J/s。

2.2.2　保守力和势能

一般情况下，力$\boldsymbol{F}$做功的大小不仅与物体的始末位置有关，还与物体经过的具体路径有关。也就是说，物体从 a 点运动到 b 点时，经过不同路径，力做功的数值一般不一样。但有一种力，它所做的功与路径无关，只与始末位置有关，这种力称作保守力。下面讨论保守力和保守力做功和势能的关系。

(1)保守力

从功能的关系上看，力可分两类：保守力和非保守力。做功只与始末位置有关而与路径无关的力统称保守力，不具备这种性质的力则称为非保守力。

保守力做功的特点：

①保守力做功与路径无关，只与始末位置有关。

②保守力沿任一闭合路径所做的功等于 0，即 $\oint \boldsymbol{F}\cdot \mathrm{d}\boldsymbol{r}=0$。一个力是保守力的充分必要条件是它的环量积分等于 0。

③保守力做功在数值上等于系统势能的减少量，即 $\mathrm{d}A=-\mathrm{d}E_p$

在力学里，常见的保守力有重力、万有引力、弹性力和电场力。其他的力如摩擦力、流体的黏性阻力、爆炸力等都是非保守力。

(2)几种保守力做的功举例

【例 2-3】 重力做的功。

如图 2-8 所示，在重力场中，质量为 m 的质点沿着曲线 S 从 P_1 点(高 h_1)运动到 P_2 点(高 h_2)，恒定的重力 mg 做功为：

$$A=\int_L m\boldsymbol{g}\cdot \mathrm{d}\boldsymbol{r}=mg\int_L \mathrm{d}r=mg\Delta L=mgh_1=-mgh_2$$

其中$\boldsymbol{L}$是由起点 P_1 指向终点 P_2 的有向线段，即位移，可见，只要起点和终点确定，不论质点沿哪条路径移动，重力做功是相同的。做功和路径无关。

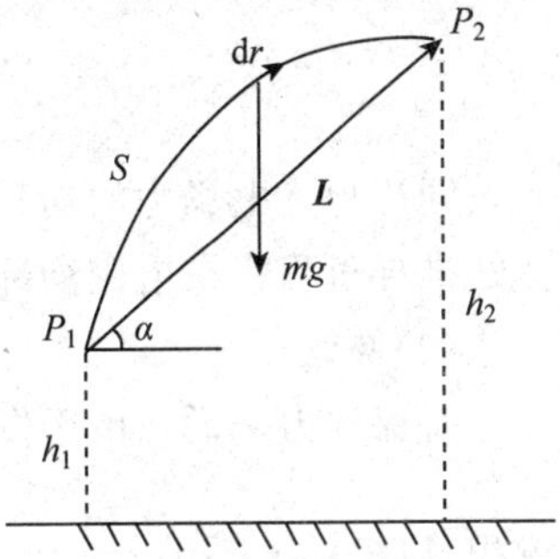

图 2-8　重力做功

【例 2-4】 万有引力做的功。

如图 2-9 所示，质量为 M 和 m 的两个质点，选择质点 M 为坐标原点，m 的位矢为$\boldsymbol{r}$，受到的万有引力用矢量表示为：

$$\boldsymbol{F}=-G\frac{Mm}{r^3}\boldsymbol{r}$$

由变力做功的表达式，质点由 P_1 运动 P_2 过程中，万有引力做功为：

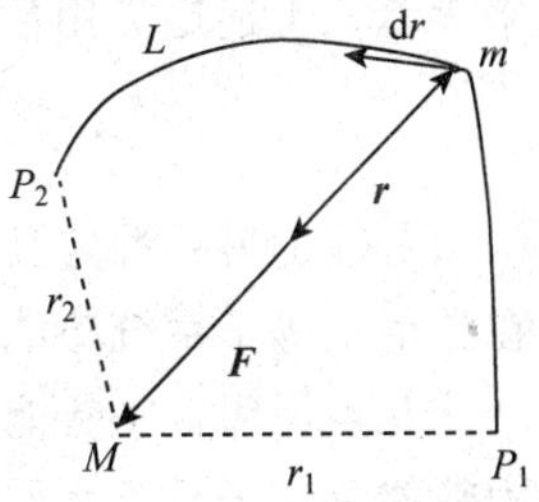

图 2-9　万有引力做功

$$A=\int_{P_1\to P_2}\boldsymbol{F}\cdot \mathrm{d}\boldsymbol{r}=\int_{r_1}^{r_2}-G\frac{Mm}{r^3}\boldsymbol{r}\cdot \mathrm{d}\boldsymbol{r}$$

利用$\boldsymbol{r}\cdot\boldsymbol{r}=r^2$，两边微分有 $2\boldsymbol{r}\cdot \mathrm{d}\boldsymbol{r}=2r\mathrm{d}r$，从而将两矢量的标积转换成标量运算，得

$$A=\int_{r_1}^{r_2}-G\frac{Mm}{r^3}r\,\mathrm{d}r=-GMm\left(\frac{1}{r_1}-\frac{1}{r_2}\right)$$

万有引力做的功只和两质点的始末距离有关，与质点的运动路径无关。万有引力也是保守力。

【例 2-5】弹簧拉力做的功。

如图 2-10 所示，弹簧的劲度系数为 k，忽略其质量，一端固定，另一端系一质量为 m 的质点。系统水平放置，质点沿 x 轴运动，取弹簧无形变时质点的位置为坐标原点，质点在任一位置 x 处受到的弹力为：

$$\boldsymbol{F}=-kx\boldsymbol{i}$$

此式对弹簧拉伸和压缩情况均成立，这是一个变力。质点从坐标 x_1 运动到 x_2 过程中，位移元 $\mathrm{d}\boldsymbol{r}=\mathrm{d}x\,\boldsymbol{i}$，故弹力做功为：

$$A=\int_{x_1}^{x_2}-kx\boldsymbol{i}\cdot\boldsymbol{i}\,\mathrm{d}x=\int_{x_1}^{x_2}-kx\,\mathrm{d}x=\frac{1}{2}kx_1^2-\frac{1}{2}kx_2^2$$

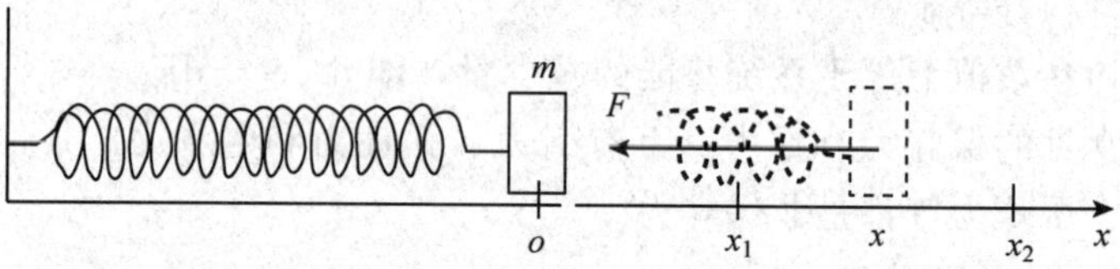

图 2-10　弹簧拉力做功

同样地，电场力的功只与始末位置有关，而与路径无关。所以电场力也是保守力。具体的推导过程将在电磁场部分详细讲解，本章不再阐述。

(3)势能

对保守力来说，由于做功与路径无关。因此，在保守力场中，对于给定两点来说，曲线积分 $\int_a^b \boldsymbol{F}\cdot\mathrm{d}\boldsymbol{r}$ 等于一个恒量。

定义：某质点从 a 点运动到 b 点，保守力做的功等于质点势能的减少量。势能用 E_p 来表示，上述定义用数学表达式：

$$A=-\int_a^b \boldsymbol{F}\cdot\mathrm{d}\boldsymbol{r}=-\Delta E_p=-(E_{pb}-E_{pa}) \tag{2-35}$$

势能的另一种定义：由相互作用的物体的相对位置所确定的能量叫势能，保守力做功在数值上等于系统势能的减少。

几点说明：①势能属于系统。势能是属于发生保守力作用的系统所共有的，例如：重力势能是属于受重力作用的物体和地球组成的系统共有的，万有引力势能是两个相互吸引的物体系统共有的，弹性势能是弹簧和与弹簧相连的物体所组成的系统共有的。②势能的大小只有相对的意义。势能的大小与势能零点的选取有关，理论上来说，势能零点可以任意选取。③势能零点。由于势能的相对意义，在计算势能时，需要先声明势能零点。④势能是物体相对位置的单值函数，是状态量，而功是过程量。

取 $\boldsymbol{r}_0$ 为势能零点，则空间任意一点 $\boldsymbol{r}$ 的势能为：

$$E_{p(r)}=\int_r^{r_0}\boldsymbol{F}\cdot \mathrm{d}\boldsymbol{r} \tag{2-36}$$

空间某点的势能 E_P 等于质点从该点移动到势能零时保守力做的功。

保守力做功等于始末状态势能之差：$W_{保守力}=E_{P初}-E_{P末}=-\Delta E_P$，选 $E_{P末}=0$ 为势能零点，则 $E_{P初}=W_{保守力}$。①选地面为零势能点，重力势能 $E_p=mgh$。②选弹簧原长度为势能零点，弹性势能 $E_P=\frac{1}{2}kx^2$。③选无限远为势能零点，万有引力 $E_P=-G\frac{Mm}{r}$。

(4)由势能函数求保守力

由于 $\mathrm{d}A=\boldsymbol{F}\cdot \mathrm{d}\boldsymbol{r}=F_x\mathrm{d}x+F_y\mathrm{d}y+F_z\mathrm{d}z$、$\mathrm{d}E_p=\frac{\partial E_p}{\partial x}\mathrm{d}x+\frac{\partial E_p}{\partial y}\mathrm{d}y+\frac{\partial E_p}{\partial z}\mathrm{d}z$ 和 $\mathrm{d}A=-\mathrm{d}E_p$ 得

$$F=-\left(\frac{\partial E_p}{\partial x}\boldsymbol{i}+\frac{\partial E_p}{\partial y}\boldsymbol{j}+\frac{\partial E_p}{\partial z}\boldsymbol{k}\right) \tag{2-37}$$

上式说明：保守力等于势能的负梯度，负号表示力的方向沿势能下降的最快的方向。

(5)关于保守力与势能函数的两类计算问题

①如果已知势能分布，根据 $\boldsymbol{F}=-(\frac{\partial E_p}{\partial x}\boldsymbol{i}+\frac{\partial E_p}{\partial y}\boldsymbol{j}+\frac{\partial E_p}{\partial z}\boldsymbol{k})$ 求保守力。

②如果已知质点所受到的保守力，根据 $\Delta E_p=E_{p2}-E_{p1}=-\int_a^b\boldsymbol{F}\cdot \mathrm{d}\boldsymbol{r}$ 求相互作用下的相互势能。

2.2.3　动能和动能定律

由牛顿第二定律可知，在外力 $\boldsymbol{F}$ 作用下，物体的运动状态将发生变化。物体由于运动而具有的能叫做动能，动能记为 E_k。

质量为 m 的物体假如以速度 $\boldsymbol{v}$ 运动，它具有的动能 $E_k=\frac{1}{2}mv^2$，单位：J。

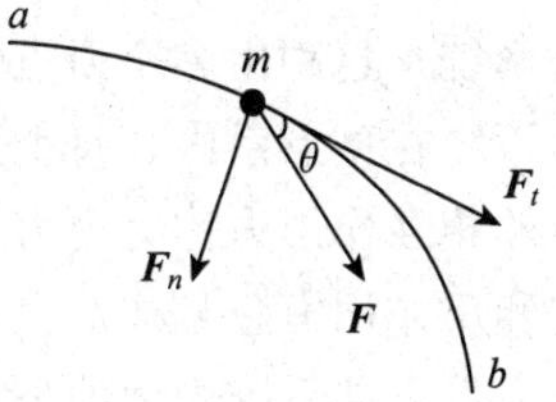

图 2-11　元功分析

如图 2-11 所示，设质量为 m 的质点在力 $\boldsymbol{F}$ 作用下，发生了位移 $\mathrm{d}\boldsymbol{r}$。根据牛顿第二定律，有

$$\boldsymbol{F}_t=m\boldsymbol{a}_t=m\frac{\mathrm{d}\boldsymbol{v}}{\mathrm{d}\boldsymbol{t}} \tag{2-38}$$

即

$$\boldsymbol{F}\cos\theta=m\frac{\mathrm{d}\boldsymbol{v}}{\mathrm{d}\boldsymbol{r}}\frac{\mathrm{d}\boldsymbol{r}}{\mathrm{d}t}=m\boldsymbol{v}\frac{\mathrm{d}\boldsymbol{v}}{\mathrm{d}t} \tag{2-39}$$

$$\boldsymbol{F}\cos\theta\mathrm{d}\boldsymbol{r}=m\boldsymbol{v}\mathrm{d}\boldsymbol{v} \tag{2-40}$$

即元功

$$\mathrm{d}A=\boldsymbol{F}\cdot \mathrm{d}\boldsymbol{r}=\boldsymbol{F}\cos\theta\mathrm{d}\boldsymbol{r}=m\boldsymbol{v}\mathrm{d}\boldsymbol{v}=\mathrm{d}(\frac{1}{2}mv^2) \tag{2-41}$$

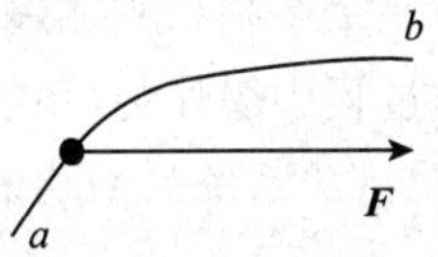

图 2-12　合外力做功

如图 2-12 所示，若质点 m 在外力 $\boldsymbol{F}$ 的作用下，从 a 点运动到 b 点，外力所做的功为：

$$A=\int_a^b \boldsymbol{F}\cdot \mathrm{d}\boldsymbol{r}=\int_{v_a}^{v_b} \mathrm{d}\left(\frac{1}{2}mv^2\right)=\frac{1}{2}mv_b^2-\frac{1}{2}mv_a^2 \tag{2-42}$$

上式表明，合外力对质点所做的功等于质点动能的增量。这便是动能定律。动能 $E_k=\frac{1}{2}mv^2$ 只有相对意义，是一状态量。

综上所述，质点 m 在力$\boldsymbol{F}$ 的作用下沿曲线从 a 点运动到 b 点，质点的动能定律可表述为：

$$A=\frac{1}{2}mv_b^2-\frac{1}{2}mv_a^2=E_{kb}-E_{ka} \tag{2-43}$$

动能定律的另一种推导法：将牛顿第二定律$\boldsymbol{F}=m\boldsymbol{a}$ 两边点乘 $\mathrm{d}\boldsymbol{r}$ 后积分

$$\int_a^b \boldsymbol{F}\cdot \mathrm{d}\boldsymbol{r}=\int m\frac{\mathrm{d}\boldsymbol{v}}{\mathrm{d}t}\cdot \mathrm{d}\boldsymbol{r}=\int_{v_a}^{v_b} m\boldsymbol{v}\cdot \mathrm{d}\boldsymbol{v}=\int_{v_a}^{v_b} mv\mathrm{d}v \tag{2-44}$$

得动能定律：

$$A=\frac{1}{2}mv_b^2-\frac{1}{2}mv_a^2 \tag{2-45}$$

即在一过程中，作用在质点上的功等于质点动能的增量。

动能定律是一个非常重要的力学原理，它将过程量用状态量表示出来。在许多力学问题处理中，利用它可以避免解算牛顿方程所带来的麻烦，使计算过程大为简化。

2.2.4　功能原理与机械能守恒定律

(1)质点系的动能定律

在实际力学问题中，不存在孤立的质点，往往是由多个质点或物体共同组成一个力学系统。这种由多个质点组成的系统通常被称为质点系。

在质点系内，每个质点受到力均可分为内力和外力两类。我们将质点系内各质点之间的相互作用力称为内力，将系统外的质点对系统内各质点的作用力称为外力。由于作用力和反作用力总是成对出现的，且大小相等，方向相反，所以系统内每一对内力的矢量和必为零，即系统内力的矢量和必为零。

质点系的动能定律：

$$\sum_{i=1}^{n}A_i=\sum_{i=1}^{n}\frac{1}{2}m_iV_{i2}^2-\sum_{i=1}^{n}\frac{1}{2}m_iV_{i1}^2=\sum_{i=1}^{n}E_{ki2}-\sum_{i=1}^{n}E_{ki1} \tag{2-46}$$

注意：$\sum\limits_{i=1}^{n}A_i$ 是每一个质点所受外力做功的代数和。由于各质点的位移不尽相同，所以它不等于合外力所做的功。尽管系统的内力总是成对出现的，内力的矢量和一定为零，且不改变系统总动量和总角动量，但内力可以改变系统的总动能，即系统所有内力做的总功不一定等于零。例如：在飞行炸弹发生爆炸的前后瞬间，如果我们将爆炸后各个碎片作为一个系统，则在爆炸后各碎片的动能之和远大于爆炸前炸弹的飞行动能，其原因是在爆炸过程中爆炸力(系统的内力)做功。

(2)系统的功能原理

用$\sum A_i=A_{外}+A_{内非}+A_{保}$表示外力，非保守内力及保守力对系统内各质点做功的总和。对于质点系，$A_{保}=-\sum(E_{pi2}-E_{pi1})=-(\sum E_{pi2}-\sum E_{pi1})$，于是

$$A_{外}+A_{内非}=\sum\Delta E_{ki}+\sum\Delta E_{pi} \tag{2-47}$$

在力学中，动能和势能的和统称机械能。

令

$$\Delta E=\sum\Delta E_{ki}+\sum\Delta E_{pi} \tag{2-48}$$

上式变为：

$$A_{外}+A_{内非}=\Delta E \tag{2-49}$$

上式便是力学系统的功能原理，又称质点系的动能原理。它表明：外力和系统内非保守力对系统所做功的总和等于系统机械能的增量。

(3)系统的机械能守恒定律

当外力和非保守内力对系统所做的功的总和等于零时，有 $\Delta E=0$，这便是机械能守恒定律，用数学语言表达如下：若 $A_{外}+A_{内非}=0$，则

$$\begin{aligned}\sum\Delta E_{ki}+\sum\Delta E_{pi}=0\Leftrightarrow\sum\Delta E_{ki}=-\sum\Delta E_{pi}\Leftrightarrow\sum(\Delta E_{ki2}+\Delta E_{pi2})\\=\sum(\Delta E_{ki1}+\Delta E_{pi1})\Leftrightarrow E_{机2}=E_{机1}\end{aligned} \tag{2-50}$$

如果系统只有保守内力做功，非保守力和一切外力都不做功，那么系统的总机械能保持不变。

注意：孤立的保守系统机械能守恒。

【例 2-6】分析太空航行的三个宇宙速度。

(1)第一宇宙速度

是人造卫星能够环绕地球运动所需的最小速度。在地心参考中，它应满足的条件是物体环绕地球表面飞行时，它所受到的重力完全充当向心力，即

$$mg=\frac{mv_1^2}{R_E}$$

其中，地球半径 $R_E\approx6.37\times10^6\,\text{m}$。所以第一宇宙速度为：

$$v_1=\sqrt{gR_E}\approx7.9\times10^3\,(\text{m/s})$$

发射速度增大，轨道将变成椭圆，发射点是其近地点。

(2)第二宇宙速度

从地球上抛射物体，如果初速度足够大，物体的轨道会由椭圆变成抛物线而飞离地球。第二宇宙速度就是物体能够脱离地球引力束缚所需的最小初速度。在惯性系—地心参考系中，把地球和物体作为一个质点系考虑，不计其他星体的引力和空气阻力，内力只有万有引力。由于物体和地球相距无限远的状态势能为零，因此，物体从发射到脱离地球的过程中，系统机械能守恒，有

$$\frac{1}{2}mv_0^2-G\frac{M_Em}{R_E}=\frac{1}{2}mv^2-G\frac{M_Em}{r}$$

其中，地球质量 $M_E\approx5.98\times10^{24}\,\text{kg}$；万有引力常量 $G=6.67\times10^{-11}\,\text{Nm}^2/\text{kg}^2$。物体能够逃离地球，说明当 $r\to\infty$ 时物体速度 $v\geqslant0$，有

$$\frac{1}{2}mv_0^2 - G\frac{M_E m}{R_E} \geqslant 0$$

对应物体发射速度 v_0 的最小值即第二宇宙速度为：

$$v_2 = \sqrt{\frac{2GM_E}{R_E}} = \sqrt{2g} \approx 11.2\times10^3\,(\mathrm{m/s})$$

(3)第三宇宙速度

从地球上抛射物体，能够脱离太阳引力束缚所需的最小初速度，称为第三宇宙第一阶段。

第一阶段，物体首先必须克服地球引力范围，并仍具有一定的速度，设为 v_{r-E}。如图 2-13(a)所示，在地心系中，物体以发射速度 v_3 飞离地球的过程中，机械能守恒有

$$\frac{1}{2}mv_3^2 - G\frac{M_E m}{R_E} = \frac{1}{2}mv_{r-E}^2 \tag{a}$$

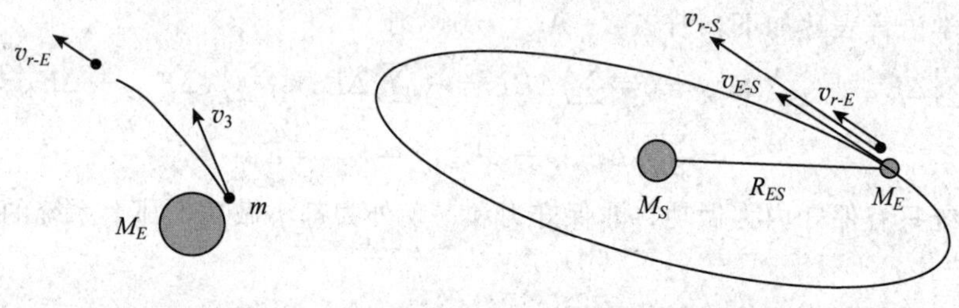

(a)地心系：物体飞离地球　　　　(b)日心系：物体飞离太阳

图 2-13　第三宇宙速度

第二阶段，物体飞离太阳的过程中，在日心系分析。地球绕日的公转速度为 $v_{E.S}=29.8\times10^3\,\mathrm{m/s}$。如图 2-13(b)所示，根据速度变换关系，物体开始飞离太阳的速度 $v_{r-S}=v_{r-E}+v_{E.S}$，如果脱离地球的物体的方向和地球公转速度方向一致，就可以获得更大的对日出射速度 v_{r-S}，故

$$v_{r-S} = v_{r-E} + v_{E.S} \tag{b}$$

尽管物体已远离地球，但由于太阳到地球的距离 $R_{ES} \gg r_e \gg R_E$，物体远离地球后，与太阳的距离，可以近似等于太阳和地球的距离 R_{ES}，由机械能守恒有

$$\frac{1}{2}mv_{r-S}^2 - \frac{GM_S m}{R_{ES}} = \frac{1}{2}mv^2 - \frac{GM_S m}{R}$$

物体能够逃离太阳，说明当 $R\to\infty$时，物体速度 $v \gg 0$，有

$$\frac{1}{2}mv_{r-S}^2 - \frac{GM_S m}{R_{ES}} \geqslant 0$$

其中，$R_{ES} \approx 1.49\times10^{11}\,\mathrm{m}$。，是地球轨道平均半径，太阳质量 $M_S \approx 1.99\times10^{30}\,\mathrm{kg}$，因此日心系中，物体飞离太阳的最小速度为：

$$v_{r-S} = \sqrt{\frac{2GM_S}{R_{ES}}} = 42.2\times10^3\,(\mathrm{m/s}) \tag{c}$$

将它代入式(b)，得到物体相对地球的最小飞离速度 v_{r-E} 为：

$$v_{r-E} = 12.4\times10^3\,(\mathrm{m/s})$$

这一结果再代入式(a)，得到物体能飞离太阳，相对地球的最小初速度 v_3，即第三宇宙速度：

$$v_3=\sqrt{v_{r-E}^2+v_2^2}=16.7\times10^3\,(\mathrm{m/s})$$

2.3　动量和动量守恒定律

2.3.1　动量和动量定律

1)动量定律

根据牛顿第二定律$\boldsymbol{F}=\dfrac{\mathrm{d}(m\boldsymbol{v})}{\mathrm{d}t}$可得动量定律的微分形式：

$$\boldsymbol{F}\mathrm{d}t=\mathrm{d}(m\boldsymbol{v}) \tag{2-51}$$

如果力的作用时间从 $t_1\rightarrow t_2$，质点的动量从$\boldsymbol{p}_1\rightarrow\boldsymbol{p}_2$，则动量定律的积分形式为：

$$\int_{t_1}^{t_2}\boldsymbol{F}\mathrm{d}t=m\boldsymbol{v}_2-m\boldsymbol{v}_1 \tag{2-52}$$

动量定律：质点所受合外力的冲量，等于质点动量的增加量，即末状态和始状态的动量之差。

关于动量定律的几点说明：

①一般来说，合外力$\boldsymbol{F}$ 是一个变矢量，它不仅大小可变，方向也变，动量定律所反映的是状态量，与过程无关。

②只有当$\boldsymbol{F}$ 的方向恒定不变时，总冲量才和$\boldsymbol{F}$ 同向。

③动量定律在研究碰撞问题时具有特别重要的作用，在碰撞问题中，两物体一般作用的时间极短，冲力类似于峰脉冲，只要能测量出两物体碰撞前后的动量的改变量及相互作用时间，很容易估算出过程中的平均冲力：

$$\boldsymbol{F}\Delta t=m\boldsymbol{v}_2-m\boldsymbol{v}_1 \tag{2-53}$$

2)冲量

冲量$\boldsymbol{I}=\int_{t_1}^{t_2}\boldsymbol{F}\mathrm{d}t$ 是过程量，它反映力在时间上的积累效应。冲量反映的是力的作用对时间的积累，它是一矢量，方向为速度变化的方向，单位是 N · S。

①力的冲量$\boldsymbol{I}=\boldsymbol{F}\Delta t$

②力的冲量把作用时间分成 n 个很小的时间段 t_i，如图 2-14 所示，每个时间段的力可看成恒力：

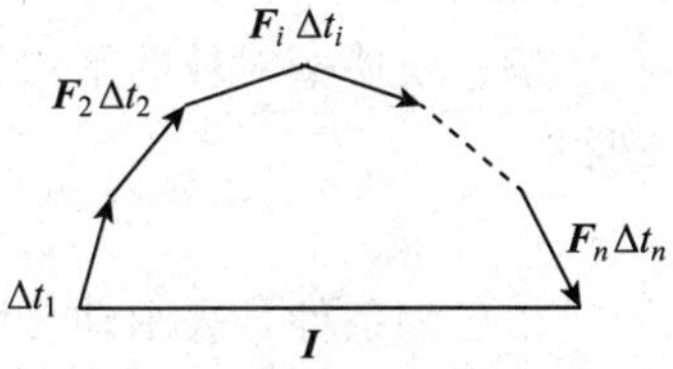

图 2-14　变力的冲量

$$\boldsymbol{I}=\boldsymbol{F}_1\Delta t_1+\boldsymbol{F}_2\Delta t_2+\cdots+\boldsymbol{F}_n\Delta t_n=\sum_i\boldsymbol{F}_i\Delta t_i \tag{2-54}$$

注意：冲量$\boldsymbol{I}$ 的方向和瞬时力$\boldsymbol{F}$ 的方向不同。

当力连续变化时

$$\boldsymbol{I}=\int_{t_1}^{t_2}\boldsymbol{F}\mathrm{d}t \tag{2-55}$$

其分量式：

$$I_x=\int_{t_1}^{t_2}F_x\mathrm{d}t,\ I_y=\int_{t_1}^{t_2}F_y\mathrm{d}t,\ I_z=\int_{t_1}^{t_2}F_z\mathrm{d}t \tag{2-56}$$

3)动量

所谓动量，就是指物体的质量与其速度的乘积。动量是矢量，其方向就是物体速度的方向，大小是 mv，单位为 kg·m/s。

注意：单一的冲量不等于动量的改变量。

动量定律的分量公式：

$$\int_{t_1}^{t_2}F_x\mathrm{d}t=mv_{x2}-mv_{x1} \tag{2-57}$$

$$\int_{t_1}^{t_2}F_y\mathrm{d}t=mv_{y2}-mv_{y1} \tag{2-58}$$

$$\int_{t_1}^{t_2}F_z\mathrm{d}t=mv_{z2}-mv_{z1} \tag{2-59}$$

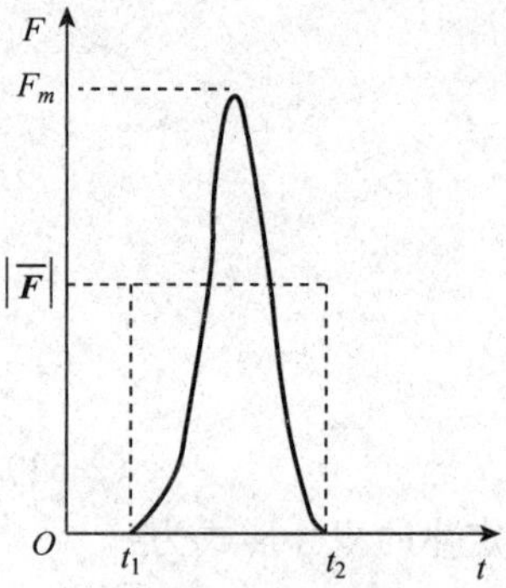

图 2-15　平均冲量

平均冲力：$\overline{\boldsymbol{F}}=\dfrac{1}{t_2-t_1}\displaystyle\int_{t_1}^{t_2}\boldsymbol{F}\mathrm{d}t$；平均冲量(图 2-15)：$\overline{\boldsymbol{I}}=\overline{\boldsymbol{F}}\Delta t$。

【例 2-7】一质量 $m=0.2$kg 的弹性小球，与墙壁碰撞前后速度大小不变，均为 6m/s，方向和墙壁的法线所夹的角都是 $\alpha=60°$，如图 2-16 所示。设球和墙壁碰撞的时间 $\Delta t=0.01$s。求碰撞时间内小球对墙壁的平均作用力。

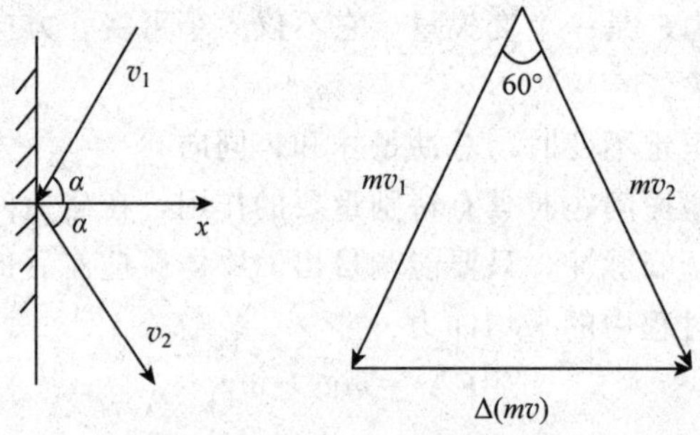

图 2-16　碰撞与动量的增量

解：设墙壁对球的平均作用力为$\overline{\boldsymbol{F}}$，小球碰撞前后的速度分别为$\boldsymbol{v}_1$、$\boldsymbol{v}_2$，根据动量定理得

$$\overline{\boldsymbol{F}}\Delta t=m\boldsymbol{v}_2-m\boldsymbol{v}_1=\Delta(m\boldsymbol{v})$$

由已知条件，表示动量增量的矢量三角形是等边三角形，因此

$$|\overline{\boldsymbol{F}}|=\frac{|\Delta(m\boldsymbol{v})|}{\Delta t}=\frac{|m\boldsymbol{v}_1|}{\Delta t}=\frac{|m\boldsymbol{v}_2|}{\Delta t}=\frac{0.2\times 6}{0.01}=120(\mathrm{N})$$

$\overline{\boldsymbol{F}}$ 的方向与 $\Delta(m\boldsymbol{v})$的方向相同，沿 x 轴正向。根据牛顿第三定律，小球对墙壁的平均作用力为：

$$\overline{\boldsymbol{F}'}=-\boldsymbol{F}$$

【例 2-8】火箭飞行原理。火箭是一种利用燃料燃烧后喷出气体，以产生反冲推力的发动机。它自带燃料和助燃剂，因而可以在空间任何地方发动。各种导弹、人造卫星、飞船及空间探测器都是用火箭发射的。设火箭在外层高空飞行，忽略空气阻力和万有引力的影响。沿火箭运动方向建立一维坐标系。设 t 时刻火箭的质量为 $M(t)$、速度大小为 $v(t)$，$t+\mathrm{d}t$ 时刻火箭的质量为 $M(t)+\mathrm{d}M$，速度大小为 $v(t)+\mathrm{d}v$，如图 2-17 所示。在 $\mathrm{d}t$ 时间内火箭喷出气体的质量为 $\mathrm{d}m$，并有 $\mathrm{d}m=-\mathrm{d}M$。若喷出气体相对火箭的速度大小为常数 u，则喷出的气体相对地球的速度大小为 $v-u$，由动量守恒定律得

$$Mv=(M+\mathrm{d}M)\Delta(v+\mathrm{d}v)+\mathrm{d}m\Delta(v-u)$$

化简为 $M\mathrm{d}v+\mathrm{d}v\mathrm{d}M+u\mathrm{d}M=0$，忽略二阶无穷小量 $\mathrm{d}v\cdot\mathrm{d}M$，得 $M\mathrm{d}v=-u\mathrm{d}M$，即

$$\mathrm{d}v=-u\frac{\mathrm{d}M}{M}$$

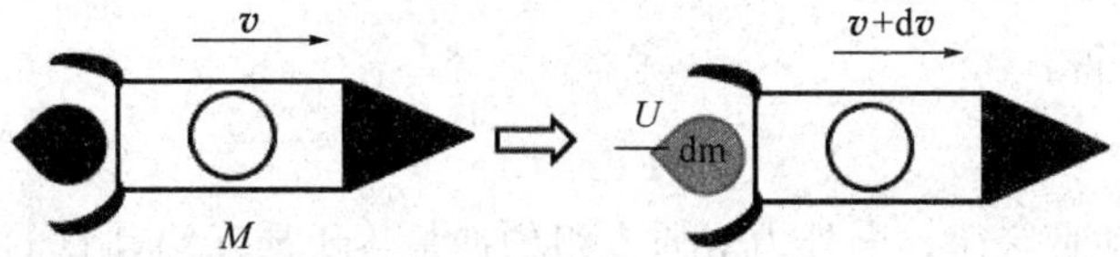

图 2-17　火箭飞行原理示意

设点火时火箭的质量为 M_1、速度大小为 v_1，燃料耗尽时火箭的质量为 M_2，速度大小为 v_2，将上式积分得：

$$v_2-v_1=u\ln\frac{M_1}{M_2}$$

火箭在燃料耗尽后速度大小的增量，与喷出气体的相对速度大小 u 呈正比，与火箭始末质量比的自然对数呈正比。

此外，对于质量为 $M(t)+\mathrm{d}M$ 的火箭主体来说，它在 $\mathrm{d}t$ 时间内动量大小的增量为：

$$\mathrm{d}p=(M+\mathrm{d}M)\Delta(v+\mathrm{d}v)-(M+\mathrm{d}M)\Delta v\approx M\mathrm{d}v$$

因为 $M\mathrm{d}v=-u\mathrm{d}M=u\mathrm{d}m$，所以 $\mathrm{d}p=u\mathrm{d}m$，由牛顿第二定律可以求出火箭受到的推力大小为：

$$F=\frac{\mathrm{d}p}{\mathrm{d}t}=u\frac{\mathrm{d}m}{\mathrm{d}t}$$

此式表明，火箭受到的推力与单位时间喷出的燃气质量呈正比，与喷出气体的相对速度 $\boldsymbol{u}$ 呈正比，速度 $\boldsymbol{u}$ 也称为比冲或比冲量，是单位流量的推进剂产生的推力。

增加火箭的速度，必须增大火箭喷出气体的相对速度和增大火箭的始末质量比。对单一火箭而言，提高这两个参数受到限制。为此人们制造了由单级火箭组成的多级火箭，每级火箭燃尽后自动脱落，随后下一级火箭自动点火设各级火箭的喷气速度分别为$\boldsymbol{u}_1$，$\boldsymbol{u}_2$，…，$\boldsymbol{u}_n$，始末质量比分别为 N_1，N_2，…，N_n，可得火箭的末速度大小为：

$$v=u_1\ln N_1+u_2\ln N_2+\cdots+u_n\ln N_n$$

2.3.2　动量守恒定律

(1)质点系的总动量

由 N 个质点构成一质点系。设第 i 个质点的质量为 m_i，速度为$\boldsymbol{v}_i$，所受的合外力为 $\boldsymbol{F}_j$，则质点系的总动量$\boldsymbol{p}=\sum\limits_i m_i\boldsymbol{v}_i$。

(2)质点系的动量定律

若质点系中的第 i 个质点所受的内力为$\boldsymbol{f}_i$，根据动量定律有

$$(\boldsymbol{F}_j+\boldsymbol{f}_i)\mathrm{d}t=\mathrm{d}(m_i\boldsymbol{v}_i) \tag{2-60}$$

对于 N 个质点，求和

$$\left(\sum_j\boldsymbol{F}_j+\sum_i\boldsymbol{f}_i\right)\mathrm{d}t=\mathrm{d}\sum_i m_i\boldsymbol{v}_i \tag{2-61}$$

根据牛顿第三定律$\sum_i\boldsymbol{f}_i=0$，则质点系的动量定律为：

$$\sum_j\boldsymbol{F}_j\mathrm{d}t=\mathrm{d}\sum_i m_i\boldsymbol{v}_i \tag{2-62}$$

记$\boldsymbol{F}=\sum_j\boldsymbol{F}_j$，得：

$$\boldsymbol{F}\mathrm{d}t=\mathrm{d}\boldsymbol{p} \tag{2-63}$$

这就是质点的动量定律，合外力对质点组的冲量等于质点组动量的改变量。

质点系动量定律的分量式：

$$\left.\begin{aligned}\sum_j\boldsymbol{F}_{jx}\mathrm{d}t=\mathrm{d}\sum_i m_i\boldsymbol{v}_{ix}\\ \sum_j\boldsymbol{F}_{jy}\mathrm{d}t=\mathrm{d}\sum_i m_i\boldsymbol{v}_{iy}\\ \sum_j\boldsymbol{F}_{jz}\mathrm{d}t=\mathrm{d}\sum_i m_i\boldsymbol{v}_{iz}\end{aligned}\right\} \tag{2-64}$$

分量式说明：系统动量在某一方向的改变量，等于合外力在该方向的冲量。

(3)系统的动量守恒定律

由$\dfrac{\mathrm{d}}{\mathrm{d}t}\left(\sum_i m_i\boldsymbol{v}_i\right)=\sum_j\boldsymbol{F}_j$ 可知，当$\sum_j\boldsymbol{F}_j=0$ 时，$\sum_i m_i\boldsymbol{v}_i=$常量。这便是力学系统中的动量守恒定律：当系统所受的合外力等于零时，系统的总动量保持不变。

由$\left(\sum_i m_i\boldsymbol{v}_i\right)=$常量可得动量守恒的分量式：

$$\left.\begin{aligned}\left(\sum_i m_i\boldsymbol{v}_{xi}\right)=\text{常量}\left(\sum_j\boldsymbol{F}_{jx}=0\right)\\ \left(\sum_i m_i\boldsymbol{v}_{yi}\right)=\text{常量}\left(\sum_j\boldsymbol{F}_{jy}=0\right)\\ \left(\sum_i m_i\boldsymbol{v}_{zi}\right)=\text{常量}\left(\sum_j\boldsymbol{F}_{jz}=0\right)\end{aligned}\right\} \tag{2-65}$$

几点说明：①系统的总动量可能不守恒，但是如果系统在某一个方向上所受的合外力为零，则在该方向上动量守恒；②外力的矢量和为零，或者说外力相比小得多时，可近似认为动量守恒；③动量守恒定律是自然界中最普遍、最基本的守恒定律之一，无论是宏观过程，还是微观过程，也无论是低速运动，还是高速运动，动量守恒定律总是成立。动量守恒定律是比牛顿定律更普遍的基本定律。

【例 2-9】 质量为 2.5g 的乒乓球以 10m/s 的速度飞来，被板推挡后，又以 20m/s 的速度飞出。设两速度均在垂直于板面的同一平面内，且它们与板面法线的夹角分别为 45°和 30°。(1)求乒乓球得到的冲量；(2)若撞击时间为 0.01s，求板施于球的平均冲力的大小和方向。

解：取挡板和球为研究对象，由于作用时间很短，忽略重力影响。设挡板对球的冲力为$\boldsymbol{F}$，则有$\boldsymbol{I}=\int \boldsymbol{F}\mathrm{d}t=m\boldsymbol{v}_2-m\boldsymbol{v}_1$，取图 2-18 所示坐标系。

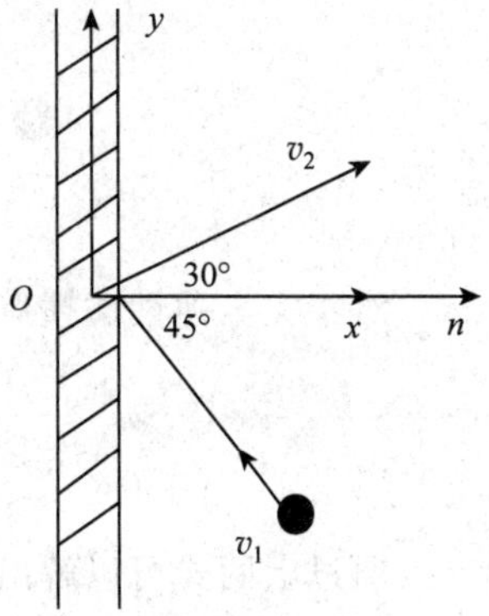

图 2-18　例 2-9 乒乓球运动分析

$$I_x=\int F_x\mathrm{d}t=mv_2\cos 30^\circ-(-mv_1\cos 45^\circ)=\overline{F}_x\Delta t$$

$$I_y=\int F_y\mathrm{d}t=mv_2\sin 30^\circ-mv_1\sin 45^\circ=\overline{F}_y\Delta t$$

$$\Delta t=0.01\mathrm{s},\ v_1=10\mathrm{m/s},\ v_2=20\mathrm{m/s},\ m=2.5\mathrm{g}$$

$$I_x=0.061\mathrm{Ns},\quad I_y=0.0073\mathrm{Ns}$$

$$I=\sqrt{I_x^2+I_y^2}=6.14\times 10^{-2}\mathrm{Ns}$$

$$\tan\alpha=\frac{I_y}{I_x}=0.1200,\ \alpha=6^\circ 52'$$

$$\overline{F}_x=6.1\mathrm{N},\ \overline{F}_y=0.73\mathrm{N},\ \overline{F}=\sqrt{\overline{F}_x^2+\overline{F}_y^2}=6.14\mathrm{N}$$

2.3.3　碰撞问题

碰撞是一种常见的自然现象，也是物理学中的一项重要研究内容。碰撞是指两个或两个以上的物体在相遇的极短时间内产生非常大的相互作用力，而其他力相对来说显得微不足道可以忽略的过程。碰撞的形式多种多样，其最重要的特点是：碰撞时间极短，作用力变化快，作用力峰值大，其他作用力可以忽略。在宏观领域内，物体间的相互作用力表现为接触力，故碰撞往往发生在两个物体直接接触的时候。以两球碰撞为例，如果按照一个力学系统分析研究，碰撞时系统仅受内部相互作用力，系统的总动量守恒。

从能量转化的角度上看：碰撞可分为完全弹性碰撞、完全非弹性碰撞和非弹性碰撞。

①完全弹性碰撞：在碰撞的过程中没有能量的损失。以两球碰撞为例，两球相碰时的相互作用内力仅是弹性力，在碰撞的过程中，两球之间的弹性势能与动能相互转化，碰撞的始末动能相等(碰撞前两球的接近速度和碰撞后两球的分离速度基本相等)。对于完全弹性碰撞，碰撞过程同时满足能量守恒和动量守恒。

②完全非弹性碰撞：在碰撞过程中有能量的损失，碰撞后两球不分离，速度相等，碰撞过程不满足能量守恒，但满足动量守恒。

③非弹性碰撞：完全弹性碰撞和非完全弹性碰撞是弹性碰撞过程中的两个极端情形，实际的碰撞就是介于这两个之间的非弹性碰撞。实际的碰撞过程既有动能的损失也有动量的不守恒。

下面仍以两球的碰撞为例：就对完全弹性碰撞和完全非弹性碰撞进行讨论，这一结果对碰撞具有更普遍的意义。

如图 2-19 所示，质量分别为 m_1、m_2 的两球做对心正碰撞，碰撞前后的速度方向。

图 2-19 完全弹性碰撞和完全非弹性碰撞

对于完全弹性碰撞有：

$$\frac{1}{2}m_1v_{01}^2+\frac{1}{2}m_2v_{02}^2=\frac{1}{2}m_1v_1^2+\frac{1}{2}m_2v_2^2 \tag{2-66}$$

$$m_1\boldsymbol{v}_{01}+m_2\boldsymbol{v}_{02}=m_1\boldsymbol{v}_1+m_2\boldsymbol{v}_2 \tag{2-67}$$

通过上两式可以解出：

$$v_1=\frac{(m_1-m_2)v_{01}+2m_2v_{02}}{m_1+m_2} \tag{2-68}$$

$$v_2=\frac{(m_2-m_1)v_{02}+2m_1v_{01}}{m_1+m_2} \tag{2-69}$$

讨论：①假设两球质量相等 $m_1=m_2$，那么 $v_1=v_{02}$，$v_2=v_{01}$ 即两球彼此交换速度。如果原来第二个小球静止 $v_{02}=0$，通过碰撞后，它们彼此交换速度，则第一个小球静止 $v_1=v_{02}=0$，第二个小球 $v_2=v_{01}$。

②假设两球质量不相等，$m_1\ll m_2$ 且 $v_{02}=0$，那么 $v_1=-v_{01}$，$v_2=0$。即第一个小球以 v_{01} 的速度反弹，第二个小球仍然静止。例如，气体分子与容器壁的碰撞就属于这种情况，因此气体分子也以原速率弹回。

对于完全非弹性碰撞，由于物体发生形变而在碰撞瞬间不能恢复而产生能量损失，碰撞过程只满足动量守恒且 $v_2=v_1$，于是

$$v=v_1=v_2=\frac{m_1v_{01}+m_2v_{02}}{m_1+m_2} \tag{2-70}$$

即两球以共同的速度 v 一起前进。

2.4 质点的角动量和角动量守恒定律

在自然界中，绕定点转动的问题广泛存在，大到天体的运动，小到电子围绕原子核运动，都可视为质点绕定点转动。角动量是一个非常重要的物理量，在讨论质点围绕空间某点转动以及刚体的转动问题时，使用角动量和角动量守恒的概念会十分方便的。

2.4.1 质点对于固定点的角动量

角动量又称动量矩，常用符号$\boldsymbol{L}$ 表示。它是描述质点绕某个定点转动的一个重要物理量。在物理研究中经常会遇到质点绕着一个给定点转动的情况。例如：行星绕太阳的转动、人造卫星绕地球的转动、原子中核外电子绕原子核的转动等。

如图 2-20 所示，设有一质量为 m 是质点，绕某固定点 O 运动，某时刻在以 O 点为参照点的坐标系中，m 的位置矢量为$\boldsymbol{r}$，速度矢量为$\boldsymbol{v}$，$\boldsymbol{r}$ 与$\boldsymbol{v}$ 之间的夹角为θ，则质点 m 对于O 的角动量定义为：

$$\boldsymbol{L}=\boldsymbol{r}\times\boldsymbol{p}=\boldsymbol{r}\times m\boldsymbol{v} \tag{2-71}$$

大小：$L = mvr\sin\theta$。

方向：由$\boldsymbol{r}$ 指向$\boldsymbol{v}$ 的右手螺旋确定。

物理意义：角动量是转动运动量的度量。

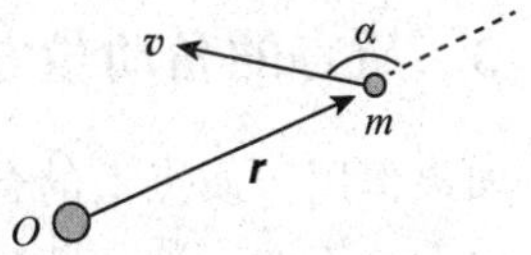

图 2-20　角动量

关于角动量概念作如下说明：①角动量是一矢量，它的大小 $L = mvr\sin\theta$，方向垂直于$\boldsymbol{r}$ 与$\boldsymbol{v}$ 所构成的平面，并与$\boldsymbol{r}$ 和$\boldsymbol{v}$ 构成右手螺旋定则。当运动速度平行位置矢量时，$\alpha = 0°$或 $180°$，$L = 0$。②角动量总是相对于某一点来说的，质点的同一运动状态，对不同的参考点有不同的角动量。③质点作圆周运动时，对圆心的角动量 $L = mvr = mr^2\omega$。

2.4.2　质点的角动量定律

(1)力矩

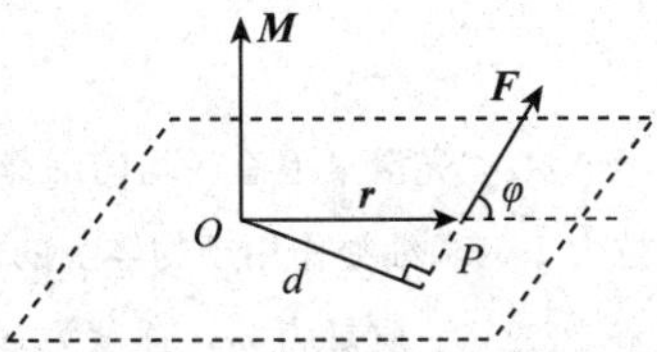

图 2-21　力矩

为了定量分析引起质点角动量变化的原因，引入力对参考点 O 的力矩概念。如图 2-21 所示，设力$\boldsymbol{F}$ 在转动平面内，转动平面上的质点绕轴心 O 做定轴转动，$\boldsymbol{r}$ 为轴心到力$\boldsymbol{F}$ 作用点 P 的矢径。力矩定义为：

$$\boldsymbol{M} = \boldsymbol{r} \times \boldsymbol{F} \tag{2-72}$$

称$\boldsymbol{M}$ 为力$\boldsymbol{F}$ 对 O 点的力矩。

大小：$M = Fr\sin\varphi$。

方向：由$\boldsymbol{r}$ 指向$\boldsymbol{F}$ 的右手螺旋法则确定。

物理意义：力矩是改变物体转动的原因。

需要注意的是，如果质点始终受一个指向(或背离)某一固定点的力，称该力称为有心力，该固定点称为力心。由于有心力的 $\varphi = 0°$或 $180°$，因此有心力的力矩恒等于零。

(2)质点的角动量定律

$$\begin{aligned}\frac{\mathrm{d}\boldsymbol{L}}{\mathrm{d}t} &= \frac{\mathrm{d}\boldsymbol{r}}{\mathrm{d}t} \times m\boldsymbol{v} + \boldsymbol{r} \times \frac{\mathrm{d}(m\boldsymbol{v})}{\mathrm{d}t} \\ &= \boldsymbol{v} \times m\boldsymbol{v} + \boldsymbol{r} \times \frac{\mathrm{d}(m\boldsymbol{v})}{\mathrm{d}t} \\ &= \boldsymbol{r} \times \frac{\mathrm{d}(m\boldsymbol{v})}{\mathrm{d}t} \\ &= \boldsymbol{r} \times \frac{\mathrm{d}\boldsymbol{p}}{\mathrm{d}t} \\ &= \boldsymbol{r} \times \boldsymbol{F}\end{aligned} \tag{2-73}$$

即

$$\frac{\mathrm{d}\boldsymbol{L}}{\mathrm{d}t} = \boldsymbol{M} \Leftrightarrow \boldsymbol{M}\mathrm{d}t = \mathrm{d}\boldsymbol{L}$$

上式为质点角动量的微分式，它说明质点角动量随时间变化的快慢和方向，取决于质点所受的合力矩。质点的角动量定律也可表述为：作用于质点上合外力矩的冲量矩等于质点角动量的增量。

2.4.3 质点的角动量守恒定律

如果作用于质点上的合外力对于某点 O 的力矩为零，则质点对 O 点的角动量在运动过程中保持不变，即：若$\boldsymbol{M}=0$，则$\boldsymbol{L}=\boldsymbol{r}\times m\boldsymbol{v}=$常矢量。

质点的角动量守恒定律表明，质点对某个参考点的角动量恒定不变的条件是它受到的合外力对该参考点的力矩为零。而力矩为零存在两种情况：一种是合外力为零；另一种是合外力不为零，但其作用线始终通过某个给定的参考点。对于第二种情况有许多实例，例如，当质点做匀速圆周运动时，合外力的方向总是指向圆心，对圆心的力矩为零，所以质点对圆心的角动量恒定不变。

习　题

2-1　光滑桌上有一均匀细绳，质量为 m，长度为 l，一端系有质量为 M 的物体，另一端施加一水平拉力 F，求细绳作用于物体上的力。

2-2　一质量为 m，速度为 v_0 的摩托车，在关闭发动机后沿直线滑行，它受到的阻力为 $f=-kv^2$，其中 k 为大于 0 的常数，试求关闭发动机后 t 时刻的速率。

2-3　如习题 2-3 图所示，在水平的地面有一质量为 m 的物体，物体与地面间的摩擦系数为 μ，给物体加一恒力$\boldsymbol{F}=a\,\boldsymbol{i}-b\,\boldsymbol{j}$，其中 a、b 为正数。对于给定的 a、b 取何值时，外力可以推动物体。

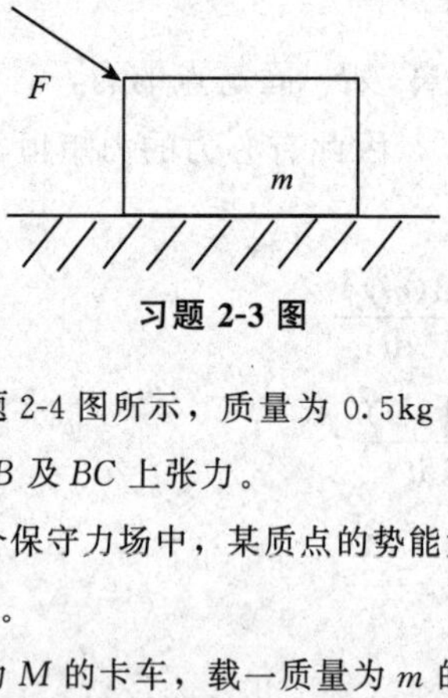

习题 2-3 图

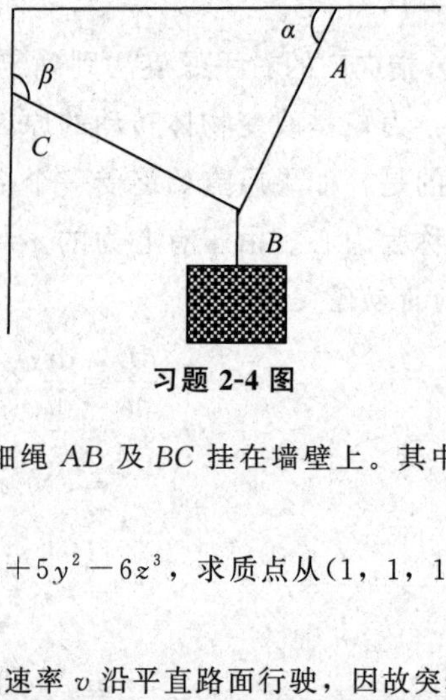

习题 2-4 图

2-4　如习题 2-4 图所示，质量为 0.5kg 的重物被细绳 AB 及 BC 挂在墙壁上。其中，$\alpha=60°$，$\beta=135°$，求细绳 AB 及 BC 上张力。

2-5　在一个保守力场中，某质点的势能为 $E_p=2x+5y^2-6z^3$，求质点从(1，1，1)运动到（2，2，2)保守力做的功。

2-6　质量为 M 的卡车，载一质量为 m 的木箱，以速率 v 沿平直路面行驶，因故突然刹车后，车轮立即停止转动，卡车和木箱都向前滑行，木箱在卡车上的滑行距离为 l 并与卡车同时停止，已知木箱与卡车、卡车与路面的滑动摩擦系数分别为 μ_1 和 μ_2，求卡车的滑行距离 L。

2-7　力 $F=6t\boldsymbol{i}$ 作用在 $m=3$kg 的质点上。物体沿 x 轴运动，$t=0$ 时，$v_0=0$。求前 2s 内 F 对 m 做的功。

2-8　质量为 m，长为 L 的摆，挂在固定于小车的架子上，求在下列情况下摆线的方向及线中的张力：

(1)小车沿水平面做匀速直线运动；

(2)小车以加速度$\boldsymbol{a}$ 做水平运动；

(3)小车自由地从斜面上滑下，斜面与水平面成 α 角。

2-9　如习题 2-9 图所示，质量为 m 的小球，从点 A 沿光滑的轨道自由下滑，进入半径为 R 的圆形轨道。求：

(1)要使 m 在全程中不脱离圆形轨道，A 点的最小高度 H 为多少？

(2)$H=4R$ 时，m 滑到 B 点对轨道产生的压力为多少？

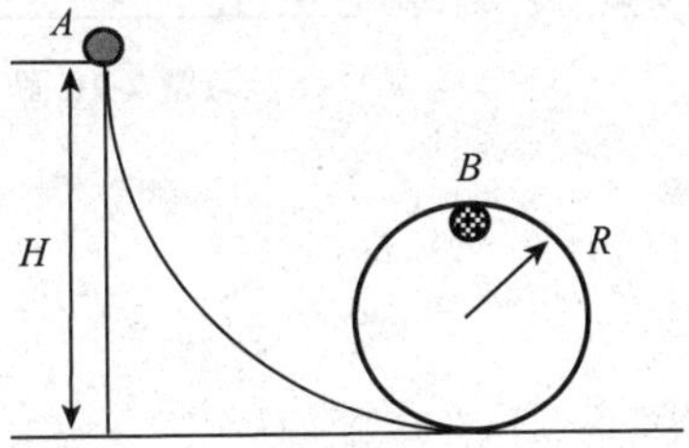

习题 2-9 图

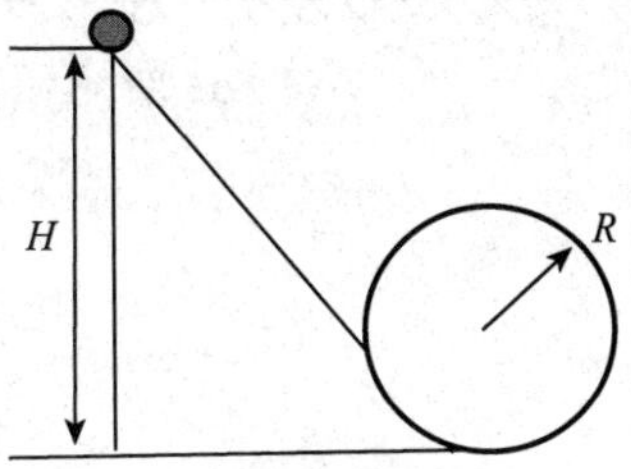

习题 2-10 图

2-10　如习题 2-10 图所示，位于竖直平面内的光滑轨道，由一段斜的直轨道和与之相切的圆形轨道连接而成，圆形轨道的半径为 R。一质量为 m 的小球从斜轨道上某处由静止开始下滑，然后沿圆形轨道运动。要求小球能通过圆形轨道最高点，且在该最高点对轨道间的压力不能超过 $5mg$(g 为重力加速度)。求小求初始位置相对圆形轨道底部的高度 H 的取值范围。

2-11　一根质量为 M，长度为 L 的链条，被竖直地悬挂起来，最低端刚好与秤盘接触，今将链条释放并让它落到秤上，求证：链条下落距离为 x 时，秤的读数为 $N=\dfrac{3Mgx}{L}$。

2-12　如习题 2-12 图所示，一质量 $m=2.5\text{g}$ 的乒乓球以 $v_1=10\text{m/s}$ 的速率飞来，用板推挡后球又以 $v_2=20\text{m/s}$ 的速率飞出，设推挡前后球的运动方向与板面夹角分别为 45°和 60°。求：①小球得到的冲量；②如果撞击时间是 0.01s，求板施于球的平均冲力。

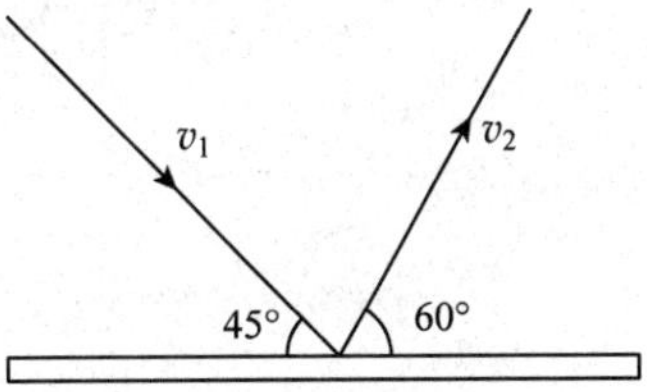

习题 2-12 图

2-13　一质量为 m_1 的物体被静止悬挂着，今有一质量为 m_2 的子弹，沿水平方向以速度 v_2 射入物体并留在物体中，求子弹刚停在物体内时物体的速度 v 是多少？

2-14　质量为 $7.2\times10^{-2}\text{kg}$，速度为 $6.0\times10^{7}\text{m/s}$ 的粒子 A，与另一个质量为其 1/2 而静止的粒子 B 相碰，假定碰撞是完全弹性碰撞，碰撞后粒子 A 的速度为 5×10^{7} m/s，求：(1)粒子 B 的速率及偏转角；(2)粒子 A 的偏转角。

2-15　测子弹速度的一种方法是，把子弹水平射入一个固定在弹簧上的木块内，由弹簧压缩的距离可以求出子弹的速度。如习题 2-15 图所示，已知子弹的质量 $m=0.02\text{kg}$，木块质量 $M=8.98\text{kg}$，弹簧劲度系数 $k=100\text{N/m}$，子弹射入木块后，弹簧被压缩 10cm，求子弹的速度。假设木块与平面间的动摩擦因数是 0.2。

2-16　如习题 2-16 图所示，质量为 m_1 的小球放在高度为 H 的平台边缘，有一个质量为 m_2 的小球，以初速度 v_0 与 m_1 发生完全非弹性碰撞，求落地距离 x。

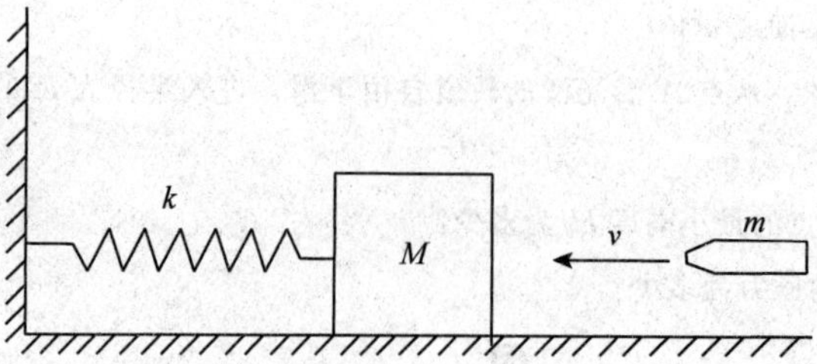

习题 2-15 图

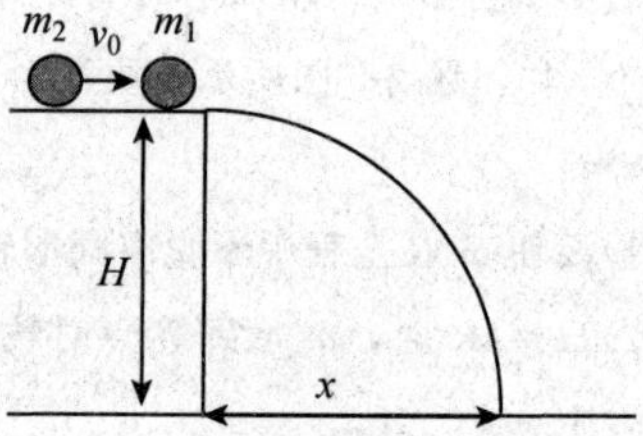

习题 2-16 图

第3章　流体力学

流体是液体和气体的总称。在人们的日常生活中随时随地可见到流体，所以流体力学是与人类日常生活和生产事业密切相关的。流体各部分之间很容易发生相对运动，没有固定的形状，这种性质称为流动性，是流体区别于固体的主要特征。

流体力学是研究流体运动规律及流体与相邻固体之间相互作用的学科。流体力学分为流体静力学和流体动力学两个分支。本章主要阐述流体动力学的部分内容，介绍理想流体运动的一些基本概念和规律，以及理想流体运动规律在工农业上的应用。

3.1　理想流体的定常流动

3.1.1　实际流体的性质

对于流动的流体，若用牛顿力学的方法对每个流体质元的运动情况进行追踪描述，则需要无穷个力学方程，该方法称为拉格朗日法。显然，这是难以实现的，事实上也是没有必要的。欧拉(Leonhard Euler)采用研究流体粒子的速度、压强、密度等物理量的方法对流经的空间及时间的分布规律，即用场的观点，从整体上描述流体的运动情况，这种方法称为欧拉法。欧拉法方便实用，在流体力学中已得到广泛应用。

自然界中存在的实际流体都具有流动性、可压缩性和黏滞性这三个普遍特性。流动性是流体最主要的特性。在一般的压强条件下，液体的可压缩性很小。虽然气体的可压缩性较大，但它的流动性好，只要有很小的压强差，就可使气体迅速流动起来，从而使各处的密度差异很小。黏滞性是指相邻流层间存在沿界面的一对切向摩擦力，称为内摩擦力或黏滞力，流体具有的这种性质称为黏滞性。例如，着色甘油在竖直安放的滴定管中向下流动时，可观察到滴定管轴心处流速最大，从滴定管轴心到滴定管壁流速依次减小至零，这说明液体是分层流动的，相邻液层之间存在着沿界面的摩擦力。甘油、蓖麻油等油类液体的黏性较大，而水、酒精、血浆、水银等多种液体的黏性则很小。对于黏性很小的液体其黏性是可以忽略的。

实际流体的运动规律是一个很复杂的问题，为了使研究问题得以简化，往往忽略实际流体的次要影响因素，先研究流体在流动性这一主要特征影响下的运动规律，再在此基础上去分析研究实际流体运动的规律。因此，理想流体的运动规律是实际流体流动的近似描述。

3.1.2 理想流体的性质

为了突出流体的流动性，引入了流体的理想模型——理想流体。理想流体是指体积不可压缩，且不考虑其黏滞性，只考虑流动性的流体。流体的形状取决于所装容器的形状。那么理想流体的特点是只考虑流体的流动性，忽略实际流体的可压缩和黏滞性。

在一般的压强情况下，液体受压缩程度极小。例如，水在高达 10^8 Pa 的压强作用下，体积只减小 5%。因此，一般情况下液体可以看作不可压缩的流体。但在个别情况中，例如，当流速较大的水管上闸门突然半闭时，会产生一种水击现象，此时就必须考虑液体的压缩性，否则会得出荒谬的结果。相比于液体，虽然气体的可压缩性较大，但是气体流动性好，其各处密度变化可忽略不计，液体和气体均可看作不可压缩流体。由于流体的流动性很好，在小范围内流动时，其能量损耗也可忽略不计，液体和气体均可看作非黏滞流体。所以，研究理想流体的运动规律能近似地反映部分实际流体的运动情况，那些黏滞性不能忽略的流体运动情况将在下一节中讨论。

3.1.3 定常流动

(1)定常流动

流体流经的空间称为流体空间或流场。一般情况下，流体在流动过程中，不仅在空间各点的速度不同，而且各点的速度还随时间变化。如果流体在空间各点的速度不随时间变化，这种流动就称为流体的定常流动或稳定流动；反之称为流体的不定常流动。

在定常流动的情况下，不仅流体各点的速度不变，而且包括密度和压强等参数都与时间无关。流体做定常流动时，流体质量元在不同地点的速度可以各不相同，流体在空间各点的速度保持不变。定常流动并不仅限于理想流体。

(2)流线

流线是分布在流场中的许多假想曲线，规定曲线上每一点的切线方向和流体质量元流经该点时的速度方向一致，流线的疏密程度和流体质量元流经该点时的速度大小相对应。流体流过石块时的流线如图 3-1 所示。

因为流场中流线是连续分布的；流场空间中每一点只有一个确定的流速方向，所以两条流线永远不会相交。而且流线密处，表示流速大；反之流线稀处则流速小。在定常流动的情况下，流线就是流体质量元的运动轨迹，且它不随时间发生变化。

(3)流管

流管是指由一束流线围成的管状区域，如图 3-2 所示。因为流线不会相交，所以流管

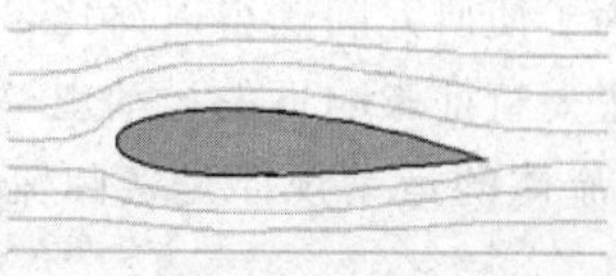

图 3-1 流线

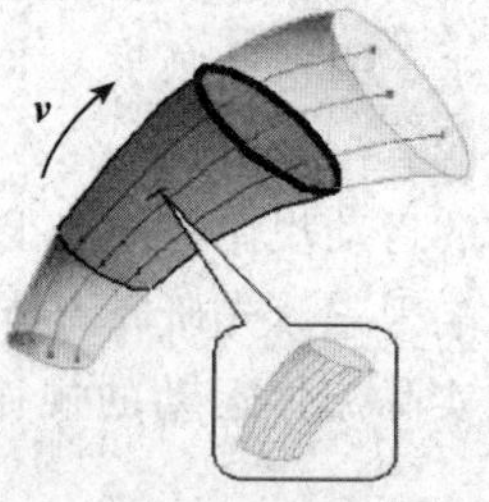

图 3-2 流管

内流体不会横穿流管，即流管内流体的质量是守恒的。通常所取的流管都是细流管。由于细流管的截面积 ΔS 趋近于零，所有细流管内的运动情况就近似于流线的运动。

图 3-3 给出了流体流过圆柱体、薄板、流线型物体时形成的流线。

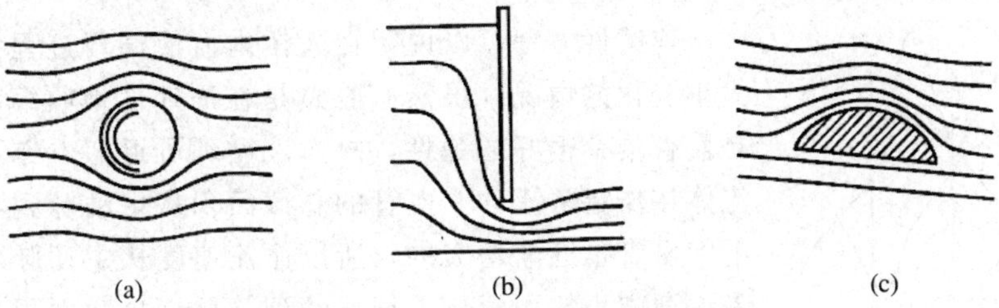

图 3-3　流体经过不同物体时形成的流线

3.1.4　流体的连续性原理

流体的连续性原理描述了定常流动的流体，任一流管中流体元在不同截面处的流速 v 与截面积 S 之间的关系。由于流线永远不会相交，所以流管内流体不会横穿流管，即流管内流体的质量是守恒的。取一细流管，任取两个截面 S_1 和 S_2，两截面处的流速分别为 v_1 和 v_2，流体密度分别为 ρ_1 和 ρ_2，如图 3-4 所示。

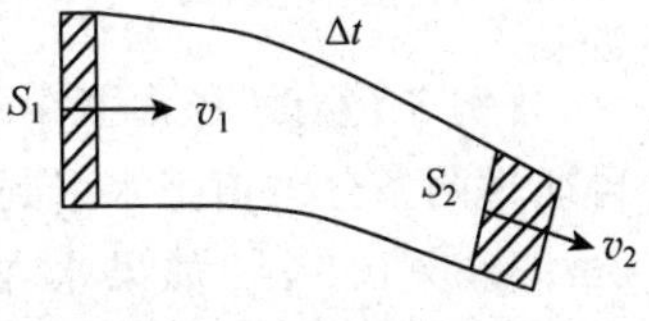

图 3-4　连续性原理示意

经过时间 Δt，流入细流管的流体质量：

$$\Delta m_1=\rho_1\Delta V_1=\rho_1 S_1 v_1\Delta t \tag{3-1}$$

同理，流出的质量：

$$\Delta m_2=\rho_2\Delta V_2=\rho_2 S_2 v_2\Delta t \tag{3-2}$$

流体作定常流动，故流管内流体质量始终不变，即 $\Delta m_1=\Delta m_2$，可得到：

$$\rho_1 S_1 v_1\Delta t=\rho_2 S_2 v_2\Delta t \quad \text{或} \quad \rho S v=C(\text{常量}) \tag{3-3}$$

式(3-2)称为连续性原理，其中 $\rho S v$ 称为流体作定常流动的流量。

对于不可压缩流体，密度为常量，故有：

$$Sv=Q=\text{常量} \tag{3-4}$$

式(3-4)称为不可压缩流体的连续性原理或体积连续性方程，其中 Q 称为体积流量。连续性原理体现了流体在流动过程中流量守恒，它是流体动力学的一个基本方程式。

流体的连续性方程在应用过程中的注意事项：

(1)对同一流管而言，常量 C 一定。根据流体的连续性原理可知：截面积 S 小处则速度 v 大，截面积 S 大处则速度 v 小。

(2)$Sv=C$ 是对细流管而言的。在这里物理概念的“细”，指的是流管截面上各处速度一样，因此流管不论多大，均可视为“细流管”来看待。

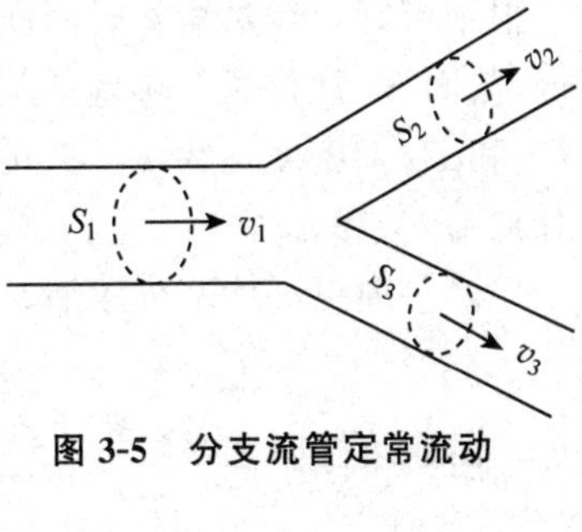

图 3-5　分支流管定常流动

(3)理想流体在如图 3-5 所示的分支流管中做定常流动

时，连续性方程同样适用。可写成：

$$S_1 v_1 = S_2 v_2 + S_3 v_3 \tag{3-5}$$

在日常生活中，常见的自来水管和煤气管都可视为流管。当管道有分支时，可压缩的流体在各分支管的流量之和等于总管流量。

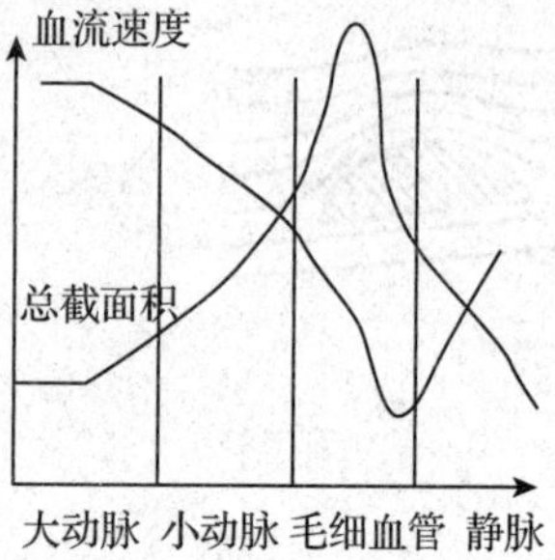

图 3-6　血流图速度分布示意

连续性方程可以说明在人体内血液循环过程中血流速度大小变化的情况，虽然心脏总是在周期性地收缩和舒张，但是血管具有很好的弹性，故血液循环可近似看作不可压缩的流体在作定常流动。血管的总截面积从主动脉到小动脉再到毛细血管是逐渐增大的，所以血流速度从主动脉到毛细血管是逐渐减小的；而从毛细血管到静脉，总截面积是逐渐减小的，所以血流速度是逐渐加快的。图 3-6 所示为人体内循环系统中血流图速度分布示意。

3.1.5　应用举例

【例 3-1】有一条灌溉渠道，横截面是梯形，底宽 2m，水面宽 4m，水深 1m。这条渠道再通过两条分渠道把水引到田间(见图 3-5)，分渠道的横截面也是梯形，底宽 1m，水面宽 2m，水深 0.5m。如果水在两条分渠道内的流速都是 0.2m/s，求水在总渠道中的流动速度。

解：理想流体在分支流管中做定常流动时，连续性方程变为：

$$S_1 v_1 = S_2 v_2 + S_3 v_3$$

代入数据后可得：

$$v_1 = 0.1\text{m/s}$$

3.2　伯努利方程及其应用

伯努利方程是理想流体作定常流动的动力学方程，可由动力学的功能原理和连续性方程导出。伯努利方程给出了理想流体作定常流动时，任意两点或截面上压强、流速及高度三者之间的关系。

3.2.1　伯努利方程的推导

如图 3-7 所示，在重力场中做定常流动的理想流体，任取一根细流管，经过短暂时间间隔 Δt 后，截面 S_1 从位置 a 移到 b，截面 S_2 从位置 c 移到 d，速度分别为 v_1 和 v_2，压强分别为 P_1 和 P_2，密度均为 ρ，S_1 面和 S_2 面中心到参考平面的高度分别为 h_1 和 h_2。

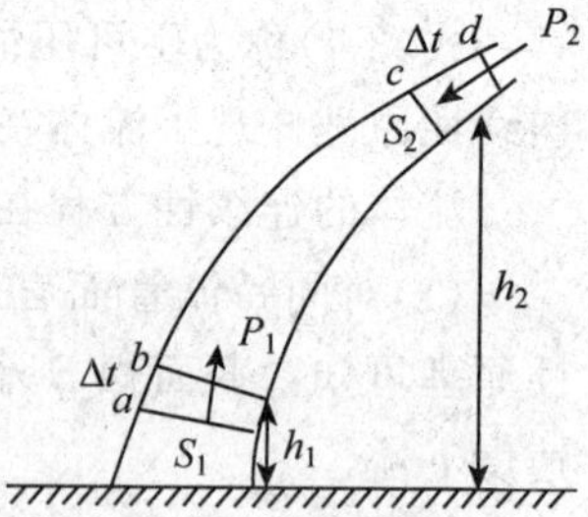

图 3-7　伯努利方程

由于理想流体不可压缩，则流过两截面的体积分别为：

$$\Delta V_1 = v_1 S_1 \Delta t; \qquad \Delta V_2 = v_2 S_2 \Delta t \tag{3-6}$$

由连续性原理得：

$$\Delta V_1=\Delta V_2=\Delta V \tag{3-7}$$

在 b 到 c 一段中运动状态未变，流体经过 Δt 时间动能变化量：

$$\Delta E_k=\frac{1}{2}\rho v_2^2\Delta V-\frac{1}{2}\rho v_1^2\Delta V \tag{3-8}$$

流体经过 Δt 时间势能变化量：

$$\Delta E_p=\rho g h_2\Delta V-\rho g h_1\Delta V \tag{3-9}$$

在 Δt 时间内，该段流体后面的流体会推动它前进，推力为 P_1S_1 做正功，该段流体前面的流体会阻碍它前进，阻力为 P_2S_2 做负功。对于理想流体来说，内摩擦力为零，故外力对该段流体做的功为：

$$A_1=F_1v_1\Delta t=P_1S_1v_1\Delta t=P_1\Delta V \tag{3-10}$$

$$A_2=-F_2v_2\Delta t=-P_2S_2v_2\Delta t=-P_2\Delta V \tag{3-11}$$

由力学的功能原理 $A=\Delta E_k+\Delta E_p$ 可得：

$$(P_1-P_2)\Delta V=\frac{1}{2}\rho(v_2^2-v_1^2)\Delta V+\rho g(h_2-h_1)\Delta V \tag{3-12}$$

移项可得：

$$P_1+\frac{1}{2}\rho v_1^2+\rho g h_1=P_2+\frac{1}{2}\rho v_2^2+\rho g h_2 \tag{3-13}$$

或表示为：

$$P+\frac{1}{2}\rho v^2+\rho g h=C \tag{3-14}$$

上式即为伯努利方程的数学表达式。伯努利方程表明：理想流体作定常流动时，沿同一流线的单位体积流体动能、势能和该点压强的总和保持不变。伯努利方程是能量守恒定律在理想流体作定常流动中的体现，它是流体动力学最重要的一个方程式。

3.2.2　伯努利方程的意义

伯努利方程的实质是功能原理在流体力学中的应用。

$$P_1-P_2+\rho g(h_1-h_2)=\frac{1}{2}\rho(v_2^2-v_1^2) \tag{3-15}$$

式中，P_1-P_2 表示单位体积流体流过细流管 S_1S_2 外压力所做的功；$\rho g(h_1-h_2)$ 表示单位体积流体流过细流管 S_1S_2 重力所做的功；$\frac{1}{2}\rho(v_2^2-v_1^2)$ 表示单位体积流体流过细流管 S_1S_2 后动能的变化量；

计算时注意统一单位，均采用国际单位。适用于理想流体的定常流动。压强 P、高度 h、速度 v 均为可测量，它们是对同一流管而言的。

伯努利方程是流体力学中的基本关系式，反映流管中各截面处压强、高度和速度之间的关系。

3.2.3　伯努利方程的应用

伯努利方程适用于作定常流动的理想流体，以及同一流线上的各点。伯努利方程在水利、化工、航空等领域都有广泛的应用。下面举例加以说明。

(1)小孔流速

如图 3-8 所示，在一个大的蓄水池，下面开一小孔放水。设水面到小孔中心的高度为

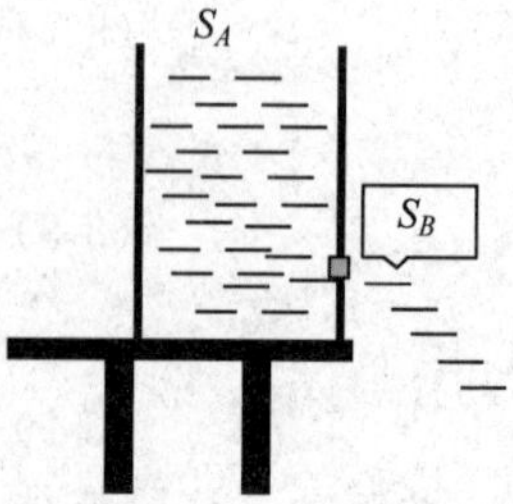

图 3-8　小孔流速

h，求小孔处水的流速。

在水中取一流线，在该流线上取自由液面处一点 A，以及小孔处 B 点，且 $S_B \ll S_A$，以 A、B 两点为参考点，则由伯努利方程：

$$P_A+\frac{1}{2}\rho v_A^2+\rho g h_A=P_B+\frac{1}{2}\rho v_B^2+\rho g h_B \tag{3-16}$$

由 $S_A v_A=S_B v_B$ 可知，$v_A \approx 0$。选取 h_B 处为参考点，则可得：$h_A=h$，$h_B=0$。又因为 A、B 两点和大气相通，即 $P_A=P_B=P_0$。所以

$$v_B=\sqrt{2gh} \tag{3-17}$$

即流体从小孔流出的速度与流体质量元由液面处自由下落到小孔处的流速大小相等。

(2)虹吸管

图 3-9 是利用虹吸管从水库引水的示意。它使液体由管道从较高液位的一端经过高于液面的管段自动流向较低液位的一端。假设虹吸管粗细均匀，选取 A、D 作为参考点。

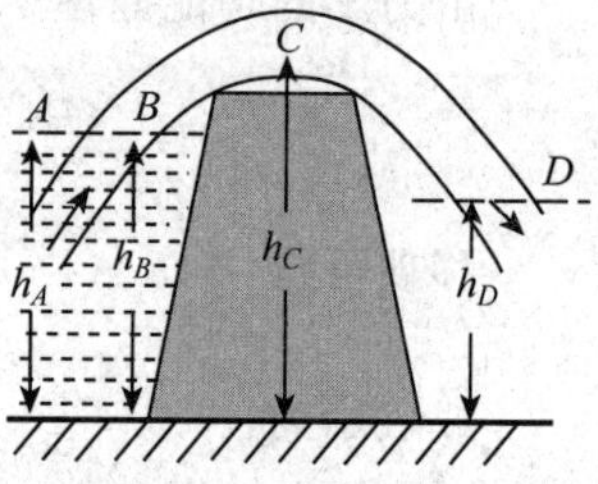

图 3-9　虹吸管

和小孔流速类似的分析方法：水库表面远大于虹吸管截面，由连续性原理可知 $v_A \approx 0$，所以此例实质为小孔流速问题。可知从虹吸管流出的液体速度为：

$$v=\sqrt{2gh} \tag{3-18}$$

(3)空吸现象(或喷雾原理)

将伯努利方程运用于水平流管的情况下，则有：

$$P+\frac{1}{2}\rho v^2=C \tag{3-19}$$

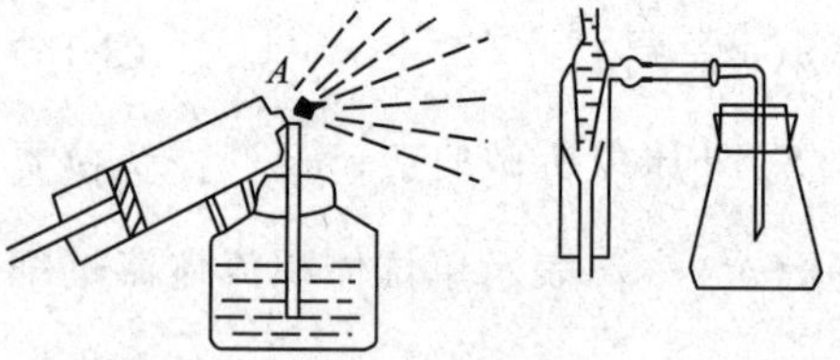

图 3-10　空吸现象

结合连续性方程可知：流管细的地方流速大、压强小；流管粗的地方流速小、压强大。空吸现象也是利用这个原理。如图 3-10 是喷雾器示意图，因喷雾器的水平管 A 处很细，即 S_A 很小，v_A 增大使 P_A 小于大气压，容器内流体上升到 A 处，被高速气流吹散成雾，这种现象称为空吸现象(或喷雾原理)。各种类型的喷雾器以及水流抽气机等都是利用了喷雾原理。

(4)比多管

比多管是测量流体流速的仪器，既可以测量管道中液体的流速，又可以测量气体的流速。图 3-11 是测量液体流速的示意图，当密度为 ρ 的液体在管道中流动时，设管口 A 点的流速为 v_A，压强为 P_A，在管口 B 点，因为流向管口的液体被管口内的液体挡住，只能绕着管口周围流动，所以管口 B 点的流速为 $v_B=0$，而压强为 P_B。

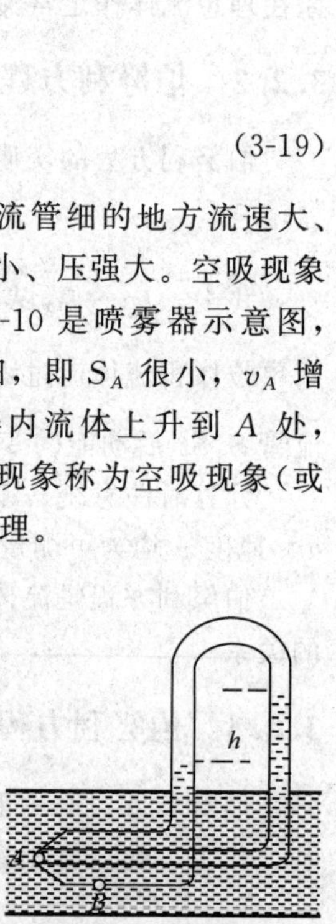

图 3-11　比多管

若 A、B 两管中液体的高度差为 h，则由伯努利方程得：

$$P_B+\frac{1}{2}\rho v^2=P_A \tag{3-20}$$

从 U 形管中左右两边液面高度差可知：

$$P_A-P_B=\rho' gh \tag{3-21}$$

由以上两式得：

$$v=\sqrt{2gh} \tag{3-22}$$

式中，ρ'为 U 形管中液体密度；ρ 为所测流体密度。

当测液体流速时，管中液体密度和所测流体密度相等，所以 $v=\sqrt{2gh}$ 。用比多管测量气体的流速时，只需要把 U 型管管口朝上即可。

用比多管测定流速时，应避免靠近拐弯、截面改变和有阀门的地方。测点上游直管长度应大于 7.5D(D 为管道直径)，下游直管长度应大于 3D。比多管直径一般不大于管道直径的 1/50，以避免放入后对流速的干扰太大。

当求管道断面平均流速时，可将圆形截面分成若干个面积相等的同心圆环，将测点放在每个圆环中间，再求平均流速。对于其他断面，也可分为若干相等的小面积，测出每块小面积中心的流速，再求整个断面平均流速。

(5)文丘里流量计

文丘里流量计是用来测量管道中液体体积流量的仪器。在有压管路中，可以应用文丘里流量计来测定流量。文丘里流量计是利用管路中设置的文丘里管引起局部压强变化，根据局部压强变化与流量之间的关系算出管中流量的设备(图 3-12)。

当理想流体在管道中作定常流动时，由伯努利方程得：

$$P_A+\frac{1}{2}\rho v_A^2=P_B+\frac{1}{2}\rho v_B^2 \tag{3-23}$$

由连续性原理：

$$Q=S_A v_A=S_B v_B \tag{3-24}$$

又 $P_B-P_A=\rho gh$ 即

$$Q=S_A S_B\sqrt{\frac{2gh}{S_B^2-S_A^2}} \tag{3-25}$$

所以管道中的流速为：

$$v=v_B=\frac{Q}{S_B}=S_A\sqrt{\frac{2gh}{S_B^2-S_A^2}} \tag{3-26}$$

安装文丘里流量计时，应在上游 10 倍管径、下游 6 倍管径范围内，且不应有其他管件，以免因漩涡等影响其流量系数。文丘里流量计能量损失不大，但加工精度要求较高，安装不是很方便。

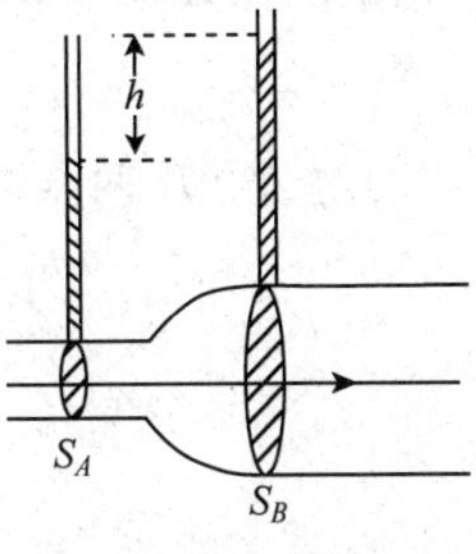

图 3-12　文丘里流量计

根据压强和流速的关系，伯努利方程还能解释飞机获得升力的原因，也能解释两艘并行前进的船为什么会容易发生事故，以及解释换气扇和抽油烟机的工作原理等。

3.2.4 应用举例

【例 3-2】水管里的水在压强 $P=4.0\times10^5$ Pa 作用下流入室内，水管的内直径为 2.0cm，引入 5.0m 高处二层楼浴室的水管中，水管内直径为 1.0cm。当浴室水龙头完全打开时，浴室水管内水的流速为 4.0m/s。求浴室水龙头关闭以及完全打开时浴室水管内的压强。

解：(1)当水龙头关闭时，$v_1=v_2=0$，

由伯努利方程得：

$$P_1+\rho g h_1=P_2+\rho g h_2$$

所以

$$P_2=P_1+\rho g(h_1-h_2)=3.5\times10^5(\mathrm{Pa})$$

(2)当水龙头完全打开后，由 $S_1v_1=S_2v_2$ 以及伯努利方程得：

$$P_1+\frac{1}{2}\rho v_1^2=P'_2+\frac{1}{2}\rho v_2^2+\rho g h_2$$

可得：

$$P'_2=P_1+\frac{1}{2}\rho(v_1^2-v_2^2)+\rho g h_2=3.34\times10^5(\mathrm{Pa})$$

即打开水龙头，管口处的压强减小，这是水的流动导致的结果。

【例 3-3】利用灌满液体的曲管将液体越过高于液面的地方引向低处，这种输运液体的曲管称为虹吸管(见图 3-9)。现用一根均匀虹吸管跨过堤坝从水库取水，点 C 比水库水面高 2.5m，出水口点 D 比水库面低 4.5m。假设水在虹吸管中作定常流动，求水从出水口流出的速率以及虹吸管中 B、C 两处的压强？

解：取虹吸管为流管，选流线 $ABCD$ 上的 A、D 两点，以水库水面为参考面，则有

$$h_A=h_B=0,\quad h_C=2.5\mathrm{m},\quad h_D=-4.5\mathrm{m}$$

而 $P_A=P_B=P_0$

(1)对 A、D 两点，根据伯努利方程有：

$$P_A+\frac{1}{2}\rho v_A^2+\rho g h_A=P_D+\frac{1}{2}\rho v_D^2+\rho g h_D$$

由连续性方程有 $S_Av_A=S_Dv_D$，因为 $S_A\gg S_D$，所以 v_A 近似为零，于是得：

$$v_D=\sqrt{2g(h_A-h_D)}=\sqrt{2\times9.8\times4.5}\approx9.4(\mathrm{m/s})$$

(2)对 A、B 两点，根据伯努利方程有：

$$P_A+\frac{1}{2}\rho v_A^2=P_B+\frac{1}{2}\rho v_B^2$$

即

$$P_B=P_0-\frac{1}{2}\rho v_B^2$$

由于虹吸管上各处的截面积相等，所以 $v_B=v_C=v_D$，代入得：

$$P_B = 1.103\times10^5 - \frac{1}{2}\times1000\times9.4^2 \approx 5.7\times10^4\,(\text{Pa})$$

同理，对 C、D 两点，根据伯努利方程有：

$$P_C + \rho g h_C = P_D + \rho g h_D$$

整理得：

$$\begin{aligned} P_C &= P_0 + \rho g\,(h_D - h_C) \\ &= 1.103\times10^5 + 1000\times9.8\times(-4.5-2.5) \\ &= 3.3\times10^4\,(\text{Pa}) \end{aligned}$$

由计算结果可以看出，虹吸管的最高点 C 处的压强比入口处点 B 的压强低，正是因为如此，水库里的水才能经由虹吸管越过一定的高度被引出来。

3.3　黏滞流体的定常流动

所有流体在流动时都具有黏滞性，由于内摩擦力的存在，实际流体在流动时都有能量的损耗，这是用管道长距离输送流体必须考虑的问题。例如，远距离输送石油、天然气等，必须提供足够的能量来克服摩擦阻力的损耗，以达到所要求的流量和压强。不同流体的黏性可以相差很大，根据其流动特性又可以分为牛顿流体和非牛顿流体。例如，水、酒精、血浆等属于牛顿流体，而血液、沥青、原油等则属于非牛顿流体。

3.3.1　牛顿黏滞定律

当流体流动时，由于流体的黏滞性，使流过任意截面上各点流速不同。如图 3-13 所示，图中箭头线段的长短表示速度的大小，流体沿圆管中心轴线的流速最大，与圆管同轴各层流速随着离轴线距离的增加而逐渐减小，与圆管壁靠近的这层流体流速接近于零，形成了速度不同的流层。

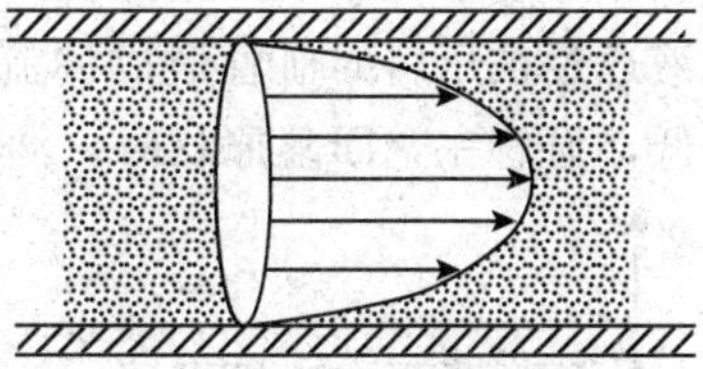

图 3-13　流体流速

(1)层流和湍流的定义

当流体流速较小时，保持分层流动，各流层之间只作相对滑动，彼此不相混合。流体的这种运动称为层流。当黏滞流体流速较大时，容易产生径向流动(即垂直于管轴方向的速度分量)，各流层相互混合，整个流体作无规则运动，流体的这种运动称为湍流。

(2)雷诺系数

当流体流速不是很大的时候，流体的流动为层流。当流体流速逐渐增大到某一临界值的时候，流体将不再保持分层流动，外层流体分子可以进入内层，整个流动紊乱而不稳定，流体中每一点速度大小和方向都在不断变化，并且还会出现漩涡，这种流动称为湍流。

黏滞流体在什么情况下由层流转变为湍流呢？雷诺(Osborne Reynolds)通过大量的实验研究，于 1883 年得出流体由层流转变为湍流的影响因素，取决于流体的流速、密度、黏滞系数以及物体的特征长度四个主要影响因素。

流体是作层流还是作湍流与一个无量纲的数的大小有关，这个无量纲的数称为雷诺系数。流体的流动状态由雷诺系数决定，流体由层流向湍流过渡的雷诺系数，叫做临界雷诺系数，记作 R_e。一般情况下：

$$R_e = \rho v l / \eta \tag{3-27}$$

式中，ρ 代表流体的密度；v 代表流体流速；l 代表流体的特征长度；η 代表流体的黏滞系数。

对于输送石油、天然气等物资的圆形管道，流体的特征长度用管道直径 d 来表示，其雷诺系数计算公式变为：

$$R_e = \rho v \mathrm{d} / \eta \tag{3-28}$$

实验证明，由湍流转变到层流的下临界雷诺系数是相当稳定的：$R_e = 2000$。而从层流转变到紊流的上临界雷诺系数 R_e 却与实验环境扰动的大小有关，自 2000～3000 之间变化，所以取 R_e 作为判别的依据。$R_e < 2000$ 是层流状态；$R_e > 3000$ 认为是湍流状态。

在管道中流动的流体，只要雷诺系数相同，它们的流动状态就类似。从上式可以看出，在相同的条件下，黏滞系数小的流体比黏滞系数大的流体更容易产生湍流。例如，人体和各种动物血管内的血液流动主要是层流，只有在异常情况下(如生病)才可能发生湍流。血液中出现湍流时，血管壁的切应力增大，从而导致高血压及损伤动脉壁内膜，继而引起严重的病理反应。液体作湍流时，伴随着发出声音，其频率可高达几百赫兹，在人耳的听觉范围之内，这在医学中是有实用价值的。

利用湍流发出的噪声，医生可以用听诊器来判别血管内血液流动的异常情况。测量血压时，将可充气袖带环绕于手臂上部，在袖带内侧靠近肱动脉处放入听诊器。对袖带充气使肱动脉中的血液停止流动，然后缓慢放气，当袖带中的压强稍低于心脏的收缩压时，血液通过被压扁的血管形成湍流，此时在听诊器中可听到湍流声；当袖带中的压强继续降低，血管完全回复原状时，湍流声消失，这时的压强恰好与心脏的舒张压一致。

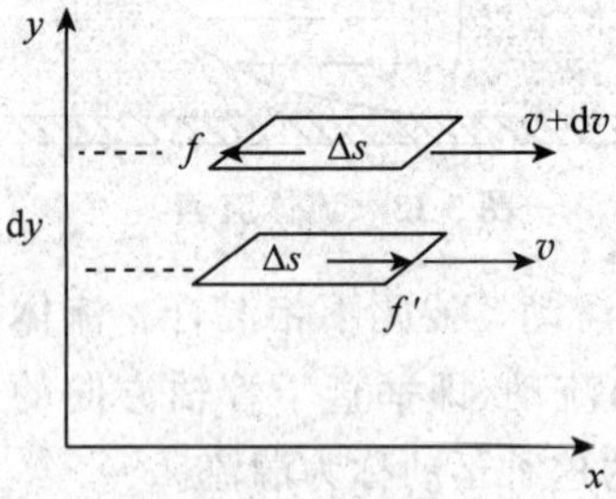

图 3-14　黏滞性

(3)牛顿黏滞定律

在流动的黏滞流体中，如果相邻的流体质量元速度不同，它们之间存在着阻碍它们相对运动的力，称为黏滞阻力。该黏滞阻力实质是相邻两个流层做相对运动时所产生的内摩擦力。如图 3-14 所示，流速快的流层会给流速慢的流层以拉力，而流速慢的流层同样给流速快的流层以阻力，这一对相互作用力称为内摩擦力或者黏滞力。流体的这种性质称为黏滞性。

1687 年，牛顿(I. Newton)发现作层流的黏滞流体中，流层间的黏滞阻力与速度梯度 $\frac{\mathrm{d}v}{\mathrm{d}y}$ 和流体面积元 ΔS 呈正比，黏滞力为：

$$f = \eta \frac{\mathrm{d}v}{\mathrm{d}y} \Delta S \tag{3-29}$$

上式称为牛顿黏滞定律，其中比例系数 η 称为黏滞系数，这种黏滞流体称为牛顿流体。在国际单位制中，黏滞系数的单位为帕斯卡·秒(Pa·s)，有时也用泊(P)，1P＝

0.1Pa · s。

黏滞系数与除了流体的本身的性质有关外，还与温度有关，而与流体的运动形式无关。一般来说，液体的黏滞系数随温度的升高而减小，而气体的黏滞系数随温度的升高而增大。表 3-1 列出了一些常见流体的黏滞系数。

表 3-1　几种常见液体和气体的黏滞系数

液体	温度(℃)	$\eta(\times10^{-3}\text{Pa}\cdot\text{s})$	气体	温度(℃)	$\eta(\times10^{-3}\text{Pa}\cdot\text{s})$
水	0	1.79	空气	20	1.84
	20	1.01		671	4.2
	50	0.55	水蒸气	0	0.9
	100	0.28		100	1.27
水银	0	1.69	CO_2	20	1.47
	20	1.55		302	2.7
酒精	0	1.84	H_2	20	0.89
	20	1.20		251	1.3
轻机油	15	11.3	He	20	1.96
重机油	15	66	CH_4	20	1.10

温度对液体和气体黏滞系数影响之所以不同，是因为产生内摩擦现象的微观机制不同。液体的黏滞性主要是分子力的作用效果，而气体的黏滞性是由于气体分子热运动而引起分子定向动量的输运过程产生。该部分将在第 5 章气体动理论中进行详细阐述。

实际的流体有的遵循牛顿黏性定律，有的则不遵循牛顿黏性定律。人们将遵守牛顿黏性定律的液体称为牛顿流体，其流动又称为牛顿流动。牛顿流体的黏度一定温度下是常量，即只与流体的种类相关。

不遵守牛顿黏性定律的流体称为非牛顿流体。非牛顿流体的黏度不是常量，对其流动过程的分析要用流变学方法进行处理。通常非牛顿流体中含有大量相对分子质量较大的大分子，例如，血液就是非牛顿流体，因为血液中含有大量的红细胞。但在近似条件下也可将血液视作牛顿流体。现在临床上比较流行的血液流变学检测方法，就是通过对人体血液黏度的检测和分析，为某些疾病的诊断提供依据。

(4)黏滞流体的伯努利方程

在推导理想流体的伯努利方程时，我们忽略了流体的可压缩性和黏性。对于实际流体的定常流动，其流动过程中的可压缩性仍可忽略不计，但黏性就必须考虑。由于存在内摩擦力，流动过程中必然有一部分机械能被消耗。

所以，牛顿流体除了外压力和重力做功外，还有黏滞力做功。假设单位体积流体流过细流管黏滞力做功为 ΔA_{21}，则黏滞流体的伯努利方程变为：

$$P_1+\frac{1}{2}\rho v_1^2+\rho g h_1=P_2+\frac{1}{2}\rho v_2^2+\rho g h_2+\Delta A_{21} \tag{3-30}$$

3.3.2 应用举例

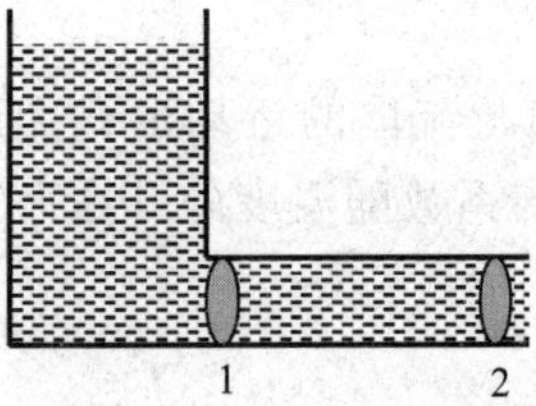

图 3-15 例 3-4 牛顿流体在水平管道流动图

【例 3-4】如图 3-15 所示，牛顿流体在粗细均匀的水平管道中作定常流动时，维持牛顿流体的定常流动的基本条件是什么？

解：因为 $v_1=v_2$，$h_1=h_2$，利用黏滞流体的伯努利方程可得：

$$\Delta A_{21}=P_2-P_1$$

所以必须使管道左右两端保持足够的压强差才能维持牛顿流体的定常流动。

【例 3-5】如图 3-16 所示，牛顿流体在横截面积相同的敞口渠道中作定常流动，维持牛顿流体的定常流动的基本条件是什么？

解：因为 $P_1=P_2$，$v_1=v_2$，利用黏滞流体的伯努利方程可得：

$$\Delta A_{21}=\rho g(h_1-h_2)$$

所以必须使渠道有足够的倾斜度才能维持牛顿流体的定常流动。

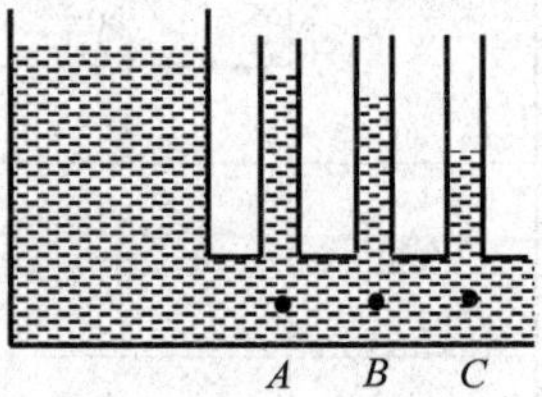

图 3-16 例 3-5 牛顿流体在渠道流动图

3.4 泊肃叶定律与斯托克斯定律

3.4.1 泊肃叶定律

在日常生活中经常需要计算通过圆形管道的总体积流量。根据前面几节学习知识，要求出通过圆形管道的总体积流量公式，首先可利用牛顿黏滞定律求出圆形管道中流体层流的速度分布，然后再根据体积流量的定义，求出通过圆形管道的总体积流量表达式，即为泊肃叶定律。当黏滞流体在圆形管道中做定常流动时，它会形成速度不同的流层。我们先求流速随管道半径的变化规律。

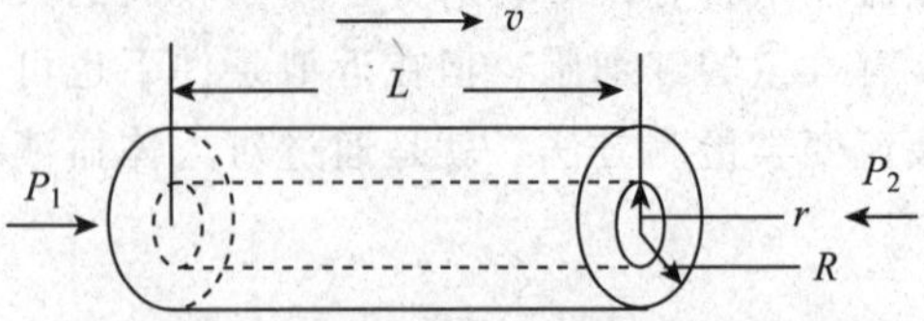

图 3-17 圆形管道中粘滞流体定常流动

设一半径为 R，长度为 L 水平放置的圆形管道，左端压强为 P_1，右端压强为 P_2，并且 $P_1>P_2$。如图 3-17 所示，流体沿箭头方向稳定流动。

我们考虑一半径为 r 的小液柱，该液柱受到沿流体方向的推动力为 $(P_1-P_2)\pi r^2$。同时该液柱又受到与流动方向相反的阻力，这个阻力就是内摩擦力，该力的量值为：

$$f=\eta\frac{\mathrm{d}v}{\mathrm{d}r}\Delta S=\eta\frac{\mathrm{d}v}{\mathrm{d}r}\cdot 2\pi rL \tag{3-31}$$

式中，$\Delta S=2\pi rL$ 为液柱的侧面积。

因为此黏滞流体作稳定流动，流速不变，不产生加速度，故该液柱所受的合力为零。即

$$(P_1-P_2)\pi r^2+\eta\frac{\mathrm{d}v}{\mathrm{d}r}\cdot 2\pi rL=0 \tag{3-32}$$

分离变量：

$$\mathrm{d}v=-\left(\frac{P_1-P_2}{2\eta L}r\right)\mathrm{d}r \tag{3-33}$$

两边积分：

$$\int_v^0 \mathrm{d}v=-\int_r^R \frac{P_1-P_2}{2\eta L}r\,\mathrm{d}r \tag{3-34}$$

所以圆形管道中流体层流时的速度为：

$$v=\frac{P_1-P_2}{4\eta L}(R^2-r^2)=\frac{\Delta P}{4\eta L}(R^2-r^2) \tag{3-35}$$

当 $r=0$ 时，即圆形管道中轴线取得最大流速为：

$$v_{\max}=\frac{\Delta P}{4\eta L}R^2 \tag{3-36}$$

我们把圆柱形管道分割成许多 $r\sim r+\Delta r$ 的液体薄层，如图 3-18 所示：

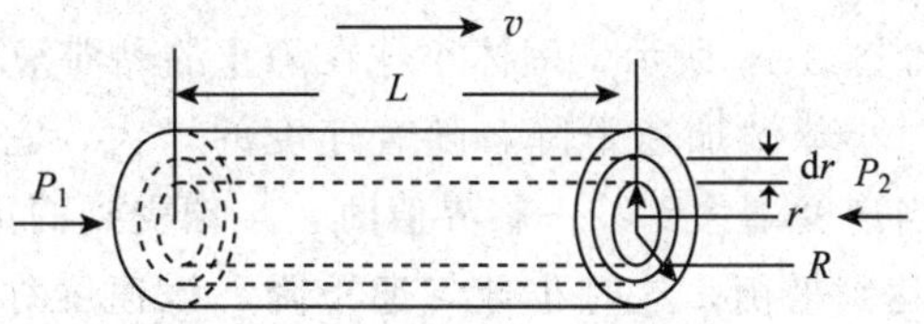

图 3-18　泊肃叶公式推导分析

由于 $\mathrm{d}r$ 取得很小，所以该流层的流速可以认为是相等的，流层的流量为：

$$\mathrm{d}Q_v=v\cdot 2\pi r\,\mathrm{d}r=\frac{P_1-P_2}{4\eta L}(R^2-r^2)2\pi r\,\mathrm{d}r \tag{3-37}$$

通过管道的流量，可以由上式 r 从 0 到 R 积分得到：

$$\begin{aligned}Q_v&=\int_0^{Q_v}\mathrm{d}Q_v=\int_0^R\frac{P_1-P_2}{4\eta L}(R^2-r^2)2\pi r\,\mathrm{d}r\\&=\frac{\pi R^4}{8\eta L}(P_1-P_2)\\&=\frac{\pi R^4}{8\eta L}\Delta P\end{aligned} \tag{3-38}$$

上式称为泊肃叶公式，泊肃叶公式是黏滞流体在等截面水平圆管中作稳定层流时的流量公式。反映出流量 Q_v 和黏滞系数 η 和管道长度 L 呈反比，与管道半径 R 和压强梯度 ΔP 呈正比。利用泊肃叶公式也可以求出黏滞系数 η，它提供了一种较精确地测量黏滞系数 η 的方法。泊肃叶定律的成立条件是水平圆形管道，但在很多实际问题中，例如，远距离输送石油、天然气的管道不可能完全水平，管道两端存在一个高度差 Δh，这时泊肃叶公式变为如下形式：

$$Q_v=\frac{\pi R^4}{8\eta L}(\Delta P+\rho g\Delta h) \tag{3-39}$$

3.4.2　斯托克斯定律

物体在黏滞流体中运动时要受到两种阻力：一种是黏滞阻力，这是由于物体表面附着有一层流体，造成物体表面附近的流体有一定的速度梯度，因而液层之间有内摩擦力而引起的；另一种是压差阻力，这是由于流体流经物体时，由于内摩擦力的作用，造成物体状态的变化，例如形成涡旋等，使物体前后压力有所不同而引起的阻力。

1)斯托克斯定律

当固体小球在黏滞流体中运动速度很小时，压差阻力可以忽略不计，这时所受到的阻力主要是黏滞阻力。固体小球在流体中运动时，若固体与流体的相对速度不大，流体可视为稳定层流。这时固体小球所受的阻力：

$$f=6\pi\eta rv \tag{3-40}$$

式中，η 为液体的黏滞系数，称为斯托克斯公式。它在测定黏滞系数、电子的电荷等方面有重要意义。在生物学中，用沉降分离和离心分离来分离生物样品，测定生物大分子的相对分子质量，以及土壤的颗粒分析也要用到斯托克斯定律。

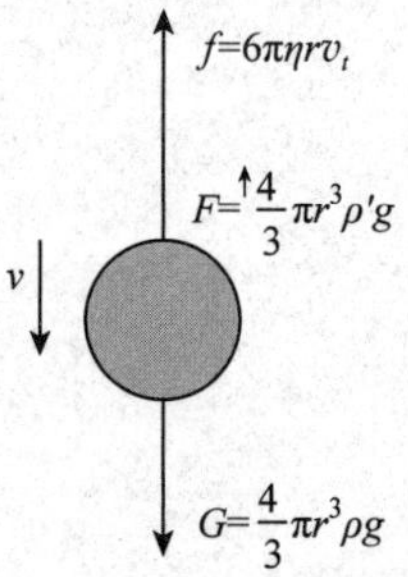

图 3-19　沉降分离

2)小球在黏滞流体中的沉降

如图 3-19 所示，固体小球在静止的黏滞液体中受重力作用下落时，开始时小球做加速下降，随着速度的增大，它所受到的黏滞阻力也增大。当速度增大到某一临界值时，小球受到的重力 G、浮力 F、黏滞阻力 f 达到平衡，这时小球匀速下降，该速度称为收尾速度 v_t。由牛顿第二定律可得：

$$\frac{4}{3}\pi r^3\rho g=\frac{4}{3}\pi r^3\rho' g+6\pi\eta rv_t \tag{3-41}$$

式中，ρ 和 ρ' 分别为小球和液体的密度。

由此可求出液体的黏滞系数为：

$$\eta=\frac{2}{9}\frac{(\rho-\rho')}{v_t}gr^2 \tag{3-42}$$

应用上式也可求出收尾速度：

$$v_t=\frac{2}{9}\frac{(\rho-\rho')}{\eta}gr^2 \tag{3-43}$$

通过测量人或动物血液黏滞系数的变化，可为疾病的诊断提供可靠的依据。若已知黏滞系数，也可测定固体的收尾速度和半径，在土壤的机械分析中常采用此种方法。著名的密立根油滴实验也是利用斯托克斯定律测量小油滴的半径，进而确定电子所带的电量大小。

3)沉降分离与离心分离

(1)沉降分离

物质在重力作用下沉降，使物质分离的方法称为沉降分离。根据小球在液体中沉降时的收尾速度公式：

$$v_t=\frac{2}{9}\frac{(\rho-\rho')}{\eta}gr^2 \tag{3-44}$$

可知：当 $\rho=\rho'$ 时，颗粒处于平衡状态，颗粒无法分离；当 $\rho<\rho'$ 时，颗粒就上浮；当 $\rho>\rho'$ 时，颗粒将下沉。土壤的颗粒分析就用到此沉降分离方法。

(2) 离心分离

利用高速离心使物质沉降分离的方法称为离心分离。离心分离原理如图 3-20 所示，设一颗粒在某时刻到转轴距离为 x，离心机绕轴旋转的角速度为 ω，则离心加速度 $\omega^2 x$。颗粒在分离的过程中受到沿半径向外的惯性离心力、指向轴心的浮力和黏滞阻力的作用，当三者达到平衡时合力为零。其实质就是用离心场代替重力场，即只需把沉降分离的重力加速度 g 换成离心加速度 $\omega^2 x$，可得到收尾速度为：

$$v_t=\frac{2}{9}\frac{(\rho-\rho')}{\eta}(\omega^2 x)r^2 \tag{3-45}$$

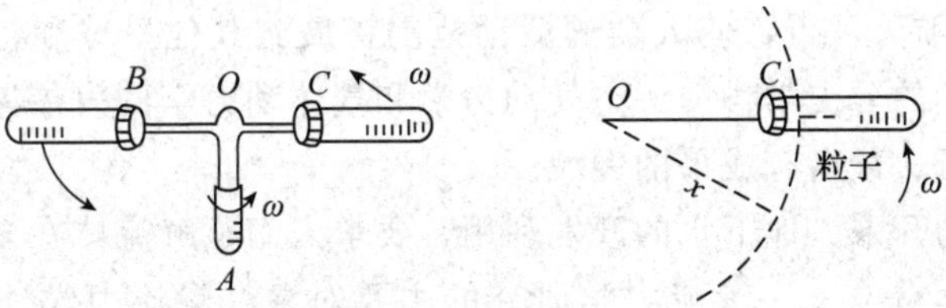

图 3-20　离心分离

离心加速度经常用重力加速度的倍数表示，离心加速度越大表示离心机的离心能力越强。超速离心机的加速度可达到 5×10^5 倍重力加速度。

3.4.3　应用举例

【例 3-6】 血液流过一条长为 1mm，半径为 2μm 的毛细血管时，如果最大流速达到 0.66mm/s，血液的黏滞系数为 4.0×10^{-3} Pa·s，求毛细血管的血压降为多少？

解： 由 $v_m=\dfrac{P_1-P_2}{4\eta L}R^2$ 可得：

$$\begin{aligned}\Delta P&=P_1-P_2=\frac{4\eta L v_m}{R^2}\\&=\frac{4\times4.0\times10^{-3}\times1\times10^{-3}\times0.66\times10^{-3}}{(2\times10^{-6})^2}\\&=2.64\times10^3(\text{Pa})\end{aligned}$$

【例 3-7】 在 20℃的空气中，一半径为 1.0×10^{-5} m、密度为 2.0×10^3 kg/m³ 的球状灰尘微粒。空气的黏滞系数为 1.81×10^{-5} Pa·s，在 20℃时空气的密度为 1.22kg/m³。试求 (1) 球状灰尘微粒的收尾速度是多少？(2) 灰尘微粒在收尾速度时所受的阻力？

解： (1) 设空气作稳定层流，则

$$\begin{aligned}v_t&=\frac{2(\rho-\rho')}{9\eta}r^2 g=\frac{2\times(2.0\times10^3-1.22)}{9\times1.81\times10^{-5}}\times(1.0\times10^{-5})^2\times9.8\\&=2.41\times10^{-2}(\text{m/s})\end{aligned}$$

(2) 所受黏滞阻力为：

$$\begin{aligned}f&=6\pi\eta v_t r=6\times3.14\times1.81\times10^{-5}\times2.41\times10^{-2}\times1\times10^{-5}\\&=8.22\times10^{-11}(\text{N})\end{aligned}$$

3.5 流体力学的研究内容和方法

在人们的生活和生产活动中随时随地都可遇到流体，所以流体力学是与人类日常生活和生产事业密切相关的。大气和水是最常见的两种流体，大气包围着整个地球，地球表面的 70%是水面。大气运动、海水运动(包括波浪、潮汐、中尺度涡旋、环流等)乃至地球深处熔浆的流动都是流体力学的研究内容。

3.5.1 流体力学的研究内容

20 世纪初，世界上第一架飞机出现以后，飞机和其他各种飞行器得到迅速发展。20 世纪 50 年代开始的航天飞行，使人类的活动范围扩展到其他星球和银河系。航空航天事业的发展同流体力学的分支学科——空气动力学和气体动力学的发展紧密相连。这些学科是流体力学中最活跃、最富有成果的领域。

石油和天然气的开采、地下水的开发利用，要求人们了解流体在多孔或缝隙介质中的运动，这是流体力学分支——渗流力学研究的主要对象。渗流力学还涉及土壤盐碱化防治，化工中的浓缩、分离以及多孔过滤，燃烧室的冷却等技术问题。而爆炸是猛烈的瞬间能量变化和传递过程，涉及气体动力学，从而形成了分支学科——爆炸力学。沙漠迁移、河流泥沙运动、管道中煤粉输送、化工中气体催化剂的运动等，都涉及流体中带有固体颗粒或液体中带有气泡等问题，这类问题是多相流体力学研究的范围。

风对建筑物、桥梁、电缆等的作用使它们承受载荷和激发振动；废气和废水的排放造成环境污染；河床冲刷迁移和海岸遭受侵蚀；研究这些流体本身的运动及其同人类、动植物间的相互作用的学科称为环境流体力学(其中包括环境空气动力学、建筑空气动力学)。这是一门涉及经典流体力学、气象学、海洋学、水力学、结构动力学等的新兴边缘学科。

生物流变学研究人体或其他动植物中有关的流体力学问题，例如，血液在血管中的流动，心、肺、肾中的生理流体运动和植物中营养液的输送。此外，还研究鸟类在空中的飞翔，动物在水中的游动等。

因此，流体力学的研究内容既包含自然科学的基础理论，又涉及工程技术科学方面的应用。另外，如果从流体作用力的角度，则可分为流体静力学、流体运动学和流体动力学；从对不同力学模型的研究来分，则有理想流体动力学、黏性流体动力学、不可压缩流体动力学、可压缩流体动力学和非牛顿流体力学等。

3.5.2 流体力学的研究方法

流体力学的研究方法主要分为现场观测、实验室模拟、理论分析、数值计算四种。

现场观测是对自然界固有的流动现象或已有工程的全尺寸流动现象，利用各种仪器进行系统观测，从而总结出流体运动的规律，并借以预测流动现象的演变。过去对天气的观测和预报，基本上就是这样进行的。

由于现场流动现象的发生往往不能控制，发生条件几乎不可能完全重复出现，还要花费大量物力、财力和人力，影响对流动现象和规律的研究。因此，人们建立实验室，使这些现象能在可以控制的条件下出现，以便于观察和研究。现场观测常常是对已有事物、已有工程的观测，而实验室模拟却可以对还没有出现的事物、没有发生的现象(如待设计的工程、机械等)进行观察，使之得到改进。因此，实验室模拟是研究流体力学的重要方法。

理论分析是根据流体运动的普遍规律，如质量守恒、动量守恒、能量守恒等，利用数学分析的手段研究流体的运动，解释已知的现象，预测可能发生的结果。进行理论分析首先需要建立力学模型，即针对实际流体的力学问题，分析其中的各种矛盾并抓住主要方面，对问题进行简化而建立反映问题本质的力学模型。在流体力学理论中，用简化流体物理性质的方法建立特定流体的理论模型，用减少自变量和减少未知函数等方法来简化数学问题，解决流体力学实际问题。

对于一个特定领域，考虑具体的物理性质和运动的具体环境，抓住主要因素忽略次要因素进行抽象化也同时是简化，建立特定的力学理论模型，便可以克服数学上的困难，进一步深入地研究流体的平衡和运动性质。自 20 世纪 50 年代开始，在设计火箭发动机时，配合实验所做的理论研究，正是依靠一维定常流的引入和简化，才及时得到指导设计的流体力学结论。

此外，流体力学中还经常用各种小扰动的简化，使微分方程和边界条件从非线性的变成线性的。声学是流体力学中采用小扰动方法而取得重大成就的最早学科。声学中的所谓小扰动，是指声音在流体中传播时，流体的状态(压力、密度、流体质点速度)同声音未传到时的差别很小。线性化水波理论、薄机翼理论等虽然由于简化而有些粗略，但都是比较好地采用了小扰动方法的例子。

每种合理的简化都有其力学成果，但也总有其局限性。例如，忽略了密度的变化就不能讨论声音的传播；忽略了黏性就不能讨论与它有关的阻力和某些其他效应。掌握合理的简化方法，正确解释简化后得出的规律或结论，全面并充分认识简化模型的适用范围，正确估计它带来的同实际的偏离，正是流体力学理论工作和实验工作的精华。

数学的发展，计算机的不断进步，以及流体力学各种计算方法的发明，使许多原来无法用理论分析求解的复杂流体力学问题有了求得数值解的可能性，这又促进了流体力学计算方法的发展，并形成了计算流体力学。从 20 世纪 60 年代起，在飞行器和其他涉及流体运动的课题中，经常采用计算机做数值模拟，这可以和物理实验相辅相成。数值模拟和实验模拟相互配合，使科学技术的研究和工程设计的速度加快，并节省经费开支。数值计算方法最近二十年发展迅猛，其重要性与日俱增。

解决流体力学问题时，现场观测、实验室模拟、理论分析和数值计算几方面是相辅相成的。首先，实验需要理论指导，才能从分散的、表面上无联系的现象和实验数据中得出规律性的结论。其次，理论分析和数值计算也要依靠现场观测和实验室模拟给出物理图案或数据，以建立流动的力学模型和数学模式。最后，还须依靠实验来检验这些模型和模式的完善程度。此外，实际流动往往异常复杂(如湍流)，理论分析和数值计算会遇到巨大的数学和计算方面的困难，得不到具体结果，只能通过现场观测和实验室模拟进行研究。

3.5.3　流体力学的研究展望

从阿基米德(Archimedes)到现在的 2000 多年来，特别是从 20 世纪开始，流体力学已发展成为基础科学体系中十分重要的部分，同时又在工业、农业、交通运输、天文学、地学、生物学、医学等方面得到广泛应用。

今后，人们一方面将根据工程技术方面的需要进行流体力学应用性的研究；另一方面将更深入地开展基础研究以探求流体的复杂流动规律和机理。涉及内容主要包括：通过湍流的理论和实验研究，了解其结构并建立计算模式、多相流动、流体和结构物的相互作用、边界层流动和分离、生物地学和环境流体流动等问题；以及有关各种实验设备和仪器等研究。

习　题

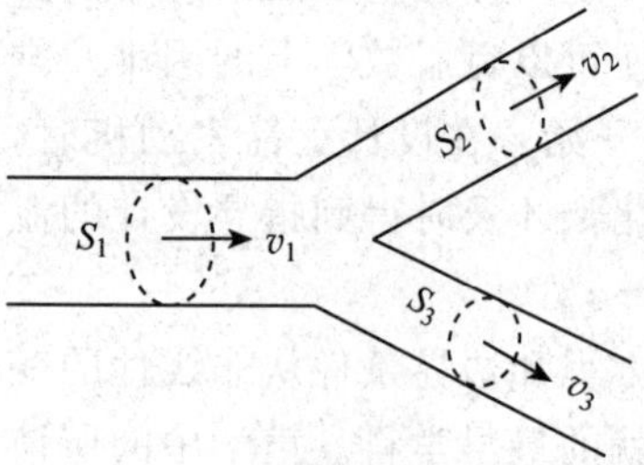

习题 3-1 图

3-1　如习题 3-1 图所示，输水管经过分支流管分流。已知管径分别为 $S_1=100\text{cm}^2$、$S_2=40\text{cm}^2$ 和 $S_3=80\text{cm}^2$，截面的平均流速分别是 $v_1=40\text{cm/s}$ 和 $v_3=30\text{cm/s}$。试求：(1)截面 2 平均流速 v_2 为多少？(2)截面 2 的体积流量为多少？

3-2　正常成人的血压是收缩压 100～120mmHg，舒张压 60～90mmHg，用国际单位制表示是多少 Pa?

3-3　水在截面积不同的水平管中作定常流动，出口处的截面积为管的最细处的 3 倍，若出口处的流速为 2.0m/s，已知水管外大气压强为$P_0=10^5\text{Pa}$。试求：(1)管中最细处的流速为多少？(2)管中最细处的压强为多少？

3-4　在充满水的管道中某点流速 2.0m/s，高出大气压的计示压强 10^4Pa，沿水管到另一点的高度比第一点降低 1m，如果在第二点处水管的截面积是第一点处的一半，求第二点处的计示压强？

3-5　在一封闭的水箱内，水面上部的空气压强为 $0.923\times10^5\text{Pa}$，水箱外部的气压为 $1.00\times10^5\text{Pa}$。在水箱一侧、距水面 1.0m 处有一小孔，求水从小孔流出的速率。

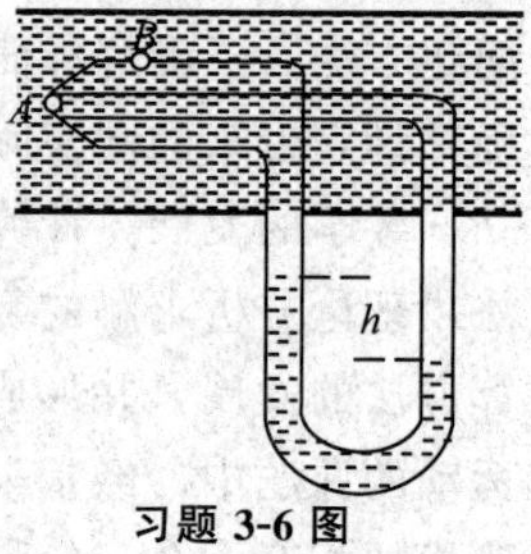

习题 3-6 图

3-6　如习题 3-6 图所示，将比多管装在飞机机翼上，以测量飞机相对于空气的流速。假如该比多管中盛的是酒精，仪器指示的液面高度差 $h=26\text{cm}$，空气的温度是 0℃，已知酒精的密度 $\rho=0.81\times10^3\text{kg/m}^3$，空气的密度 $\rho=1.30\text{kg/m}^3$。求飞机相对于空气的流速？

3-7　游泳池长 25m，宽 10m，水 1.5m，池底设有直径 10cm 的放水孔直通排水地沟，求放尽池水所需的时间？

3-8　20℃的水在半径为 2.0cm 的水平均匀圆管内流动，若管轴处的流速为 0.10m/s，在流动方向上相距 10m 的两处，由于水的黏性使压强降低了多少？已知水的黏度为 $1.0\times10^{-3}\text{Pa}\cdot\text{s}$。

3-9　人体主动脉的横截面积为 3.0cm^2，黏度 $2.4\times10^{-3}\text{Pa}\cdot\text{s}$。的血液以 30cm/s 的平均速率在其中流过，已知血液的密度为 1.05g/cm^3，问此时血液是层流还是湍流？

3-10　设橄榄油的黏度为 $0.18\text{Pa}\cdot\text{s}$，流过长度为 0.50m、半径为 1.0cm 的圆管时，圆管两端压强差为 $2.0\times10^4\text{Pa}\cdot\text{s}$，试求管中橄榄油的流量。

3-11　中型民航飞机在 8km 的高空稳定飞行。流过机翼上面的气流速度 $v_1=60\text{m/s}$，流过机翼下面的气体流速 $v_2=50\text{m/s}$，飞机翼面的面积 $S=40\text{ m}^2$。试求作用于飞机机翼的升力。空气的密度 $\rho=1.30\text{ kg/m}^3$。

3-12　密度为 ρ 的球形小油滴在密度为 ρ_0、黏滞系数为 η 的空气中下落，测出其最大高度为 v_0，如果在油滴的下方放置一个方向竖直向下的匀强电场，其场强为 E，测出油滴下落的最大速度达到 v，求油滴所带的电量 q ($q<0$)。

第4章　液体的表面现象

荷叶上的露珠是球状的，小雨滴也是球状的，水中形成的小气泡也是球状的，它们为什么不呈现方形呢？干净的玻璃上面水铺开形成一层水膜，玻璃上面的水银却形成一个小球滚来滚去，同样是在玻璃上面，水和水银为什么会呈现两种不同的现象？酒精棉芯可以将酒精引到高出液面的高处，毛巾也可以吸水，产生这些现象的根本原因是什么？其实以上这些现象都与液体的表面性质密切相关，是由液体的表面层内表面张力引起的。液体的表面层是指液体与气体(或者固体)的界面处，液体厚度等于分子有效作用距离的液体薄层。本章主要介绍流体表面层具有的特殊现象，液体表面层的运动规律及其在农业上的应用。

4.1　液体的表面张力

4.1.1　液体的表面张力现象

在日常生活中，我们很容易观察到这些现象，例如，毛笔尖入水散开，出水毛聚合；蚊子能够站在水面上；钢针能够放在水面上；荷叶上的露珠是球状的，水中形成的小气泡也是球状的，其实这些现象都是由液体表面张力引起的。这些现象说明：液体表面像张紧的弹性膜一样，具有收缩到最小的趋势，这种存在于液体表面上的张力称为表面张力。

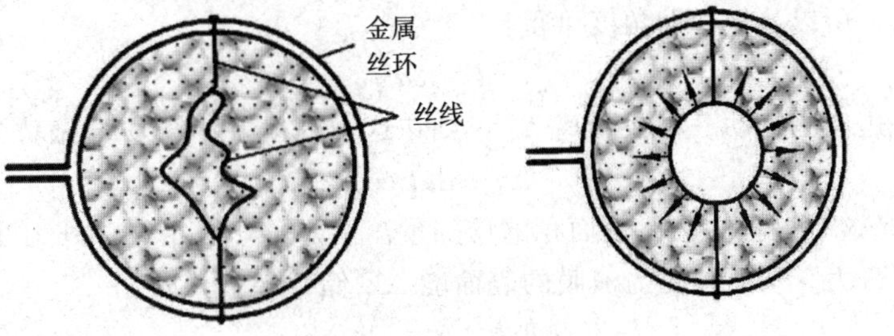

图4-1　液体表面张力现象

如图4-1所示，金属丝环上的丝线放入洗衣粉水内，会形成左图的状态。如果用尖锐的东西把丝线中间的部分穿孔，则由于表面张力的存在，棉线圈外部的肥皂膜就会收缩，拉紧棉线圈，使棉线圈在肥皂泡膜的张力作用下呈圆形。

在失重的情况下，小液滴呈球状，荷叶上的露珠也近似是球状的。这些现象的产生也是由于表面张力的原因。表面张力的存在使液体表面积最小，由几何学可知，体积恒定情况下，球形的表面积是最小的。所以失重情况下，小液滴呈现球状。这个例子形象地说明了液体表面层中表面张力的存在。

4.1.2 表面张力系数

(1)表面张力系数的定义

设想在液面上作一条长度为 L 的线段 AB，把液面分为两部分。如图 4-2 所示，表面张力就是这两部分液体之间相互作用力，这是一对作用力与反作用力，其方向均与液面相切，且与线段 AB 垂直。从力的角度可得：

$$f=\alpha L \tag{4-1}$$

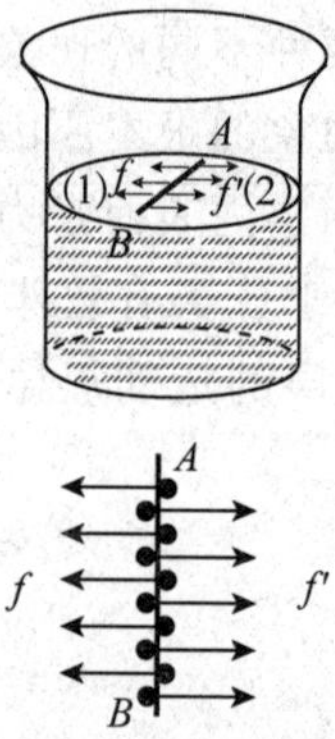

图 4-2 表面张力

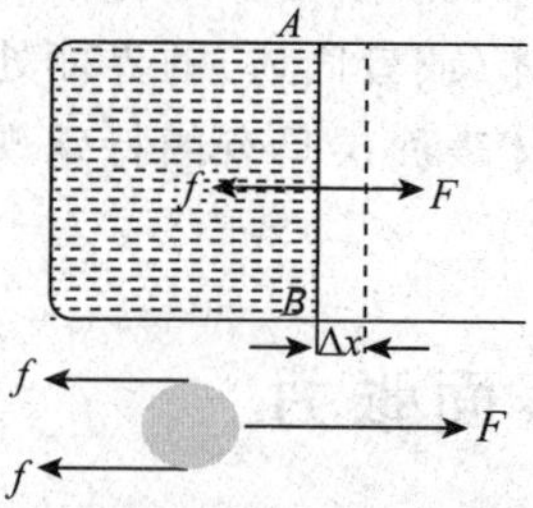

图 4-3 表面张力具有收缩趋势

α 称为表面张力系数，表示单位长度直线两旁液面的相互作用力，在国际单位制中的单位为 N/m。

液面因存在表面张力而具有收缩的趋势，欲增大液面的面积就得做功。如图 4-3 所示，矩形铁丝 AB 端上有一层液膜，且 AB 边可以无摩擦地自由滑动。欲使 AB 保持平衡，必须施加一个外力 F，其方向与液膜施加在 AB 边的力方向相反，大小相等。由于液膜有两个液面，所以从做功的角度可得：

$$F=2\alpha L \tag{4-2}$$

若将 AB 边向右移动一小段距离 Δx，则在这个过程中，外力 F 做功为：

$$\Delta A=F\cdot\Delta x=2\alpha L\cdot\Delta x=\alpha\cdot\Delta S \tag{4-3}$$

ΔS 指的是这一过程中液体表面积的增加量。由能量守恒定律，外力 F 所做的功完全用于克服表面张力，从而转变为液膜的表面能 ΔE 储存起来，即

$$\Delta E=\Delta A=\alpha\cdot\Delta S \tag{4-4}$$

所以：

$$\alpha=\frac{\Delta E}{\Delta S}=\frac{\Delta A}{\Delta S} \tag{4-5}$$

由此可见，表面张力系数 α 在数值上等于增加单位表面积时外力所需做的功，或者增加单位表面积时所增加的表面能。例如，在喷洒农药时，要使药液分散成许多极小的液滴，液体的表面积增加很多，表面能增大，所以克服表面张力要做很多的功。

(2)表面张力系数的性质

表面张力系数 α 的数值也液体的性质相关，不同液体的表面张力系数不同，密度小、容易蒸发的液体表面张力系数小。同一种液体的表面张力系数与温度有关，温度越高，表面张力系数越小。表 4-1 列出了部分液体的表面张力系数。

另外，液体表面张力系数还与相邻物质的化学性质有关。最后，表面张力系数与液体中的杂质有关。在液体中加入杂质能显著地改变其表面张力系数，有的杂质能使液体的表面张力系数减少，这种物质称为表面活性物质。例如，洗衣粉、肥皂就是日常生活中最常见的表面活性物质。洗衣粉水、肥皂水的表面张力系数比水的表面张力系数要小得多。一般来说，醇、酸、醛、酮等有机物质大都是表面活性物质。

表 4-1　液体的表面张力系数

物　质	温度(℃)	$\alpha(10^{-3}$N/m)	物质	温度(℃)	$\alpha(10^{-3}$N/m)
水	0	75.34	甘油	20	65
	20	72.8	肥皂液	20	40
	35	70.24	苯	18	29
	60	67.1	汞	18	490
	75	64.26	液态铅	400	445
	90	61.31	液态锡	400	520
	100	59.26	水—苯	20	33.6
酒精	20	22	水—醚	20	12.2
乙醚	20	17	水—汞	20	472

(3)表面张力系数的测定

在实验中经常采用液滴测定法来测定表面张力系数。如图 4-4 所示，将质量为 m 的待测液体吸入移液管内，然后让其缓慢地流出。

当液滴即将滴下时，表面层将在颈部发生断裂。此时颈部表面层的表面张力均为竖直向上，且合力正好支持重力。用附有目镜测微尺的望远镜测得断裂痕的直径为 d，移液管中液体全部滴尽时的总滴数为 n，则每一滴液体的重量为：

$$G=\frac{mg}{n} \tag{4-6}$$

所受的表面张力为：

$$f=\alpha L=\alpha\pi d \tag{4-7}$$

则有：

$$\alpha\pi d=\frac{mg}{n} \tag{4-8}$$

即

$$\alpha=\frac{mg}{n\pi d} \tag{4-9}$$

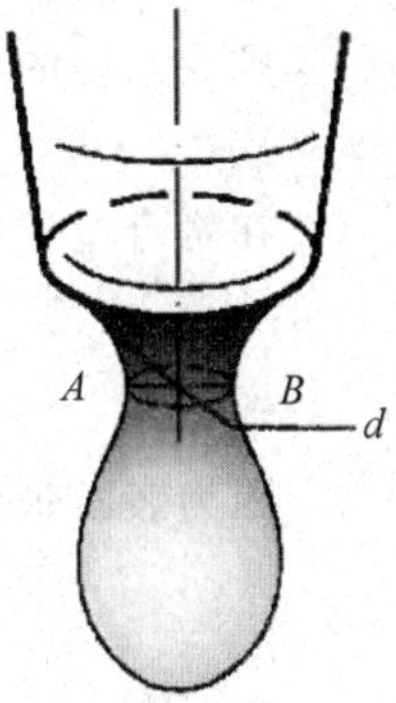

图 4-4　表面张力系数测定

只要测出待测液体总质量 m，液体的滴数 n，以及液滴的颈部直径 d，就能快速得出液体的表面张力系数 α。

4.1.3　表面张力的微观本质

表面张力的微观本质是表面层内分子之间相互作用力的不对称性引起的。下面从能量的角度来解释表面张力存在的原因。

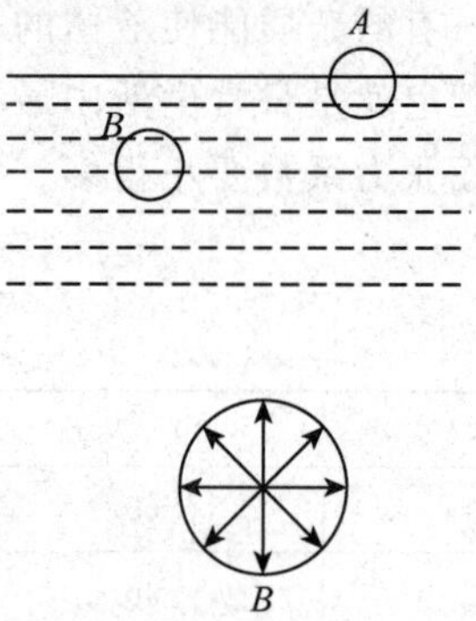

图 4-5　表面张力微观本质

如图 4-5 所示，分别以液体表面层分子 A 和内部分子 B 为球心、分子有效作用距离为半径作球(分子作用球)。对于液体内部分子 B ，分子作用球内液体分子的分布是对称的；从统计上讲，其受力情况也是对称的，所以沿各个方向运动的可能性相等。

对于液体表面层的分子 A，分子作用球中有一部分在液体表面以外，分子作用球内下部液体分子密度大于上部；统计平均效果所受合外力指向液体内部，因此有向液体内部运动的趋势。

当液体内部分子移动到表面层中时，就要克服上述指向液体内部的分子引力做功，这部分功将转变为分子相互作用的势能。所以液体表面层内分子比液体内部分子的相互作用势能大。由势能最小原则，在没有外力影响下，液体应处于表面积最小的状态。从力的角度看，就是有表面张力存在。

4.1.4　应用举例

【例 4-1】半径为 r 的许多小水滴融合成一半径为 R 的大水滴时，假设水滴呈球状，在融合过程中温度保持不变，试求所释放出的表面能为多少?

解：设小水滴数目为 n ，n 个小水滴的总面积为：

$$S=4\pi r^2 n$$

则大水滴的面积为：

$$S=4\pi R^2$$

在融合过程中，小水滴的总体积与大水滴的体积相同，则有：

$$\frac{4}{3}\pi r^3 n=\frac{4}{3}\pi R^3$$

因为表面张力系数 $\alpha=\dfrac{\Delta E}{\Delta S}$，所以融合过程中释放的能量：

$$\Delta E=\alpha\cdot\Delta S=\alpha(4\pi r^2 n-4\pi R^2)=4\pi\alpha R^2\left(\frac{R}{r}-1\right)$$

4.2　弯曲液面的附加压强

液体的表面张力使液体表面膜收缩，如果液体的表面是平面，则液体内外的压强是相等的；如果液体是弯曲的液面，表面张力的存在会使得弯曲的液面内外产生压强差。例如，气球内的压强要比气球外面的压强要大，由于气球橡胶膜具有收紧的张力，这个张力作用在气球内的气体上，就使得气球内部的气体压强要大于气球外部气体的压强。

液体的表面如果弯曲，则可将液面近似看作球面的一部分，这样的球面内外分别是液相和气相。根据气液两相在液面两侧的分布，存在两种情形：一种是球形液面内是液相，球形液面外是气相，小液滴就属这种情形，此时液相的压强要比气象的压强大；另一种是球形液面内是气相，球形液面外是液相，液体内的小气泡就属于此类情形，此时气相的压强要大于液相的压强。球形液面内外气体压强的差值称为弯曲液面的附加压强。

4.2.1　弯曲液面的附加压强

对于水平液面，如图 4-6 所示，取液体表面层中一小薄层液片分析其受力情况，并忽略其所受的重力，可知 $P_1=P_0$。

即

$$P_S=P_{内}-P_{外}=P_1-P_0=0 \tag{4-10}$$

对于凸形液面，如图 4-7 所示，取液体表面层中一小薄层液片分析其受力情况，并忽略其所受的重力，表面张力的合力的方向与凸面法线方向相反。

所以

$$P_2=P_0+\frac{f_{合}}{\Delta S} \tag{4-11}$$

即

$$P_S=P_{内}-P_{外}=P_2-P_0>0 \tag{4-12}$$

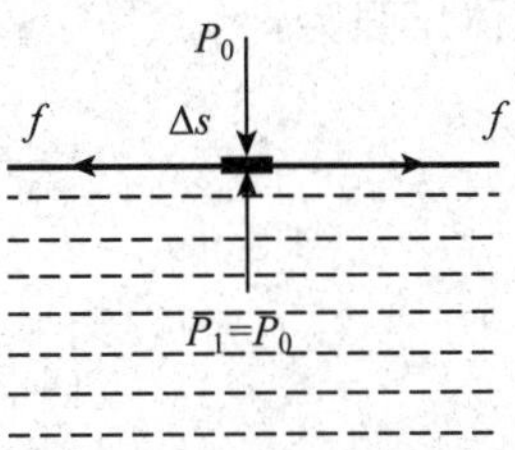

图 4-6　水平液面附加压强

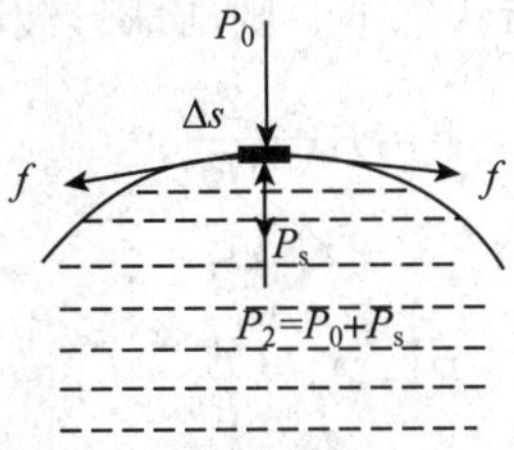

图 4-7　凸平液面附加压强

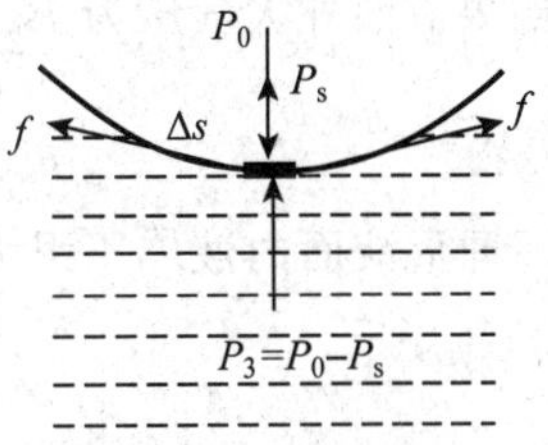

图 4-8　凹平液面附加压强

对于凹形液面，如图 4-8 所示，取液体表面层中一小薄层液片分析其受力情况，并忽略其所受的重力，表面张力的合力的方向与凹面法线方向相反。

所以

$$P_3+\frac{f_{合}}{\Delta S}=P_0 \tag{4-13}$$

即

$$P_S=P_{内}-P_{外}=P_3-P_0<0 \tag{4-14}$$

表面张力的合力方向不同，决定了 $P_S>0$ 还是 $P_S<0$。

4.2.2　球形液面的附加压强

下面以球形液面为例，导出弯曲液面的附加压强。在半径为 R 的球形液面上，隔离出一个球帽状的小液块，其周界的半径为 r，如图 4-9 所示。在周界上取一线元 dl，作用

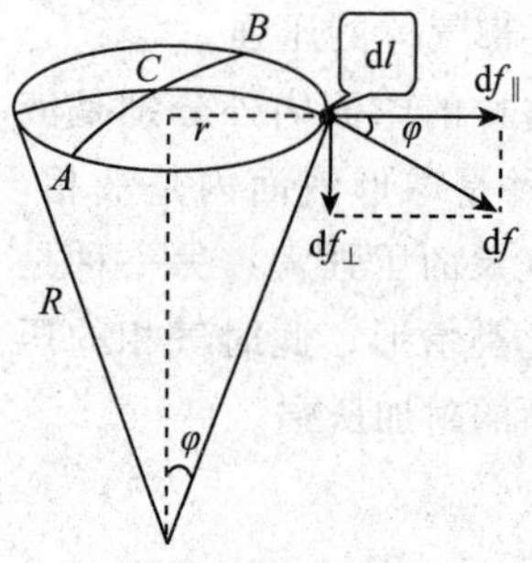

图 4-9 球形液面附加压强

在 dl 液块上的表面张力 $df=\alpha dl$，其方向与线元 dl 垂直，并与球面相切。将表面张力 df 分解成垂直于地面的分力：

$$df_{\perp}=df\sin\varphi=\alpha dl\sin\varphi \tag{4-15}$$

平行于地面的分力：

$$df_{\parallel}=df\cos\varphi=\alpha dl\cos\varphi \tag{4-16}$$

作用在圆形周界上各个线元的表面张力，其平行于底面方向的各个分力，因为方向都垂直于轴线，并具有轴对称性，可以互相抵消。因此，表面张力的合力为：

$$f=f_{\perp}=\oint df_{\perp}=\oint\alpha dl\sin\varphi=\alpha\sin\varphi\cdot 2\pi r \tag{4-17}$$

指向液体内部，作用在面积为 πr^2 的底面上。由于 $\sin\varphi=\dfrac{r}{R}$，所以

$$f=\frac{2\pi r^2\alpha}{R} \tag{4-18}$$

可得到弯曲液面的附加压强为：

$$P_S=\frac{f_{\perp}}{\pi r^2}=\frac{2\alpha}{R} \tag{4-19}$$

上式说明，球形弯曲液面的附加压强与表面张力系数呈正比，与液面的曲率半径呈反比。半径越小，附加压强越大。当液面为平面时，半径趋于无穷大，附加压强为零，即水平液面的表面张力不产生附加压强。

如果液面外大气压为 P_0，在平衡状态下，则凸球形液面内液体压强为：

$$P=P_0+\frac{2\alpha}{R} \tag{4-20}$$

凹球形液面内液体压强为：

$$P=P_0-\frac{2\alpha}{R} \tag{4-21}$$

对于球形液膜而言，如图 4-10 所示，液膜具有内、外两个表面，因液膜很薄，两个球形面的半径可视为近似相等。则液膜外表面为凸液面，有

$$P_B-P_A=\frac{2\alpha}{R} \tag{4-22}$$

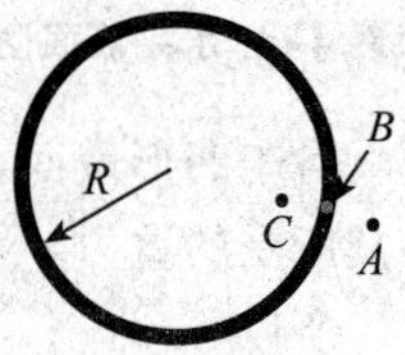

图 4-10 球形液膜

液膜内表面为凹液面，有

$$P_B-P_C=-\frac{2\alpha}{R} \tag{4-23}$$

所以附加压强为：

$$P_S=\frac{4\alpha}{R} \tag{4-24}$$

因此，球形液泡内气体的压强为：

$$P=P_0+P_S=P_0+\frac{4\alpha}{R} \tag{4-25}$$

上式说明肥皂泡内空气的压强要大于泡外的压强，并且肥皂泡半径越小，泡内外的压强差越大。

我们可以证明，任意弯曲液面的附加压强为：

$$P_S=\alpha\left(\frac{1}{R_1}+\frac{1}{R_2}\right) \tag{4-26}$$

上式称为拉普拉斯公式，可计算任意弯曲液面的附加压强。式中，R_1 和 R_2 是弯曲液面上该点的任意一对相互垂直的正截口的曲率半径。若曲率中心在液面内时，R_1 和 R_2 取正值；曲率中心在液面外时，R_1 和 R_2 取负值。

附加压强在农业上有重要的应用。例如，农业灌溉上，喷灌优于漫灌，其中一个主要原因就是：喷灌时，植物根系的水膜套不会受到大的破坏，基本能保持附加压强，这对植物根毛吸收水分和养分都很有利；而漫灌时，植物根系的水膜套会受到很大的破坏，附加压强消失，这对植物根毛吸收水分和养分很不利。另外一个原因则是喷灌相比漫灌可节约用水。同理，在植物的无土栽培中，气培种植要优于水培种植。

4.2.3　应用举例

【例 4-2】如图 4-11 所示，在水下深度为 30cm 处有一直径 $d=0.02\text{mm}$ 的空气泡。设水面压强为大气压 $P_0=1.013\times10^5\text{Pa}$，室温条件下，水的表面张力系数 $\alpha=73\times10^{-3}\ \text{N/m}$，水的密度 $\rho=1.0\times10^3\text{kg/m}^3$。求气泡内空气的压强为多少？

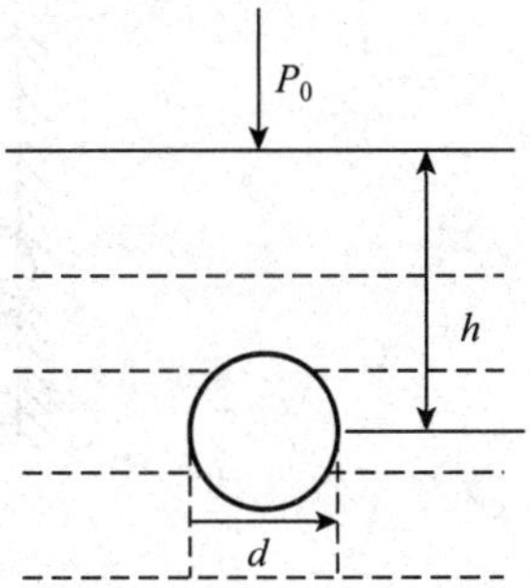

图 4-11　例 4-2 水下空气泡图

解：水下深度 30cm 处的气泡内空气压强为：

$$\begin{aligned}P&=P_0+P_{*}+P_S=P_0+\rho gh+\frac{2\alpha}{R}\\&=1.013\times10^5+1.0\times10^3\times9.8\times0.3+\frac{2\times73\times10^{-3}}{0.01\times10^{-3}}\\&=1.19\times10^5(\text{Pa})\end{aligned}$$

4.3　毛细现象

4.3.1　润湿和不润湿

把一滴水放在干净的水平玻璃板上，水滴将在玻璃表面呈现延展分布，这种现象称为水能润湿玻璃。而把一滴水银放在干净的水平玻璃板上，水银将在玻璃表面收缩近似球面，且水银能在玻璃板上移动，这种现象称为水银不能润湿玻璃。润湿和不润湿现象就是液体与固体接触处的表面现象，该现象决定于液体和固体的性质。同一种液体能润湿某些固体的表面，但不能润湿另一些固体的表面。例如，水能润湿干净的玻璃，但不能润湿石蜡。

液体对固体的润湿程度通常用接触角来表示。接触角是指在液、固体接触时，固体表面经过液体内部与液体表面所夹的角，通常用 θ 来表示，如图 4-12 所示。当 $\theta<\frac{\pi}{2}$ 时，液

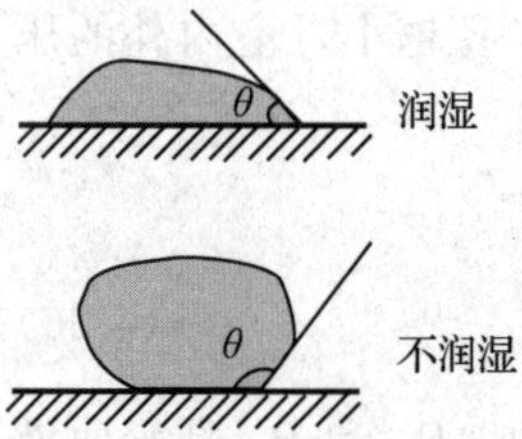

图 4-12　接触角

体润湿固体；当 $\theta>\frac{\pi}{2}$ 时，液体不润湿固体；当 $\theta=0$ 时，液体完全润湿固体；当 $\theta=\pi$ 时，液体完全不润湿固体。

润湿与不润湿现象是由分子力引起的。在液体与固体接触面上厚度为液体分子有效作用半径的液体层称为附着层。液体内部分子对附着层内液体分子的吸引力称为内聚力。固体分子对附着层内液体分子的吸引力称为附着力。润湿或不润湿现象取决于附着力和内聚力的相对大小。如图 4-13 所示，对于附着层内任意一分子 A，当内聚力大于附着力时，A 分子受到的合力 f'垂直于附着层指向液体内部。液体分子从液体内部运动到附着层内分子间作用力做负功，即分子势能增大，附着层内分子势能比液体内部分子势能大。根据平衡态势能最小的原则，附着层内的分子要尽量挤入液体内(即尽量处于低势能态)，结果附着层收缩，表现为液体不润湿固体。

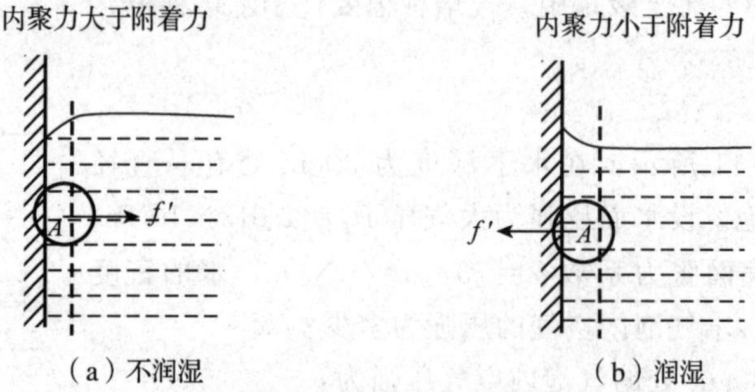

图 4-13　内聚力与附着力

当内聚力小于附着力时，附着层内的分子 A 受到的合力 f'垂直于附着层指向固体表面。液体分子从液体内部运动到附着层内分子间作用力做正功，即分子势能减小，使得附着层内分子势能比液体内部分子势能小。液体内部的分子要尽量挤入附着层，结果附着层扩展，表现为液体润湿固体。

润湿与不润湿现象在工农业上有重要的应用。例如，在制作金属陶瓷时，液体金属能将陶瓷颗粒黏结起来，烧结后，金属陶瓷组织的结构和性能很大程度都取决于液体金属与陶瓷颗粒间的润湿程度，接触角越小，黏结程度越好，其烧结后的金属陶瓷质量就越好。在农业上，为了使喷洒的农药能润湿植物叶子表面，液滴在液面上能够充分自然铺展，可知药液中添加一些洗衣粉、纸浆废液等物质，以减小接触角，降低表面张力系数，以此来提高药效。

4.3.2　毛细现象

将很细的管插入液体中，如果液体润湿管壁，液面成凹液面，液体将在管内升高；如果液体不润湿管壁，液面成凸液面，液体将在管内下降。这种润湿管壁的液体在细管中升高，而不润湿管壁的液体在细管中下降的现象称为毛细现象。能够产生毛细现象的细管称为毛细管。毛细现象是由表面张力和接触角所决定。

(1)毛细现象产生的原因

毛细现象是由于润湿或不润湿现象和液体表面张力共同作用引起的。如图 4-14 所示，如果液体对固体润湿，则接触角为锐角。由于容器口径非常小，附加压强的存在将使管内液面升高，产生毛细现象。如图 4-14 所示，如果液体对固体不润湿，则接触角为钝角。由于容器口径很小，附加压强的存在将使管内液面降低，产生毛细现象。

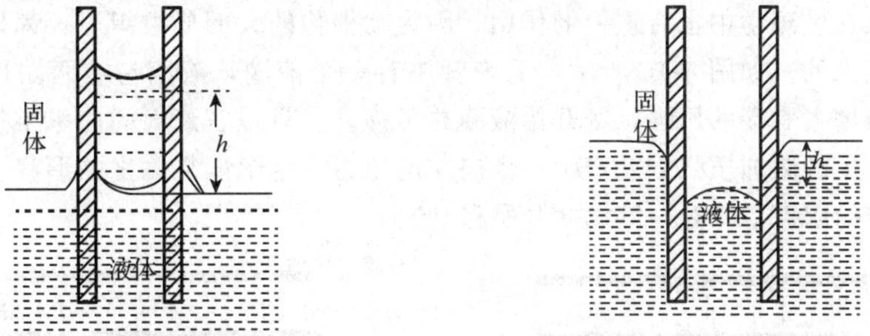

(a) 润湿情况下　(b)不润湿情况下

图 4-14　毛细现象

(2)毛细管中液面上升或下降的高度

如图 4-15 所示，设大气压强为 P_0，毛细管的半径为 r，液体的密度为 ρ，表面张力系数为 α，由于液体润湿管壁，所以接触角 θ 为锐角，液面是凹液面，曲率半径为 R。由几何关系可知：$r=R\cos\theta$，则附加压强为：

$$P_S=P_A-P_0=-\frac{2\alpha}{R}=-\frac{2\alpha\cos\theta}{r} \tag{4-27}$$

即

$$P_A=P_0-\frac{2\alpha\cos\theta}{r} \tag{4-28}$$

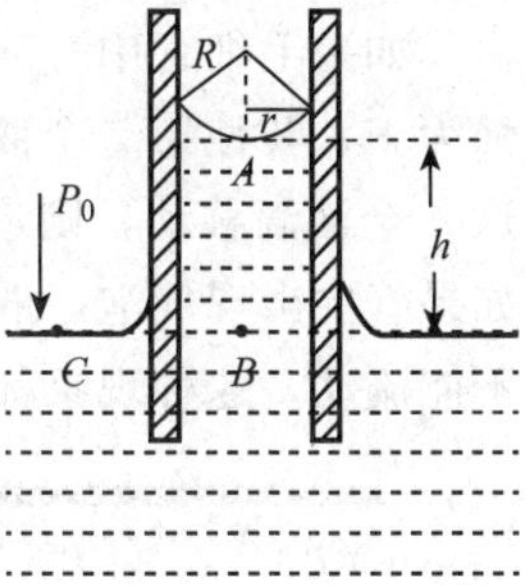

图 4-15　液面上升高度分析

又因为 $P_B-P_A=\rho gh$，且 B 点和 C 点高度相等，按照流体静力学原理可知：静止的等高点其压强相等。

即 $P_B=P_C=P_0$，可得：

$$h=\frac{2\alpha\cos\theta}{\rho gr} \tag{4-29}$$

上式说明，润湿管壁的液体在毛细管中上升的高度与液体的表面张力系数呈正比，与毛细管的截面半径呈反比。毛细管越细，液面上升高度越大。利用这一关系式可用来测定液体的表面张力系数。

若液体不润湿管壁，则接触角为钝角，同理可证明：$h=\dfrac{2\alpha\cos\theta}{\rho gr}$，高度 h 为负值，所以管内液面下降。在完全润湿或完全不润湿的情况下，$\theta=0$ 或 $\theta=\pi$，则毛细管中液面上升或下降的高度达到最值：

$$h=\pm\frac{2\alpha}{\rho gr} \tag{4-30}$$

毛细现象不仅在圆形的管道中产生，在任意的裂缝、间隙、各种弯曲的细管中都可产生。例如，酒精灯的棉芯能将酒精引导高处，利用的就是毛细现象，在棉线内部分布着很多纵横交错的空隙，彼此相通构成不规则的毛细管，毛细管内液面要高于外液面，酒精被棉芯引到液面以上。医学检验利用毛细管来采集血样，设备十分简单，就是一根毛细管，利用液体在毛细管中上升特点，将血样“吸”进管内，这里的“毛细现象”称为“毛吸现象”可能更贴切。

毛细现象在生理学中也有重要的作用，因为动植物的大部分组织里，都是以各种各样的管道连通起来的。如图 4-16 所示，毛细管中有一个液滴，液滴左右两端是对称的弯曲液面。若逐渐增大右端的压强，刚开始液滴并不移动，只是右液面的曲率半径减小。两个弯曲液面所产生的附加压强之差产生一个向左的压力，企图恢复原来的形状。只有当压强增量超过一定的限度 ΔP 时，液滴才开始移动。

图 4-16　毛细管中的单个液滴

如果毛细管中有 n 个液滴，如图 4-17 所示，根据上述讨论，如果最左边弯液面处压强为 P；要使第二个液滴移动，第二个气泡中的压强必须大于 $P+2\Delta P$。同理，如果要使这 n 个液滴移动，则最右端必须施以大于 $P+n\Delta P$ 的压强。当液体在毛细管中流动时，如果管中出现气泡，液体的流动会受阻，如果气泡产生得多了，就会堵住毛细管，使液滴不能流动。这种现象称为气体栓塞现象。

图 4-17　毛细管中的多个液滴

人体和动物体内的微血管，植物体内的导管都是很细的毛细管。气体栓塞现象对生物毛细管中液体的流动有很大的危害，例如，静脉注射或肌肉注射时，要将针管中的气体排除后再注射，否则很容易发生血管栓塞现象。当环境气压突然降低时，人体血管中溶解的气体因为溶解度下降而析出形成气泡，如潜水员从深海迅速上升到水面时容易造成血栓而致命。在温度升高时，植物体内的水分也会析出气体，形成气泡堵塞毛细管，使部分枝叶缺乏水分或营养而枯萎。

4.4　液体表面现象的应用

4.4.1　蒸发和凝结

(1)蒸发和凝结的条件

影响蒸发的因素有表面积、温度、通风情况，以及液体本身性质。假设我们以 n 表示单位时间跑出液体表面的平均分子数，以 n'表示单位时间内回到液体中的平均分子数。则

当 $n > n'$ 时，宏观上则表现为蒸发；当 $n < n'$ 时，宏观上表现为凝结；当 $n = n'$ 时，则液体和气体达到动态平衡。

(2)饱和蒸汽压

在敞口容器中，逃出液面的蒸汽分子会向远处扩散，有 $n>n'$，直到液体全部转变为蒸汽时，蒸发过程才停止。如图4-18所示，在密闭容器中，容器内蒸汽的密度不断增大，返回液体的分子数也不断增多，当 $n = n'$ 时，气体和液体达到动态平衡，此时的蒸汽称为饱和蒸汽，由它而产生的压强称为饱和蒸汽压。饱和蒸汽压是饱和蒸汽产生的分压强。在一定温度下，饱和蒸汽的密度具有恒定的值；饱和蒸汽压与体积的大小以及有无其他气体存在无关。

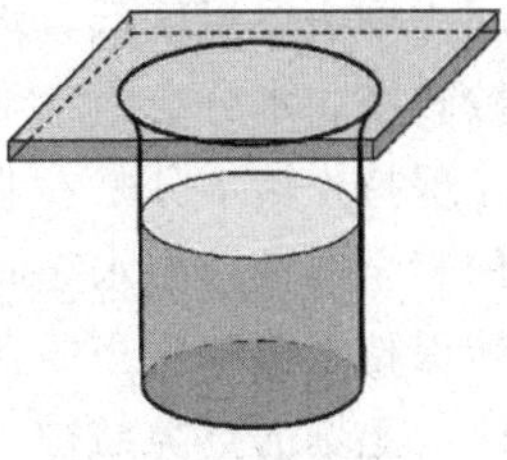

图 4-18　密闭容器

(3)影响饱和蒸汽压的因素

①液体本身的性质：对于内聚力较小(容易挥发)的液体，表面层内的分子受液体内部作用力较小，饱和蒸汽压较大。

②温度：温度越高，分子无规则热运动越剧烈，表面层的分子越容易摆脱液体的束缚逃出液面，饱和蒸汽压越高。

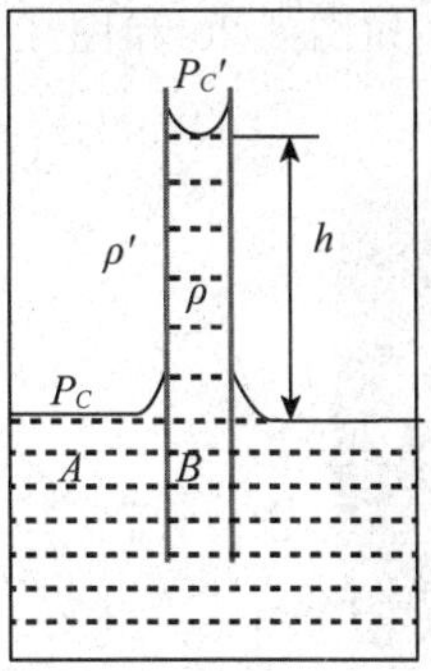

图 4-19　液面弯曲

③液面的弯曲情况：如图4-19所示，当容器内液体和蒸汽达到平衡时，水平液面上方饱和蒸汽压为 P_C，而毛细管内弯曲液面上方饱和蒸汽压为 P_C'，液体和饱和蒸汽的密度分别为 ρ 和 ρ'。

则可得：

$$P_C = P_B = \rho g h + \left(P_C' - \frac{2\alpha}{R}\right) \tag{4-31}$$

即

$$P_C - P_C' = \rho' g h = \frac{\rho'}{(\rho - \rho')} \frac{2\alpha\cos\theta}{r} \tag{4-32}$$

因此可得：

$$\rho g h = P_C - P_C' + \frac{2\alpha\cos\theta}{r} = \rho' g h + \frac{2\alpha\cos\theta}{r} \tag{4-33}$$

由于 $\rho>\rho'$，所以 $P_C<P_C'$，即凹形液面上的饱和蒸汽压小于水平液面上的饱和蒸汽压，蒸汽容易发生凝结现象。如土壤从孔隙空气中吸收大量的水分。同理可以证明，凸液面上方饱和蒸汽压较大，蒸汽就不易在凸液面上凝结。有时蒸汽压强已超过水平液面上饱和蒸汽压的几倍，仍无法形成液滴。这种蒸汽称为过饱和蒸汽。

4.4.2　土壤孔隙中的毛细管水

土壤基质借颗粒表面的吸附与孔隙的毛细管作用而吸持水分，其中吸附的水分称为吸附水，难以被植物吸收。吸附水的含量与土壤颗粒的种类(例如，粗砂土与细黏土的含水量不同)、表面积大小有关。

由于毛细管作用而保持的水分称为毛细管水，不易流失而且容易被植物吸收，在农业生产中具有重要意义。毛细管水的含量则不仅与土壤颗粒种类、表面积大小有关，而且还与土壤颗粒的排列和集聚形式有关。

毛细现象与液体表面张力系数有关，而张力系数受温度影响，毛细现象与温度有关。夜间土壤表层温度低，水的表面张力系数较大；而在土壤较深层温度较高，水的表面张力系数较小，水分会沿毛细管上移。所以拂晓时分土壤表层水分含量高于正常水平。

保持土壤水分是农业增产的一个重要问题。对于一般植物，如果土壤含水量饱和，则毛细管全部被液态水充满，通气性能差；含水量过低，植物吸水困难，对作物生长不利。为了保持土壤中适当的含水量，可采取下面的措施：①增加腐殖质不仅补充了肥料，还可以改善土壤的空隙结构，增加毛细管水的贮量。②温室中通常以渗流灌溉并对土壤含水量进行适时监控。③对于田间耕种，旱田播种后把地表压实可以使土壤颗粒之间形成较好的毛细管，利于水分上升至地表；而冬天则应把土壤翻松，破坏土壤的毛细管，使水分不易上升到地表而被蒸发掉。

4.4.3 植物水分的运输机制

对植物水分向上运输机制，目前大家认同的主要是毛细作用、渗透作用和负压强作用三种形式。

(1)毛细作用

植物体内的主要输水管道木质部导管是一个典型的毛细管系统，如图 4-20 和图 4-21 所示，它由许多丧失了原生质的死细胞构成，直径约为 0.04～0.05mm。

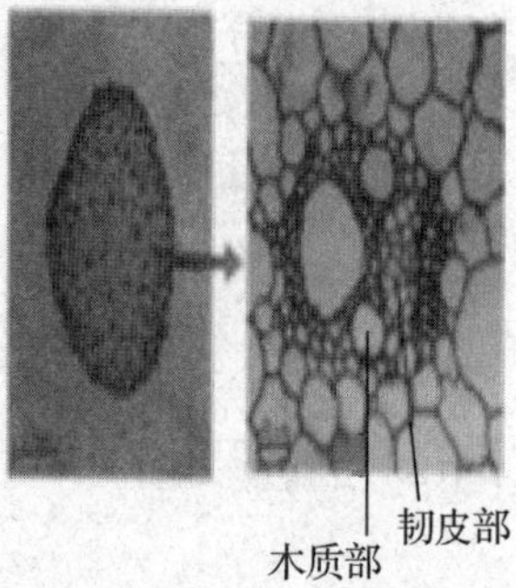

图 4-20 玉米茎的横切面构造

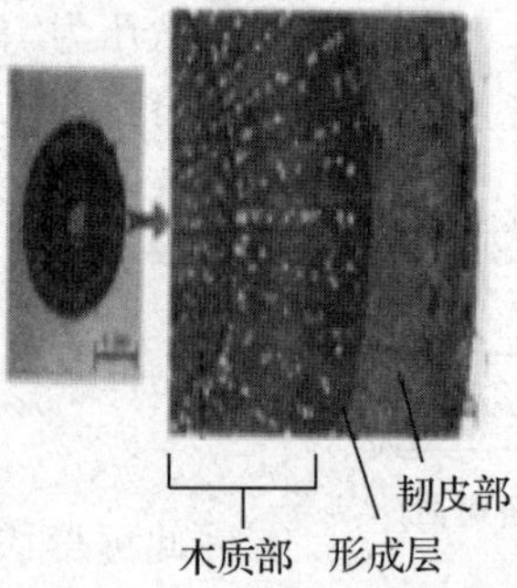

图 4-21 多年生植物横切面构造(朱瑾)

室温条件下，水的表面张力系数约为 $\alpha=73\times10^{-3}$N/m，取毛细管的半径 $r=0.02$ mm，假设水完全润湿毛细管壁，可得毛细作用上升高度约为 0.74m。这个结论似乎说明对于低矮的植物靠毛细现象就可以满足水分向上运输的需要。

实际上植物导管的上端并不是敞开的，与上述毛细管模型不同，导管中从上到下均充满了水分，而且毛细现象无法满足稍高的植物的输水需要，更不要说参天大树。因此，植物水分运输应该还有别的机制。

(2)渗透作用

在生命系统中有许多膜相结构都是半透膜，如细胞膜、动物的膀胱、肠衣等，它们都存在渗透现象。如图 4-22 所示，U 形管底部有一半透膜 MN 将糖溶液分成两个浓度不同的区域，左侧浓度高，右侧浓度低。半透膜只允许小分子通过，而不允许糖类分子、蛋白质分子等大分子通过，这一特性将使左右两边水的浓度相等。

溶质浓度低相当于水的浓度高，溶质浓度高相当于水的浓度低，所以水分子将通过半透膜向溶质浓度高的区域扩散，这种现象称为渗透现象。由于渗透作用，U 形管左侧液面将升高，右侧液面将降低；必须在左侧液面施加一个压强 P 才能使左右液面平齐，这个压强称为渗透压。

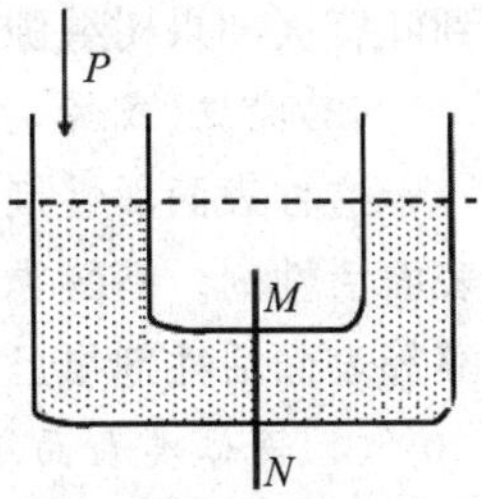

图 4-22　渗透作用

实验证明，早春时节枫树中糖溶液的向上运输就是渗透压造成的。在早春，枫树根系中积累了头年夏天制造的高浓度糖溶液。土壤解冻时水分通过渗透作用进入根系，迫使树液上升，直到渗透压等于树液液柱产生的压强为止。渗透压可以使树液上升到 30m 以上的高度。然而在夏季，新陈代谢旺盛的植物根部的糖浓度要下降，此时单靠渗透压的作用是不够的。而且有些植物可以高达 60m 以上，比如冷杉这种高大的树木。此时无论是毛细作用还是渗透作用都无法满足水分向上运输的需要，应该还有其他的水分运输机制。

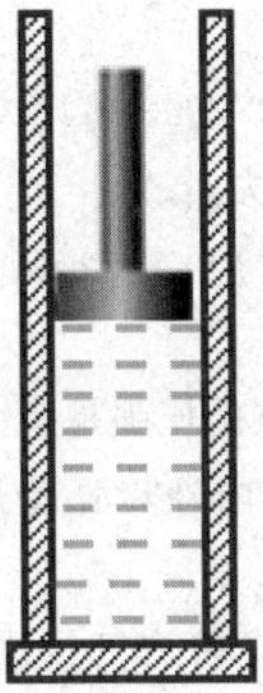
图 4-23　负压强作用

(3)负压强作用

通常我们认为压强都是正的，什么是负压强呢？如图 4-23 所示的，活塞下的容器中充满水。实验证明，必须对活塞施加 25×10^5Pa 到 300×10^5Pa 的压强才能将活塞与水柱分离。显然，这不仅仅有大气压的作用，最主要的作用是液体的内聚力，即分子间的作用力。液体向内拉周围物体的作用，称为负压强作用。正是因为负压强作用，当水分不断从叶片中蒸发出去或参与植物组织中的生化反应时，水分能够从根部源源不断向上供给。由于除了碰撞之外气体分子之间相互作用几乎等于零，因此气体不能产生负压强。在冬季，如果木质部导管中溶液冻结，冰中会产生许多气泡，解冻时这些气泡析出会使水柱断裂，从而使木质部导管堵塞而丧失功能。

4.4.4　常用表面活性剂

土壤中的毛细现象和农药在植物表面的吸收等都与表面张力有关。合理调节液体的表面张力系数以适应农业生产是一类值得关注的问题。影响表面张力系数主要有温度和成分两个因素。一些物质加入到液体中，也以显著降低液体的表面张力系数，这类物质称为表面活性物质。由于适合植物生长的温度变化范围较小，因此通过改变温度来调节液体的表面张力系数在农业生产中应用很有限。这样可以调节液体的表面活性物质来调控液体的表面张力系数，以适应农业生产的需要，下面介绍常用几类表面活性剂。

(1)特种表面活性剂

这种表面活性剂是针对不同农药活性物质和加工剂型的，根据表面活性剂采用不同亲油基团和亲水基团设计定制做成的专用表面活性剂，以满足剂型加工的要求。

(2)有机硅表面活性剂

这种表面活性剂始于 20 世纪 60 年代中期用于农药，直到 80 年代开始商品化。它可以用作消泡剂，具有常用表面活性剂无可比拟的表面活性，能诱导农药直接经叶气孔被植物吸收；另一特点是有超级伸展性能，使药剂达到最大覆盖和附着，甚至还可使药剂进入到叶背面和果树缝隙中隐匿害虫处，达到杀虫和杀菌效果。

(3)糖醚(或酯)类表面活性剂

这种表面活性剂是指由天然的或再生资源加工的、对人体刺激性小和容易生物降解的表面活性剂。糖醚类表面活性剂具有直链亲油基链，能很快地被生物降解。如脱水山梨酯醇等表面活性剂早已广泛应用在农药中。

(4)固体类表面活性剂

利用天然或再生资源的原料如淀粉中的葡萄糖与脂肪醇或脂肪酸反应所分别制得非离子表面活性剂，如烷基多苷(APG)和葡萄糖酰胺(APA)就是糖醚类表面活性剂的代表，又称新一代绿色表面活性剂。它们具有对人体刺激性小，生物降解快，性能优良，能与其他表面活性剂存在协同效应等特点。

习　题

4-1　一矩形框被可移动的横杆分成两部分，这两部分分别蒙上表面张力系数为 $\alpha_1=40\times10^{-3}$ N/m 和 $\alpha_2=70\times10^{-3}$ N/m 的液膜，横杆与框的一边平行，长度为 0.1m，求横杆所受的力？

4-2　一个半径为 5cm 的金属圆环，从液体中刚能拉出时，测得在环的悬线上加 $F=2.83\times10^{-2}$ N 的向上拉力，求该液体的表面张力系数？假设被拉出的液膜可视为很短的圆柱面。

4-3　如习题 4-3 图所示，半径为 r 的毛细管插入水中，图中 A、B、C、D 各点的压强是多少？

4-4　等温的吹出一个直径 $d=5.0\times10^{-2}$ m 的肥皂泡需做多少功？这时肥皂泡内外压强差是多少？(肥皂泡的表面张力系数为 $\alpha=25\times10^{-3}$ N/m)

4-5　一根内直径为 1.0mm 上端封口的玻璃管，竖直插入水银中，达到平衡后，管内气压比大气压低 3.0×10^3 Pa，求水银在管内变化的高度？已知水银的接触角 $\theta=140°$，水银的表面张力系数 $\alpha=465\times10^{-3}$ N/m。

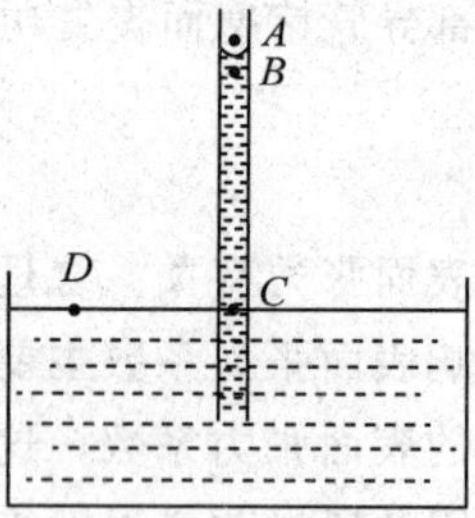

习题 4-3 图

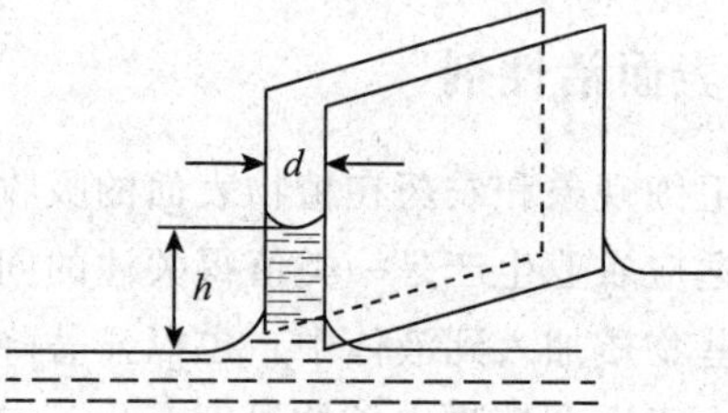

习题 4-6 图

4-6　如习题 4-6 图所示，在水中平行且垂直于地插入两块间距为 0.5mm 玻璃板，求玻璃板间水面上升的高度？已知接触角 $\theta=0°$，水的 $\alpha=73\times10^{-3}$ N/m。

4-7　在 20km^2 的湖面上，下了一场 50mm 的大雨，雨滴的半径 $r=1.0$ mm，设温度不变，求释放出来的能量。已知水的表面张力系数为 $\alpha=73\times10^{-3}$ N/m。

4-8　水的表面张力系数为 $\alpha=73\times10^{-3}$ N/m。求在半径为 0.01mm 的毛细管中，由于表面张力而能够支持水柱的重量为多少？

4-9　移液管中有 1mL 农用杀虫药物，其密度为 $\rho_水=0.095\times10^3\,\text{kg/m}^3$，令其从移液管中缓慢滴出，共分为 30 滴全部滴完。经过测定，已知药物将要下落时，其颈部的直径为 0.189cm，求药液的表面张力系数？

4-10　某灯芯能把水引到80mm的高度，水的表面张力系数为$\alpha=73\times10^{-3}$N/m，酒精的表面张力系数为$\alpha=22.3\times10^{-3}$N/m，密度为$\rho=0.79\times10^{3}$kg/m^{3}，接触角$\theta=0°$，求酒精在这灯芯中可以上升多高？

4-11　一株高50m的树，外层木质管子(树液的输送管)视为均匀毛细管，半径为$r=2.0\times10^{-4}$mm。设树液的表面张力系数$\alpha=0.5\times10^{-3}$N/m，接触角$\theta=45°$，树液的密度$\rho=1.0\times10^{3}$kg/m^{3}。试问树的根部最小压强为多少时，才能使树液上升到树的顶端？

4-12　将一个充满水银的气压计下端浸在宽大的盛水银容器中，气压计读数为95×10^{4}Pa，毛细管的直径$d=2.0\times10^{-3}$m，接触角$\theta=180°$，水银的表面张力系数$\alpha=465\times10^{-3}$N/m。试求：(1)水银的高度为多少？(2)如果考虑毛细现象，实际的大气压强应为多大？

第5章　气体动理论

在物理学中，专门研究热现象及其规律的学科称为热学，它是物理学的一个重要组成部分。热现象指的是和冷热有关的自然现象，人类在认识和探索自然规律的过程中，冷和热是人类最早感知到的自然现象之一。对于热现象规律的研究，物理学中有两种不同的方法：一种是从宏观热现象出发，通过观察和实验，总结出热现象最基本和最普遍规律及其应用，这部分内容称为热力学；另一种是从微观角度入手，从物质是由大量分子、原子组成的前提出发，运用统计学方法，找出描述分子热运动的微观量与描述物质状态的宏观量之间的联系，从而揭示宏观热现象的微观本质，这部分内容称为统计物理学。

现代物理学的大量实验事实证明，物质都是由大量做永不停息运动着的微观粒子(分子和原子)构成的，热现象则是组成物质的微观粒子集体行为的表现。

气体动理论是统计物理学最基本的内容。为了说明宏观热现象的微观本质，我们首先从物质的微观结构和力学规律出发，利用统计平均的方法，求出大量分子微观量的平均值，从而建立宏观量与微观量的关系，阐明宏观热现象的微观本质。

本章介绍热学中的系统、平衡态、温度与温标、理想气体物态方程、理想气体的压强和温度公式、能量均分定理、麦克斯韦速率分布律、三种统计速率和玻尔兹曼分布律。

5.1　气体动理论和理想气体模型

5.1.1　分子动理论的基本概念

(1)热力学系统

在热学中，一般的研究对象都是能为我们的感官所察觉的物体，这些物体称为热力学系统或简称系统。系统以外的物体统称为外界(或环境)。例如，在研究气缸内气体的状态变化时，气体就是系统，而气缸壁、活塞、发动机的其他部分等都是外界。在研究一个热力学系统的热现象时，不仅要注意系统内部的各种因素，同时也要注意外部环境对系统的影响。一般情况下，根据系统与外界之间交换的特点，通常将系统分为三种：

①孤立系统：不受外界影响的系统，即系统与外界既无能量交换，又无物质交换的理想系统。

②封闭系统：与外界只有能量交换而无物质交换的系统。

③开放系统：是与外界既有能量交换又有物质交换的系统。例如，用一个开口的杯子装水，杯中的水可以蒸发或继续注入，同时水与杯子及周围的空气传递热量，所以杯子中

的水是一个开放系统；盖上杯盖后，就隔绝了水与外界的物质交换，但仍然会有热量传递，这时杯中的水是一个封闭系统；用隔热良好的保温杯装水，那么既隔绝了水与外界物质的交换，也阻止了热量传递，这时水就成为一个孤立系统。

对同一物理现象进行描述可分为宏观描述和微观描述两种方法。从整体上对一个系统的性质及其变化规律加以描述的方法称为宏观描述。表征系统状态和属性的物理量称为宏观量。宏观量可以用仪器直接测量，例如，描述气缸内气体的温度、压强、体积、内能等物理量就是宏观量。而由于任何宏观物体都是由大量的、永不停息运动着的微观粒子(分子或原子)组成的，并且它们之间存在不同强度的相互作用，所以可以通过对微观粒子运动状态的说明对系统的状态加以描述，这种描述方法称为微观描述。描述一个微观粒子运动状态的物理量称为微观量，如分子的质量、位置、速度、能量等。微观量一般不能直接测量，通常采用统计平均的方法表示微观量。

由于宏观物体所发生的各种现象都是它所包含的大量微观粒子运动的集体表现，因此，宏观量总是一些微观量的统计平均值，它们之间有一定的内在联系。例如，气体对容器壁的压力就是大量气体分子碰撞器壁的集体表现效果，所以气体的压强就与气体分子在单位时间内因碰撞器壁而引起的动量变化的平均值有关。因此，对于热现象的研究，一是要发现热力学系统的各宏观参量之间的关系；二是要运用力学规律，通过求微观量的统计平均值而了解宏观热现象规律的本质。

(2) 平衡态

根据热力学系统所处的状态不同，可以分为平衡态系统和非平衡态系统。对于一个不受外界影响的系统(即孤立系统)，不论其初始状态如何，经过足够长的时间后，必将达到一个宏观性质不再随时间变化的稳定状态，这种状态称为热平衡态，简称平衡态。

这里必须注意，系统处于平衡态时，必须同时满足两个条件：一是系统与外界在宏观上无能量和物质的交换；二是系统的宏观性质不随时间变化。换而言之，系统处于平衡态时，系统内部任一体积元均处于力学平衡、热平衡(温度处处相同)、相平衡(无物态变化)和化学平衡(无单方向化学变化)之中。从微观的角度来看，在平衡态下，系统内大量微观粒子仍在不停地、无规则地运动，只是它们运动的平均效果不变，这在宏观上表现为系统达到了平衡，所以这种平衡态又称之为热动平衡态。这种热动平衡态是一种理想状态，实际中并不存在。因为实际上不受外界影响，永远保持不随时间变化的状态是没有的，但当系统受到外界的影响可以忽略且宏观性质只有很小变化时，系统的状态就可以近似为平衡态。在平衡状态下，虽然系统的宏观性质不随时间变化，但是组成系统的大量微观粒子却仍然在进行不断地无规则运动，只不过这种运动产生的平均效果不再改变。所以热力学平衡态是一种动态平衡。

5.1.2　理想气体及其状态描述

(1) 热力学第零定律——温度

温度是热学中用来描述系统宏观性质的一个状态参量，表征物体的冷热程度，是与热平衡概念存在直接联系的。冷热是人们对物质世界的直接感觉和体验，但是，单凭人的感觉就认为冷的系统温度低，热的系统温度高，这不但不能定量地表示出系统的温度，反而会得出错误的结论。因此，必须给温度一个严格而科学的定义。

温度的概念是以热力学第零定律为基础的。设不受外界影响的 A、B 两个系统，各自处在一定的平衡态。如图 5-1 所示，如果两系统 A、B 直接接触，由于热传递使两系统 A、B 的状态都会发生变化。经过一段时间后，当两系统达到一个新的共同的平衡态时，我们说这两个系统处于热平衡状态，或者说它们达到了热平衡。

如图 5-2 所示，如果 A、B 两系统分别与 C 系统直接接触，经一段时间后，A 与 C 处于热平衡，B 与 C 也处于热平衡，然后将 A、B 与 C 隔离开，再让 A 和 B 热接触，A 和 B 两系统也不会有能量传递，彼此也处于热平衡。

实验结果表明：如果两个系统分别与第三个系统的同一平衡态达到热平衡，那么这两个系统彼此也处于热平衡。这个结论称为热力学第零定律。这条定律看起来合理，但并不是逻辑推理的结果。例如，M 和 N 两人都与另一人 P 相识，M 和 N 两人不一定就相互认识。这里使用“第零定律”这一名称的原因，是因为在这以前第一定律的名称已经存在了。

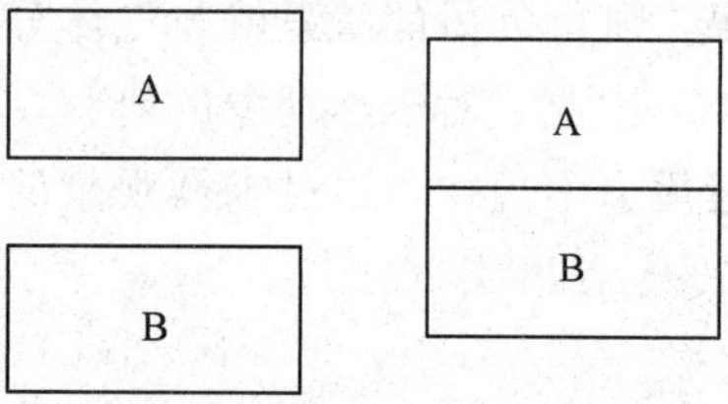

图 5-1　A、B 两系统接触前后

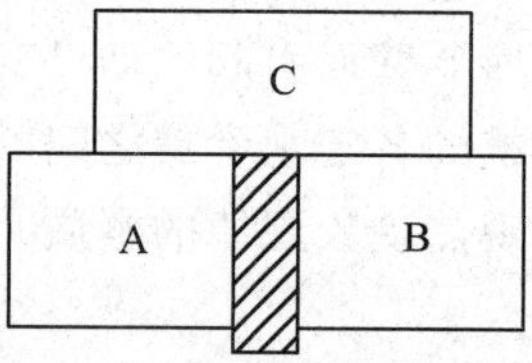

图 5-2　用绝热板将 A、B 隔开，再与 C 直接接触

热力学第零定律说明，处在相互热平衡状态的系统(两个或许多)，必定拥有某一个共同的宏观物理性质。我们将这一共同的宏观性质称之为系统的温度，即温度是决定一系统是否与其他系统处于热平衡的宏观性质，这就是对温度的宏观解释。

实验表明，在没有外界条件影响的情况下，当几个系统作为一个整体处于热平衡状态，若将它们分隔开，各个系统的热平衡状态将不会改变。这说明各个系统在热平衡状态时的温度仅由系统本身内部热运动状态来决定。在后面章节中将了解到对温度的微观解释——温度反映的是系统内大量气体分子无规则运动的剧烈程度。

热力学第零定律不仅给出了温度的概念，而且也指出了测量和比较温度的方法。由于处于相互热平衡的一切系统具有相同的温度，因此，我们可以选定一种合适的物质(称测温物质)来作为系统(或装置)，通过此系统与温度有关的特性来测量其他系统的温度。这个系统就成了一个温度计。温度计要能定量地表示和测量温度，还必须选定温度的标准点，并且把一定间隔的冷热程度等分为若干，这样就可以读取温度的数值标度，即温标。

摄氏温标是生活和技术中常用的温标，是摄尔修斯(A. Celsius)建立的，它以纯水的性质为基础，规定纯水的冰点为 0℃，正常沸点为 100℃。以 t 表示摄氏温度(单位为℃)。

热力学温标是开尔文(Kelvins)在热力学第二定律的基础上建立的，它以水、冰和水汽共存的状态规定为水的三相点，它们平衡时的温度称为水的三相点温度，以 T 表示热力学温度(单位为开尔文，简称 K)。它的数值规定为：

$$T = 273.15\text{K} \tag{5-1}$$

它与摄氏温度的关系是：

$$T=t+273.15 \tag{5-2}$$

即规定热力学温标的 273.15K 为摄氏温标的 0℃。

华氏温标是一种在英语国家中广泛使用的温标，它规定冰的正常熔点为 32 ℉，沸点为 212 ℉，用℉表示华氏度，它与摄氏温标的关系为：

$$t_F=\frac{9}{5}t+32 \tag{5-3}$$

(2) 理想气体状态方程

实验表明，当系统处于热平衡态时，描述该状态的各个物态参量(又称状态参量)之间存在一定的函数关系。当其物态参量中任意一个参量发生变化时，其他两个参量一般也将随之改变，即

$$T=f(P, V) \tag{5-4}$$

这个方程就是一定量的气体处于平衡态时的气体物态方程。一般来说，这个方程的形式是很复杂的，它与气体的性质有关。这里我们只讨论理想气体的物态方程，本章 5.7 再讨论实际气体的物态方程。

我们知道，任何一个物理定律都有它一定的适用范围。实验告诉我们，一般气体在压强不太大(与大气压相比)、温度不太低(与室温相比)的条件下，并且遵守阿伏伽德罗定律和三大实验定律：玻意尔定律、盖－吕萨克定律和查理定律。这种气体称为理想气体。

由气体的三个实验定律和阿伏伽德罗定律可得平衡态时，理想气体的物态方程为：

$$PV=NkT \tag{5-5}$$

式中，N 为体积 V 中的气体分子数；k 称为玻尔兹曼常数，一般计算时，其取值为：

$$k=1.38\times10^{-23}\mathrm{J/\Delta K}$$

理想气体的物态方程还可以写成其他形式。任何一种物质每摩尔(mol)所含的分子数称为阿伏伽德罗常数，用符号 N_A 表示，一般计算时，其取值为：

$$N_A=6.02\times10^{23}\mathrm{mol^{-1}}$$

把 N 与 N_A 的比值 N/N_A 称为物质的量，用 n 表示，即 $n=N/N_A$。这样式(5-5)可写成：

$$PV=nN_AkT \tag{5-6}$$

式中，$N_Ak=R$ 称为普适气体常数，在 SI 中 $R=8.31\mathrm{J/(\Delta\,mol\cdot\Delta\,K)}$。于是上式可写成：

$$PV=nRT \tag{5-7}$$

若该气体的摩尔质量为 μ，气体的质量为 M，气体的每个分子质量为 m，那么，物质的量可写成：

$$n=\frac{N}{N_A}=\frac{mN}{mN_A}=\frac{M}{\mu} \tag{5-8}$$

因此，理想气体的物态方程亦可表示为：

$$PV=\frac{M}{\mu}RT \tag{5-9}$$

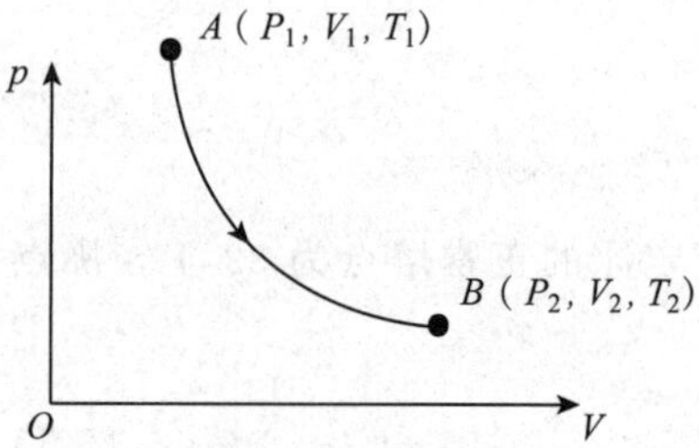

图 5-3　平衡态示意

式中，P，V，T 为理想气体在某一平衡态下的三个状态参量。平衡态除了由一组状态参量(P，V，T)来表述之外，还常用状态图中的一个点来表示，如图5-3所示。对于给定的理想气体，其一个平衡态可由$P-V$图中对应的一个点来代表(或$P-T$图、或$V-T$图变化过程)，曲线上的箭头表示过程进行的方向，不同曲线代表不同过程。如果将$\frac{N}{V}=n$称为单位体积内气体分子的个数或气体分子数密度，由式(5-5)还可以得到：

$$P=nkT \tag{5-10}$$

利用式(5-10)，可求得在标准状态(0℃，标准大气压)下，1cm^3 空气中约有 2.7×10^{19} 个分子。

5.1.3　理想气体的微观模型

从分子运动和分子间相互作用来看，理想气体是一种理想化的气体模型，其微观模型是：

①分子可以看作质点：分子本身的大小与分子间平均距离(或有效直径)相比可以忽略不计，分子可以看作质点。

②除碰撞外，分子力可以忽略不计：由于气体分子的间距很大，除碰撞的瞬间外，分子之间的相互作用力可忽略不计。因此，在两次碰撞之间，分子的运动可当作匀速直线运动，遵守经典力学规律。

③分子间的碰撞是完全弹性的：由于在平衡态下气体的宏观性质不变，这表明气体分子的动能不因与器壁碰撞而有任何改变，分子器壁间的碰撞只改变分子的运动方向。因此，气体分子间的碰撞以及气体分子与器壁间的碰撞可看作完全弹性碰撞。

以上这些假设可以概括为：理想气体分子像一个个极小的、彼此无相互作用且遵守经典力学规律的弹性质点，它是一种理想化的微观模型。从分子热运动的观点来看，处于平衡态下的理想气体，由于构成气体的大量分子都在做无规则的热运动，因而它们肯定要不断地与器壁发生频繁碰撞。就单个分子来说，它的运动状态是极为复杂和难以预测的，而大量分子的整体却呈现出确定的规律性，这就是统计平均的效果。理想气体分子的统计假设如下。

5.1.4　理想气体的统计假设

(1) 在无外电场时，气体分子在各处出现的概率均相同

平均而言，平衡态下气体分子的数密度 n 处处相同，沿各个方向运动的分子数相同。

(2) 气体分子速度的取向在各个方向是等概率的

处于平衡态下的理想气体，其性质与分子运动的速度方向无关，在直角坐标系中，每个分子速度按方向的分布是完全相同的，各个方向上速度的各种平均值相等，即

$$\overline{v^2}=\overline{v_x^2}+\overline{v_y^2}+\overline{v_z^2} \qquad \overline{v_x^2}=\overline{v_y^2}=\overline{v_z^2}=\frac{1}{3}\overline{v^2} \tag{5-11}$$

5.2　理想气体的压强和温度

5.2.1　理想气体的压强公式

(1) 理想气体压强公式的推导

气体的压强是一个可观测的宏观物理量。从气体理论的观点来看，气体施加于容器器壁的压强，是大量气体分子对容器器壁不断碰撞的结果。气体分子的无规则热运动使气体分子不断与容器器壁发生碰撞。这种碰撞是连续的，每次碰撞发生的位置，碰撞时给予器壁冲量的大小都是随机的。但是由于气体中存在大量分子，每时每刻都有大量的分子与器壁发生碰撞，在宏观上就表现为对器壁有一个宏观的、持续的压力。正如雨滴打在雨伞上时，一个个雨滴打在伞上是断续的。但是当大量密集的雨滴打在伞上时，就会使我们感到有一个持续向下的压力。

利用气体分子运动概念来导出作用于器壁上的压强公式，最早是由伯努利(Nicolaus Bernoulli)提出的。后来，经过克劳修斯(Rudolf Julius Emanuel Clausius)、麦克斯韦(James Clerk Maxwell)等的发展，其导出的方法日臻完善。伯努利认为：从微观上看，单个分子对器壁的碰撞是间断的、随机的；而大量分子对器壁的碰撞是连续的、恒定的。也就是说，气体作用于器壁的压强应该是大量分子对容器不断碰撞的统计平均结果。

下面我们从气体动理论的基本概念和理想气体的微观模型出发，先对单个分子运用牛顿运动定律，在对大量分子运用统计学规律，导出理想气体的压强公式。

假设有一边长分别为 l_1、l_2和 l_3 的长方形容器，其中含有 N 个质量为 m 的同类气体分子。如图 5-4 所示，因为处于平衡态的理想气体对器壁的压强都相同，所以只要计算容器中任何一个器壁所受到的压强就可以了。现在来讨论与 ox 轴相垂直的壁面 A_1 所受的压强。

在大量分子中，任选一个分子 i，其质量为 m，速度为$\boldsymbol{v}_i$，沿各坐标轴的分量为 v_{ix}，v_{iy}，v_{iz}。则有：

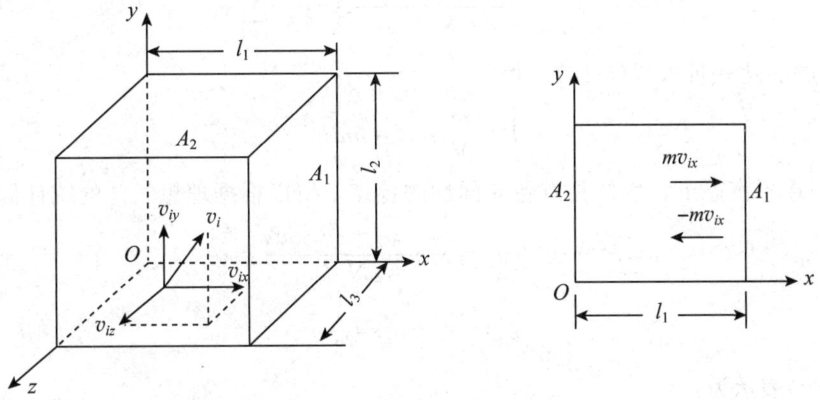

图 5-4　气体压强公式的推导

$$\boldsymbol{v}_i = v_{ix}\boldsymbol{i} + v_{iy}\boldsymbol{j} + v_{iz}\boldsymbol{k} \tag{5-12}$$

当分子 i 与器壁 A_1 碰撞时，由于碰撞是完全弹性的，所以碰撞后分子 i 在 y、z 两个方向上的速度分量不变，在 x 方向的速度分量由 v_{ix} 变为 $-v_{ix}$，即大小不变，方向相反。这样分子在碰撞前后动量的增量为：

$$\Delta p_{ix} = -mv_{ix} - mv_{ix} = -2mv_{ix} \tag{5-13}$$

根据动量定理，分子动量的增量应等于器壁 A_1 对分子作用力的冲量。由牛顿第三定律可知，分子施于器壁 A_1 的冲量应为 $2mv_{ix}$。同一分子两次与器壁 A_1 碰撞之间所经历的路径是迂回曲折的，但沿 x 轴方向的路程肯定为 $2l_1$。因为分子 i 沿 x 轴的速度分量为 v_{ix}，所以它连续两次与 A_1 相撞的时间间隔为 $\Delta t = \dfrac{2l_1}{v_{ix}}$，那么，单位时间内分子 i 对 A_1 面的碰撞次数为 $Z = \dfrac{1}{\Delta t} = \dfrac{v_{ix}}{2l_1}$。所以，在单位时间内，分子 i 对 A_1 面的冲量为 $2mv_{ix} \cdot \dfrac{v_{ix}}{2l_1}$，这就是分子 i 作用于 A_1 面的力的平均值，表示为：

$$\overline{F}_{ix} = 2mv_{ix}\frac{v_{ix}}{2l_1} \tag{5-14}$$

容器内所有分子施于器壁 A_1 面的平均冲力，为上式对所有分子求和，即

$$\overline{F}_x = \sum_{i=1}^{N}\overline{F}_{ix} = \frac{m}{l_1}\sum_{i=1}^{N}v_{ix}^2 \tag{5-15}$$

根据压强的定义，有：

$$P = \frac{\overline{F}_x}{l_2 l_3} = \frac{m}{l_1 l_2 l_3}\sum_{i=1}^{N}v_{ix}^2 \tag{5-16}$$

设 $\overline{v_x^2}$ 为气体分子速度在 x 轴方向分量平方的平均值。则有：

$$\overline{v}_x^2 = \frac{\overline{v}_{1x}^2 + \overline{v}_{2x}^2 + \cdots + \overline{v}_{Nx}^2}{N} = \frac{1}{N}\sum_{i=1}^{N}v_{ix}^2 \tag{5-17}$$

$$\overline{v}_y^2 = \frac{\overline{v}_{1y}^2 + \overline{v}_{2y}^2 + \cdots + \overline{v}_{Ny}^2}{N} = \frac{1}{N}\sum_{i=1}^{N}v_{iy}^2 \tag{5-18}$$

$$\overline{v}_z^2 = \frac{\overline{v}_{1z}^2 + \overline{v}_{2z}^2 + \cdots + \overline{v}_{Nz}^2}{N} = \frac{1}{N}\sum_{i=1}^{N}v_i^2 \tag{5-19}$$

将 $\overline{v_x^2}$ 的表达式带入式(5-16)，得

$$P = \frac{m}{V}N\overline{v}_x^2 = nm\overline{v}_x^2 \tag{5-20}$$

考虑到在平衡态下，气体具有各向同性的特点，所以根据理想气体的统计假设：

$$\overline{v}_x^2 + \overline{v}_y^2 + \overline{v}_z^2 = \frac{\overline{v}_1^2 + \overline{v}_2^2 + \cdots + \overline{v}_N^2}{N} = \overline{v}^2 \tag{5-21}$$

和

$$\overline{v}_x^2 = \overline{v}_y^2 = \overline{v}_z^2 = \frac{1}{3}\overline{v}^2 \tag{5-22}$$

式(5-20)表示为：

$$P = \frac{1}{3}nm\overline{v}^2 = \frac{2}{3}n\left(\frac{1}{2}m\overline{v}^2\right) \tag{5-23}$$

令式中 $\overline{\varepsilon}_t=\frac{1}{2}m\overline{v^2}$，$\overline{\varepsilon}_t$ 表示把气体分子当作质点的条件下求得的分子动能的平均值，称为气体分子的平均平动动能。则

$$P=\frac{2}{3}n\overline{\varepsilon}_t \tag{5-24}$$

式(5-24)就是在平衡态下理想气体的压强公式，它表明，理想气体的压强与分子数密度 n 和气体分子的平均平动动能 $\overline{\varepsilon}_t$ 有关。分子数密度越大，压强越大；分子的平均平动动能越大，压强越大。

(2) 理想气体压强的微观本质

理想气体的压强公式是气体动理论的基本公式之一。它把宏观量压强 P 与微观量分子的平均平动动能 $\overline{\varepsilon}_t$ 和分子数密度 n 联系起来，从而揭示了压强的微观本质和统计意义，即气体的压强是由大量分子对器壁的碰撞而产生的，它反映了大量分子对器壁碰撞而产生的平均效果，是一个统计平均值。既然气体压强所描述的是大量分子的集体行为，离开了大量分子，压强就失去了意义。所以我们只能说气体的压强，而不能说分子的压强。

应当指出，压强虽说是由大量分子对器壁的碰撞而产生的，但它是一个宏观量，可以从实验直接测出。而式(5-16)～式(5-24)右侧参数是不能直接测量的微观量，但从这些公式出发，可以满意地解释或论证已经验证过的理想气体诸定律。

5.2.2　温度与气体分子平均平动动能

我们在之前已经对温度这个宏观量进行了宏观描述，那么温度与气体分子平均平动动能的关系以及温度的微观本质是什么呢？

(1) 温度与气体分子平均平动动能的关系

将理想气体状态方程式(5-10)与理想气体的压强公式(5-24)相比较，可得：

$$\overline{\varepsilon}_t=\frac{1}{2}m\overline{v^2}=\frac{3}{2}kT \tag{5-25}$$

上式表明：理想气体分子的平均平动动能只与气体的温度有关，并与热力学温度呈正比。它揭示了温度的微观本质，即温度是气体分子平均平动动能的量度，是气体分子热运动剧烈程度的标志，与物体的宏观运动无关。温度越高，表示物体内部分子热运动越剧烈。宏观上的任何气体，只要其温度相同，其分子的平均平动动能就相同。所以，温度和压强一样，也只有统计意义，对于个别或少量分子来讲温度是没有意义的。

必须强调，若按照式(5-25)的推理，自然会得出：热力学温度的零度将是理想气体分子热运动停止时的温度。然而实际上分子运动是永远不会停息的，热力学温度零度也是永远不可能达到的。近代量子理论已证实，即使在热力学温度零度时，组成固体点阵的粒子也还保持着某种振动的能量，称为零点能量。至于实际气体，则在温度未达到热力学温度零度之前，已变成液体或固体了，式(5-25)也就不再适用了。

(2) 气体分子的方均根速率

根据气体分子平均平动动能与温度的关系式(5-25)，我们可以求出在一定温度下的给定气体，其分子运动速率平方的平均值。如果把该平方的平均值再开方，就可以得出气体分子速率的一种平方值，称为气体分子的方均根速率，它是分子速率的一种统计平均值。

由
$$\frac{1}{2}m\overline{v^2}=\frac{3}{2}kT \tag{5-26}$$

有
$$\sqrt{\overline{v^2}}=\sqrt{\frac{3kT}{m}}=\sqrt{\frac{3RT}{\mu}} \tag{5-27}$$

式中，μ 为给定气体的摩尔质量。由式(5-27)可看出，气体分子的方均根速率与气体的热力学温度的平方根呈正比，与气体的摩尔质量的平方根呈反比。对于同一种气体，温度越高，方均根速率越大。在同一温度下，不同气体的摩尔质量(或分子质量)越大，方均根速率就越小。表 5-1 给出几种气体分子的方均根速率。

表 5-1 几种气体分子的方均根速率 $\sqrt{\overline{v^2}}$(300K)

气体	摩尔质量 μ(10^{-3} kg/mol)	方均根速率 $\sqrt{\overline{v^2}}$(m/s)
氢气(H_2)	2.02	1920
氦气(He)	4.0	1370
氮气(N_2)	28.0	517
水蒸气(H_2O)	18.0	645
氧气(O_2)	32.0	483
二氧化硫(SO_2)	64.1	342

【例 5-1】一容器内储有温度 $t=27$℃、压强 $P=1.013\times10^5$ Pa 的氧气。求：(1)分子数密度；(2)分子间的平均距离；(3)分子的平均平动动能；(4)气体分子的方均根速率。

解：(1)根据 $P=nkT$ 可得氧气的分子数密度为：

$$n=\frac{P}{kT}=\frac{1.013\times10^5}{1.38\times10^{-23}\times(27+273.15)}=2.44\times10^{25}(\text{m}^{-3})$$

(2)设气体分子间的平均距离为 $\overline{d}$，将分子看作半径为 $\overline{d}/2$ 的小球，则每个分子的体积为：

$$V_0=\frac{4}{3}\pi\left(\frac{\overline{d}}{2}\right)^3=\frac{\pi}{6}\overline{d}^3$$

而 $V_0=\frac{1}{n}$，故有：

$$\overline{d}=\left(\frac{6}{n\pi}\right)^{\frac{1}{3}}=\sqrt[3]{\frac{6}{\pi\times2.24\times10^{25}}}=4.28\times10^{-9}(\text{m})$$

(3)分子的平均平动动能为：

$$\overline{\varepsilon_t}=\frac{3}{2}kT=\frac{3}{2}\times1.38\times10^{-23}\times(27+273.15)=6.21\times10^{-21}(\text{J})$$

(4)气体分子的方均根速率为：

$$\sqrt{\overline{V^2}}=\sqrt{\frac{3RT}{\mu}}=\sqrt{\frac{3\times8.31\times(27+273.15)}{32\times10^{-3}}}=4.83\times10^2(\text{m/s})$$

5.3　能量按自由度均分定理

5.3.1　自由度

前面我们在讨论理想气体的压强时，把分子当作质点，只考虑了分子的平动。实际上，除单原子分子外，一般由两个以上原子组成的分子，不仅有平动，而且还有转动和分子内各原子间的振动。尽管分子的转动和振动对气体的压强无贡献，但这两种运动需要能量，所以，在讨论分子热运动的能量时，必须把这些运动形式的能量也包括在内。为了研究分子的能量在各种运动形式中的分配，需要引入自由度的概念。

通常，把确定一个物体的空间位置所需要的独立坐标数目，称为物体的自由度。

气体分子按其结构不同可分为单原子分子(如 He、Ne、Ar 等)、双原子分子(如 H_2、O_2 等)和多原子分子(H_2O、CH_4 等)，其结构如图 5-5 所示。当分子内原子间的距离保持不变(即原子间好像由一根质量不计的刚性细杆相连)时，这种分子称为刚性分子，否则称为非刚性分子，本书只讨论刚性分子的自由度(表 5-2)。

(a) Ar　(b) H_2　(c) H_2O　(d) CH_4

图 5-5　气体分子结构示意

表 5-2　分子自由度

分子类型	单原子分子	双原子分子		三原子分子	
		刚性	非刚性	刚性	非刚性
自由度 (i)	3(平)	5 =3(平) +2(转)	7 =3(平)+2(转) +2(振)	6 =3(平)+3(转)	12 =3(平)+3(转) +6(振)

(1) 单原子气体分子的自由度

对由单原子分子组成的理想气体来说，分子本身大小可以忽略不计，故单原子分子可当成是质点，其运动状态只需要考虑平动。在某一时刻，分子的位置需要三个独立坐标(x，y，z)来确定。考虑到气体处于平衡态时，分子在任何一个方向的运动都不能比其他方向占有优势，且分子在各个方向运动的概率是相等的，因此，单原子气体分子有 3 个平动自由度，如图 5-6(a)所示。如果分子被限制在平面或曲面上运动，则自由度为 2；如果分子被限制在直线或曲线上运动，则自由度为 1。

(2) 刚性双原子气体分子的自由度

刚性双原子气体分子可视为两个质点通过一个刚性键联结的模型(哑铃型)来表示，其

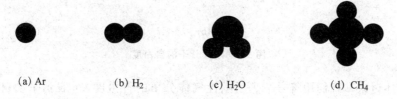

运动状态可看成质心的平动和刚体绕通过质心的轴转动的叠加。其质心 C 在空间的位置可由三个坐标(x，y，z)来表示，故有 3 个自由度。另外，刚性键(两原子之间的轴)联结的方位角(转轴与三个坐标轴的夹角)可分别用 α、β 和 γ 表示，因有关系式 $\cos^2\alpha+\cos^2\beta+\cos^2\gamma=1$，故只有两个方位角是独立的，也就是绕轴的转动不存在，故有 2 个转动自由度，如图 5-6(b)所示。因此，刚性双原子气体分子共有 5 个自由度。

(3) 刚性多原子气体分子的自由度

刚性多原子气体分子除了具有像双原子分子的 5 个自由度外，还有一个绕轴自转的自由度，常用转角 φ(相对于所选参考方位)来表示，如图 5-6(c)所示。因此，刚性多原子气体分子有 3 个平动自由度和 3 个转动自由度，共有 6 个自由度。

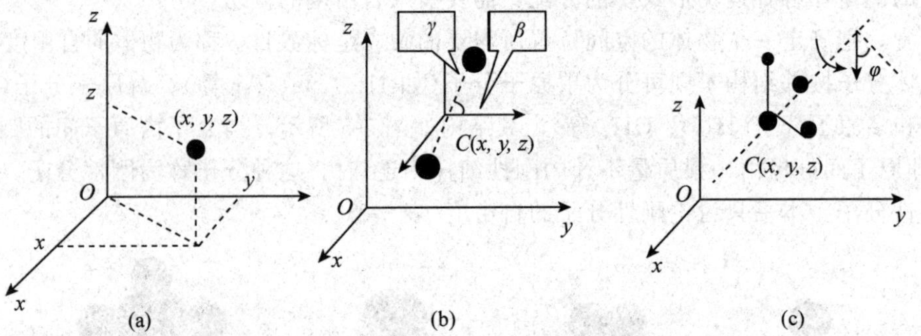

图 5-6　刚性分子的自由度

依照上述讨论，我们用符号 i 表示刚性气体分子的自由度，t 表示平动自由度，r 表示转动自由度，则有：

$$i=t+r \tag{5-28}$$

5.3.2　能量按自由度均分定理

(1) 能量按自由度均分定理

在明确气体分子自由度的数目后，我们来讨论气体分子每一个自由度上的动能平均值。

我们知道，在平衡态下理想气体分子的平均平动动能为：

$$\bar{\varepsilon}_t=\frac{1}{2}m\overline{v^2}=\frac{3}{2}kT \tag{5-29}$$

而

$$\overline{v^2}=\overline{v_x^2}+\overline{v_y^2}+\overline{v_z^2}\quad \overline{v_x^2}=\overline{v_y^2}=\overline{v_z^2}=\frac{1}{3}\overline{v^2} \tag{5-30}$$

代入后由

$$\frac{1}{2}m\overline{v_x^2}=\frac{1}{2}m\overline{v_y^2}=\frac{1}{2}m\overline{v_z^2}=\frac{1}{3}\left(\frac{1}{2}m\overline{v^2}\right)=\frac{1}{3}\left(\frac{3}{2}kT\right)=\frac{1}{2}kT \tag{5-31}$$

上式说明，气体分子沿坐标轴 x，y，z 三个方向运动的平均平动动能相等。也就是说：温度为 T 的理想气体，其分子的平均平动动能 $\frac{3}{2}kT$ 是均匀地分布在每一个平动自由度上的，每一个平动自由度上的能量平均值为$\frac{1}{2}kT$。

气体分子的热运动除了平动外，还有分子的转动和分子内原子之间的振动。考虑到气体分子热运动的无规则性，动能的转移也应该发生在转动自由度和振动自由度之间。可以推论，任何一种自由度都不比其他自由度占有优势，各自由度的平均动能值均相等。

经典统计物理学证明：在温度为 T 的平衡态下，理想气体分子的任何一个自由度的平均动能都相等，大小等于$\frac{1}{2}kT$，这就是能量按自由度均分定理。根据这个定理，如果气体分子共有 i 个自由度，则每个分子的平均总动能为：

$$\bar{\varepsilon}_k=\frac{i}{2}kT \tag{5-32}$$

式中，$\bar{\varepsilon}_k$ 表示动能(平动和转动)。

由此可知，几种刚性分子的平均总动能如下：

单原子分子：$$\bar{\varepsilon}_k=\frac{3}{2}kT \tag{5-33}$$

刚性双原子分子：$$\bar{\varepsilon}_k=\frac{5}{2}kT \tag{5-34}$$

刚性多原子分子：$$\bar{\varepsilon}_k=\frac{6}{2}kT=3kT \tag{5-35}$$

(2) 能量均分定理的统计规律

能量按自由度均分定理是一条统计规律，只适用于大量气体分子的集体。对于某一个特定的分子来说，在任一瞬间，它的各种形式的动能和总动能可能和能量均分定理所确定的平均值差别很大，而且每一种形式的动能也不一定按自由度均分。由于热运动，气体分子之间发生频繁的碰撞，所以分子相互之间要交换能量。在碰撞过程中，动能大的分子往往要失去能量，而动能小的分子往往要得到能量。同时，转动动能大的分子能量将转移到转动动能小的分子；振动能量大的分子能量将转移到振动能量小的分子。分子之间如此，各自由度之间也是如此。由于能量的转移，能量在各个自由度中并没有哪一个占优势，各自由度的平均能量值均相等。

5.3.3　理想气体的内能

(1) 一般气体的内能

一般气体除了具有热运动的动能外，还应包括分子与分子间及分子内原子与原子间相互作用而产生的势能。因此，我们把气体中所有分子的热运动动能与分子势能的总和称为一般气体的内能。

(2) 理想气体的内能

对于理想气体，由于忽略了分子间的相互作用力，因而也相应地忽略了分子间相互作用的势能，所以，我们把气体内所有分子热运动动能(平动和转动)总和称为理想气体的内能。

已知 1mol 理想气体的分子数为 N_A(阿伏伽德罗常数)，若该气体分子的自由度为 i，

表 5-3　分子的平均能量和理想气体内能的理论值

分子类型	单原子分子	双原子分子		三原子分子	
		刚性	非刚性	刚性	非刚性
分子平均能量($\bar{\varepsilon}$)	$\frac{3}{2}kT$	$\frac{5}{2}kT$	$\frac{7}{2}kT$	$3kT$	$6kT$
1mol 理想气体的内能(E)	$\frac{3}{2}RT$	$\frac{5}{2}RT$	$\frac{7}{2}RT$	$3RT$	$6RT$

那么，1mol 理想气体的分子的平均能量，即 1mol 理想气体的内能 E_0(表 5-3)。可表示为：

$$E_0 = N_A\bar{\varepsilon}_k = N_A\frac{i}{2}kT \tag{5-36}$$

已知 $N_Ak=R$，故 1mol 理想气体的内能为：

$$E_0 = \frac{i}{2}RT \tag{5-37}$$

因此，物质的量为 $v\left(v=\frac{M}{\mu}\right)$的理想气体的内能为：

$$E = \frac{M}{\mu}E_0 = \frac{M}{\mu}\frac{i}{2}RT \tag{5-38}$$

由上式可以看出，理想气体的内能不仅与温度有关，而且还与分子的自由度有关，而与压强、体积无关。对于给定的理想气体，其内能仅是温度的单值函数，即 $E=E(T)$。这是理想气体的一个重要性质。当气体的温度改变 $\mathrm{d}T$(微小变化)时，其内能也相应变化 $\mathrm{d}E$，有：

$$\mathrm{d}E = \frac{M}{\mu}\cdot\frac{i}{2}R\mathrm{d}T \tag{5-39}$$

当气体的温度改变 ΔT(一定变化)时，其内能也相应变化 ΔE，有：

$$\Delta E = \frac{M}{\mu}\cdot\frac{i}{2}R\Delta T \tag{5-40}$$

式(5-39)、式(5-40)表明，一定量的某种理想气体在状态变化过程中，内能的改变只取决于气体初态和终态的温度，而与具体过程无关。

5.4　麦克斯韦分子速率分布律

5.4.1　麦克斯韦分子速率分布函数

(1) 麦克斯韦分子速率分布率

在无外力场的情况下，从宏观上看，气体达到平衡态时，其分子数密度、压强和温度处处相同；但从微观上看，因为气体分子数目极其巨大，这些巨大数目的作热运动的分子之间必然要产生极其频繁的碰撞，所以，气体分子的速度大小和方向时刻不停地随时间发生变化。就某一个分子而言，它的速率可以具有从零到无限大之间任意可能的值。然而，气体分子的方均根速率[式(5-27)]告诉我们，在给定温度 T 的情况下，分子的方均根速率却又是确定的。这就是说，在给定温度下，处于平衡态的气体，个别分子任一时刻的速率具有偶然性，而大量分子的速率，从整体上看是具有一定分布规律的。这个规律称为麦克斯韦分子速率分布率。若考虑气体分子速度的方向，则称为麦克斯韦分子速度分布率。1859 年，麦克斯韦(James Clerk Maxwell)首先用概率论证明了气体分子按速率分布的统计定律，后来由玻尔兹曼从经典统计力学中导出。1920 年，施特恩(O. Stern)从实验中又一次证实了麦克斯韦分子按速率分布的统计定律。限于数学上的原因和本书的要求，我们只介绍这个定律的一些基本概念。

研究气体分子速率分布情况一般有三种方法：①根据实验数据列出分子速率分布表；②画出分子速率分布曲线；③找出分子速率的分布函数。

设在平衡态下，一定量的气体分子总数为 N，分子速率 v 从零到无穷大连续变化。以分子速率 v 为横坐标，以 $\frac{\Delta N}{N\Delta v}$(单位速率区间分子的比率)为纵坐标，并将分子速率分成若干个相同区间，如图 5-7 所示。则能说明各速率区间内的分子数 ΔN 以及分布在各种速率间隔内的分子数各占总分子数的百分比$\frac{\Delta N}{N}$，一般说这个百分比是不同的。

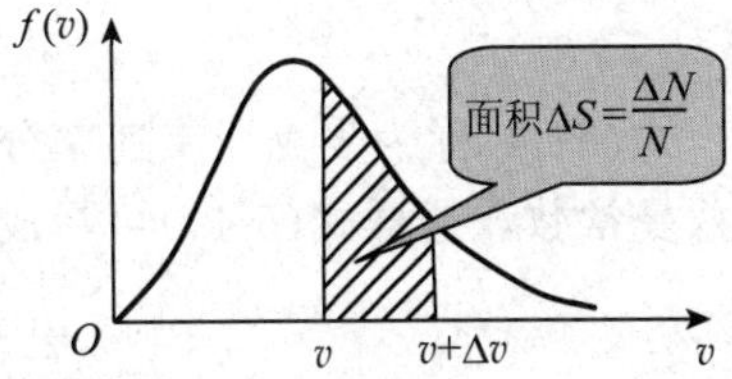

图 5-7　分子速率分布

从图 5-7 可以看出：①ΔN 表示速率分布在 $v\sim(v+\Delta v)$区间内的分子数，$\frac{\Delta N}{N}$表示这一速率区间的分子数占总分子数的百分比；②$\frac{\Delta N}{N}$与速率 v 和 $v\sim(v+\Delta v)$的间隔有关，也就是说，在不同的速率 v 附近取相同的速率间隔 Δv，$\frac{\Delta N}{N}$的数值是不同的，即使在给定的 v 附近取不同的速率间隔 Δv，$\frac{\Delta N}{N}$的数值也是不同的。

(2) 麦克斯韦分子速率分布函数

既然图 5-7 中$\frac{\Delta N}{N}$的比值随所选的速率间隔 Δv 增大而增大，那么，当 $\Delta v\to 0$ 时，则$\frac{\Delta N}{N\Delta v}$的极限值就变成 v 的一个连续函数了，并用 $f(v)$表示，$f(v)$称为速率分布函数。表示为：

$$f(v)=\lim_{\Delta v\to 0}\frac{\Delta N}{N\Delta v}=\frac{\mathrm{d}N}{N\mathrm{d}v}\quad 或\quad \frac{\mathrm{d}N}{N}=f(v)\mathrm{d}v \tag{5-41}$$

式(5-41)的物理意义是：分布在速率 v 附近的单位速率间隔内的分子数占总分子数的百分比。也可表述为：N 个分子处在 v 区间内的概率。对于一定温度下的气体，它只是速率 v 的函数。

若确定了速率分布函数 $f(v)$，就可以根据式(5-42)求出分布在任意有限速率范围 $v_1 \sim v_2$ 内的分子数占总分子数的比率：

$$\frac{\Delta N}{N}=\int_{v_1}^{v_2} f(v)\,\mathrm{d}v \tag{5-42}$$

对于整个速率区间(0～∞)积分，得

$$\int_0^{\infty} f(v)\,\mathrm{d}v=\int_0^N \frac{\mathrm{d}N}{N}=1 \tag{5-43}$$

式(5-43)表示：分布在曲线下的总面积，分子速率介于零到无穷大的整个速率区间内的分子数占总分子数的百分比，或者说，整个速率区间内百分比之和应为1。因此，式(5-43)称为速率分布函数的归一化条件。

气体分子按速率分布的分布函数 $f(v)$，是1859年麦克斯韦首先从理论上导出的。在平衡态时，气体分子的速率分布函数的数学形式为：

$$f(v)=4\pi\left(\frac{m}{2\pi kT}\right)^{\frac{3}{2}} \mathrm{e}^{-\frac{mv^2}{2kT}} v^2 \tag{5-44}$$

式(5-44)称为麦克斯韦速率分布率。式中，T 为气体的温度；m 为分子质量；k 为玻尔兹曼常数，这样式(5-41)可写成：

$$\frac{\mathrm{d}N}{N}=4\pi\left(\frac{m}{2\pi kT}\right)^{\frac{3}{2}} \mathrm{e}^{-\frac{mv^2}{2kT}} v^2\,\mathrm{d}v \tag{5-45}$$

上式说明：一定量的理想气体，麦克斯韦速率分布函数只与温度有关，当它处于平衡态时，分布在速率区间 $v \to (v+\mathrm{d}v)$ 的相对分子数，这个气体分子速率分布规律称为麦克斯韦分子速率分布定律。

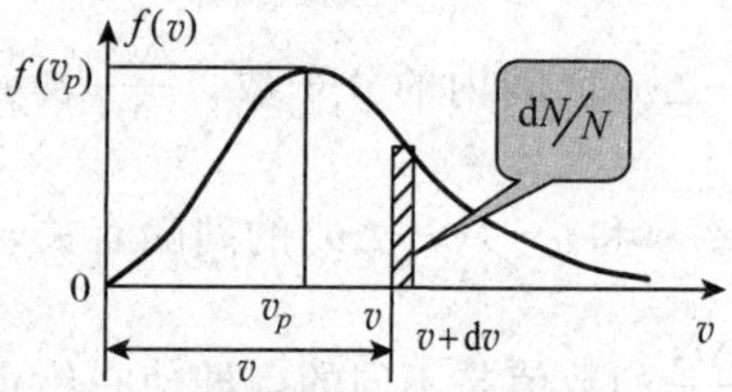

图 5-8 麦克斯韦分子速率分布曲线

根据式(5-44)可画出麦克斯韦分子速率分布曲线，如图5-8所示。从图中可以看出：①曲线随速率的增大而上升，经过一个极大值后，又随着速率的增大而下降，并渐近于横坐标轴。这说明速率很大或很小的分子数较少，而具有中等速率的分子数较多；②在不同的速率区间内，分布的分子数占总分子数的百分比不同。也就是说，不同速率区间对应的曲线下窄条面积不同；③麦克斯韦分子速率分布符合统计规律，具有一定形状——正态分布图。根据速率分布函数的归一化条件 $\int_0^{\infty} f(v)\,\mathrm{d}v=\int_0^N \frac{\mathrm{d}N}{N}=1$ 可知，曲线下总面积应等于分布在整个速率范围(0～∞)所在各个速率区间中的分子数比率(矩形窄条面积)的总和，显然这个和等于1。因此，同一种气体，随着温度的升高，分子速率增大，分子速率分布曲线的极大值向速率较大的区域移动，即 v_p 右移，同时，速率分布曲线的高度降低而变平坦，如图5-9所示。

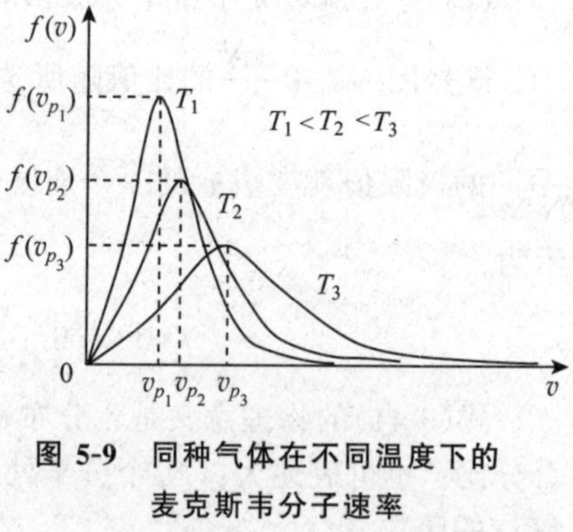

图 5-9 同种气体在不同温度下的麦克斯韦分子速率

需要强调的是，麦克斯韦速率分布律只适用于处于平衡态的气体，对非平衡态是不适用的。例如，把一个容器用绝缘隔板分成两个部分，两边气体的温度恒定但不相同，则两边的气体各自有不同的速率分布。如果把隔板抽开，气体将互相混合，开始时处于非平衡态，这时分子的运动速率不符合麦克斯韦速率分布律。经过一段时间后，气体分子通过互相碰撞交换能量和动量，最终达到一个新的平衡态，这时就会满足新平衡态下的麦克斯韦速率分布。

最后需要指出，麦克斯韦速率分布律是一个统计规律，所以它与其他统计规律一样，只适用于大量分子组成的系统。如果分子数目 N 不够大，则观测结果和统计平均值之间会有一定偏差，这种现象称为涨落。但是当分子数目足够大时，这种涨落可以忽略不计。所以，麦克斯韦速率分布律只对大量分子组成的体系才成立。

【例 5-2】已知平衡态下的某种气体，其分子总数为 N，体积为 V，试解释 $nf(v)\mathrm{d}v$ 的物理意义。

解：根据麦克斯韦分子速率分布函数 $f(v)\mathrm{d}v=\frac{\mathrm{d}N}{N}$，可将此时式等号两端乘以分子数密度 n，有：

$$nf(v)\mathrm{d}v=\frac{N}{V}\frac{\mathrm{d}N}{N}=\frac{\mathrm{d}N}{V}$$

则 $nf(v)\mathrm{d}v$ 的物理意义为：在平衡态下，单位体积内处于 $v\rightarrow(v+\mathrm{d}v)$ 速率间隔内的分子数。

5.4.2　三种统计速率

从气体分子速率分布曲线可以看出，分子的速率可以取自 0～∞的一切数值，这里只讨论三种具有代表性的分子速率，它们是分子速率的三种统计平均值。

(1)最概然速率

从图 5-8 分子速率分布曲线中可以看到，$f(v)$曲线有一极大值，与 $f(v)$的极大值相对应的速率叫做最概然速率，并用 $f(v_p)$。$f(v_p)$的物理意义是：若将分子的速率分成许多相等的速率间隔，则气体在一定温度下，分布在 $f(v_p)$附近单位速率间隔内的相对分子数最多。也就是说，分子分布在 $f(v_p)$附近的概率最大。我们可根据高等数学中求函数极大值条件的方法求得 $f(v_p)$为：

$$\frac{\mathrm{d}f(v)}{\mathrm{d}v}\bigg|_{v=v_p}=8\pi\left(\frac{m}{2\pi kT}\right)^{\frac{3}{2}}\mathrm{e}^{-\frac{mv_p^{\ 2}}{2kT}}v_p\left(-\frac{m}{2kT}v_p^{\ 2}+1\right)=0 \tag{5-46}$$

得

$$v_p=\sqrt{\frac{2kT}{m}}\approx1.41\sqrt{\frac{kT}{m}}=1.41\sqrt{\frac{RT}{\mu}} \tag{5-47}$$

(2) 平均速率

若一定量气体的分子数为 N，则所有分子速率的算术平均值称为平均速率。设在 v～$(v+\mathrm{d}v)$内有 ΔN 个分子，按照算术平均值的计算方法，有：

$$\bar{v}=\frac{v_1\Delta N_1+v_2\Delta N_2+\cdots+v_i\Delta N_i+\cdots+v_n\Delta N_n}{N}=\sum_{i=1}^{\infty}\frac{\Delta N_i v_i}{N} \tag{5-48}$$

由于分子速率可以在零至无限大之间取值，故平均速率可用积分运算得到，即

$$\overline{v}=\sum_{i=1}^{\infty}\frac{\Delta N_i v_i}{N}=\frac{\int v\mathrm{d}N}{N}=\int_0^{\infty}vf(v)\mathrm{d}v \tag{5-49}$$

得

$$\overline{v}=\sqrt{\frac{8kT}{\pi m}}\approx 1.60\sqrt{\frac{kT}{m}}=1.6\sqrt{\frac{RT}{\mu}} \tag{5-50}$$

(3) 方均根速率

若一定量气体的分子数为 N，设在 $v\sim v+\mathrm{d}v$ 内有 ΔN 个分子，按照速率平方算术平均值的计算方法，有：

$$\overline{v^2}=\frac{v_1^2\Delta N_1+v_2^2\Delta N_2+\cdots+v_i^2\Delta N_i+\cdots+v_n^2\Delta N_n}{N}=\sum_{i=1}^{\infty}\frac{\Delta N_i v_i^2}{N} \tag{5-51}$$

由于分子速率可以在零至无限大之间取值，故速率平方的平均值可用积分运算得到，为

$$\overline{v^2}=\sum_{i=1}^{\infty}\frac{\Delta N_i v_i^2}{N}=\frac{\int_0^{\infty}v^2\mathrm{d}N}{N}=\int_0^{\infty}v^2 f(v)\mathrm{d}v \tag{5-52}$$

将麦克斯韦速率分布函数 $f(v)$代入上式并积分。

$$\overline{v^2}=\frac{3kT}{m} \tag{5-53}$$

所以

$$\sqrt{\overline{v^2}}=\sqrt{\frac{3kT}{m}}\approx 1.73\sqrt{\frac{kT}{m}}=1.73\sqrt{\frac{RT}{\mu}} \tag{5-54}$$

此式与由平均平动动能与温度关系式(5-16)是相同的。

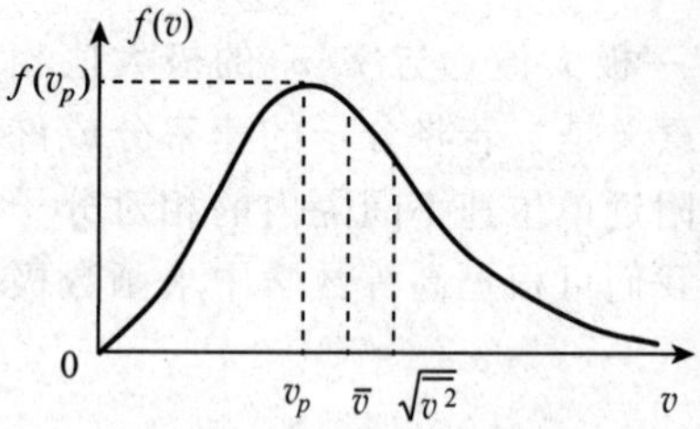

图 5-10 三种速率大小比较

由式(5-47)～式(5-54)可看出，同一种气体分子的三种速率都与$\sqrt{T}$呈正比，与$\sqrt{m}$或$\sqrt{\mu}$呈反比，在相同温度下，对同种气体分子而言，它们的大小关系是$\sqrt{\overline{v^2}}>\overline{v}>v_p$，如图 5-10 所示。

三种速率分别运用在三种不同的场合：①在讨论分子速率分布时，要用到最概然速率 v_p；②在讨论分子的碰撞及气体的输运过程时，要用到平均速率；③在讨论分子的平均平动动能时，要用到方均根速率。

【例 5-3】设有 N 个气体分子，其分子速率分布函数为：

$$f(v)=\begin{cases}\dfrac{a}{v_0}v & (0<v<v_0)\\ 2a-\dfrac{a}{v_0}v & (v_0<v<2v_0)\\ 0 & (2v_0<v)\end{cases}$$

(1)作出速率分布曲线；

(2)由 N 和 v_0 求 a 值；

(3)求最概然速率 v_p；

(4)求 N 个分子的平均速率；

(5)求速率介于 $0\sim\frac{v_0}{2}$区间的分子数；

(6)求速率介于$\frac{v_0}{2}\sim v_0$ 区间内分子的平均速率。

解：(1)速率分布曲线如图 5-11 所示。

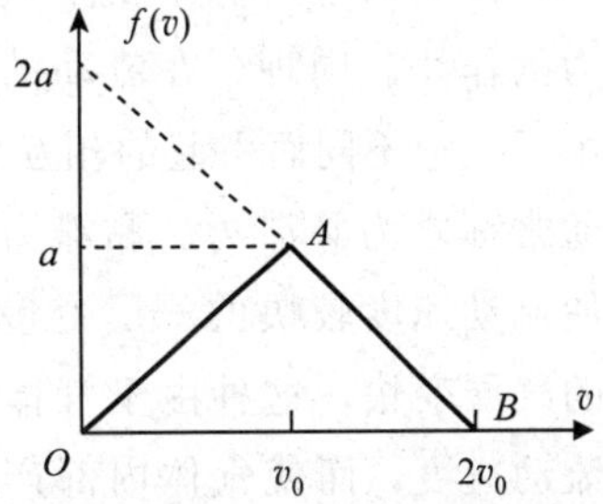

图 5-11　例 5-3 速度分布曲线图

(2)根据分子速率分布函数必须满足归一化条件，即 $\int_0^{\infty} f(v)\mathrm{d}v=1$，只要求出图 5-11 中三角形 OAB 的面积即可求得值。

有
$$\int_0^{\infty} f(v)\mathrm{d}v=2v_0\times\frac{1}{2}a=1$$

则
$$a=\frac{1}{v_0}$$

(3)根据最概然速率 v_p 的物理意义，即与曲线 $f(v)$的极大值相对应的速率，可知

$$v_p=v_0$$

(4)N 个分子的平均速率为：

$$\bar{v}=\frac{\int_0^N v\mathrm{d}V}{N}=\int_0^{\infty} vf(v)\mathrm{d}v=\int_0^{v_0} v\left(\frac{a}{v_0}v\right)\mathrm{d}v+\int_{v_0}^{2v_0} v\left(2a-\frac{a}{v_0}v\right)\mathrm{d}v=v_0$$

(5)速率介于 $0\sim\frac{v_0}{2}$区间的分子数为：

$$\Delta N=\int_0^{\frac{v_0}{2}}\mathrm{d}N=\int_0^{\infty} Nf(v)\mathrm{d}v=\int N\left(\frac{a}{v_0}v\right)\mathrm{d}v=N\int_0^{\frac{v_0}{2}}\frac{a}{v_0}v\mathrm{d}v=\frac{N}{8}$$

(6)速率介于$\frac{v_0}{2}\sim v_0$ 区间内分子的平均速率为：

$$\bar{v}=\frac{\int_{\frac{v_0}{2}}^{v_0} v\mathrm{d}N}{\Delta N}=\frac{\int_{\frac{v_0}{2}}^{v_0} vNf(v)\mathrm{d}v}{\int_{\frac{v_0}{2}}^{v_0} Nf(v)\mathrm{d}v}=\frac{\int_{\frac{v_0}{2}}^{v_0} v\left(\frac{a}{v_0}v\right)\mathrm{d}v}{\int_{\frac{v_0}{2}}^{v_0}\frac{a}{v_0}v\mathrm{d}v}=0.778v_0$$

5.5　气体内的输运过程

统计物理学研究的内容有平衡态和非平衡态两个方面，前面我们虽然研究了平衡态气体的性质和所遵循的规律，但是，并没有考虑导致平衡情况的相互作用的细节。在许多的实际问题中，气体常处于非平衡状态。也就是说，气体内部各部分的物理性质(如温度、压强、密度、流速等)是不均匀的。由于气体分子的无规则运动，原来不均匀的物理量将

逐渐趋于均匀的平衡态，导致有动量、能量或质量从气体中的一部分向另一部分迁移，我们把这种非平衡态下的气体的迁移过程称为气体内的输运过程。它包括黏滞、热传导、扩散三个过程。

5.5.1　黏滞现象

(1) 气体的黏滞现象及产生的原因

我们知道，物体在流体中运动时要受到黏滞力的作用。同理，在流动的气体中，各气层之间由于流速不同而引起的相互作用力称为内摩擦力，通常称之为黏滞力。黏滞力是成对出现的，它可使流动速度较快的气层变慢，而使流动速度较慢的气层变快。这种由于气体内各气层间存在相对流动速度，而使气体内部产生流动速度变化的现象，叫做气体的黏滞现象。图 5-12 所示的气体中，气体的温度和分子数密度均为恒定值，气体可分成许多平行于 oyz 平面的气层，但各气层在 oy 轴方向的流速是不同的，且沿 ox 轴的正向增大。

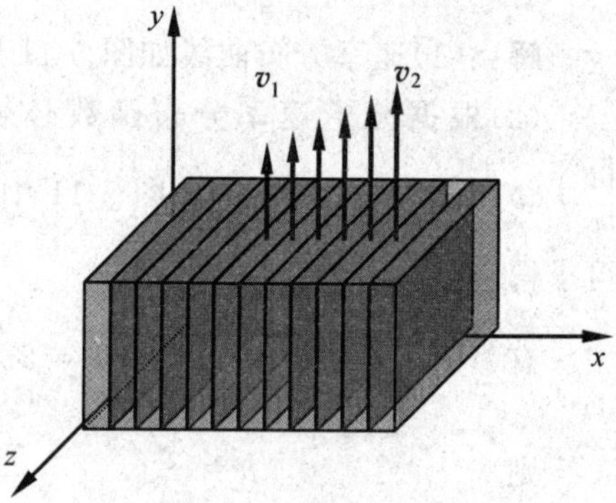

图 5-12　黏滞现象

黏滞现象产生的原因是：由于气体内气层定向运动的速度分布不均匀，即存在着定向运动的速度梯度$\frac{\mathrm{d}v}{\mathrm{d}x}$。

(2) 内摩擦的宏观规律

为简单起见，在 ox 轴上取 A、B 两点，点 A 处气层的流速为 v，点 B 处气层的流速为 $v+\mathrm{d}v$，A、B 两点间的距离为 $\mathrm{d}x$。那么，$\frac{\mathrm{d}v}{\mathrm{d}x}$就称为速度梯度，它表示距离为 $\mathrm{d}x$ 的两层气体流动速度变化的情况。设想在 A、B 两点之间且与 x 轴垂直的方向取一小面积 $\mathrm{d}S$。由实验可知，$\mathrm{d}S$ 两边的气层要受到一对等值反向的作用力，即为黏滞力，用 f 表示。黏滞力 f 的大小与气层的面积 $\mathrm{d}S$ 呈正比，与两气层间流动速度的梯度$\frac{\mathrm{d}v}{\mathrm{d}x}$呈正比，因此有：

$$f=-\eta\frac{\mathrm{d}v}{\mathrm{d}x}\mathrm{d}S \tag{5-55}$$

式中，负号表示黏滞力的方向与速度梯度的方向相反；η 称为黏滞系数，它与气体的性质和状态有关。在国际单位制中，η 的单位是 kg · m · s(或 Pa · s)。

由式(5-55)不难理解，在 $\mathrm{d}t$ 时间内，沿 x 轴正方向通过 $\mathrm{d}S$ 面所输运的动量为 $\mathrm{d}k$。

$$\mathrm{d}k=f\cdot\mathrm{d}t=-\eta\frac{\mathrm{d}v}{\mathrm{d}x}\mathrm{d}S\,\mathrm{d}t \tag{5-56}$$

式(5-56)表示，动量是从流速大的气层向流速小的气层迁移，如图 5-13 所示。

(3) 气体黏滞现象的微观本质

从气体动理论的观点来看，气体流动时，气体分子除具有热运动的速度外，还具有定向的运动速度。由上述分析可知，在 dt 时间内，dS 两侧的分子通过 dS 所交换的分子数是相等的。但是，由于 dS 右侧分子定向运动的速度比 dS 左侧分子定向运动的速度要大一些，即 dS 右侧分子定向运动的动量大于 dS 左侧分子定向运动的动量。因此，当 dS 右侧分子穿过 dS 进入左侧后，将与左侧分子碰撞把较大的动量带给左侧分子；同时，左侧分子穿过进入右侧后，将与右侧分子碰撞把较小的动量带给左侧分子。这样 dS 两侧分子不断地交换，致使 dS 右侧气层分子的动量不断地传给左侧气层，如图 5-13 所示。总之，从气体动理论的观点来看，气体黏滞现象的微观本质是分子定向运动动量的定向输运，而这种输运是通过气体分子无规则热运动和分子间的碰撞来实现的。

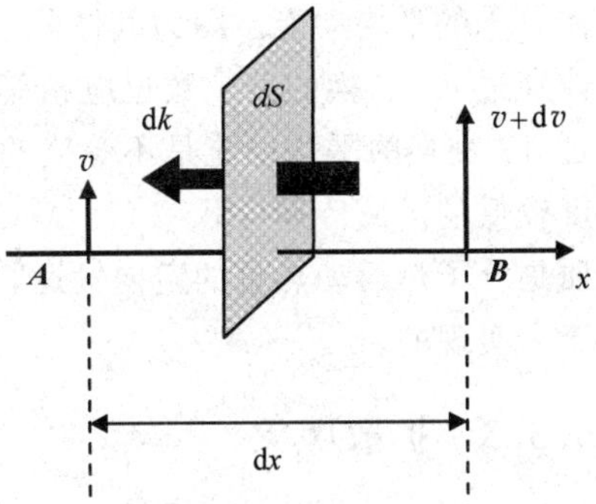

图 5-13　黏滞力推导图

5.5.2　热传导现象

(1)热传导现象及产生的原因

设气体内各处分子数密度均相同，且各气层之间没有相对流动速度，但气体内存在有温度差，这时就有热量从温度高的区域向温度低的区域传递。这种由于温度差而产生的热量传递现象叫做热传导现象。

热传导现象产生的原因是：由于气体内温度分布不均匀，即存在着温度梯度$\frac{dT}{dx}$。

(2) 热传导的宏观规律

如图 5-14 所示，设气体的温度沿 ox 轴正向逐渐升高，通过点 A、B 且垂直于 ox 轴的平面上各点的温度分别为 T 和 $T+dT$，则 $dT>0$。A、B 两点间的距离为 dx，则$\frac{dT}{dx}$称为温度梯度，它表示距离为 dx 的两平面气体温度变化的情况。若在 A、B 两点之间且与 x 轴垂直的方向取一小面积 dS。由实验可知，在 dt 时间内通过 dS 的热量 dQ 与温度梯度$\frac{dT}{dx}$呈正比，与面积 dS 呈正比。因此有：

$$dQ=-k\frac{dT}{dx}dS\,dt \tag{5-57}$$

式中，负号表示热量传递的方向与温度梯度的方向相反；k 称为导热系数，它可由实验测定。在国际单位制中，k 的单位是 $m/(kg\cdot s^3)\cdot K$[或 $W/(m\cdot K)$]；dQ 为在 dt 时间内，由于气体的温度不同而通过 dS 输运的热量。

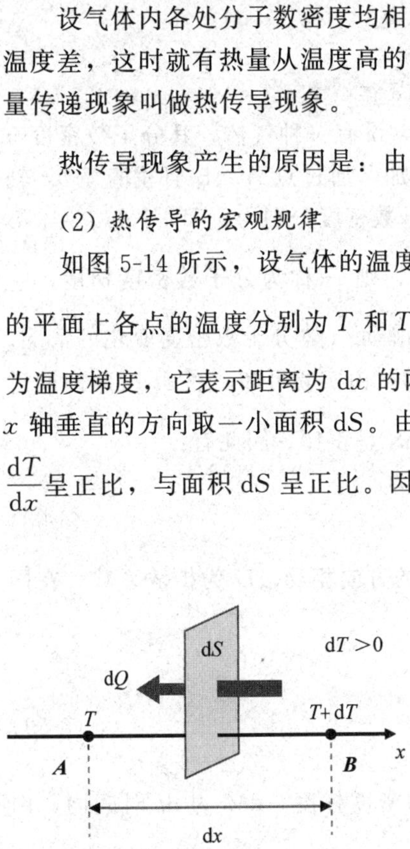

图 5-14　热传导公式推导图

(3) 热传导现象的微观本质

从气体动理论的观点来看，由于 dS 右侧气体的温度高于左侧的温度，则根据式(5-57)可知，dS 右侧气体分子的平均动能要大于左侧气体分子的平均动能。因为气体分子的数密度 n 处处相等，所以，在 dt 时间内，dS 两侧气体穿过 dS 交换的分子数也应相等。但由于 dS 右侧气体分子的平均动能要大些，所以穿过 dS 交换的平均动能是不等值的。于是从宏观上来看，就有热量从温度较高的区域向温度较低的区域传递(图 5-14)。总之，从气体动理论的观点来看，气体热传导现象的微观本质是分子热运动热量的定向输运，而这种输运是通过气体分子无规则热运动和分子间的碰撞来实现的。

5.5.3　扩散现象

(1)扩散现象及产生的原因

气体的扩散是自然界中常见的一种现象。如果同一种气体中的某一部分渗透到其他部分，这种扩散称为自扩散；而如果一种气体渗透到另一种气体中去，这种扩散称为互扩散。由于使气体产生扩散的原因是多方面的，这里我们只讨论同一种气体因分子数密度不同而产生的扩散。

在气体内部，当气体分子数密度分布不均匀时，分子将从分子数密度大的区域移向分子数密度小的区域，直至分子数密度分布均匀为止，这种现象称为扩散现象。

扩散现象产生的原因是：气体分子数密度分布的不均匀性，即存在着分子数密度梯度$\frac{dn}{dx}$。

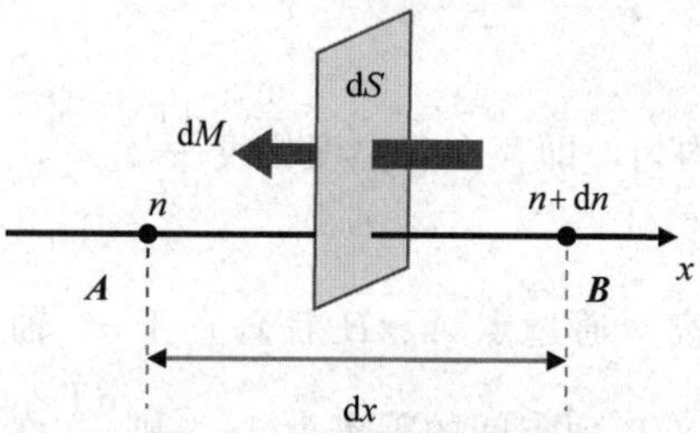

图 5-15　扩散公式推导图

(2)扩散的宏观规律

如图 5-15 所示，设有一种气体，其分子数密度 n 沿 ox 轴正向逐渐增加，通过点 A、B 且垂直于 ox 轴的平面上各点的分子数密度分别为 n 和 $n+dn$。A、B 两点间的距离为 dx，则$\frac{dn}{dx}$称为分子数密度梯度，它表示距离为 dx 的两平面气体分子数密度变化的情况。若在 A、B 两点之间且与 x 轴垂直的方向取一小面积 dS。由实验可知，在 dt 时间内通过 dS 的分子数 dN 与分子数密度梯度$\frac{dn}{dx}$呈正比，与面积 dS 呈正比。因此有：

$$dN = -D\frac{dn}{dx}dS\,dt \tag{5-58}$$

式中，负号表示分子扩散的方向与分子数密度梯度的方向相反；D 为扩散系数。在国际单位制中，D 的单位是 m^2/s。

若将式(5-58)乘以分子质量 m，则有：

$$dM = -D\frac{d\rho}{dx}dS\,dt \tag{5-59}$$

其中，气体的质量 $M=Nm$，密度 $\rho=nm$，$\frac{d\rho}{dx}$称为密度梯度，dM 为 dt 时间内，由于气体的密度不同而通过 dS 输运的质量。

(3) 扩散现象的微观本质

从气体动理论的观点来看，由于分子的无规则热运动，dS 左右两侧都会有气体分子穿过 dS，但是因为右侧气体的分子数密度大于左侧气体的分子数密度，在 dt 时间内，右侧气体的分子穿过 dS 的数目比左侧气体的分子穿过 dS 的数目要多，所以，dS 左右两侧的气体分子数目进行了不等量的交换。即 dS 右侧的气体分子数目要减少，而 dS 左侧的气体分子数目要增加，也就是说，有一部分气体分子从 dS 右侧输运到左侧。于是从宏观上来看，就有质量从分子数密度大的区域向分子数密度小的区域传递，如图 5-15 所示。总之，气体扩散现象的微观本质是气体分子数密度的定向输运，而这种输运是通过气体分子无规则热运动和分子间的碰撞来实现的。

5.5.4 三种输运系数

(1) 气体的黏滞系数

由于气体的黏滞系数与气体的性质和状态有关，所以，可根据气体动理论导出黏滞系数与微观量的关系为：

$$\eta=\frac{1}{3}\overline{v\lambda}\rho \tag{5-60}$$

式中，$\overline{v}$ 为分子的平均速率；ρ 为气体的密度；$\overline{\lambda}$ 为分子的平均自由程(将在 5.6 中讨论)。

我们已经知道，分子的平均速率 $\overline{v}=1.6\sqrt{\frac{RT}{\mu}}$，气体的密度 $\rho=\frac{p\mu}{VRT}$，将在本章第六节中得知，分子的平均自由程 $\overline{\lambda}=\frac{kT}{\sqrt{2}\pi d^2 p}$，将以上 3 式代入式(5-60)得：

$$\eta=\frac{2}{3}\sqrt{\frac{\mu T}{R}}\frac{k}{d^2\pi^{\frac{3}{2}}} \tag{5-61}$$

由此可看出，气体的黏滞系数与温度的平方根呈正比，而与压强无关。

(2) 气体的导热系数

由于气体的导热系数与气体的种类和状态有关，所以可根据气体动理论导出导热系数与微观量的关系为：

$$k=\frac{1}{3}\overline{v\lambda}C_V\frac{\rho}{\mu} \tag{5-62}$$

式中，C_V 为气体的等体摩尔热容。

将 $\overline{v}=1.6\sqrt{\frac{RT}{\mu}}$，$\overline{\lambda}=\frac{kT}{\sqrt{2}\pi d^2 p}$和 $\rho=\frac{p\mu}{VRT}$代入式(5-61)，有：

$$k=\frac{2}{3}\sqrt{\frac{RT}{\mu}}\frac{C_V}{N_A d^2\pi^{\frac{3}{2}}} \tag{5-63}$$

由此可看出，气体的导热系数与温度的平方根 T 呈正比，而与压强无关。

(3) 气体的扩散系数

气体的扩散系数 D 可由分子动理论求得，即

$$D=\frac{1}{3}\overline{v}\ \overline{\lambda} \tag{5-64}$$

可见，气体的扩散系数与分子的平均速率和分子的平均自由程呈正比。

将分子的平均速率 $\overline{v}$ 和分子的平均自由程 $\overline{\lambda}$ 的定义式代入式(5-64)，可得

$$D=\frac{2}{3}\sqrt{\frac{R}{\mu}}\frac{kT^{\frac{3}{2}}}{P\mathrm{d}^2\pi^{\frac{3}{2}}} \tag{5-65}$$

由此可见，气体的扩散系数 D 与 $\sqrt{\mu}$ 呈反比，与 P 呈反比，与 $T^{\frac{3}{2}}$ 呈正比。也就是说，摩尔质量和压强越小的气体扩散越快；温度相对越高的气体扩散越快。

表 5-4　几种气体的黏滞系数实验值(20℃，1atm)

气体	Ne	Ar	O_2	N_2	CO	SO_2	NH_3
η ($\times10^{-5}$Pa·s)	3.14	2.23	2.03	1.76	1.75	1.25	0.974

表 5-5　几种气体的导热系数实验值(25℃，1atm)

气体	Ne	O_2	N_2	CO	NH_3	Ar	CO_2
k [$\times10^{-2}$W/(m·K)]	4.89	2.66	2.61	2.52	2.46	1.77	1.66

表 5-6　几种气体的扩散系数实验值(1atm)

气体	H_2	Ne	O_2	Ar	HCl	Xe
摄氏度(℃)	0	20	20	0	22	22
D ($\times10^{-5}$m²/s)	12.90	4.73	1.81	1.58	1.25	0.44

5.6　气体分子的平均碰撞频率和平均自由程

气体分子间的碰撞问题是气体动理论的重要内容之一。通过前面的学习已经知道，气体由非平衡态达到平衡态是通过分子间的碰撞来实现动量、能量和分子数交换，以及能量均分的。因此，研究分子碰撞问题，对于进一步认识气体分子热运动的统计规律有重要意义，为此，我们引入气体分子的平均碰撞频率和平均自由程的概念。

5.6.1　分子的平均碰撞频率

(1) 分子的碰撞

由气体分子的平均速率公式 $\overline{v}=1.6\sqrt{\frac{RT}{\mu}}$ 可计算出氮气分子在 27℃时的平均速度为

476m/s，比声速(约 3×10^2 m/s)快，这样看来，气体的一切过程好像都应在一瞬间内完成。然而当摔碎一瓶香水时，显然是先听到声后闻到味，原因是香水分子具有一定的体积，在运动过程中频繁地与空气分子发生碰撞，而每碰撞一次，分子的运动速度和方向就会发生改变。如图 5-16 所示为一个香水分子(A)，在空气分子中不断碰撞而迂回曲折前进的示意图。设该香水分子 t 时刻在 A 处发生碰撞后，经过 Δt 时间后到达 B 处。显然，在相同的 Δt 时间内，有 A 到 B 的位移(实线长度)大小比它的路径(折线长度)小得多。因此，气体分子的扩散速率较之分子的平均速率小得多。

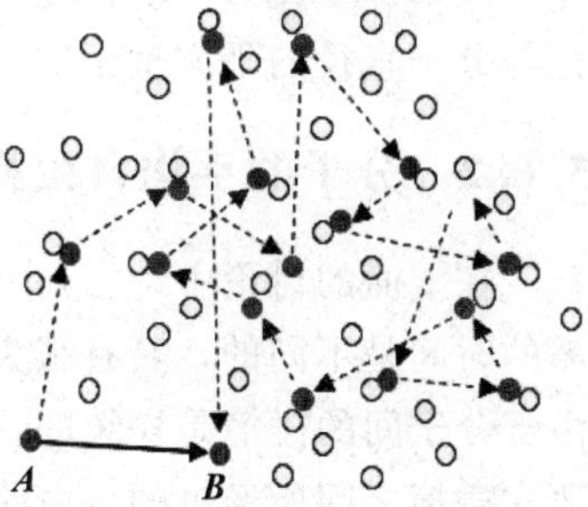

图 5-16　分子的碰撞示意

(2)分子的平均碰撞频率 $\overline{Z}$

研究分子的平均碰撞频率需作如下假设：①分子碰撞时，都是完全弹性碰撞；②每个分子都是有效直径为 d 的弹性小球；③只有某一个分子 A 以平均速率 $\overline{u}$ 运动，其余分子都静止。由于气体分子间总是作无规则的频繁碰撞，我们把每个分子在单位时间内与其他分子碰撞次数的平均值称为分子的平均碰撞频率。

如图 5-17 所示，在分子 A 的运动过程中，分子 A 的球心轨迹是一条折线。设想以分子 A 的中心所经过的轨迹为轴，以分子的有效直径 d 为半径作一圆柱体，则碰撞截面为 $S=\pi d^2$。显然，凡是球心位于圆柱体内的其他分子都将与 A 分子碰撞，球心位于圆柱体外的其他分子都不会与 A 分子碰撞。因为在单位时间内，分子 A 平均经过的路程为 $\overline{u}$，则相应的圆柱体体积为 $\pi d^2\overline{u}$；又因为分子数密度为 n，则圆柱体内的分子数为 $\pi d^2\overline{u}n$。显然，分子在 1s 内与其他分子发生碰撞的平均频率为：

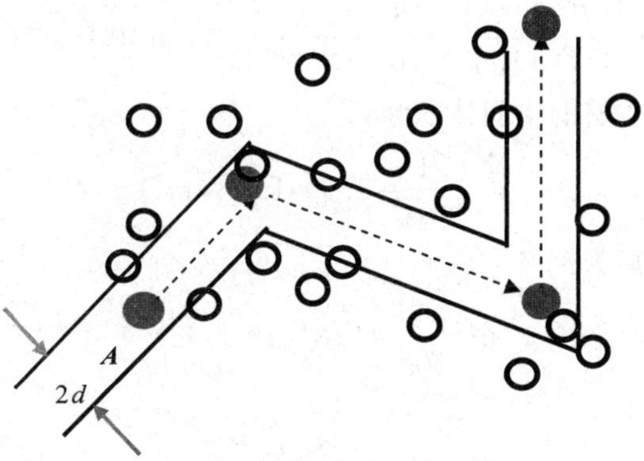

图 5-17　平均碰撞频率推导

$$\overline{Z}=\pi d^2\overline{u}n \tag{5-66}$$

事实上，所有分子都在不停地运动，各个分子运动的速率各不相同，且遵守麦克斯韦气体分子速率分布定律，所以必须对式(5-66)加以修正。根据气体分子的平均相对速率 $\overline{v}$ 与平均速率 $\overline{u}$ 的关系 $\overline{u}=\sqrt{2}\,\overline{v}$，式(5-66)修正为：

$$\overline{Z}=\sqrt{2}\,\pi d^2\overline{v}n \tag{5-67}$$

式(5-67)表明，分子的平均频率 $\overline{Z}$ 与分子数密度 n、分子的算术平均速率 $\overline{v}$ 呈正比，也与分子直径的平方呈正比。

5.6.2 分子的平均自由程

在上面的讨论中，已知个别分子在任意连续两次碰撞之间所经过的自由路程长短和所需的时间是不同的，具有很大的偶然性，也没有规律可循。但对于大量的气体分子来说，由于分子间的碰撞是连续的，自由路程的长短分布就有了一定的规律。我们把分子在连续两次碰撞之间所经过的自由路程的平均值，称为分子的平均自由程，通常用 $\overline{\lambda}$ 表示。在单位时间内，分子的平均自由程为：

$$\overline{\lambda}=\frac{\overline{v}}{\overline{Z}}=\frac{\overline{v}}{\sqrt{2}\pi d^2 n\overline{v}}=\frac{1}{\sqrt{2}\pi d^2 n} \tag{5-68}$$

式(5-68)表明，分子的平均自由程 $\overline{\lambda}$ 与分子的有效直径的平方和分子数密度呈反比。

将式(5-67)代入式(5-68)，得

$$\overline{\lambda}=\frac{kT}{\sqrt{2}\pi d^2 P} \tag{5-69}$$

式(5-68)表明，分子的平均自由程与气体的温度呈正比，与压强呈反比。它和分子的平均碰撞频率一样，同样反映了分子间碰撞的频繁程度。

【例 5-4】氧气分子的有效直径为 $d=3.6\times10^{-10}$ m，试计算在标准状态下氧气的各微观量。

解：已知标准状态下，氧气的摩尔质量 $\mu=32\times10^{-3}$kg，大气压 $P=1.013\times10^5$Pa，$T=273$K，则

①分子数密度为：

$$n=\frac{P}{kT}=\frac{1.013\times10^5}{1.38\times10^{-23}\times273}=2.7\times10^{25}(\mathrm{m^{-3}})$$

②平均每个分子所占有的空间体积为：

$$V_0=\frac{1}{n}=3.7\times10^{-26}(\mathrm{m^3})$$

③分子间的平均距离为：

$$\overline{a}=\frac{1}{\sqrt[3]{n}}=3.3\times10^{-9}(\mathrm{m})$$

④分子的平均速率为：

$$\overline{v}=1.6\sqrt{\frac{RT}{\mu}}=1.6\times\sqrt{\frac{8.31\times273}{32\times10^{-3}}}=426(\mathrm{m\cdot s})$$

⑤分子的平均碰撞频率为：

$$\overline{Z}=\sqrt{2}\pi d^2\overline{v}n=\sqrt{2}\times3.14\times(3.6\times10^{-10})^2\times426\times2.7\times10^{25}=6.6\times10^9$$

⑥分子的平均自由程为：

$$\overline{\lambda}=\frac{\overline{v}}{\overline{Z}}=\frac{426}{6.6\times10^9}=6.4\times10^{-8}(\mathrm{m})$$

5.7　实际气体的范德瓦耳斯方程

前面讨论的都是理想气体，而真实气体只有在压强不太高、温度不太低地情形下，才能近似地看作理想气体。理想气体物态方程结构简单，能反映大多气体的性质，但是，它不是放之四海而皆准的普适公式。

随着科学技术的发展，高压、低温技术得到广泛应用。而在高压、低温条件下，理想气体的状态方程不再适用。这里有两方面的原因：一是在压强较高的气体中，分子数密度很大，分子间的平均距离减小，此时分子本身占容器体积的比例不能忽略；二是在温度较低的气体中，分子热运动的动能较小，而分子间相互作用的势能增加，此时分子间的相互作用力不能忽略。所以，在讨论高压、低温条件下的实际气体时，必须考虑气体分子本身的体积及其分子间相互作用力的影响。

为了建立实际气体的状态方程，许多物理学家曾对理想气体的状态方程提出了各种不同的修改意见，并给出了各种不同形式的状态方程。其中最常用的是范德瓦耳斯方程。

荷兰物理学家范德瓦耳斯(Johannes Diderik Van Der Waals)首先对 1mol 理想气体状态方程进行修正。他认为，在高压、低温条件下，气体分子是相互间有吸引力的具有一定体积的刚性小球。如将分子看作直径为 d 的刚性小球，那么从式(5-66)可见，两个分子中心的最小间距也等于 d。这就是说，若以 d 为半径作一球面，凡其他分子的中心进入这个球面都要因碰撞而被排斥在球面之外。实验证明，气体分子在容器中所能达到的空间要比容器的体积 V 小了一个量 b。因此，1mol 理想气体状态方程应修正为：

$$P(V-b)=RT \tag{5-70}$$

显然，分子本身的体积使气体的压强增大。由于气体分子间存在有引力 F，并且这种引力是随距离的增加而迅速减小的，因此可以说这种力是短程力，也就是说，分子只与其邻近的分子才有引力作用。设分子引力平均作用距离为 r，以 r 为半径作一球面，若其他分子处在此球面内，均要受到引力作用。若气体内的其他分子处在此球面外，平均来说，分子受到各个方向的引力是相等的，合力为零，只有处在器壁附近的那些分子才受到指向气体内部的引力 F 的作用，在这个引力作用下，当分子接近于器壁时，其速度要减小，这样，分子与器壁碰撞时施于器壁的冲力就减小了。这就是说，实际气体的压强要小于理想气体的压强。这种由于气体分子引力作用而产生的压强称为内压强，用 P_i 表示。由式(5-70)可知，实际气体的压强为：

$$P=\frac{RT}{V-b}-P_i \tag{5-71}$$

即

$$(P+P_i)(V-b)=RT \tag{5-72}$$

因为内压强 P_i，一方面与单位面积上和器壁碰撞的分子数呈正比，这个分子数又与分子数密度 n 呈正比；另一方面还与内部分子对每一个碰壁分子引力呈正比。因此，P_i 与 n^2 呈正比，即

$$P_i \propto n^2 \tag{5-73}$$

写成等式，即
$$P_i=\frac{a}{V^2} \tag{5-74}$$

其中，比例系数 a 由气体的性质所决定，可由实验测得。将式(5-74)代入式(5-72)可得

$$\left(P+\frac{a}{V^2}\right)(V-b)=RT \tag{5-75}$$

式(5-75)为 1mol 实际气体的范德瓦耳斯方程。

对于质量为 M、摩尔质量为 μ 的实际气体，它的体积可表示为 $V'=\frac{M}{\mu}V$，将此式代入式(5-70)得

$$\left(P+\frac{M^2}{\mu^2}\frac{a}{V'^2}\right)\left(V'-\frac{M}{\mu}b\right)=\frac{M}{\mu}RT \tag{5-76}$$

式(5-76)为任意质量气体的范德瓦耳斯方程。需要说明的是，此方程并非绝对准确，它是实际气体客观规律的近似反映，它比理想气体的状态方程应用广泛。

表 5-7 范德瓦耳斯方程中的 a、b 的实验值

气体	H_2	Hc	N_2	O_2	CO_2
a ($10^{-1}m^2\cdot Pa/mol^2$)	0.244	0.034	1.39	1.36	3.59
b ($10^{-6}m^3/mol$)	27	24	39	32	43

习 题

5-1 有一水银气压计，当水银柱为 0.76m 高时，管顶离水银柱液面 0.12m，管的截面积为 $2.0\times10^{-4}m^2$，当有少量氦(He)混入水银管内顶部，水银柱高下降为 0.6m，此时温度为 27℃，试计算有多少质量氦气在管顶？(He 的摩尔质量为 0.004 kg/mol)

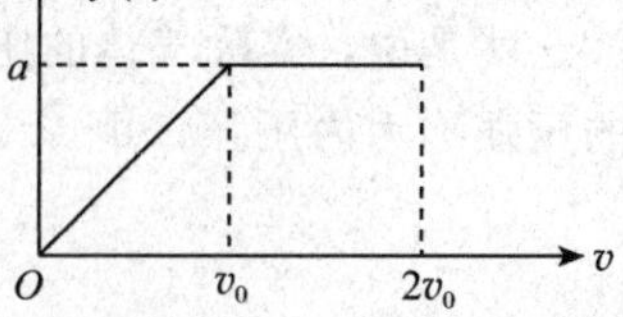

习题 5-2 图

5-2 设有 N 个粒子的系统，其速率分布如习题 5-2 图所示，求：

(1)分布函数 $f(v)$的表达式；

(2)a 与 v_0 之间的关系；

(3)速度在 $1.5v_0$ 到 $2.0v_0$ 之间的粒子数；

(4)粒子的平均速率；

(5)$0.5v_0$ 到 $1v_0$ 区间内粒子平均速率。

5-3 试计算理想气体分子热运动速率的大小介于 V_p-V_p？1%与 V_p+V_p？1%之间的分子数占总分子数的百分比。

5-4 容器中储有氧气，其压强为 $P=0.1$MPa(即 1 atm)温度为 27℃，求：

(1)单位体积中的分子 n；

(2)氧分子的质量 m；

(3)气体密度 ρ；

(4)分子间的平均距离 e；

(5)平均速率 $\bar{v}$；

(6)方均根速率 $\sqrt{\overline{v^2}}$；

(7)分子的平均动能 ε。

5-5　1mol 氢气，在温度为 27℃时，它的平动动能、转动动能和内能各是多少?

5-6　一瓶氧气，一瓶氢气，等压、等温，氧气体积是氢气的 2 倍，求：

(1)氧气和氢气分子数密度之比；

(2)氧分子和氢分子的平均速率之比。

5-7　一真空管的真空度约为 1.38×10^{-3} Pa(即 1.0×10^{-5} mmHg)，试求在 27℃时单位体积中的分子数及分子的平均自由程。(设分子的有效直径 $d=3\times10^{-10}$ m)

5-8　完成下面两个问题：

(1)求氮气在标准状态下的平均碰撞频率；

(2)若温度不变，气压降到 1.33×10^{-4} Pa，平均碰撞频率又为多少?(设分子有效直径 10^{-10} m)

5-9　1mol 氧气从初态出发，经过等容升压过程，压强增大为原来的 2 倍，然后又经过等温膨胀过程，体积增大为原来的 2 倍，求末态与初态之间的气体分子方均根速率之比以及分子平均自由程之比。

5-10　飞机起飞前机舱中的压力计指示为 1.0 atm(1.013×10^5 Pa)，温度为 27℃。起飞后压力计指示为 0.8atm(0.8104×10^5 Pa)，温度仍为 27℃。试计算飞机距地面的高度。

5-11　日常生活中，飞行器上升到什么高度处，测到的大气压强减少为地面的 75%。(设空气的温度为 0℃)

第6章　热力学基础

统计物理的研究方法是以物质的原子(分子)结构概念和分子热运动的概念为基础，运用统计的方法，解释和揭示物质宏观热现象及其有关规律的本质，并确定了宏观量和微观量间的关系。而热力学的出发点和统计物理学并不相同，因为物质内部的分子运动极其复杂，但若将这些分子看作一个整体，在某一状态下，总具有一定的能量；而且当它们从一个状态过渡到另一个状态时，总遵循一些定律，如热力学第一定律或热力学第二定律。因此，在热力学中并不考虑物质的微观结构和过程，而是以观测和实验事实作依据，主要从能量的观点出发，分析研究物态变化过程中有关热功转换的关系和条件。这种方法不仅有理论上的意义，并且有实际意义。本章先介绍热力学过程、功、热量和内能等概念，通过热力学第一定律讨论功热之间的转换关系和对理想气体的准静态过程及循环过程的应用，然后介绍过程可逆性、熵的概念，用热力学第二定律研究过程进行的方向和限度。本章在讨论一个热力学系统状态发生变化所遵循宏观规律的同时也会相应说明微观上的变化。

6.1　热力学第一定律

6.1.1　热力学过程

(1)准静态过程

物理学通常把所研究的对象称为系统，系统以外的物体统称为外界。热力学也不例外。例如，当研究气缸内气体的体积变化时，气缸内的气体就是系统，而包括汽缸壁、活塞、发动机以及气缸外气体等都是外界。当热力学系统在外界影响下，从一个状态到另一个状态的变化过程，称为热力学过程，简称过程。按热力学过程的平衡性，可分为准静态过程和非准静态过程。

准静态过程是指系统从一平衡态到另一平衡态，过程中所有中间态都可以近似看作平衡态的过程。准静态过程是一种理想化的过程，可以用系统的状态图描述，准静态过程在系统的状态图中的图像是一条光滑的曲线。准静态过程是一种理想化的物理过程。因为气体系统状态的变化，实际意味着原来的平衡态被破坏，状态总是由非平衡态向平衡态过渡。例如，用活塞压缩气缸内的气体，靠近活塞的气体比远离活塞的气体的密度要大些，压强也要大些，温度也高些。气缸内气体的密度、压强和温度就不再是均匀的，所以实际过程中的每一个中间态都不再是平衡态。如果将推活塞压缩气体的过程进行得非常缓慢，这样就有充分的时间，使气体通过气体分子的热运动和分子间的相互碰撞，达到新的平衡态。因此，一个实际过程要能看作准静态过程，则需要该过程进行得无限缓慢。当系统的平衡态被破坏后，再恢复到新的平衡态，需要一定的时间，这个时间称为弛豫时间。如果过程进行的时间比弛豫时间小，则我们认为这个过程进行得快，系统没有充分时间恢复到新的平衡态，从而该过程是非准静态过程。如果过程进行的时间与弛豫时间相等或比它更久，则我们认为这个过程进行得无限缓慢，系统有充分时间恢复到新的平衡态，我们称该过程是准静态过程。准静态过程的重要特征，是过程中的任何一个中间状态都可以当成平衡状态处理。所以，准静态过程又是一连串依次变化的平衡态所组成的过程。另外，不同的物理量趋于平衡所需的弛豫时间不同。例如，在通常情况下，压强弛豫时间比温度的弛豫时间短。下面在未特别说明的情况下，准静态过程均不考虑摩擦。

$P-V$ 图上，一个点代表一个平衡态，一条连续曲线代表一个准静态过程，准静态过程是一种理想的极限。

(2)非准静态过程

非准静态过程是指系统从一平衡态到另一平衡态，过程中所有中间态为非平衡态的过程。非准静态过程无法描绘出其图像，因为在状态图中，任何一点都表示系统的平衡态，所以一条曲线就表示一系列平衡态组成的准静态过程。而在非平衡态时，没有统一的状态参量来描述系统的状态，故非准静态过程就不能用状态图上的曲线表示。

6.1.2　内能、功、热量

(1)理想气体内能

内能是系统在一定状态下所具有的能量。从微观结构来看，内能应该包括所有分子无规则热运动的动能、分子间相互作用的势能、分子原子内的能量、原子核内的能量等。内能是状态参量 T、V 的单值函数。系统内能的改变有两种方式：一是做功可以改变系统的状态，如摩擦升温、加热等；二是通过热量传递改变系统的内能。传热和做功是等效的。做功是系统热能与外界其他形式能量转换的量度。热量是系统与外界热能转换的量度。

对于理想气体，由于忽略了气体分子间的相互作用，因而不存在分子间的势能，其内能就是系统内所有分子的总动能，是状态量，是状态参量 T 的单值函数。

$$E=\frac{M}{\mu}\frac{i}{2}RT \tag{6-1}$$

(2)准静态过程的功

①体积功的计算：如图 6-1 所示，当活塞移动微小位移 $\mathrm{d}x$ 时，系统对外界所作的元功为：

$$\mathrm{d}A=F\,\mathrm{d}x=PS\,\mathrm{d}x=P\,\mathrm{d}V \tag{6-2}$$

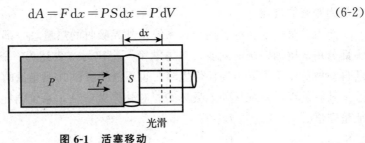

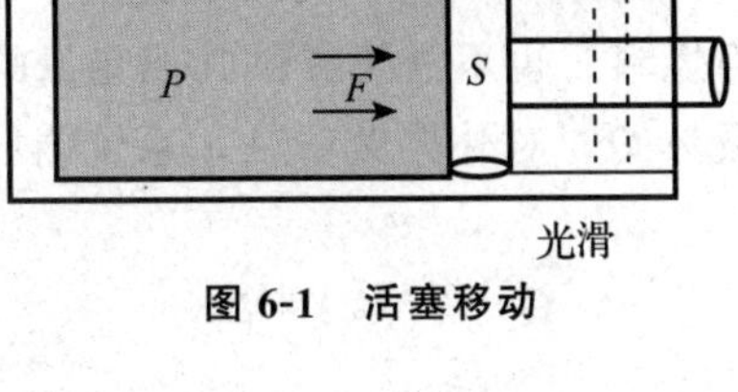

图 6-1　活塞移动

系统体积由 V_1 变为 V_2，系统对外界作总功为：

$$A=\int_{V_1}^{V_2}\mathrm{d}A=\int_{V_1}^{V_2}P\,\mathrm{d}V \tag{6-3}$$

当 $\mathrm{d}V>0$，$\mathrm{d}A>0$ 时，系统对外做正功；

当 $\mathrm{d}V<0$，$\mathrm{d}A<0$ 时，系统对外做负功；

当 $\mathrm{d}V=0$，$\mathrm{d}A=0$ 时，系统不做功。

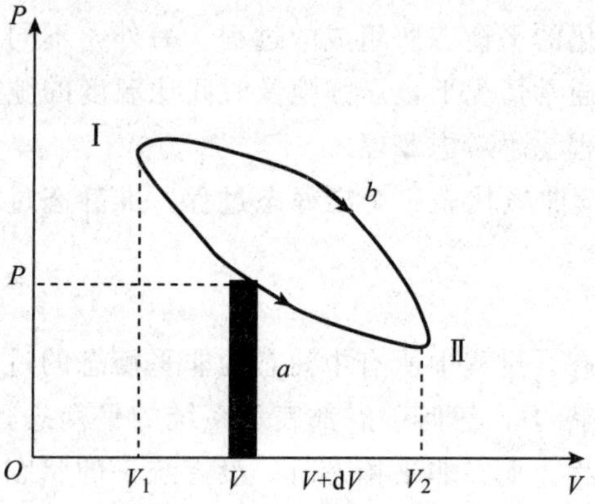

图 6-2　体积功的计算

②体积功的图示：如图 6-2 所示，$A=\int_{V_1}^{V_2}P\mathrm{d}V$，由积分意义可知，功的大小等于 $P-V$ 图上过程曲线 $P(V)$ 下的面积。比较 a，b 下的面积可知，功的数值不仅与初态和末态有关，而且还依赖于所经历的中间状态，功与过程的路径关，说明功是过程量。

(3)准静态过程中热量的计算

系统和外界交换能量有做功和传热两种方式。做功，实质上是系统和外界通过发生宏观位移交换分子有规则运动的能量；传热，实质上是系统和外界通过分子碰撞交换无规则运动的能量。这种交换在系统和外界有温度差时才能发生。

特别指出：内能是状态量，功和热量是过程量。我们可以说“系统含有内能”，而不能说“系统含有热量和功”。系统只有在状态发生变化的过程中才会对外做功或与外界交换热量。

摩尔热容：

$$C_m=\frac{(\mathrm{d}Q)_m}{\mathrm{d}T} \tag{6-4}$$

C_m(摩尔热容)：1mol 物质每升高 1K 所吸收的热量。

$$Q=\frac{M}{\mu}C_m(T_1-T_2) \tag{6-5}$$

6.1.3　热力学第一定律

热力学第一定律是人们在长期生产实践和科学实验的基础上，总结出来的科学定律，是 19 世纪人类最伟大的发现之一。它不仅适用于无机界，也适用于生命过程，是自然界中最为普遍的规律。

热力学第一定律的表述为：系统从外界吸收的热量，一部分用于系统对外界做功，另一部分用来增加系统的内能。热力学第一定律另一表述为：制造第一类永动机(能对外不断自动做功而不需要消耗任何燃料、也不需要提供其他能量的机器)是不可能的。

某一过程，系统从外界吸热 Q，对外界做功 A，系统内能从初始态 E_1 变为 E_2，则由能量守恒：

$$Q+(-A)=\Delta E \tag{6-6}$$

即：$Q=\Delta E+A$，此为热力学第一定律的普遍形式。

规定：$Q>0$，系统吸收热量；$Q<0$，系统放出热量；$A>0$，系统对外做正功；$A<0$，系统对外做负功；$\Delta E>0$，系统内能增加；$\Delta E<0$，系统内能减少。

对于准静态过程，如果系统对外做功是通过体积的变化来实现的，则

$$Q=\Delta E+\int_{V_1}^{V_2} P\,\mathrm{d}V \tag{6-7}$$

需要说明的是，热力学第一定律适用于在每个平衡态之间的任何过程，包括非静态过程；对于一个微小过程，其公式的微分形式为 $\mathrm{d}Q=\mathrm{d}E+\mathrm{d}A$；热力学第一定律实际上是包括热现象在内的能量守恒和转换定律，又可以表述为第一类永动机不可能实现。

6.2　理想气体的热力学过程

6.2.1　等容过程和定容摩尔热容

(1)等容过程方程及过程曲线

等容过程中，体积不变，在 $P-V$ 图上为一条垂直于 V 轴的直线(图 6-3)。

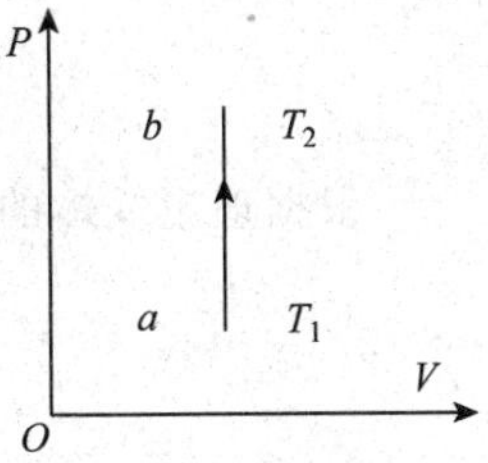

图 6-3　等容过程

根据理想气体的状态方程：

$$PV=\frac{M}{\mu}RT \tag{6-8}$$

$V=$恒量，可得过程方程：

$$\frac{P}{T}=\text{const}\quad 或\quad \frac{P_1}{T_1}=\frac{P_2}{T_2} \tag{6-9}$$

该方程表明，理想气体在等容过程中，压强与温度呈正比。例如，在四冲程汽油机中，汽油与空气的混合物在压缩冲程结束时的爆炸瞬间，体积来不及变化，可认为是一个等容过程。

(2)热力学第一定律在等容过程中应用——定容摩尔热容

$\because V=$恒量，$\mathrm{d}V=0$，$\mathrm{d}A=P\,\mathrm{d}V$，$E=\dfrac{M}{\mu}\dfrac{i}{2}RT$

$\therefore (\mathrm{d}Q)_V=\mathrm{d}E=\dfrac{M}{\mu}\dfrac{i}{2}R\,\mathrm{d}T$

$Q_V=E_2-E_1=\dfrac{M}{\mu}\dfrac{i}{2}R(T_2-T_1)$

则可以定义定容摩尔热容为：

$$C_{V,m}=\frac{(\mathrm{d}Q)_{V,m}}{\mathrm{d}T}=\frac{i}{2}R \tag{6-10}$$

因为理想气体的内能 $E=\dfrac{M}{\mu}C_{V,m}T$，由此可得：

$$\Delta E=\frac{M}{\mu}C_{V,m}\Delta T \tag{6-11}$$

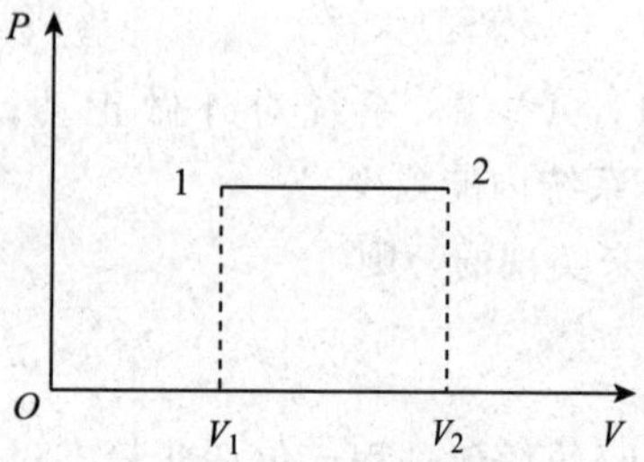

图 6-4 等压过程

6.2.2 等压过程和定压摩尔热容

(1)等压过程方程及过程曲线

等压过程中，压强不变，在 $P-V$ 图上为一条垂直于 P 轴的直线(图 6-4)。

根据理想气体的状态方程：

$$PV=\frac{M}{\mu}RT \tag{6-12}$$

P＝恒量，可得过程方程：

$$\frac{V}{T}=\text{const} \quad 或 \quad \frac{V_1}{T_1}=\frac{V_2}{T_2} \tag{6-13}$$

(2)热力学第一定律在等压过程中应用——定压摩尔热容

根据热力学第一定律，

$$(\mathrm{d}Q)_P=\mathrm{d}E+P\mathrm{d}V \tag{6-14}$$

在等压过程中，压强保持不变，有：

$$Q_P=\frac{M}{\mu}\frac{i}{2}R(T_2-T_1)+P(V_2-V_1) \tag{6-15}$$

根据理想气体的状态方程：

$$PV=\frac{M}{\mu}RT \tag{6-16}$$

$$\begin{aligned}Q_P&=\frac{M}{\mu}\frac{i}{2}R(T_2-T_1)+\frac{M}{\mu}R(T_2-T_1)\\&=\frac{M}{\mu}\left(\frac{i}{2}R+R\right)(T_2-T_1)\end{aligned} \tag{6-17}$$

说明等压过程中系统吸收的热量一部分用来增加系统的内能，另一部分用来对外做功。

$$Q_P=\frac{M}{\mu}\left(\frac{i}{2}R+R\right)(T_2-T_1) \tag{6-18}$$

其中 $C_{V,m}=\frac{(\mathrm{d}Q)_{V,m}}{\mathrm{d}T}=\frac{i}{2}R$。

可知定压摩尔热容为：

$$C_{P,m}=\frac{(\mathrm{d}Q)_{P,m}}{\mathrm{d}T}=\frac{i}{2}R+R=C_{V,m}+R \tag{6-19}$$

上式称为迈耶公式。

在等压过程，温度每升高 1K 时，1mol 理想气体多吸收 8.31J 的热量，用来转换为膨胀时对外做功。

理想气体的定压摩尔热容比定容摩尔热容大一个摩尔气体常量 R。这是因为，对一定量的理想气体而言，在等容过程中，气体吸收的热量全部用以增加自身的内能；但在等压过程中，却只有一部分用以增加内能，而另一部分转化为气体在体积膨胀时对外做的功，所以为了使气体升高相同的温度，在等压过程中吸收的热量要大于等容过程吸收的热量。

$$\text{绝热系数}=\frac{C_{P,m}}{C_{V,m}} \tag{6-20}$$

6.2.3　等温过程

(1)等温过程方程及过程曲线

等温过程中，温度不变，在 $P-V$ 图上为双曲线的1/2(图 6-5)。

根据理想气体的状态方程，$PV=\frac{M}{\mu}RT$，$T=$恒量，可得过程方程：

$$PV=\text{const}\quad \text{或}\quad P_1V_1=P_2V_2 \tag{6-21}$$

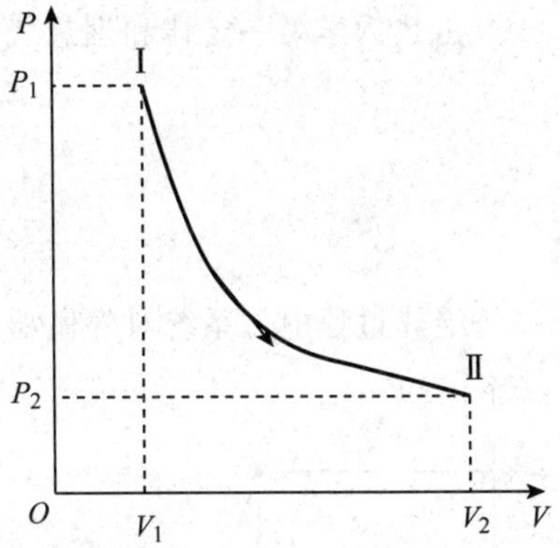

图 6-5　等温过程

(2)热力学第一定律在等温过程中应用

在等温过程中，$T=$恒量，$dT=0$，$\Delta E=0$。

$$Q_T=A_T \tag{6-22}$$

$$Q_T=A_T=\int P\,dV=\frac{M}{\mu}RT\int_{V_1}^{V_2}\frac{dV}{V}=\frac{M}{\mu}RT\ln\frac{V_2}{V_1}=\frac{M}{\mu}RT\ln\frac{P_1}{P_2} \tag{6-23}$$

在等温膨胀过程中，理想气体从外界吸收的热量将全部转化为气体对外所做的功；如果是等温压缩过程，则外界对气体做功，且全部转化为气体向外界放出的热量。

6.2.4　绝热过程

(1)绝热过程方程及过程曲线

若系统在状态变化过程中，与外界没有热交换，这样的过程即为绝热过程。例如，用良好的绝热材料制成的容器内部所进行的过程，或者系统因变化太快而来不及与外界交换热量的过程，四冲程汽油机的压缩冲程和做功冲程就可近似看作绝热过程。

$$\text{绝热过程的泊松方程：}\begin{cases}PV^{\gamma}=\text{恒量}\\ V^{\gamma-1}T=\text{恒量}\\ P^{\gamma-1}T^{-\gamma}=\text{恒量}\end{cases} \tag{6-24}$$

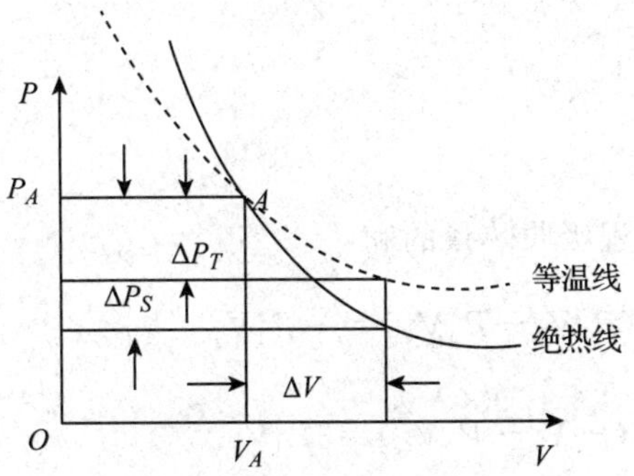

图 6-6　等温与绝热过程对比图

绝热线与等温线比较：在 $P-V$ 图上

等温过程：$PV=C$

$$\Rightarrow P\,dV+V\,dP=0$$

$$\Rightarrow\left(\frac{dP}{dV}\right)_T=-\frac{P}{V} \tag{6-25}$$

绝热过程：$PV^{\gamma}=C$

$$\Rightarrow P^{\gamma-1}dV+V^{\gamma}dP=0$$

$$\Rightarrow\left(\frac{dP}{dV}\right)_S=-\gamma\frac{p}{V}\quad\left|\left(\frac{dP}{dV}\right)_S\right|_A>\left|\left(\frac{dP}{dV}\right)_T\right|_A \tag{6-26}$$

可知绝热线斜率比等温线更大，即绝热线比等温线更陡。膨胀相同的体积绝热比等温压强下降得快。

(2)热力学第一定律在绝热过程中应用

由热力学第一定律和理想气体状态方程，可得

$$dQ=dE+dA,\quad Q=\Delta E+A$$

$$dQ=0,\quad A_S=-\Delta E$$

$$A_S=\frac{M}{\mu}C_{V,m}(T_1-T_2) \tag{6-27}$$

绝热过程中，系统对外做功全部是以系统内能减少为代价的。

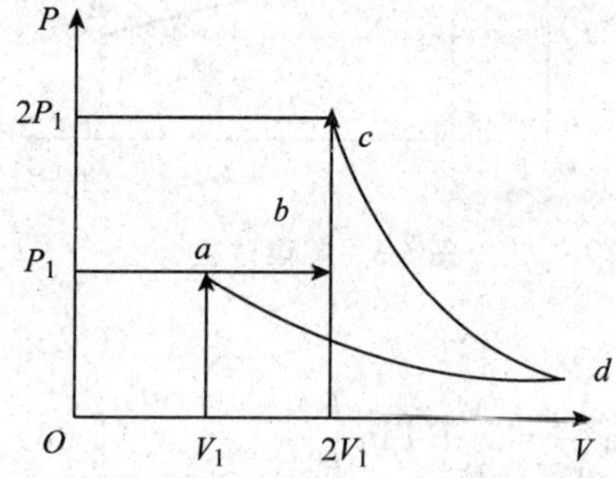

图 6-7 例 6-1 气体状态变化图

【例 6-1】1mol 单原子理想气体，由状态 $a(P_1, V_1)$先等压加热至体积增大 1 倍到达状态 $b(P_2, V_2)$，再等容加热至压力增大 1 倍到达状态 $c(P_3, V_3)$，最后再经绝热膨胀到达状态 d，使其温度降至初始温度。如图 6-7 所示，试求：(1)状态 d 的体积 V_d；(2)整个过程对外所作的功；(3)整个过程吸收的热量。

解：(1)根据题意 $T_a=T_d$，又根据状态方程

、 $$PV=\frac{M}{\mu}RT \text{ 得}$$

$$T_d=T_a=\frac{P_1V_1}{R}$$

$$T_c=\frac{P_cV_c}{R}=\frac{4P_1V_1}{R}=4T_a$$

再根据绝热方程： $$T_cV_c^{\gamma-1}=T_dV_d^{\gamma-1}$$

$$V_d=\left(\frac{T_c}{T_d}\right)^{\frac{1}{\gamma-1}}V_c=4^{\frac{1}{1.67-1}}\cdot 2V_1=15.8V_1$$

(2)先求各分过程的功：

$$A_{ab}=P_1(2V_1-V_1)=P_1V_1,\quad A_{bc}=0$$

$$A_{cd}=-\Delta E_{cd}=C_V(T_c-T_d)=\frac{3}{2}R(4T_a-T_a)=\frac{9}{2}RT_a=\frac{9}{2}P_1V_1$$

$$A=A_{ab}+A_{bc}+A_{cd}=\frac{11}{2}P_1V_1$$

(3)计算整个过程吸收的总热量有两种方法。

方法一：根据整个过程吸收的总热量等于各分过程吸收热量的和。

$$Q_{ab}=C_P(T_b-T_a)=\frac{5}{2}R(T_b-T_a)=\frac{5}{2}(P_bV_b-P_aV_a)=\frac{5}{2}P_1V_1$$

$$Q_{bc}=C_V(T_c-T_b)=\frac{3}{2}R(T_c-T_b)=\frac{3}{2}(P_cV_c-P_bV_b)=3P_1V_1$$

$$Q_{cd}=0$$

总热量：

$$Q_{abcd}=Q_{ab}+Q_{bc}+Q_{cd}=\frac{5}{2}P_1V_1+3P_1V_1+0=\frac{11}{2}P_1V_1$$

方法二：对 $abcd$ 整个过程应用热力学第一定律。

$$Q_{abcd}=A_{abcd}+\Delta E_{ad}$$

由于 $T_a=T_d$，故 $\Delta E_{ad}=0$。

则

$$Q_{abcd}=A_{abcd}=\frac{11}{2}P_1V_1$$

6.3　卡诺循环

6.3.1　循环过程

物质系统经历一系列变化后又回到初始状态的整个过程叫循环过程，简称循环。循环工作的物质称为工作物质，简称工质。循环过程的特点，由于系统状态复原，$\Delta E=0$。根据热力学第一定律，可得 $Q=A$。即系统从外界吸收的净热量等于系统对外做的净功 。若循环的每一阶段都是准静态过程，则此循环可用 $P-V$ 图上的一条闭合曲线表示(图 6-8)。

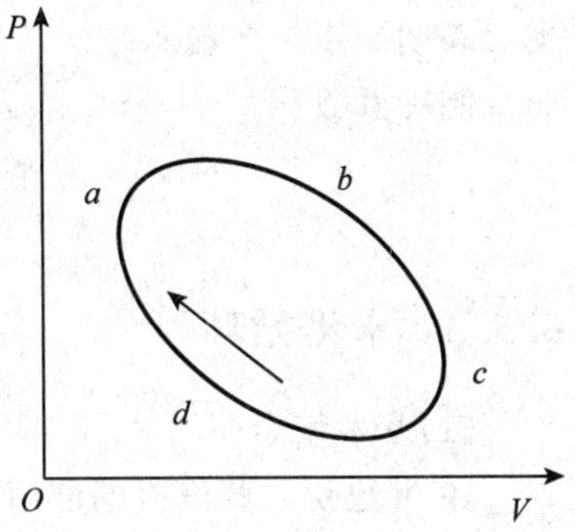

图 6-8　循环过程

6.3.2　热机和制冷机

(1)正循环、热机及热机效率

在 $P-V$ 图上，沿顺时针方向进行的循环称为正循环(图 6-9)。工质在整个循环过程中对外作的净功等于曲线所包围的面积。整个循环过程，工质从高温热源吸收热量 Q_1，向低温热源放热为 Q_2，同时对外界做功为 A。

$$Q_{净}=Q_1+Q_2 \tag{6-28}$$

$$Q_{净}=A_{净}>0 \tag{6-29}$$

正循环过程是将吸收的热量中的一部分 Q 净转化为有用功 A，另一部分 Q_2 释放至外界。

热机：通过工质使热量不断转换为功的机器。

热机效率：

$$\eta=\frac{输出功}{吸收的热量}=\frac{A_{净}}{Q_1}=\frac{Q_1+Q_2}{Q_1}=1-\frac{|Q_2|}{Q_1} \tag{6-30}$$

(2)逆循环、制冷机及制冷系数

在 $P-V$ 图上，沿逆时针方向进行的循环称为逆循环(图 6-10)。整个循环过程外界中对工质作的净功等于曲线所包围的面积。整个循环过程工质从低温热源吸收热量 Q_2，向

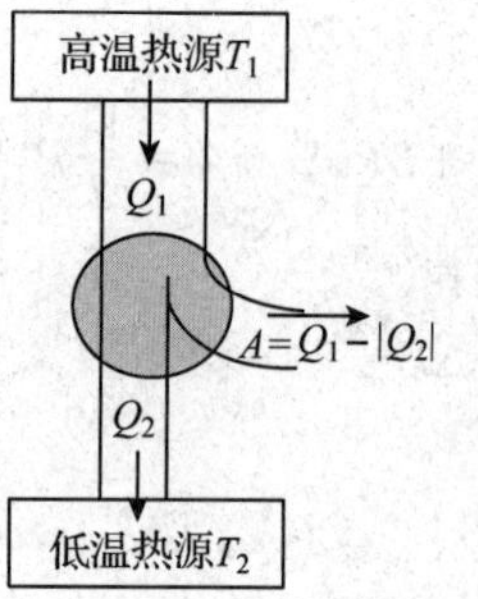

图 6-9 正循环

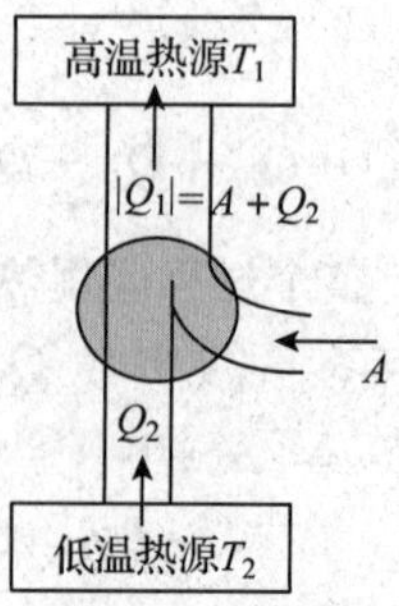

图 6-10 逆循环

高温热源放热为 Q_1，同时外界对工质做功为 A。

制冷机：工质把从低温热源吸收的热量和外界对它所做的功以热量的形式传给高温热源，其结果可使低温热源的温度更低，达到制冷的目的的机器。吸热越多，外界做功越少，表明制冷机效能越好。

制冷系数：

$$\varepsilon=\frac{\text{从低温处吸收的热量}}{\text{外界对工质做净功大小}}=\frac{Q_2}{A_{\text{净}}}=\frac{Q_2}{|Q_1|-Q_2} \tag{6-31}$$

6.3.3 卡诺循环

(1)基本概念

19 世纪初，蒸汽机的使用已经相当广泛，但效率很低，只有 3%～5%，许多人都为提高热机的效率而努力。1824 年，法国青年工程师卡诺(Nicolas Léonard Sadi Carnot)提出了一种理想的热机——卡诺热机，并从理论上得出了这种热机效率的极限。卡诺的研究不仅为提高热机效率指出了方向和限度，而且对热力学第二定律的建立起了重要作用。

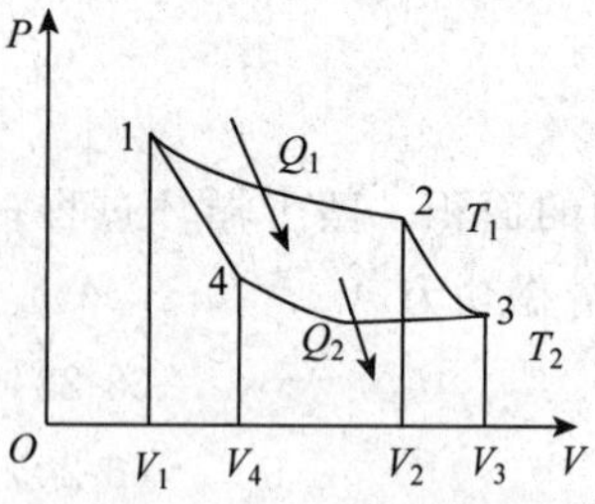

图 6-11 卡诺热机循环

卡诺循环是只有两个热源(一个高温热源温度 T_1 和一个低温热源温度 T_2)的简单循环。由于工作物质只能与两个热源交换热量，所以可逆的卡诺循环由两个等温过程和两个绝热过程组成(图 6-11)。

卡诺循环包括四个步骤：等温吸热，绝热膨胀，等温放热，绝热压缩。即理想气体从状态 1(P_1，V_1，T_1)等温吸热到状态 2(P_2，V_2，T_1)，再从状态 2 绝热膨胀到状态 3(P_3，V_3，T_2)，此后，从状态 3 等温放热到状态 4(P_4，V_4，T_2)，最后从状态 4 绝热压缩回到状态 1。这种由两个等温过程和两个绝热过程所构成的循环称为卡诺循环。

1→2：与温度为 T_1 的高温热源接触，T_1 不变，体积由 V_1 膨胀到 V_2，从热源吸收热量为：

$$Q_1=\frac{M}{\mu}RT_1\ln\frac{V_2}{V_1} \tag{6-32}$$

2→3：绝热膨胀，体积由 V_2 变到 V_3，吸热为零。

3→4：与温度为 T_2 的低温热源接触，T_2 不变，体积由 V_3 压缩到 V_4，从热源放热为：

$$|Q_2| = \frac{M}{\mu} R T_2 \ln \frac{V_3}{V_4} \tag{6-33}$$

4→1：绝热压缩，体积由 V_4 变到 V_1，吸热为零。

$$\eta = \frac{Q_1 - |Q_2|}{Q_1} = 1 - \frac{|Q_2|}{Q_1} = 1 - \frac{T_2 \ln \frac{V_3}{V_4}}{T_1 \ln \frac{V_2}{V_1}} \tag{6-34}$$

对绝热线 23 和 41，根据绝热方程，有：

$$T_1 V_2^{\gamma-1} = T_2 V_3^{\gamma-1} \tag{6-35}$$

$$T_1 V_1^{\gamma-1} = T_2 V_4^{\gamma-1} \tag{6-36}$$

比较两式，可得：$V_3/V_4 = V_2/V_1$，代入卡诺循环效率公式，有：

$$\eta_{\text{卡诺}} = 1 - \frac{T_2}{T_1} \tag{6-37}$$

需要说明的是，完成一次卡诺循环必须有温度一定的高温和低温热源；卡诺循环的效率只与两个热源温度有关；卡诺循环效率总小于 1；在相同高温热源和低温热源之间工作的一切热机中，卡诺循环的效率最高。

(2)卡诺制冷机的制冷系数

卡诺逆循环同样两个等温过程和两个绝热过程所构成。包括四个步骤：绝热膨胀，等温吸热，绝热压缩，等温放热。即理想气体从状态 1(P_1，V_1，T_1)绝热膨胀到 4(P_4，V_4，T_2)，再从状态 4 等温吸热到状态 3(P_3，V_3，T_2)，再从状态 3 绝热压缩到状态 2(P_2，V_2，T_1)，最后从状态 2 等温放热回到状态 1。工质把从低温热源吸收的热量 Q_2 和外界对它所作的功 A 以热量的形式传给高温热源 Q_1。

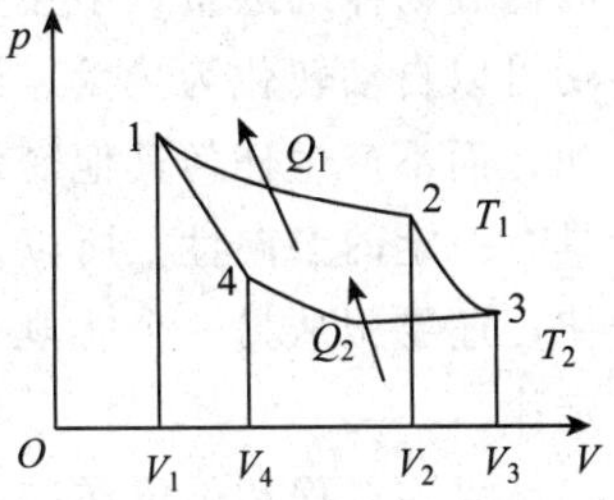

图 6-12　卡诺制冷机循环

同样可得，卡诺循环的致冷系数

$$\varepsilon_{\text{卡诺}} = \frac{T_2}{T_1 - T_2} \tag{6-38}$$

【例 6-2】一卡诺制冷机从温度为－10℃的冷库中吸收热量，释放到温度 27℃的室外空气中，若制冷机耗费的功率是 1.5kW，求：(1)每分钟从冷库中吸收的热量；(2)每分钟从室外空气中释放的热量。

解：(1)根据卡诺致冷系数有：

$$\varepsilon_{\text{卡诺}} = \frac{T_2}{T_1 - T_2} = \frac{263}{300 - 263} = 7.1$$

所以从冷库中吸收的热量为：

$$Q_2 = \varepsilon_{\text{卡诺}} A = 7.1 \times 1.5 \times 10^3 \times 60 = 6.39 \times 10^5 \text{(J)}$$

(2)释放到室外的热量为：

$$Q_1 = A + Q_2 = 1.5 \times 10^3 \times 60 + 6.39 \times 10^5 = 7.29 \times 10^5 \text{(J)}$$

6.3.4 卡诺定理

热机的最高效率可以达到多少？卡诺定理正是解决了这一问题。卡诺认为：所有工作于同温热源与同温冷源之间的热机，其效率都不能超过可逆机，这就是卡诺定理。卡诺定理说明热机的最大热效率只与其高温热源和低温热源的温度有关。此定理以尼古拉·卡诺为名。内容包括：①在相同的高温热源与相同的低温热源之间工作的一切可逆机的效率相等，与工作物质无关；②在相同的高温热源与相同的低温热源之间工作的一切不可逆机的效率不可能高于可逆机的效率。

卡诺定理指出了提高热机效率的途径：一是使热机的循环过程接近于可逆过程；二是应尽量提高两热源的温度差，主要是提高高温热源的温度。

6.4 热力学第二定律

6.4.1 可逆过程和不可逆过程

人们在长期的实践中发现，自然界中有很多现象并不违反热力学第一定律，但仍然不能自发地发生。例如，已经膨胀了的气体不会自动收缩，回到原来的体积；由高温物体流向低温物体的热量，不会重新由低温物体自动流回到高温物体；通过物体间的摩擦，机械功可以自动转化为热量，使物体升温，但高温物体不能通过降温，将热量自动转化为有用功，而不产生任何其他变化等。这些现象说明自然界中一切实际的、自发进行的宏观过程具有一定的方向性。所以自然界中一切自发进行的变化过程不但要符合能量转化和守恒定律，还要服从另一个客观规律，这个规律控制着自然界的变化方向，这就是热力学第二定律。

可逆过程和不可逆过程的定义如下：一个系统由某一状态出发，经历某一过程达到另一状态，如果存在另一过程，它能使系统回到原来状态并消除了原来过程对外界的一切影响，则原来的过程称为可逆过程；反之，如果用任何方法都不能使系统和外界完全复原，则称为不可逆过程。

以气缸内气体的等温快速膨胀为例，当气体快速膨胀时，由于活塞附近气体较稀，活塞附近的压强小于平衡态压强 P，体积膨胀 ΔV 后所做功 $A_1 < P\Delta V$；将气体压回时，则由于活塞附近的气体较密，活塞附近的压强大于平衡态压强 P，外力做功 $A_2 > P\Delta V$。因此，气体快速膨胀后，虽然可以将其压回到原来的体积，但外力需多做功 $A_2 - A_1$，该功将变成热量而散失。可见，气体等温快速膨胀这一非准静态过程是一个不可逆过程。

可逆过程只是一个理想过程，要想实现可逆过程，过程中每一步必须都是平衡态，而且过程中没有摩擦损耗等因素。这时，按原过程相反方向进行，当系统恢复到原状态时，外界也能恢复到原状态。这个过程就可认为是可逆过程，所以，无摩擦的准静态过程是可逆过程。虽然，与热现象相关的实际过程都是不可逆过程，但是可以做到非常接近可逆过程，因此可逆过程的研究有着重要的意义。

6.4.2　热力学第二定律的表述及等效性

热力学第二定律有多种不同的表述形式，常用的表述有以下两种。

(1)开尔文表述

历史上曾有人试图制造这样一种循环工作的热机，它只从单一热源吸收热量，并将吸收的热量全部用来做功而不放出热量给低温热源，因而它的效率可以达到 100%。假如这种机器制造成功，那就可以从单一热源(如大气或海洋)中吸收热量，并把它全部用来做功。这种热机称为第二类永动机。第二类永动机并不违热力学第一定律，即不违反能量守恒定律，因而对人们更具有诱惑性。

1851 年，英国物理学家开尔文(Kelvins)从热功转换的角度出发，首先提出：不可能制造出这样一种循环工作的热机，它只从一个热源吸取热量，使之全部变为有用功，而其他物体不发生任何变化。也就是说，第二类永动机是不可能存在的。

对于开尔文表述可以从下面两点进行阐明。

①如果从单一热源吸热全部用来做功，必定会引起其他变化。例如，理想气体在等温膨胀过程中，温度不发生变化，故系统的内能不变，系统从外界热源所吸收的热量将全部用来做功，气体的体积膨胀就是系统所发生的其他变化。

②如果从单一热源所吸收的热量用来对外做功，而系统没有发生变化，这种情况也是可能的，只是吸收的热量不会完全用来做功。

(2)克劳修斯表述

热力学第二定律是在研究热机和制冷机的工作原理，以及如何提高它们的工作效率的推动下逐步被发现的。在 19 世纪初，蒸汽机在工业上的应用越来越多，提高热机的效率已是摆在人们面前的重要课题。德国物理学家克劳修斯(Rudolf Julius Emanuel Clausius)在大量的客观实践的基础上，从热量传递的方向出发，于 1850 年提出：不可能使热量从低温物体自动传到高温物体。对于克劳修斯表述可以从下面两个方面进行阐明。

①热量只能自发地从高温物体传到低温物体，如冰块和水的混合。

②热量可以从低温物体传递到高温物体，但是一定会引起其他变化。例如，制冷机可以实现将热量从低温物体传到高温物体，其他变化就是制冷的效果。

热力学第二定律的两种表述从表面上看是不相同的，但可以证明它们是完全等效的。首先，证明若克劳修斯表述不成立，必然导致开尔文叙述不成立。如图 6-13 所示，热量 Q 可以通过某种方式由低温热源传递到高温热源而不产生其他影响。则在高温热源和低温热源之间设计一部卡诺热机，令它在一循环中从高温热源吸收热量 $Q_1=Q$，部分用来对外做功 A，另一部分 Q_2 在低温热源处放出。这样可得到，高温热源没有发生任何变化，而只是从单一的低温热源处吸热($Q-|Q_2|$)，并全部用来对外做功。这就违反了热力学第二定律的开尔文表述。其次，证明开尔文表述不成立，必然导致克劳修斯表述也不成立。如图 6-14 所示，一部违反开尔文表述的机器，它从高温热源吸热 Q 全部变为有用的功($A=Q$)，而未产生其他影响。这样，就可利用该机器输出的功 A 供给在高温热源和低温热源之间工作的制冷机。该制冷机在一个循环中得到功 A ($A=Q$)，并从低温热源处吸热 Q_2，最后向高温热源 T_1 放热($Q_2+A=Q_2+Q$)。则得到，高温热源净吸收热量为

Q_2，而低温热源恰好放出热量 Q_2，此外没有任何其他变化，如图 6-14 所示。这违反了热力学第二定律的克劳修斯表述。综上所述，热力学第二定律的开尔文表述和克劳修斯表述是等效的。

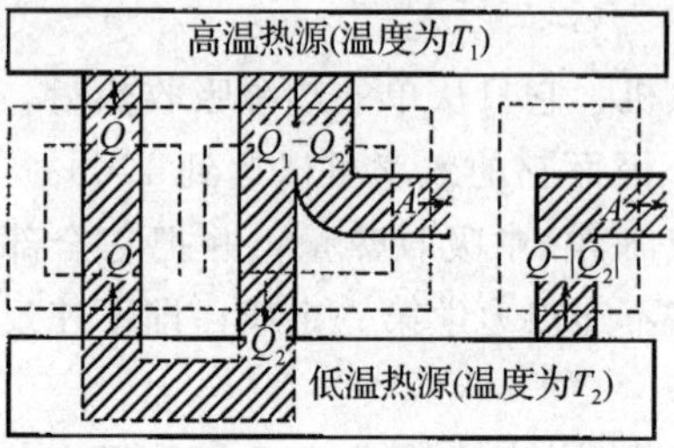

图 6-13　热力学第二定律证明(1)

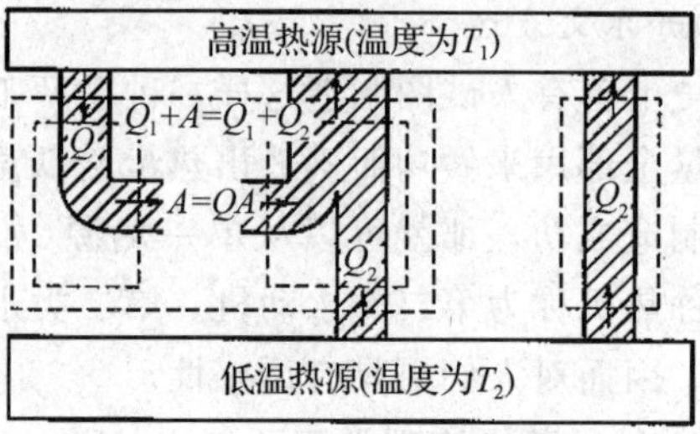

图 6-14　热力学第二定律证明(2)

6.4.3　热力学第二定律的微观本质

自然界中一切自发的过程在其不可逆性上是完全等效的。由于物质世界的多样性以及不可逆过程种类的无穷性，所以热力学第二定律就有多种不同的表述形式，上面所述的开尔文表述和克劳修斯表述只是两种最典型的表述，每一种表述只反映了同一客观规律的某一个方面。一切与热现象有关的实际宏观过程都是不可逆的，这就是热力学第二定律的实质。要实现可逆过程，就必须满足三个条件：①该过程必须是无限缓慢的准静态过程；②过程中没有任何能量损耗，即没有摩擦力、黏性力或其他耗散力做功；③不存在由温度差引起的热传导，因为热传导具有方向性。而一切的实际过程必然与热相联系，所以自然界中绝大多数的实际宏观过程严格来说都是不可逆的。例如，水平桌面上两个相同的茶杯 A 和 B，其中 A 装满水，B 为空杯，把 A 中的水完全倒入 B 中，这个过程是否可逆？把 A 中的水倒入 B 中，需要付出额外的功，这部分功使水从 A 中倒入 B 中后产生流动，而黏滞力又使流动的水静止，人额外的功全部转化为热，因而过程是不可逆的。

6.5　熵增加原理

6.5.1　熵函数

根据热力学第二定律的统计意义，热力学过程的不可逆反映了始末两个状态存在着本质上的差异，这种差异表现为在始末两个状态所包含的微观态的数目不同，它决定了过程进行的方向。由此可以期待，根据热力学第二定律有可能找到一个新的态函数，人们可以根据这个态函数在初态和末态的数值差异，来判断出过程进行的方向。

由卡诺定理，对于任意工作物质的一切可逆机，若工作在相同的温度为 T_1 与 T_2 高低温热源之间，其效率均为：

$$\eta=\frac{Q_1+Q_2}{Q_1}=1-\frac{T_2}{T_1} \tag{6-39}$$

上式改写成

$$\frac{Q_1+Q_2}{Q_1}=1-\frac{T_1}{T_2} \tag{6-40}$$

因此

$$\frac{Q_1}{T_1}+\frac{Q_2}{T_2}=0 \tag{6-41}$$

式中，$\frac{Q_1}{T_1}$和$\frac{Q_2}{T_2}$是等温膨胀和等温压缩过程中吸收的热量和温度的比值，称为热温比。上式表明，在可逆卡诺循环过程中热温比之和为零。

下面把这个结论推广到任意可逆循环过程。如图 6-15 所示，任意可逆循环可视为由许多小可逆循环过程构成，这样该可逆循环的热温比近似等于这些小可逆卡诺循环的热温比之和，并为零，即

$$\sum_{i=1}^{n}\frac{Q_i}{T_i}=0 \tag{6-42}$$

当小卡诺循环无限变窄，使小循环的数目无限多时，这个锯齿形路径所表示的循环过程就无限接近于原来的可逆循环过程。当 $n\to\infty$时，上式的求和号变为积分号，即

$$\oint\frac{\mathrm{d}Q}{T}=0 \tag{6-43}$$

式中，$\mathrm{d}Q$ 是系统从温度为 T 的热源中吸取的热量。式(6-43)表明，系统经任意可逆循环过程后，其热温比之和等于零，式(6-43)称为克劳修斯等式。

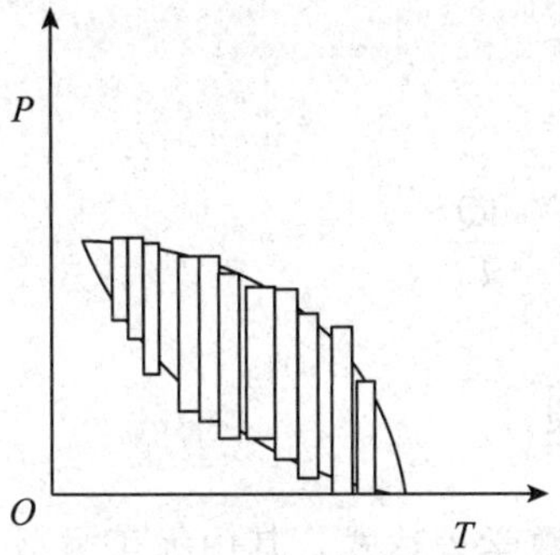

图 6-15　将任意循环划分为小卡诺

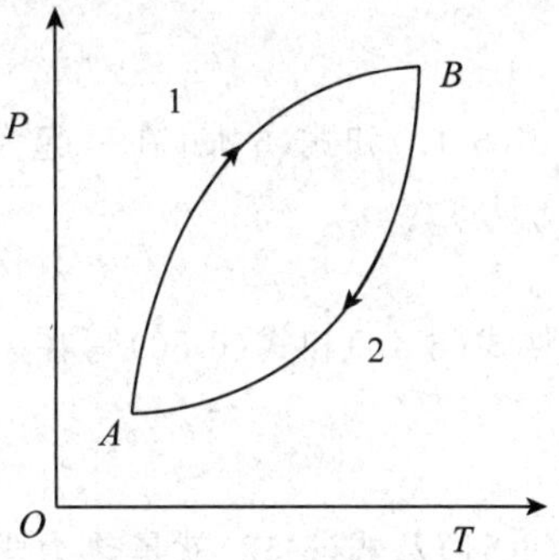

图 6-16　任意循环

在图 6-16 所示的可逆循环中，设有两个平衡态 A 和 B，这个循环过程由 $A1B$ 和 $B2A$ 两个分可逆过程构成。式(6-44)可写为：

$$\oint\frac{\mathrm{d}Q}{T}=\int_{A1B}\frac{\mathrm{d}Q}{T}+\int_{B2A}\frac{\mathrm{d}Q}{T}=0 \tag{6-44}$$

由于过程是可逆的，正逆过程热温比积分的值相等，而符号相反，有

$$\int_{B2A}\frac{\mathrm{d}Q}{T}=-\int_{A2B}\frac{\mathrm{d}Q}{T} \tag{6-45}$$

代入式(6-44)，得

$$\int_{A1B}\frac{\mathrm{d}Q}{T}=\int_{A2B}\frac{\mathrm{d}Q}{T} \tag{6-46}$$

上式表明，从平衡态 A 到达平衡态 B，中间的任意可逆过程的热温比积分相等，即 $\int_A^B \frac{\mathrm{d}Q}{T}$ 只由始、末两个平衡态决定，而与中间所经历过程无关。这就意味着系统的平衡态存在着一个态函数，此态函数在始、末状态的增量，可由连接始、末两态的任意可逆过程的热温比积分来计算，我们把此态函数称为熵，并用 S 表示，单位为(J/K)，有

$$S_B - S_A = \int_A^B \frac{\mathrm{d}Q}{T} \quad \text{(可逆过程)} \tag{6-47}$$

S_A 和 S_B 分别表示系统在 A 态和 B 态的熵。

对于任意无限小过程，熵增量可写为：

$$\mathrm{d}S = \frac{\mathrm{d}Q}{T} \tag{6-48}$$

6.5.2 熵增加原理

前面已引入了熵的概念，对于可逆过程，熵的增量为 $S_B - S_A = \int_A^B \frac{\mathrm{d}Q}{T}$，根据卡诺定理同样可以证明，当系统由初态 A 经过任一不可逆过程到达终态 B 时，其熵的增量为：

$$S_B - S_A > \int_A^B \frac{\mathrm{d}Q}{T} \tag{6-49}$$

对于微小过程，应有：

$$\mathrm{d}S > \frac{\mathrm{d}Q}{T} \tag{6-50}$$

将式(6-47)和式(6-49)在一起为：

$$S_B - S_A \geqslant \int_A^B \frac{\mathrm{d}Q}{T} \tag{6-51}$$

再将式(6-48)和式(6-50)写在一起为：

$$\mathrm{d}S \geqslant \frac{\mathrm{d}Q}{T} \tag{6-52}$$

式(6-51)及式(6-52)就是热力学第二定律的数学表达式，其中大于号适用于不可逆过程，等号适用于可逆过程。式中，T 是热源的温度。对于可逆过程，它也是系统的温度(因二者恒处于热平衡)。而对于不可逆过程，因系统处于非平衡状态(初、末态除外)，故 T 只表示热源温度。

由式(6-51)容易看出，对于绝热过程，由于 $\mathrm{d}Q=0$，则

$$S_B - S_A \geqslant 0 \quad \begin{cases} S_B = S_A & \text{(可逆过程)} \\ S_B > S_A & \text{(不可逆过程)} \end{cases} \tag{6-53}$$

式(6-53)称为熵增加原理。它表明，当热力学系统从一平衡态经绝热过程到达另一平衡态，它的熵永不减少。如果过程是可逆的，则熵的数值不变；如果过程是不可逆过程，则熵的数值增加。这也是利用熵概念所表述的热力学第二定律。

对于孤立系统，由于孤立系统必然绝热，因此孤立系统满足熵增加原理。对于非绝热物体，如果要用熵增加原理判别过程进行的方向性，可以把物体系以及与物体系发生作用

的周围环境作为一个总系统进行考察，而认为这个总系统与其边界外的更广泛的空间物质无任何形式的相互作用。显然这个复合系统是孤立系统，满足熵增加原理。应当强调指出，熵增加原理是有条件的，它只对孤立系统或绝热过程才成立。

物理广角

一、什么是耗散结构理论

耗散结构的概念是相对于平衡结构的概念提出的。它提出一个远离平衡态的开放系统，在外界条件发生变化达到一定阈值时，量变可能引起质变，系统通过不断与外界交换能量与物质，就可能从原来的无序状态转变为一种时间、空间或功能的有序状态。

耗散结构理论成功地应用到某些系统。例如，一座城市可看作一个耗散结构，每天输入食品、燃料、日用品等，同时输出产品和垃圾，它才能生存下去，它要保持稳定有序状态，否则将处于混乱。现代经济系统也是一个非平衡的开放系统，系统内部各部门的联系是非线形的，存在着有规律的经济波动和无规律的随机扰动，因此也是一个耗散结构。

20世纪70年代，比利时物理学家普利高津(Ilya Prigogine)提出了耗散结构学说，这也是一种系统理论。耗散结构的概念是相对于平衡结构的概念提出来的。长期以来，人们只研究平衡系统的有序稳定结构，并认为倘若系统原先是处于一种混乱无序的非平衡状态时，是不能在非平衡状态下呈现出一种稳定有序结构的。普利高津等人提出：一个远离平衡的开放系统，在外界条件变化达到某一特定阈值时，量变可能引起质变，系统通过不断与外界交换能量与物质，就可能从原来的无序状态转变为一种时间、空间或功能的有序状态，这种远离平衡态的、稳定的、有序的结构称之为“耗散结构”。这种学说回答了开放系统如何从无序走向有序的问题。

二、耗散结构理论的研究内容

耗散结构是在远离平衡区的非线性系统中所产生的一种稳定化的自组织结构。在一个非平衡系统内有许多变化着的因素，它们相互联系、相互制约，并决定着系统的可能状态和可能的演变方向。这些因素可以归纳为两类：广义流和广义力，而且广义流依赖于广义力。一般而言，这两类因素之间的相互依赖关系是一个复杂的非线性函数。一个典型的耗散结构的形成与维持至少需要具备三个基本条件：

一是系统必须是开放系统，孤立系统和封闭系统都不可能产生耗散结构；

二是系统必须处于远离平衡的非线性区，在平衡区或近平衡区都不可能从一种有序走向另一更为高级的有序；

三是系统中必须有某些非线性动力学过程，如正负反馈机制等，正是这种非线性相互作用使得系统内各要素之间产生协同动作和相干效应，从而使得系统从杂乱无章变为井然有序。

普利高津认为，自组织现象是普通存在的。激光是一个自组织的系统，光粒子能够自发地把自己串在一起，形成一道光束。这道光束的所有光子能够前后紧接，步调一致地移动。飓风也是一个自组织的系统。自组织系统的机理是对称性破缺。这种对称性破缺的序都不包含在外部环境中，而根源于系统内部，外部环境只是提供触发系统产生这种序的条件，所有这种序或组织都是自发形成的。

自组织的提出具有极为重要的意义。热力学的第一定律是能量守恒定律。第二定律的含义是所有的能量转化都是不可逆的。其中熵是一个重要概念。“熵是这样一个量，它在有耗散的情况中不停地增长，当所有进一步做功的潜力都耗尽了以后，熵就达到了最大值，熵达到了最大值就意味着能量的耗尽、系统的毁坏。”

熵的汉语解译：熵在物理学上指热能除以温度所得的商，标志热量转化为功的程度。在科学技术上泛指某些物质系统状态的一种量度，某些物质系统状态可能出现的程度。亦被社会科学用以借喻人类社会某些状态的程度。

在某种意义上说，这是一条可怕的定律，由此观之，宇宙的总熵是在无情地朝着它的极大值增长。一旦达到了最大值的那一刻——热寂状态，那就是宇宙死亡之时，是普利高津的自组织理论给了人们新的希望。因为系统中有许多“自组织现象”，即在系统组建后，虽然也有着日益毁坏衰败的趋势，但其内部也产生着调节建设的倾向。自组织有赖于自我加强：在条件成熟的情况下，微小的事件会被扩大和发展，而不是趋于消失。如果说热力学第二定律这支箭头将系统引向衰败，那么自组织则是一支反向的箭头，它将系统引向自我完善。

三、耗散结构理论反映的现象和启发

耗散结构理论反映了时间的单向性，解释了扩散、化学反应和生命存在一类不可逆现象。在耗散结构系统中，标志和衡量不可逆过程的真实的时间也就只能是单向延续的。时间与历史过程相联系，不可能对称反演，它不再是系统运动的外界参数，而成为非平衡世界中事物进化的内部参量。在经济统计学中，常分析过去的规律，用于预测将来的方法称为时间序列法。耗散结构理论启发我们对时间序列法得出的结果还需要用非线性方法进行参照分析。

耗散结构理论还反映了物质与能量在空间分布上的绝对不均匀性。耗散结构理论填补了物理学和生物学之间、热力学和动力学之间的鸿沟，把自然界的无序过程和有序过程联系了起来。耗散结构理论从浑沌无序的无机状态、无机过程入手，发现了它们之间通过外部交换而自发地形成有序结构、耗散结构和有序系统。从有序的角度寻找到了物理学和生物学之间的联系。

习　题

6-1　一刚性双原子分子理想气体温度为15℃、压强为1 atm，1 mol的气体经等温过程后体积膨胀至原来的3倍。

(1) 1 mol的气体经等温过程后，体积膨胀至原来的3倍，计算这个过程中气体对外所作的功；

(2) 1 mol的气体经绝热过程，体积膨胀为原来的3倍，那么气体对外作的功又是多少？

6-2　将氦气视为理想气体，若在升温过程中，0.02 kg 的氦气温度由 15℃升至 35℃。(1) 体积保持不变；(2) 压强保持不变；(3) 不与外界交换热量。

试分别求出气体内能的改变、吸收的热量、外界对气体所作的功。

6-3　在封闭的汽缸里有一定量的某单原子分子理想气体。此汽缸有可活动的活塞(活塞与气缸壁之间无摩擦且无漏气)。已知气体的初压强 $P_1=1$ atm，体积 $V_1=2$ L，现将该气体在等压下加热，直到体积为原来的 3 倍，然后在等体积下加热，直到压强为原来的 2 倍，最后作绝热膨胀，直到温度下降到初温为止。

(1) 画出整个过程的 $P-V$ 图；

(2) 试求在整个过程中气体内能的改变、所吸收的热量以及整个过程中气体所作的功。

6-4　有一刚性双原子分子理想气体，需要传给气体多少热量，才能使得等压膨胀过程中对外作功为 5 J？

6-5　一定量的理想气体，如习题 6-5 图所示，从 A 态出发到达 B 态，试求在这过程中，该气体吸收的热量。

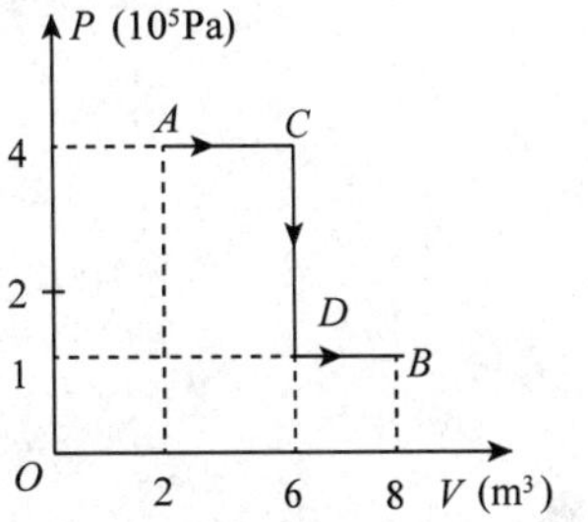

习题 6-5 图

6-6　有 1 mol 刚性多原子分子的理想气体，温度为 17℃，若经过一绝热过程，压强从 1×10^5 Pa 增加到 16×10^5 Pa。试求：

(1) 气体温度增加到多少？

(2) 在该过程中气体所作的功；

(3) 终态时，气体的分子数密度。

6-7　假设汽缸内有一种刚性双原子分子(视为理想气体)，经过准静态绝热膨胀后，气体的压强减少到原来的三分之一，则变化前后气体的内能之比为多少？

6-8　1 mol 氢气(视为理想气体)从标准状态经等温过程从外界吸取了 400 J 的热量，求变化后的压强。

6-9　如习题 6-9 图，有 1 mol、温度为 127℃的单原子分子理想气体在体积为 20 L 的容器内，活塞可上下自由滑动(活塞的质量和厚度忽略不计)，容器外为标准大气压，气温为 27℃，请问需向外放多少热可以使容器内气体与周围达到平衡？

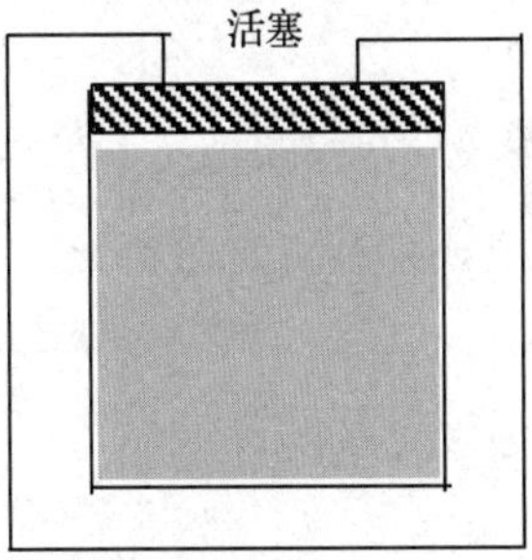

习题 6-9 图

6-10　将 1 mol 理想气体经过等压过程温度升高了 70 K，传给它的热量等于 1.80×10^3 J，求：

(1) 气体所作的功 W 和气体内能的增量 ΔE；

(2) 比热容比。

6-11　一气缸内有一定量的单原子理想气体，绝热压缩后，体积变为原来的二分之一，试问气体分子的平均速率变为原来的几倍？

6-12　一定量的某种理想气体，初始状态下 $P_0=1.2\times10^6$ Pa，$V_0=8.31\times10^{-3}\,\text{m}^3$，$T_0=400$ K 的初态，经过等体过程温度升高到 450 K，再经过等温过程，压强降到初始状态 P_0。试求过程中从气体外界吸收的热量。

6-13　一定量的氦气(视为理想气体)，初始状态下，压强为 1×10^5 Pa，温度为 400 K，经过绝热过程压强增加到 5×10^5 Pa. 求末态时气体分子数密度 n。

6-14　一卡诺热机，高温热源温度是 450 K，每一循环从此热源吸进 100 J 热量，并向一低温热源放出 50 J 热量。试求低温热源温度以及循环的热机效率。

6-15　有一卡诺热机，已知高温热源的温度为 227℃、低温热源温度为 127℃时，循环一次对外作功 7000 J。现提高高温热源温度，使其对外作功变为 9000 J。若两个卡诺循环都工作在相同的两条绝热线之间，试求：

(1) 第二个循环的热机效率；

(2) 第二个循环的高温热源的温度。

6-16 1 kg，0 ℃的水放到 100 ℃恒温热源上，最后达到平衡，求这一过程引起的水和恒温热源组成的系统熵变；如果 1 kg，0 ℃的水先放到 5 ℃恒温热源上，使之达到平衡，然后再把它移到 100 ℃恒温热源上使之平衡，求这一过程引起的整个系统的熵变，将两次求得的结果做一些分析比较[水的比热容为 $c=4.2\ \text{kJ/(kg}\cdot\text{K)}$]。

第 7 章　波动光学基础

光给我们的世界带来了五颜六色，但光的本性是什么？人们对此曾有过各种猜测和争论，一直到 17 世纪，通过牛顿和惠更斯的争论，形成了两种较为统一的学说。牛顿(I. Newton)认为光是一束粒子流，沿直线传播，以光的折射、反射定律为基础，研究光的直线传播和成像的规律，形成了光的微粒学说。与牛顿同时代的荷兰物理学家惠更斯(C. Huygens)提出了光是一种波动，他认为光是机械振动在“以太(Ether)”这种特殊物质中的传播，形成了光的波动学说。由于当时的实验条件和牛顿的威信，直到 18 世纪末，人们普遍承认“光的微粒学说”。19 世纪初，人们观察到了许多光的干涉、衍射和偏振现象，这些事实都对光的波动学说提供了重要的实验依据，于是托马斯·杨(Thomas Young)重新提出光的波动说。19 世纪 60 年代，麦克斯韦(J. C. Maxwell)建立的电磁场理论赋予了光的电磁波本性，认为光的波动学说比微粒学说更能圆满地描述当时已知的光现象。在这样的背景下，形成了波动理论，该理论从光的波动性出发，研究光在传播时表现出的现象。20 世纪初，随着光学向微观领域里的渗透，人们发现用经典的波动理论无法解释光与物质的相互作用。人们通过黑体辐射和光电效应等实验规律的研究，证明了光的量子性。1905 年，爱因斯坦(A. Einstein)提出了光的量子理论，深入到微观领域研究光与物质相互作用规律。

光实际上既具有粒子性，又具有波动性，即光具有波粒二象性。本章主要从波动光学的角度，研究光的干涉、衍射及偏振三种现象。

7.1　光的干涉现象

由波的叠加原理可知，要产生干涉现象必须满足相干条件，即要满足两列波的频率相同、振动方向相同和相位差恒定。对光波而言，实现相干条件颇为不易。实验证明，两个独立的普通光源发出的光不能产生干涉现象，甚至同一光源不同部分发出的光也不能形成干涉，这与下面介绍的内容有关系。

7.1.1　光波

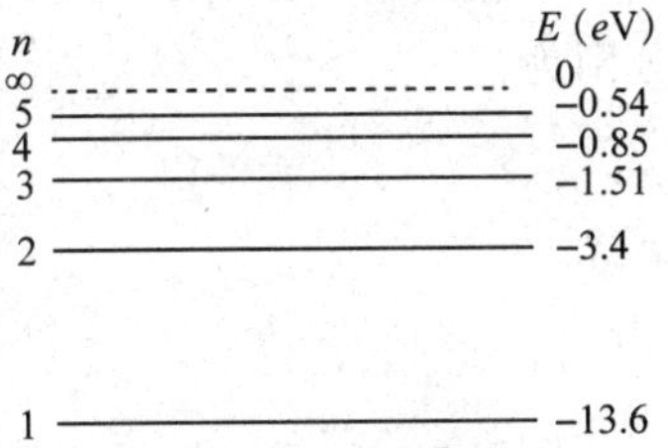

图 7-1　能级图

任何发射光波的物体称为光源，如太阳、白炽灯和激光器等。发光过程是光源中大量原子(或分子)发生的一种微观过程。按照原子理论，单个原子的能量只能取一系列分立值 E_1，E_2，…，E_n，这些值称为能级，如图 7-1 所示。能量的最低状态叫基态，其他的能量较高的状态叫激发态。通常，原子大多处于基态，由于外界的激励(如碰撞或热扰动)，原子就可以处在激发态中，处于激发态的原子是不稳定的，通常它会通过自发辐射或受激辐射方式回到低激发态或基态，这一过程称为从高能级向低能级的跃迁。通过这种跃迁，原子向外发射一个能量等于相应能级差的光子。

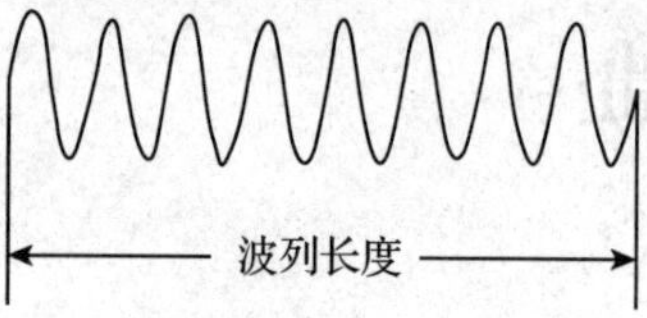

图 7-2 光波列

自发辐射是原子(或分子)自发地发射光波的过程。它与外界无关，完全是一种随机过程。凡是以自发辐射过程发光的光源称为普通光源，如太阳、白炽灯等。每个原子(或分子)每次发光的时间很短，约 10^{-8}s。当某个原子(或分子)经一次跃迁发光后，可再次被激发到较高能级进行再次发光，称为原子(或分子)发光的间歇性。这就是说，原子(或分子)辐射的光波并不是一列连续不断、振幅和频率都不随时间变化的简谐波，即不是理想的单色光，而是在一段短暂时间内保持振幅和频率近似不变，在空间表现为一段有限长度的简谐波列，简称为光波列(图 7-2)。设跃迁时间为 Δt，真空中的光速为 c，则真空中的光波列长度为：

$$L = c\,\Delta t \tag{7-1}$$

在普通光源中，虽然有大量的原子(或分子)在发光，但不同原子(或分子)在同一时刻发出的光波列的频率、振动方向和初相位一般是不同的，即便同一原子(或分子)先后发出的两个光波列的振动方向和初相位一般也是不同的，这一现象称为原子(或分子)发光的独立性。也就是说，普通光源的各个原子(或分子)发出的光波具有随机性和间歇性，而且彼此的相位没有关系。这些断续、长短、初相位不规则的波列的组合构成了光波。

当考察两列光波在空间相遇叠加时，尽管某一瞬时光波的叠加可能产生干涉图样，但是在不同瞬时光波叠加所得到的干涉图样相互替换得很快，并且是不规则的，常规探测方法(如眼、感光胶片等)无法探测这短暂的干涉现象，而只能得到不同瞬时的干涉图样的平均效果，从而观察不到实际的干涉现象。

7.1.2 相干条件

光的干涉现象与光的相干性原理有关。电磁场理论指出，光波是电磁波，光波的传播就是交变的电磁场的传播，也就是电矢量 E 和磁矢量 H 的传播。实践证明，对人眼的视网膜或光学仪器(感光板、光电管等)起作用的是电场矢量 E。人们常用电矢量 E 表示光波中的振动矢量，也称为光矢量。

光波的相干性原理其实就是两列光波在空间任一点振动的叠加。我们设空间有两个同频率单色光源，分别是 s_1 和 s_2，发出的光波在空间任一点 P 处的光矢量 E_1 和 E_2 的振动分别为：

$$E_1 = A_1\cos\left(\omega t - \frac{2\pi}{\lambda}r_1 + \varphi_{10}\right) \tag{7-2}$$

$$E_2 = A_2\cos\left(\omega t - \frac{2\pi}{\lambda}r_2 + \varphi_{20}\right) \tag{7-3}$$

如图 7-3 所示，如果两光矢量沿同一直线，由波的叠加原理可得两列光波在空间任一

点 P 处相遇时，合振动的振幅为：

$$A^2=A_1^2+A_2^2+2A_1A_2\cos\left[\varphi_{20}-\varphi_{10}-\frac{2\pi}{\lambda}(r_2-r_1)\right] \tag{7-4}$$

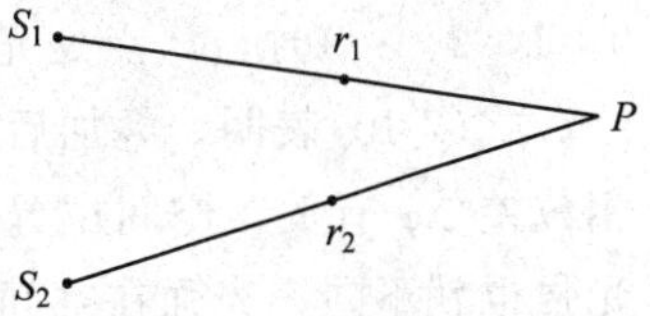

图 7-3　光矢量叠加

式中，A_1 和 A_2 分别为光源 s_1 和 s_2 发出的光波在任一点 P 处的分振幅，φ_{10}、φ_{20} 分别为光源 s_1 和 s_2 的初相位，r_1 和 r_2 分别为光源 s_1 和 s_2 到空间任一点 P 处的距离，λ 为光在所经介质中的波长。

叠加后，人们感受或检测到光的强度是由能流密度的大小决定，能流密度也被称为光强，用 I 表示。任何波动所传递的平均能流密度与振幅的平方呈正比，因此，光的强度与振幅的平方呈正比，即 $I\propto A^2$。在波动光学中，主要是讨论光波所到之处的相对光强。因而通常无需计算光强的绝对值，而只需计算光波在各处振幅的平方值。在光学术语中，常用振幅的平方来表示光强。所以，两列光波在空间任一点 P 处相遇时，合振动的光强为：

$$I=I_1+I_2+\int 2\sqrt{I_1I_2}\cos\left[\varphi_{20}-\varphi_{10}-\frac{2\pi}{\lambda}(r_2-r_1)\right]\mathrm{d}t \tag{7-5}$$

式中，$I_1=A_1^2$ 和 $I_2=A_2^2$ 分别为光源 s_1 和 s_2 发出的光波在任一点 P 处的光强。

由于人眼对光的响应时间为 $\Delta t\approx 0.1\mathrm{s}$，感光胶片对光的响应时间为 $\Delta t\approx 10^{-3}\mathrm{s}$，所以，$P$ 点的光强应为 Δt 的平均值。

$$\overline{I}=\frac{1}{\Delta t}\int I\,\mathrm{d}t=I_1+I_2+2\sqrt{I_1I_2}\cos\left[\varphi_{20}-\varphi_{10}-\frac{2\pi}{\lambda}(r_2-r_1)\right] \tag{7-6}$$

存在以下情况：

①光源 s_1 和 s_2 是两个独立的普通光源，由于光源中原子(或分子)发光的随机性和间歇性，导致初相差 $\varphi_{20}-\varphi_{10}$ 的数值不恒定，从而在 Δt 时间内，两光波在 P 点处的相位差 $\Delta\varphi=\varphi_{20}-\varphi_{10}-\frac{2\pi}{\lambda}(r_2-r_1)$ 也将随机变化，并以相同的概率取 $0\sim 2\pi$ 间的一切数值。因此，上式第三项中的积分为：

$$\int\cos(\Delta\varphi)\,\mathrm{d}t=0 \tag{7-7}$$

从而

$$\overline{I}=\frac{1}{\Delta t}\int I\,\mathrm{d}t=I_1+I_2 \tag{7-8}$$

上式表明两列光叠加后的光强等于两列光分别照射时的光强 I_1 和 I_2 之和，称为光的非相干叠加。

②两列光来自同一光源，尽管有原子(或分子)发光的随机性和间歇性，但 $\varphi_{20}-\varphi_{10}$ 的数值恒定，从而在 Δt 时间内，两列光波在 P 点处的相位差始终保持恒定，则有：

$$\int\cos(\Delta\varphi)\,\mathrm{d}t=\Delta t\cos(\Delta\varphi) \tag{7-9}$$

从而

$$\overline{I}=\frac{1}{\Delta t}\int I\,\mathrm{d}t=I_1+I_2+2\sqrt{I_1I_2}\cos(\Delta\varphi) \tag{7-10}$$

式(7-10)给出的两列光波的叠加，称为光的相干叠加。

由上式可看出，当两列光波在 P 点处的相位差满足 $\Delta\varphi=\pm 2k\pi(k=0, 1, 2, \cdots)$时，$P$ 点处光强最大，称为干涉相长。当两列光波在 P 点处的相位差满足 $\Delta\varphi=\pm(2k+1)\pi(k=0, 1, 2, \cdots)$时，$P$ 点处光强最小，称为干涉相消。

式(7-10)表明，叠加后的光强不仅取决于两列光的光强 I_1 和 I_2，还与两列光之间的相位差 $\Delta\varphi$ 有关，空间位置不同，两列光之间的相位差 $\Delta\varphi$ 也不同，因此，在空间各点的光强也就不同，光强在空间重新分布。光的干涉就是两列光波在空间相遇，通过相干叠加形成稳定的强弱分布的现象。由于式(7-10)是在叠加的两列光波频率相同、振动方向相同和相位差恒定条件下得出的，因此，频率相同、振动方向相同和相位差恒定是产生相干叠加的三个必要条件，称为相干条件。满足相干条件的光波称为相干光波。能产生相干光波的光源称为相干光源。显然，只有相干光波才能产生光的干涉现象。

普通光源发出的光是由光源中各个原子(或分子)发出的波列组成的，由于原子(或分子)发光的间歇性和独立性，这些波列之间没有固定的相位关系。因此，两个独立光源的光波，即使频率相同、振动方向一致，它们之间的相位差不能保持恒定，所以不能产生干涉现象。也就是说来自同一光源不同部分发出的光波，不满足相干条件，因此不是相干光波。

激光是很好的相干光源，当某些特定的原子(或分子)受到具有一定频率的外来光波的诱导发射光波，我们称其为受激辐射，如图 7-1 所示的能级图中，当外来光子的能量 hv 等于原子(或分子)某能级差时，如 $hv=E_2-E_1$，外来光波的电磁场就会引发原子(或分子)从高能级 E_2 跃迁到低能级 E_1，同时发射一个与外来光波频率、振动方向和相位都相同的光波。由于这些光波满足相干条件，因此可以观察到明显的干涉现象。

7.1.3 光程差

两列光波是在同一种介质中传播的，光在介质中的波长始终都是 λ。当光波在不同介质中传播时，光波的波长随介质的不同而改变。因此，在计算两列光波的相位差时很不方便，为了解决这个问题，我们引入光程的概念。

首先设单色光频率为 v，当该光在真空中传播时，波速与波长之间的关系为 $c=v\lambda$，当该光在介质中传播时，波速与波长之间的关系为 $u=v\lambda'$，由此可得

$$\frac{\lambda}{\lambda'}=\frac{c}{u}=n \tag{7-11}$$

式中，n 为介质的折射率；λ 为真空中的波长。

若光在介质中传播的距离为 r，则相位的变化为：

$$\Delta\varphi=2\pi\frac{r}{\lambda'}=2\pi\frac{nr}{\lambda} \tag{7-12}$$

由此可见，单色光在介质中传播 r 产生的相位变化与在真空中传播 nr 产生的相位变化相同。为此，把光在介质中传播的几何路程 r 与这种介质折射率 n 的乘积定义为光程。这样，可以把光在介质中传播的几何路程 r 引起的相位变化折算成光在真空中传播的光程 nr 引起的相位变化。可以用两列光的光程之差来计算两列光的相位差，简称光程差，用 δ

表示。若两列光在不同的介质中传播的光程分别是 n_1r_1 和 n_2r_2，则在相遇点处两列光的光程差 $\delta=n_2r_2-n_1r_1$。由于在光学中经常遇到的是 $\varphi_{10}=\varphi_{20}$ 情况，所以在该点处的光程差 δ 与相位差 $\Delta\varphi$ 之间的关系为：

$$\Delta\varphi=\frac{2\pi}{\lambda}\delta \tag{7-13}$$

当光程差满足 $\delta=\pm k\lambda(k=0,1,2,\cdots)$时，两列光相遇处光强最大。

当光程差满足 $\delta=\pm(2k+1)\frac{\lambda}{2}(k=0,1,2,\cdots)$时，两列光相遇处光强最小。

这说明了当两列光经过的介质有差别时，决定光强分布的不是两列光的几何路程之差，而是光程差。

【例 7-1】 S_1 和 S_2 发出的相干光在与 S_1 和 S_2 等距离的 P 点相遇，如图 7-4 所示。其中一列光通过空气，另一列光还经过折射率为 n 的介质，通过介质的距离为 d。求两列光的光程差。

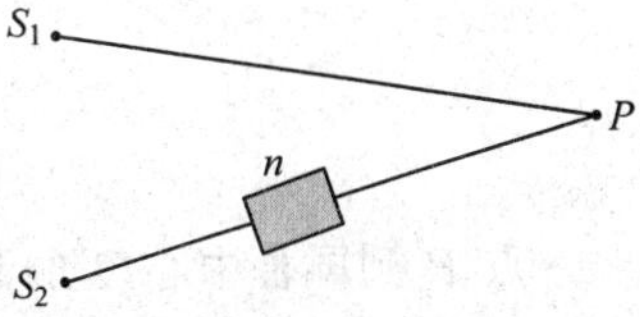

图 7-4　例 7-1 两相干光图

解： 设光波 1 从 S_1 到 P 点的光程为 r，光波 2 通过空气的路程为 $r-d$，通过介质的路程为 d，则光波 2 从 S 到 P 点的光程为 $r-d+nd=r+d(n-1)$。所以，两列光的光程差为 $\delta=d(n-1)$。

7.1.4　双缝干涉

对于普通光源，保证相位差恒定成为实现干涉的关键，为了解决初相位的无规则迅速变化和干涉条纹的形成要求相位差恒定的矛盾，可以把普通光源上同一点同一时刻所发出的同一列光波分解成两列或多列子光波，使各子波经过不同的光程后相遇，这样就可能观测到干涉现象。

1801 年，英国物理学家托马斯·杨(Thomas Young)向英国皇家学会报告了其研究光的波动学说论文及所做的干涉实验。虽然当时并没有得到学会的认可，但这也无法阻挡其成为光的波动理论最早的实验证据。

杨氏双缝实验采用分波阵面法，其实验原理如图 7-5(a)所示。S、S_1、S_2 分别为 3 个狭缝。单色光波经过狭缝 S 形成线光源，在与其平行且距离很近的位置对称分布有狭缝 S_1 和 S_2，它们与狭缝 S 的距离相等。线光源 S 发射的光经过两狭缝后形成线光源 S_1 和 S_2。由于两条光源由同一光源 S 形成，所以满足振动频率相同、振动方向相同和相位差固定的相干条件，线光源 S_1 和 S_2 为相干光源。在光源 S_1 和 S_2 发出的光波相遇区域内放一个与双缝平行的观察屏幕，则屏幕上将出现等间距分布的明暗相间的直干涉条纹，如图 7-5(b)所示。

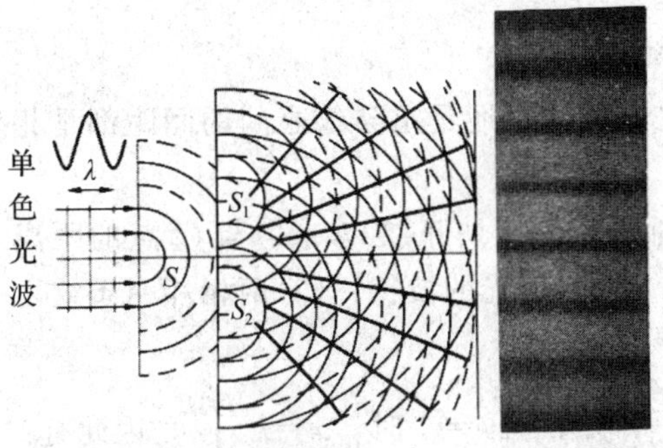

(a) 双缝干涉　(b) 干涉条纹

图 7-5　杨氏双缝实验原理

下面对杨氏双缝实验进行定量分析。设相

干光源 S_1、S_2 之间的距离为 d，S_1、S_2 的中点为 O。屏幕与 S_1、S_2 所在平面相平行且距离为 D，屏幕中心为 OO'，连线 OO' 垂直于屏幕。屏幕上任取一点 P，P 点到 S_1、S_2 的距离分别为 r_1、r_2，如图 7-6 所示。设从 S_1、S_2 发出的光到 P 点时的光程差为 δ，则有：

$$\delta=r_2-r_1 \tag{7-14}$$

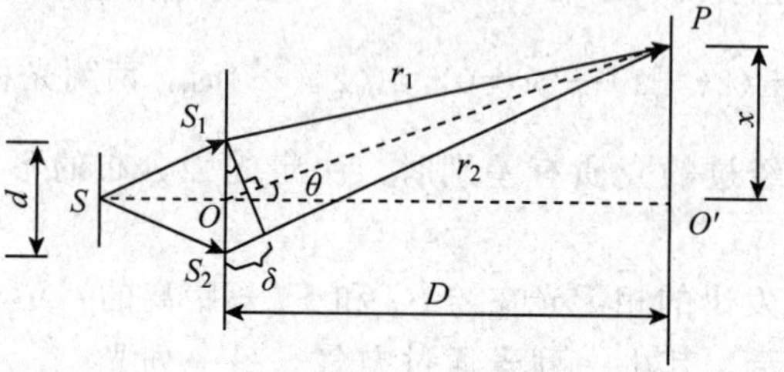

图 7-6 杨氏双缝实验分析

点 P 到屏幕中心 O' 的距离为 x，直线 PO 与 OO' 之间的夹角为 θ。在通常的观察情况下 $D\gg x$，$D\gg d$，即 θ 的值很小，所以可由几何关系得：

$$\delta=r_2-r_1\approx d\sin\theta\approx d\tan\theta=d\cdot\frac{x}{D} \tag{7-15}$$

由叠加理论可以得知，当振动频率相同、振动方向相同时，合成振幅由相位差决定。若相位差 $\delta=d\cdot\dfrac{x}{D}=\pm k\lambda$ 时，P 处将为明条纹，即各级明条纹中心到 O 点的距离 x 满足：

$$x_{\pm k}=\pm k\frac{D}{d}\lambda\quad(k=0,\ 1,\ 2,\ \cdots) \tag{7-16}$$

式中，k 对应的一系列值对应了不同级次的明条纹。当 $k=0$ 时，所对应的明条纹为零级明条纹，也称为中央明条纹。其他各级条纹 $k=1$，$k=2$，…依次分别称为第一级明条纹，第二级明条纹，…。

若相位差 $\delta=d\cdot\dfrac{x}{D}=\pm(2k+1)\dfrac{\lambda}{2}$，则 P 点处为暗条纹，即各级暗条纹中心距 O 点距离：

$$x_{\pm k}=\pm(2k+1)\frac{D}{2d}\lambda\quad(k=0,\ 1,\ 2,\ \cdots) \tag{7-17}$$

由式(7-16)和式(7-17)可知，无论是明条纹之间的间距还是暗条纹之间的间距都是相等的，且与波长 λ 呈正比。

【例 7-2】用某种波长的光做双缝干涉试验，所得第一级明条纹($k=1$)与 O 点的距离 $x=5.0\text{mm}$。已知 $D=1.0\text{m}$，$d=0.1\text{mm}$。试求：(1)入射光的波长；(2)两相邻明条纹之间的距离。

解：(1)由明条纹在屏上出现的条件 $x=\pm k\dfrac{D}{d}\lambda$ 知，当 $k=1$ 时，$x=k\dfrac{D}{d}\lambda$，因此有：

$$\lambda=\frac{xd}{D}=\frac{5.0\times0.1}{1000}=5\times10^{-4}(\text{mm})=5000(\text{Å})$$

即入射光为波长等于 5000Å 的绿光。

(2)第 $k+1$ 级和第 k 级两相邻明条纹的间距为：

$$\Delta x=x_{k+1}-x_k=\frac{D}{d}\lambda$$

代入数据有：

$$\Delta x=\frac{D}{d}\lambda=\frac{1000\times5\times10^{-4}}{0.1}=5.0(\mathrm{mm})$$

两相邻明条纹之间的距离为 5.0mm。

7.1.5　薄膜干涉

日常生活中存在许多干涉现象，如水面上的油膜在太阳光的照射下呈现五彩缤纷的美丽图像，儿童吹起的肥皂泡在阳光下也显出五光十色的彩色条纹，还有许多昆虫的翅膀在阳光下也能显现彩色的花纹等。这一系列的现象是由于光波经薄膜的两个表面反射后再次相遇时相互叠加而形成，这种现象称为薄膜干涉。薄膜干涉分为等厚干涉和等倾干涉。

(1)等厚干涉

产生薄膜干涉的装置如图 7-7(a)所示，两块平行玻璃板，一端接触，另一端夹一纸片。此时，两片玻璃间便形成楔形空气薄膜，称为空气劈尖，简称劈尖；接触的交线称为棱边。平行于棱边的线上，各点空气劈尖厚度是相等的。劈尖的两个表面是平面，其间有一个很小的夹角 θ。实验时，使平行单色光垂直地入射到劈面上。干涉是这样形成，在介质表面 A 点入射的光线，一部分在 A 点反射，成为反射光线 1；另一部分则折射入介质内部，成为光线 2，它到达介质下表面时又被反射，然后再通过上表面透射出来(实际上，由于 θ 很小，入射线、透射线和反射线都几乎重合)。因为这两条光线是从同一条入射光线，或者说入射光波阵面上同一部分分出来的，所以它们一定是相干光。当介质膜上、下表面反射的光在膜的上表面附近相遇时就会发生干涉现象。

以 e 表示在入射点 A 处膜的厚度，则两束相干光在相遇时的光程差为：

$$\delta=2ne+\frac{\lambda}{2}\tag{7-18}$$

式中前项是由于光 2 在介质膜中经过了 $2e$ 的几何路程引起的，后项 $\frac{\lambda}{2}$ 来自反射本身。

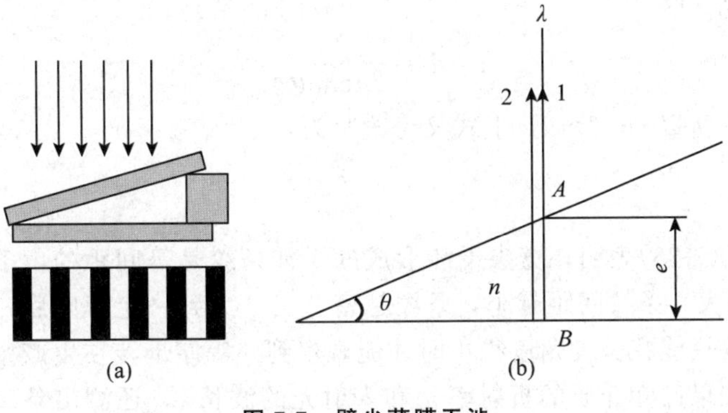

图 7-7　劈尖薄膜干涉

在图 7-7(b)中，由于介质膜相对于周围空气为光密媒质，当光在上表面反射时有半波损失，在下表面反射时就没有半波损失，上下表面反射时的差别就引起了附加的光程差$\frac{\lambda}{2}$。

根据前述的双光束干涉的一般理论，干涉相长时产生明条纹的条件是：

$$2ne+\frac{\lambda}{2}=k\lambda \quad (k=0, 1, 2, \cdots) \tag{7-19}$$

干涉相消时产生暗纹的条件是：

$$2ne+\frac{\lambda}{2}=(2k+1)\lambda \quad (k=0, 1, 2, \cdots) \tag{7-20}$$

这里 k 是干涉条纹的级次。式(7-19)和式(7-20)表明，每级明纹或暗纹都与一定的膜厚 e 相对应，因此，在介质膜上表面的同一条等厚线上就会形成同一级次的一条干涉条纹。这样形成的干涉条纹称为等厚条纹，这类干涉称等厚干涉由于劈尖的等厚线是一些平行于棱边的直线，所以等厚条纹是一些与棱边平行的明暗相间的直条纹，如图 7-7(a)所示。

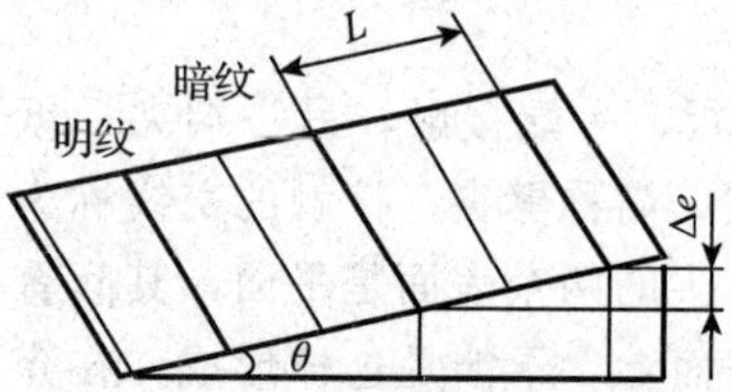

图 7-8　等厚干涉

在棱边处 $e=0$，由于有半波损失，两相干光相差为 π，因而形成暗纹。以 L 表示相邻两明纹或暗纹在表面上的距离，则由图 7-8 可求得：

$$L=\frac{\Delta e}{\sin\theta} \tag{7-21}$$

式中，θ 为劈尖顶角；Δe 为与相邻两条明纹或暗纹对应的厚度差。

对相邻的第 $k+1$ 级明纹和第 k 级明纹，由式(7-19)有：

$$2ne_{k+1}+\frac{\lambda}{2}=(k+1)\lambda \tag{7-22}$$

$$2ne_k+\frac{\lambda}{2}=k\lambda \tag{7-23}$$

两式相减得

$$\Delta e=e_{k+1}-e_k=\frac{\lambda}{2n} \tag{7-24}$$

代入式(7-21)可得

$$L=\frac{\lambda}{2n\sin\theta} \tag{7-25}$$

通常 θ 很小，所以 $\sin\theta\approx\theta$，上式又可改写为：

$$L=\frac{\lambda}{2n\theta} \tag{7-26}$$

式(7-24)和式(7-26)表明，劈尖干涉形成的干涉条纹是等间距的，条纹间距与劈尖的尖角 θ 有关。θ 越大，条纹间距越小，条纹越密。当 θ 大到一定程度后，条纹就密不可分了。所以干涉条纹只能在劈尖角度很小时才能观察到。等厚干涉在生产生活中有许多重要的应用，例如，如果已知介质的折射率 n 和入射光的波长 λ，还测出条纹间距 L，则利用式(7-26)可以求出劈尖的尖角 θ，在工程上常利用这一原理测定细丝直径和薄片厚度。还可以利用等厚条纹的特点检验工件的平整度，由于这种检验方法能检出不超过$\frac{\lambda}{4}$的凹凸缺陷，因此检验灵敏度很高。

(2)等倾干涉

如果使一条光线斜入射到厚度e均匀的平面膜上(图7-9)，它在入射点A处也分成反射和折射的两部分，折射的部分在下表面反射后又能从上表面射出。由于这样形成的两条相干光线a_1和光线a_2是平行的，所以它们只能在无穷远处相交而发生干涉。在实验室中为了在有限远处观察干涉条纹，就使这两束光线射到一个透镜L上，经过透镜的会聚，它们将相交于焦平面FF'上一点P，并在此处发生干涉。

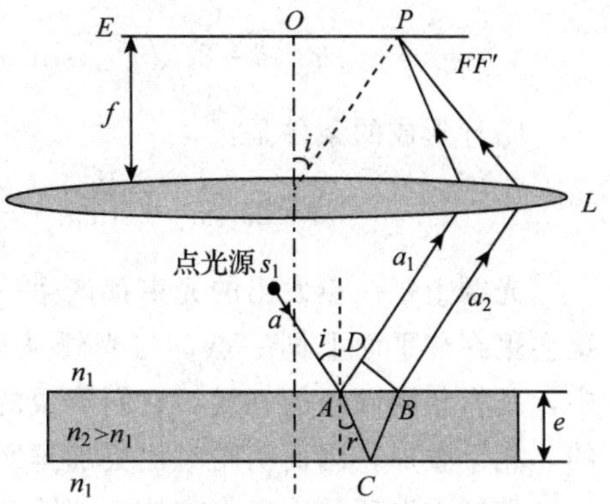

图7-9　等倾干涉

现在我们来计算到达P点时光线1和光线2的光程差。从折射线AC反射后的射出点B作光线a_1的垂线BD。由于从B和D到P点光线a_1和光线a_2的光程相等(透镜不附加光程差)，所以它们的光程差就是ACB和AD两条光程的差。由图7-9可求得这一光程差为：

$$\delta=n(AC+BC)-AD+\frac{\lambda}{2} \tag{7-27}$$

式中，$\frac{\lambda}{2}$是由于半波损失而附加的光程差。由于

$$AC=BC=\frac{e}{\cos r},\ AD=AC\sin i=2e\tan r\sin i \tag{7-28}$$

再利用折射定律

$$\sin i=n\sin r \tag{7-29}$$

可得：

$$\delta=2nAB-AD+\frac{\lambda}{2}=2n\ \frac{e}{\cos r}-2e\tan r\sin i+\frac{\lambda}{2} \tag{7-30}$$

即

$$\delta=2ne\cos r+\frac{\lambda}{2} \tag{7-31}$$

或

$$\delta=2e\sqrt{n^2-\sin^2 i}+\frac{\lambda}{2} \tag{7-32}$$

此式表明，光程差决定于倾角(指入射角i)，凡以相同倾角i入射到厚度均匀的平面膜上的光线，经膜上、下表面反射后产生的相干光束有相等的光程差，这样形成的干涉条纹称为等倾干涉。

实际上观察等倾条纹的实验装置原理如图7-10(a)所示。S为一面光源，M为半反射半透射平面镜，H为置于透镜L焦平面上的屏。先考虑发光面上一点发出的光线，这些

光线中以相同倾角入射到膜表面上的光线应该在同一个锥面上，它们的反射线经透镜会聚后应分别相交于焦平面上的同一个圆周上，因此，形成的等倾条纹是一组明暗相间的同心圆环，这些圆环中明环形成的条件是：

$$\delta=2e\sqrt{n^2-\sin^2 i}+\frac{\lambda}{2}=k\lambda \quad (k=0,\ 1,\ 2,\ \cdots) \tag{7-33}$$

暗环形成的条件是：

$$\delta=2e\sqrt{n^2-\sin^2 i}+\frac{\lambda}{2}=(2k+1)\lambda \quad (k=0,\ 1,\ 2,\ \cdots) \tag{7-34}$$

光源上每一点发出的光束都产生一组相应的干涉环。由于方向相同的平行光线将被透镜会聚在焦平面上同一点，与光线从何处来无关，所以，在由光源上不同点发出的光线中，凡有相同倾角的光线，它们形成的干涉环都将重叠在一起，总光强为各个干涉环光强的非相干叠加，因而明暗对比更加鲜明，这也就是观察等倾条纹时使用面光源的道理。

等倾干涉环是一组内疏外密的圆环，如图 7-10(b)所示。如果观察从薄膜透过的光线，也可以看到干涉环，它和图 7-10(b)所显示的反射干涉环是互补的，即反射光为明环处，透射光为暗环。

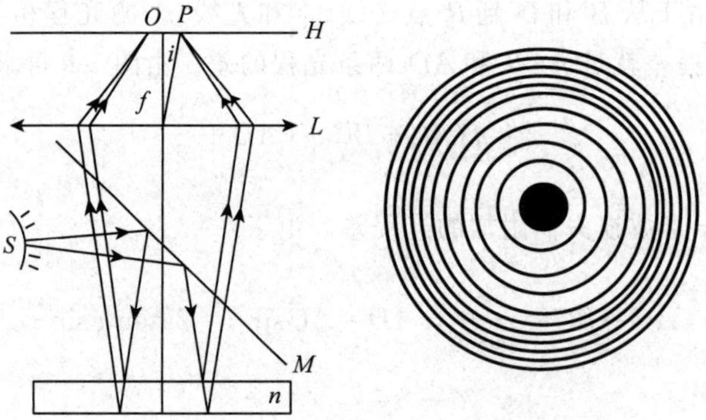

(a) 等倾条纹的实验装置　　(b) 等倾条纹

图 7-10　等倾条纹

7.1.6　迈克尔逊干涉仪

1881 年，为了研究光速问题，迈克尔逊(Albert Abrahan Michelson)根据光干涉原理设计了迈克尔逊干涉仪。现在常见的许多干涉仪都是以迈克尔逊干涉仪为基础衍生而成的。

迈克尔逊干涉仪是用薄膜干涉的方法产生双光束干涉现象的仪器，实物图如图 7-11(a)所示，迈克尔逊干涉仪结构由两块平面镜 M_1 和 M_2，两块玻璃片 G_1 和 G_2 组成，如图 7-11(b)所示。玻璃片 G_1 上镀有一层半透半反光学薄膜，平面镜 M_1 和 M_2 相互垂直，并与 G_1 和 G_2 呈 45°角。光束入射时，经玻璃片 G_1 照射在光学薄膜上，在薄膜上光束被分为两部分，一部分透射得到光束 1，一部分反射得到光束 2。光束 1 经 G_2 在平面镜 M_1 上反射，并再次经 G_2 照射到光学薄膜上，在薄膜上发生反射得到光束 1′。光束 2 经 G_1

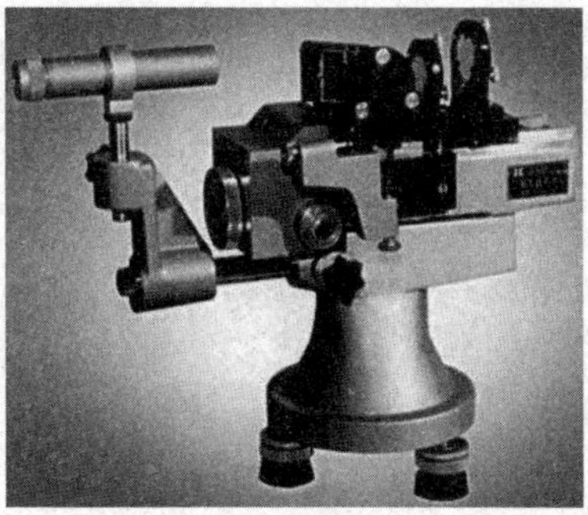

（a）实物图

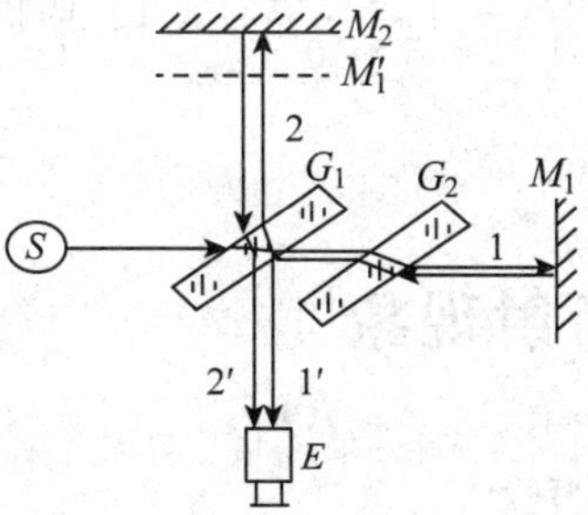

（b）结构示意图

图 7-11　迈克尔逊干涉仪

在平面 M_2 上反射，并再次经 G_1 照射到光学薄膜上，在薄膜上发生透射得到光束 2′，光束 1′和 2′相重叠。

这里之所以加入玻璃片 G_2，是因为光束 1 在传播过程中 3 次经过玻璃片 G_1，而光束 2 只经过 G_1 一次，为了补偿光束 2 不足的光程差，所以加入 G_2，于是也把 G_2 称为补偿玻璃。因此，在考虑补偿玻璃后，将干涉的效果看作由 M_1 的虚像 M_1' 和 M_2 之间所夹空气膜形成的薄膜干涉。

若两个平面镜呈一定的倾角，则相当于 M_1' 和 M_2 间夹了一个空气劈尖，条纹为等厚干涉条纹。此时移动平面镜 M_1，相当于改变空气劈尖厚度，条纹也会随之移动。设已知入射光的波长为 λ，则每当有一条条纹移过，表示平面镜 M_1 移动了 $\lambda/2$ 的距离。根据条纹移动的方向，可以判断平面镜的 M_1 的移动方向。所以，利用迈克尔逊干涉仪，可在已知单色光波长的情况下测量位移，或在已知位移的情况下测量单色光的波长。

若两个平面镜严格地垂直，即 M_1' 和 M_2 平行，此时条纹为等倾干涉条纹。此时移动平面镜 M_1，相当于改变薄膜的厚度，条纹也会随之变化。

迈克尔逊干涉仪作为一种用来观察各种干涉现象及相关变化下条纹移动情况的仪器，是许多近代干涉仪器的原型。一些测量长度、谱线波长和精密结构的设备也运用了迈克尔逊干涉的相关原理。

【例 7-3】在观察牛顿环的实验中，平凸透镜的曲率半径为 $R=1\text{m}$ 的球面，用波长 $\lambda=500\text{nm}$ 的单色光垂直照射。求：

(1)在牛顿环半径 $r_k=2\text{mm}$ 范围内能见多少明环？

(2)若将平凸透镜向上平移 $e_0=1\mu\text{m}$，最靠近中心 O 处的明环是平移前的第几条明环？

解：(1)第 k 条明条纹半径为：

$$r_k=\sqrt{\frac{(2k-1)R\lambda}{2}}\quad (k=0,1,2,\cdots)$$

将 $r_k=2\text{mm}$，$R=1\text{m}$，$\lambda=500\text{nm}$ 代入上式得 $k=8.5$，所以在牛顿环半径 $r_k=2\text{mm}$ 范围内能见到 8 条明环。

(2)向上平移后，光程差改变 $2e_0$，而光程差改变 λ 时，明环往里“缩进”一个，共“缩进”明环为：$N=\frac{2e_0}{\lambda}=\frac{2\times1\times10^{-6}}{5\times10^{-7}}=4$，所以最靠近中心 O 处的明环是平移前的第 5 条明环。

7.2 光的衍射现象

7.2.1 衍射的概念

所谓衍射，是指当波传播过程中遇到障碍物时，波不是沿直线传播，它可以到达沿直线传播所不能达到的区域，这种现象称为波的衍射现象或绕射现象。在日常生活中，水波和声波的衍射现象是较容易看到的。水波穿过小桥同时要向两旁散开，人站在大树背后时照样能听到树前传来的声音，“隔墙有耳”就是对声音衍射的一种描述。但光的衍射现象却不易看到，这是因为光波的波长较短，它比衍射物线度小得多之故。如果障碍物尺度与光的波长可以比较时，就会看到衍射现象。如图 7-12 所示，S 为线光源，K 为可调节宽度的狭缝，E 为屏幕(均垂直纸面)，当缝宽比光的波长大得多时，E 上出现一光带(可认为光沿直线传播)，若缝宽缩小到可以与光的波长比较时(10^{-4} m 数量级以下)，在 E 上出现光幕虽然亮度降低，但范围却增大，形成明暗相间条纹。其范围超过了光沿直线所能达到的区域，即形成了衍射。

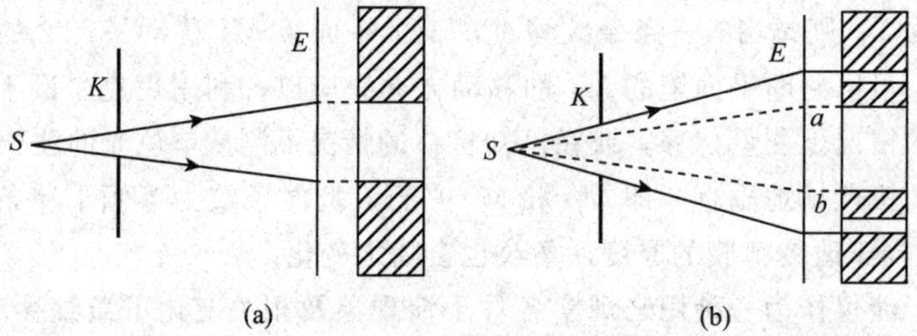

图 7-12 光的衍射

在前面学习双缝干涉时，其实也包含了衍射的因素，若不是光线能拐弯，经过双缝的光线怎样能相遇呢？衍射是一切波动具有的共性，光的衍射证明了光具有波动属性。

7.2.2 衍射的分类

在观察衍射现象时，衍射系统一般由光源、衍射屏和接收屏三部分组成。按它们相互距离的关系，通常把光的衍射分为两类衍射：一类是当光源和屏，或两者之一离障碍物的距离为有限远时产生的衍射现象，称之为菲涅尔衍射或近场衍射，如图 7-13(a)所示；另一类是当光源和屏离障碍物的距离均为无限远时产生的衍射，称之为夫琅禾费衍射或远场衍射，如图 7-13(b)所示。夫琅禾费衍射的特点是用平行光，实验室中是用透镜来实现。

1)菲涅尔衍射

利用波动理论中的惠更斯原理可以定性地解释光的衍射现象，但在解释衍射条纹分布

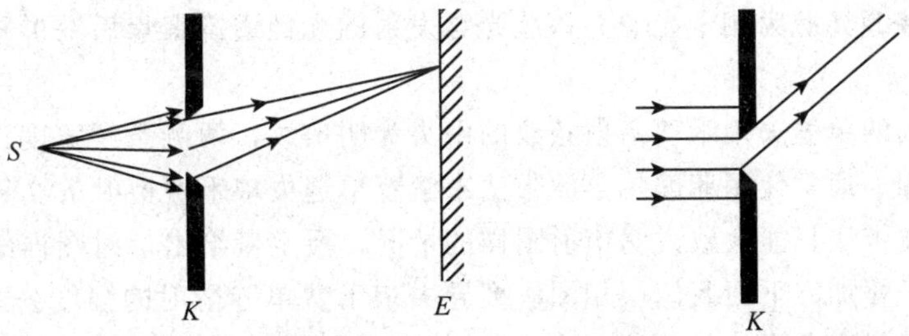

图 7-13　两类衍射现象

时遇到了困难。菲涅尔（Augustin-Jean Fresnel）在惠更斯原理的基础上，提出了一个新的假定：波在传播的过程中，从同一波阵面上各点发出的子波在空间某一点相遇时，产生相干叠加。这一假设发展了惠更斯原理，更好地解释了衍射的过程，称为惠更斯—菲涅尔原理。

菲涅尔还给出了光线传播时振幅的变化规律。如图 7-14 所示，某一波阵面 S 上一面元 dS 发出的子波在波阵面前方某点 P 所引起的光振动的振幅大小与面元 dS 的面积成正比，与面元到 P 点的距离 r 呈反比，并且随面元法线与 r 间的夹角 θ 增大而减小。因此，计算整个波阵面上所有面元发出的子波在 P 点引发的光振动的总和，就可以得到 P 点处的光强。

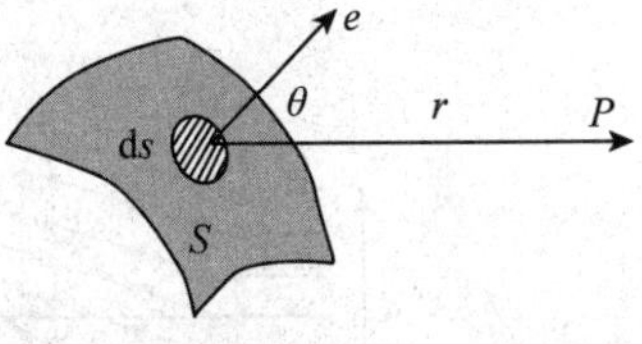

图 7-14　惠更斯—菲涅尔原理

设 $t=0$ 时刻波阵面上各点相位为零，则波阵面上某面元 dS 发出的光经时间 t 照射在 P 点处引起的振动为：

$$dE = CK(\theta)\frac{dS}{r}\cos\left(\omega t - \frac{2\pi r}{\lambda}\right) \tag{7-35}$$

式中，C 为比例系数，$K(\theta)$为一随法线与 r 夹角 θ 变化而变化的函数，称为倾斜因子，其值随着 θ 的增大而缓慢减小。菲涅尔指出，沿法线方向传播的子波振幅最大，即 $\theta=0$ 时 $K(\theta)$取最大值。同时，由于光线无法向后传播，因此当 $\theta \geqslant \frac{\pi}{2}$时，$K(\theta)$应为零。而 dS 在 P 点引起振动的相位则与两者之间的光程有关。

整个波阵面在 P 点引起的振动就可以写为：

$$E(P) = \int_S \frac{CK(\theta)}{r}\cos\left(\omega t - \frac{2\pi r}{\lambda}\right)dS \tag{7-36}$$

这就是惠更斯—菲涅尔原理的数学表达式。一般的衍射问题都可利用它来解决。然而，式(7-36)的计算是较为复杂的，简单的情况下可以求解，对于较为复杂的情况则需要利用计算机进行数值运算。

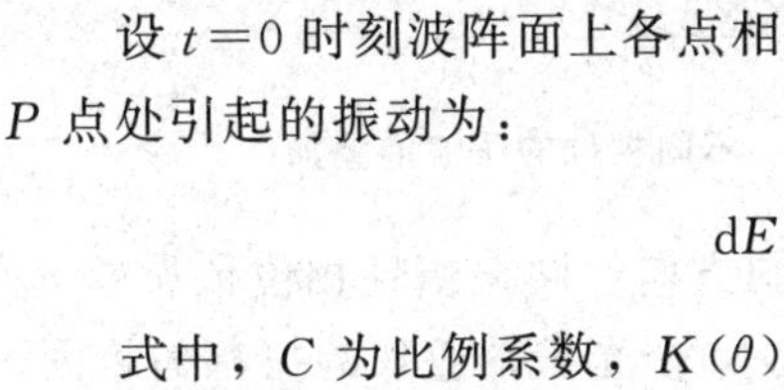

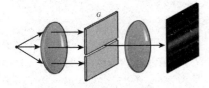

图 7-15　单缝夫琅禾费衍射实验

2)夫琅禾费衍射

(1)单缝夫琅禾费衍射

单缝夫琅禾费衍射的实验装置原理如图 7-15 所示，线光源 S 发射的光经焦平面上的透镜聚焦形成平行光束，该平行光束经狭缝 G 形成缝光源，根据惠更斯—

菲涅尔原理，该缝光源为相干光源。该缝光源发射的光经透镜聚焦后在屏幕上形成明暗相间的条纹。

实验观测到的单缝夫琅禾费衍射条纹的中央为明条纹，两侧条纹宽度逐渐减小，条纹的间距逐渐增加。通常使用菲涅尔半波带法来解释单缝夫琅禾费衍射条纹分布规律。

菲涅尔半波带法只能大致说明衍射图样的情况，要定量给出衍射图样的强度分布需要对子波进行相干叠加。下面我们用相图法推导夫琅禾费单缝衍射的强度公式。用波长为 λ 的单色光垂直照射宽度为 a 的单缝，将单缝上的波面分成 N 个宽度为 Δa 的微波带。根据惠更斯—菲涅尔原理，每个微波带都是一个子波源。在衍射角 φ 较小时，可假设各子波源发出的子波到达屏上的各点时有相同的振幅，各子波在屏上 P 点处形成的光振动的相位依次差一个相同的值(图 7-16)，即

$$\varphi_0 = \frac{2\pi}{\lambda}\Delta a \sin\varphi = \frac{2\pi a \sin\varphi}{N\lambda} \tag{7-37}$$

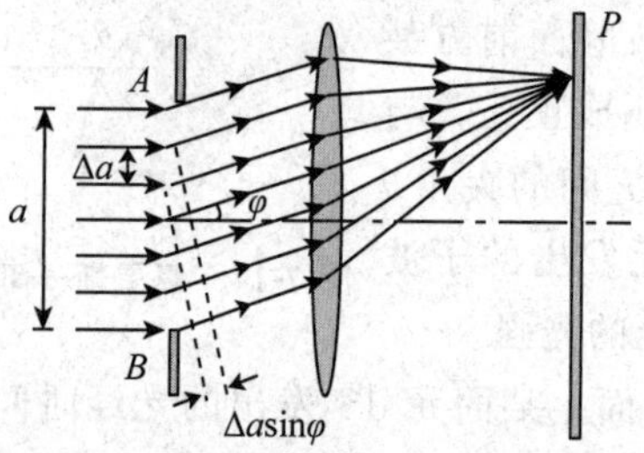

图 7-16 单链夫琅禾费衍射条纹光强的计算

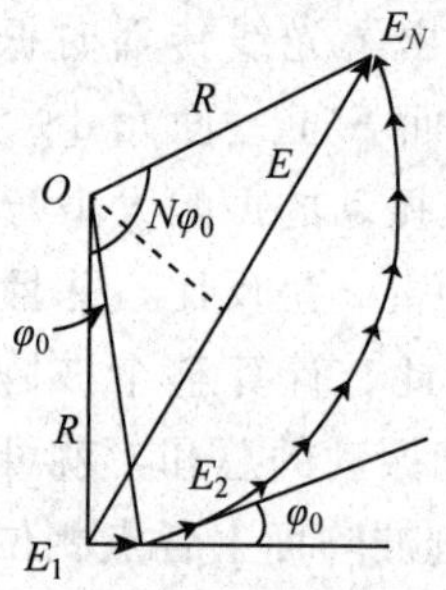

图 7-17 不同相位的子波的叠加

因此，屏上 P 点处形成的光振动可以看作同频率、同方向、同振幅且相位依次差 φ_0 的 N 个子波在 P 点处形成的光振动的叠加。图 7-17 是这 N 个光振动叠加的振幅矢量图，当 N 很大时，φ_0 很小，各振幅矢量叠加形成的多边形近似为圆心在 O 点、半径为 R 的一段圆弧。

合成振动的振幅为：

$$E = \sum_{i=1} E_i \tag{7-38}$$

第一个分振动矢量 E_1 与第 N 个分振动矢量 E_N 的夹角为：

$$N\varphi_0 = \frac{2\pi a \sin\varphi}{\lambda} \tag{7-39}$$

每个分振动矢量对应的圆心角与相邻分振动的相位差 φ_0 相等，因此有：

$$E_i = R\varphi_0 \tag{7-40}$$

由几何关系可知，合振动振幅矢量 E 的大小为：

$$E = 2R\sin\frac{N\varphi_0}{2} \tag{7-41}$$

将 $E_i = R\varphi_0$ 代入上式有：

$$E = 2\frac{E_i}{\varphi_0}\sin\frac{N\varphi_0}{2} \tag{7-42}$$

令 $u=\dfrac{N\varphi_0}{2}$，则

$$E=\frac{NE_i}{\frac{N\varphi_0}{2}}\sin\frac{N\varphi_0}{2}=NE_i\frac{\sin u}{u} \tag{7-43}$$

对于中央明条纹，衍射角 $\varphi=0$，则 $\varphi_0=0$，$u=0$，而$\dfrac{\sin u}{u}=1$，因此有：

$$E_0=NE_i \tag{7-44}$$

故

$$E=E_0\frac{\sin u}{u} \tag{7-45}$$

所示 P 点的光强为：

$$I=I_0\left(\frac{\sin u}{u}\right)^2 \tag{7-46}$$

式中，I_0 为中央明条纹中心处的光强。

式(7-46)为单缝夫琅禾费衍射的光强分布公式。根据光强公式，可将单缝衍射的特征描述为：①中央明条纹。在 $\varphi=0$ 处，$I=I_0$，对应最大光强，是中央明条纹中心。②暗条纹。当 $u=\dfrac{\pi a\sin\varphi}{\lambda}=\pm k\pi$，$k=0$，1，2，…时，即 $a\sin\varphi=\pm k\pi$ 有 $I=0$，因此，该式为暗条纹中心的条件，这一结果与用半波带法得到的结果相同。③次级明条纹。在相邻两条暗条纹之间，有一级次极大出现的条件：

$$\frac{\mathrm{d}}{\mathrm{d}u}\left(\frac{\sin u}{u}\right)^2=0 \tag{7-47}$$

可得到

$$\tan u=u \tag{7-48}$$

用图解法(图 7-18)求出次极大相应的 u 值为：

$$u_1=\pm 1.43\pi,\quad u_2=\pm 2.46\pi,\quad u_3=\pm 3.47\pi,\quad \cdots \tag{7-49}$$

相应的次极大的强度为：

$$I_1=0.0472I_0,\quad I_2=0.0165I_0,\quad I_3=0.0083I_0,\quad \cdots \tag{7-50}$$

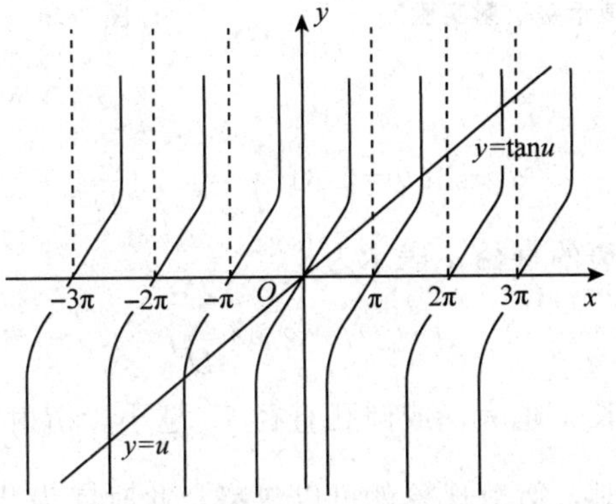

图 7-18　式(7-48)的解

可见，次极大的光强比中央明条纹的光强度小得多，而且随着 k 值的增大而迅速减小。

【例 7-4】在一单缝夫琅禾费衍射试验中，缝宽 $a=5\lambda$，缝后透镜焦距 $f=40\text{cm}$。试求中央条纹和第一级明条纹的宽度。

解：由式 $a\sin\varphi=\pm k\lambda$，$k=0$，1，2，… 可得到第一级和第二级暗条纹中心有

$$a\sin\varphi_1=\lambda,\quad a\sin\varphi_2=2\lambda$$

第一级和第二级暗条纹中心在屏上的位置分别为：

$$x_1=f\tan\varphi_1\approx f\sin\varphi_1=f\,\frac{\lambda}{a}=40\times\frac{\lambda}{5\lambda}=8(\text{cm})$$

$$x_2=f\tan\varphi_2\approx f\sin\varphi_2=f\,\frac{2\lambda}{a}=40\times\frac{2\lambda}{5\lambda}=16(\text{cm})$$

中央明条纹的宽度为：

$$\Delta x_0=2x_1=16(\text{cm})$$

第一级明条纹的宽度为：

$$\Delta x_1=x_2-x_1=16-8=8(\text{cm})$$

第一级明条纹是中央明条纹宽度的 1/2。

(2)圆孔的夫琅禾费衍射

实验装置原理及衍射图样如图 7-19 所示，如果将单缝夫琅禾费衍射中的狭缝换成圆孔，同样可以看到衍射现象。此时在透镜的聚焦平面上的中央将出现亮斑，周围是以亮斑为圆心、明暗交替的环状条纹。圆孔衍射条纹的中央亮斑称为艾里斑。设圆孔直径为 D，透镜的焦距为 f，使用波长为 λ 的单色光入射，艾里斑的直径为 d，对应透镜光心的张角为 2θ，如图 7-20 所示。

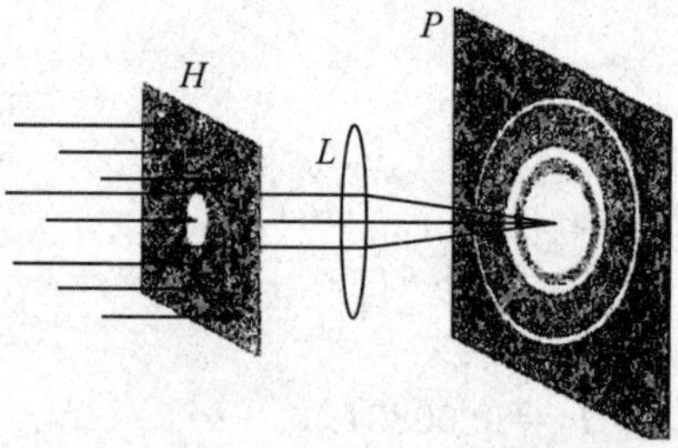

图 7-19 圆孔夫琅禾费衍射实验

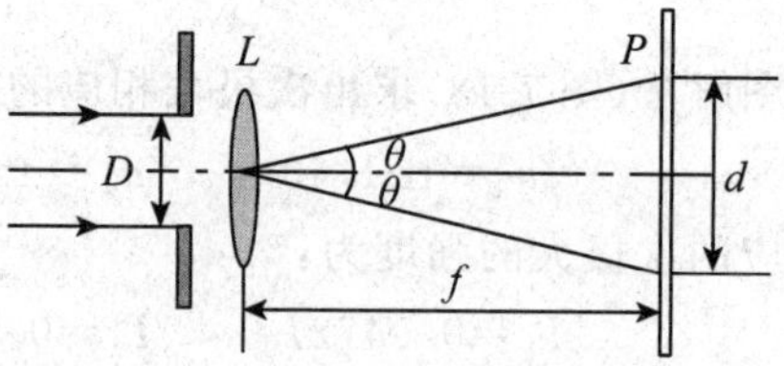

图 7-20 艾里斑的计算

通过计算可以得到：

$$\theta\approx\sin\theta=0.61\,\frac{\lambda}{d}=1.22\,\frac{\lambda}{D}\tag{7-51}$$

因此，可以得到艾里斑的直径 d 表示为：

$$d=2\theta f=2.44\,\frac{\lambda}{D}f\tag{7-52}$$

也就是说，单色光波长 λ 越大，或圆孔直径 D 越小，衍射现象越明显；反之，当圆孔直径 D 非常大($\frac{\lambda}{D}\ll1$)时，衍射现象就可以忽略，此时就为几何光学所描述的“光沿直

线传播”现象。

借助光学仪器观察微小物体或远处物体时，不仅要有一定的放大倍数，还要有足够的分辨本领。从波动光学角度看，即使没有任何像差的成像系统，它的分辨本领也会受到衍射的限制。当放大率达到一定程度后，即使再增加放大率，仪器的分辨物体细节的性能也不会再提高了。也就是说，由于衍射的限制，光学仪器的分辨本领有一个最高的极限。例如，天上一颗星发出的光经望远镜的物镜后所成的像并不是一个点，而是一个有一定大小的光斑。当天上两颗星相隔很近的时候，如果它们形成像斑的中心并不重叠，如图7-21(a)所示，则这两颗星可分辨；若像斑中心大部分重叠，如图7-21(c)所示，则这两颗星则分辨不清。为了给光学仪器规定一个最小分辨角的标准，瑞利(Rayleigh)提出了一个标准，称为瑞利判据。这个判据规定，对于两个强度相等的不相干点光源，一个点光源的衍射图样中心刚好和另一个点光源的衍射图样的第一级暗环重合时，就可以认为，两个点光源恰被这一光学仪器所分辨，如图7-21(b)所示。

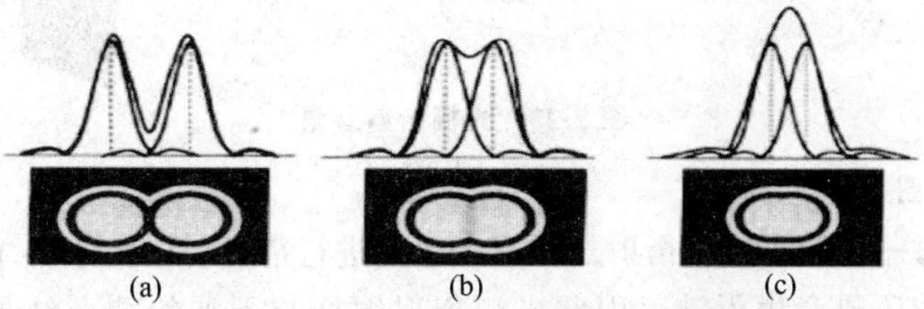

图7-21　分辨两个衍射图样的条件图

以透镜为例，恰能分辨时，两物点在透镜处的张角称为最小分辨角，用 φ_0 表示，如图7-22所示。通常，把最小分辨角的倒数称为光学仪器的分辨本领或分辨率，用 R 表示，即

$$R=\frac{1}{\varphi_0}=\frac{D}{1.22\lambda} \tag{7-53}$$

由上式可知，分辨率的大小与仪器的孔径 D 呈正比，与光波波长 λ 呈反比。因此，望远镜通常采用大口径的物镜。1990年发射的哈勃太空望远镜的凹面物镜的直径为2.4m，角分辨率约为0.1。

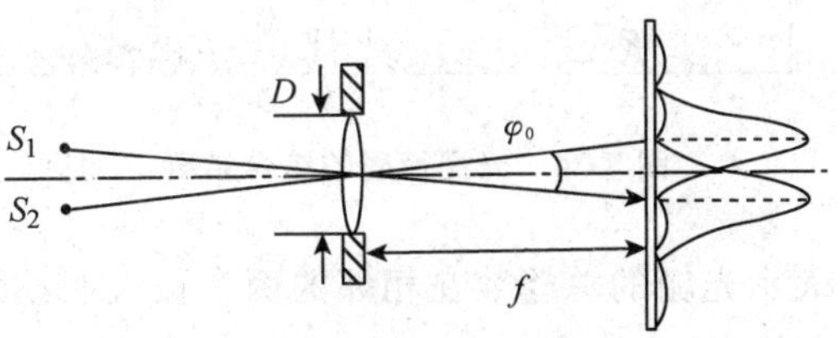

图7-22　最小分辨角

对于显微镜，常采用极短波长的光来提高分辨率。对光学显微镜，使用波长为400nm的紫光，显微镜的最小分辨距离约为200nm，这已经是光学显微镜的极限。电子也具有波动性，当加速电压为几十万伏时，电子的波长约 10^{-3}nm，因此，电子显微镜可以获得很高的分辨率。

7.2.3 光栅衍射及光栅光谱

(1)光栅衍射的实验

如图 7-23 所示，单色平行光垂直照射到光栅上，从各缝发出衍射角 θ 相同的平行光由透镜聚 L 会聚于平面屏上的同一点，衍射角不同的各组平行光则会聚于不同的点，从而形成光栅衍射图样。光栅衍射条纹的主要特点有：①明纹细而明亮，明纹间暗区较宽。屏幕上对应于光直线传播的成像位置上出现中央明纹。②在中央明纹两侧出现一系列明暗相间的条纹，两明条纹分得很开，明条纹的亮度随着与中央的距离增大而减弱。③明条纹的宽度随狭缝的增多而变细。

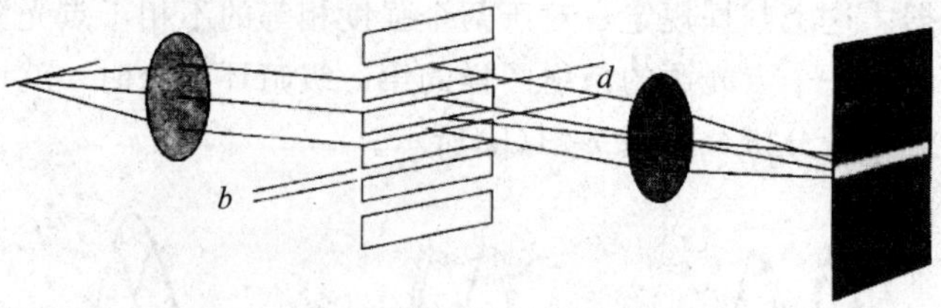

图 7-23 光栅衍射装置

(2)光栅衍射图样的形成

当光栅中的每一条缝按单缝衍射规律对入射光进行衍射时，由于各单缝发出的光是相干光，在相遇区域还要产生干涉，因此光栅衍射图样与干涉的综合结果如图 7-24 所示，具体分析如下：

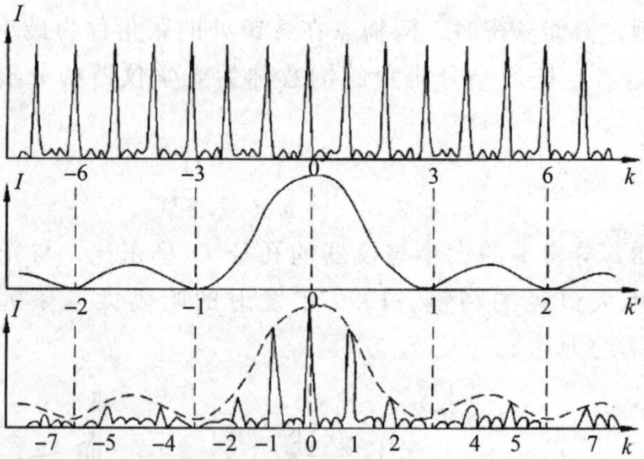

图 7-24 光栅衍射的综合结果

①多缝干涉：以 N 表示光栅的总缝数在相邻的两个极大明纹之间，有 $N-1$ 个暗纹，在这 $N-1$ 个暗纹之间显然还有 $N-2$ 个次级大明纹，以致在缝数很多的情况下，两主极大明纹之间实际上形成一片暗区。

②单缝衍射：光栅上的每一狭缝都要单独产生衍射图样，但是每个衍射图样只取决于衍射角，与缝的上下位置无关。这是由透镜的汇聚规律决定的。因此，每个单缝在屏幕上形成的衍射图样的位置和光强分布都相同。

③综合结果：N 个单缝衍射合成后，得到光强分布曲线与单缝衍射相似但是明纹亮度

更亮的衍射图样。结果是缝间干涉形成的主极大光强受单缝衍射光强分布的调制，使得各级极大的光强大小不等。

(3)光栅方程

在光栅衍射中，描述主极大出现位置的方程称为光栅方程。

①垂直入射时的光栅方程：

$$d\sin\theta=\pm k\lambda \quad (k=0,1,2,\cdots) \tag{7-54}$$

式中，$k=0$ 对应于中央明纹，$\pm$ 表示各明纹在中央明纹两侧对称分布。

说明：明纹位置由 $k\lambda/(a+b)$ 确定，与光栅的缝数无关，缝数增大只是使条纹亮度增大与条纹变窄；光栅常数越小，条纹间隔越大；由于 $|\sin\theta|\leqslant 1$，k 的取值有一定的范围，故只能看到有限级的衍射条纹。

讨论：

缝宽对条纹分布的影响。

b 减小，单缝衍射中央包线宽度变宽，中央包线内亮纹数目增加；

b 增大，单缝衍射中央包线宽度变窄，中央包线内亮纹数目减少。

光栅常数对条纹分布的影响。

光栅常数 d 变小，光栅刻线变密，条纹间距增大，条纹变稀，中央包线内亮纹数目减少；光栅常数 d 变大，光栅刻线变疏，条纹间距减小，条纹变密。中央包线内亮纹数目增加。

②斜入射时的光栅方程：

$$d(\sin\theta\pm\sin\varphi)=\pm k\lambda \quad (k=0,1,2,\cdots) \tag{7-55}$$

式中，θ 为衍射角；φ 为入射角。衍射光与入射光在光栅法线同侧取加号，衍射光与入射光的光栅法线异侧取减号。

(4)光栅的缺级

在 θ 方向的衍射光在满足光栅明纹条件：

$$d\sin\theta=\pm k\lambda \quad (k=0,1,2,\cdots) \tag{7-56}$$

若同时还满足单缝衍射暗纹公式：

$$b\sin\theta=\pm k'\lambda \quad (k'=0,1,2,\cdots) \tag{7-57}$$

则尽管在 θ 衍射方向上各缝间的干涉是加强的，但由于各单缝本身在这一方向上的衍射程度为零，其结果仍然是零，因而该方向的明纹不出现。这种情况满足光栅明纹条件而实际上明纹不出现的现象，称为光栅的缺级。

由以上两式子可得光栅的缺级次的级次为：

$$K=\pm\frac{d}{b}k' \quad (k'=0,1,2,\cdots) \tag{7-58}$$

例如，$\dfrac{d}{b}=3$ 时，± 3，± 6，…明条纹不出现。

【例 7-5】波长分别为 500nm 和 520nm 的两种单色光同时垂直入射在光栅常数为 0.002cm 的光栅上，紧靠光栅后用焦距为 2m 的透镜把光线聚焦在屏幕上。求这两束光的第三级谱线之间的距离。

解：根据光栅方程

$$(a+b)\sin\varphi=k\lambda$$

$$\sin\varphi_1=\frac{3\lambda_1}{a+b},\quad \sin\varphi_2=\frac{3\lambda_2}{a+b}$$

$$x_1=f\cdot\tan\varphi_1,\quad x_2=f\cdot\tan\varphi_2,\quad \sin\varphi\approx\tan\varphi$$

$$\Delta x=f(\tan\varphi_2-\tan\varphi_1)=f\left(\frac{3\lambda_2}{a+b}-\frac{3\lambda_1}{a+b}\right)=0.006(\mathrm{m})$$

(5)衍射光谱

图 7-25　光栅光谱

当垂直入射光为白光时则形成光栅光谱。中央零级明条纹仍为白光，其他主极大则由各种颜色的条纹组成。由光栅方程可知，不同波长由短到长的次序自中央向外侧依次分开排列。光盘的凹槽形成一个衍射光栅，在白光下能观察到入射光被分离成彩色光谱，如图 7-25 所示。光栅常数 d 越小或光谱级次越高，则同一级衍射光谱中的各色谱线分散得越开。

按波长区域不同，光谱可分为红外光谱、可见光谱和紫外光谱；按产生的本质不同，可分为原子光谱、分子光谱；按产生的方式不同，可分为发射光谱、吸收光谱和散射光谱；按光谱表现形态不同，可分为线光谱、带光谱和连续光谱。

由于每种原子都有自己的特征谱线，因此可以根据光谱来鉴别物质，确定它的化学组成，这种方法称为光谱分析。做光谱分析时，可以利用发射光谱，还可以利用吸收光谱。这种方法的优点是非常灵敏而且迅速，在科学技术中有广泛的应用。

有关光谱的结构发生机制性质及其在科学研究，生产实践中的应用已经累积了很丰富的知识并且形成了一门很重要的学科——光谱学。光谱学的应用非常广泛。每种原子都有其独特的光谱，它们按一定的规律形成若干光谱线系。原子光谱线系的性质和原子结构是紧密相连的，是研究原子结构的重要依据。应用光谱学的原理可以通过不同的实验方法进行光谱分析。用光谱分析不仅能定性分析物质的化学成分，而且能确定元素含量的多少。利用光谱分析可以在地质勘探中检验矿石所含微量的贵重金属、稀有元素或放射性元素等，还可以用光谱分析研究天体的化学成分及校定长度的标准原器等。这些内容需要学习光谱学的专业知识才可以进一步掌握。

7.3　光的偏振现象

光的干涉现象和衍射现象都证实光是一种波，即光具有波的特性；但是，不能由此确定光是纵波还是横波，因为无论纵波和横波都有干涉和衍射现象。实践中还发现另一类光学现象，即光的偏振现象，这不但说明了光的波动性，而且进一步说明了光是横波。

7.3.1　光的偏振状态

光若在一个垂直于光传播方向的平面内考察，在各个方向上光振动的强弱可能不同，可能在某一个方向上光振动强，在另一个方向上光振动弱(甚至为零)，这称为光的偏振现象。光的偏振有五种可能的状态：自然光、线偏振光、部分偏振光、圆偏振光和椭圆偏振光。自然界的大多数光源发出的光是自然光。

(1)自然光

光波是特定频率范围内的电磁波。在这种电磁波中起作用的主要是电场矢量 E(称为光矢量)。由于光波是横波，所以光波中的光矢量 E 的振动方向总和光的传播方向垂直。但是在垂直于光的传播方向平面内，光矢量 E 还可能有不同的振动状态。如果光矢量沿各个方向都有，平均来讲，光矢量 E 的分布各向均匀，而且各方向光振动振幅都相同，如图 7-26 所示，这种光称为自然光。自然光中各光矢量之间没有固定的相位关系。设想把每个波列的光矢量都沿任意取定的两个垂直方向分解，用两个相互垂直的振幅相等的光振动来表示自然光。从侧面表示这种光线时，光振动用图 7-27 所示的交替配置的点和短线表示。其中，短线表示指向纸面内的光振动，点表示垂直于纸面的光振动。

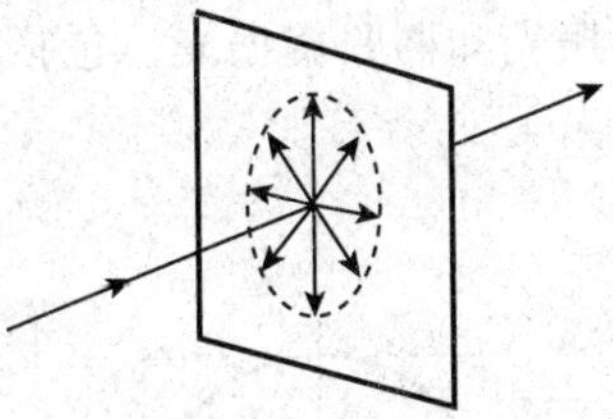

图 7-26 自然光

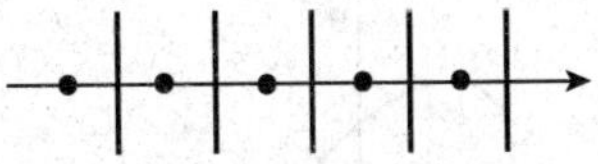

图 7-27 自然光的图示方式

(2)线偏振光

如果在垂直于光传播方向的平面内，光矢量 E 始终沿某一方向振动，这样的光就称为线偏振光。把光的振动方向和传播方向组成的平面称为振动面。由于线偏振光的光矢量保持在固定的振动面内，因此线偏振光又称为平面偏振光。光的振动方向在振动面内不具有对称性，称为偏振。只有横波才具有偏振现象，这是横波区别于纵波的最明显标志。图 7-28 所示是线偏振光的图示方法。

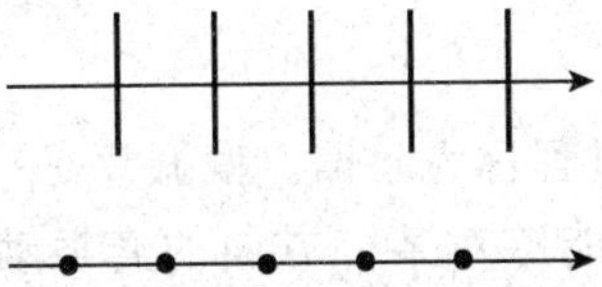

图 7-28 线偏振光的图示方法

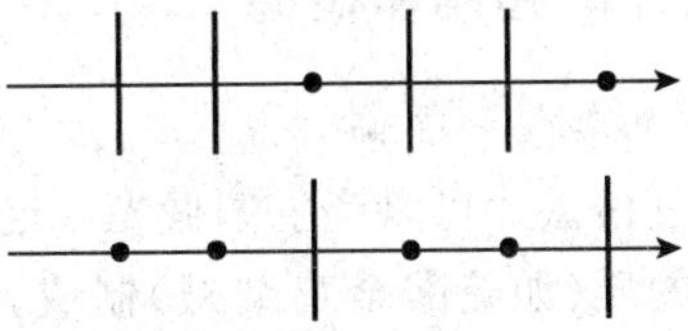

图 7-29 部分偏振光的图示方法

(3)部分偏振光

如果在垂直于光传播方向的平面内，光矢量 E 各方向都有，但在某一方向上 E 的振幅明显较大，这种光称为部分偏振光，如图 7-29 所示。在光学实验中，常采用某些装置完全移去自然光中两个相互垂直的分振动之一而获得线偏振光。若部分移去分振动之一，则获得部分偏振光。

(4)圆偏振光和椭圆偏振光

如果两个同频率的线偏振光，振动方向相互垂直，只要它们之间存在恒定的相位差，则在一般情况下两者叠加后其合振动光矢量的端点将描绘出一个椭圆，这样的光称为椭圆偏振光。如果合振动光矢量的端点描绘出的是一个圆，则这样的光称为圆偏振光，在迎着光的传播方向看去，沿顺时针方向旋转，称为右旋椭圆偏振光；沿逆时针方向旋转，称为左旋椭圆偏振光，光矢量端点的轨迹呈圆状的，称为圆偏振光。

互相垂直的线偏振光为：

$$\begin{cases} E_x = A_1 \cos \omega t \\ E_y = A_2 \cos\ (\omega t + \varphi) \end{cases} \tag{7-59}$$

(式中 $\varphi \neq 0$ 或 $\pm\pi$)则此光为椭圆偏振光，如图 7-30 所示。

若两线偏振为：

$$\begin{cases} E_x = A \cos \omega t \\ E_y = A \cos \left(\omega t \pm \dfrac{\pi}{2}\right) \end{cases} \tag{7-60}$$

则此光为圆偏振光，如图 7-31 所示。

上述自然光、线偏振光、部分偏振光、圆偏振光和椭圆偏振光，包括了光一切可能的偏振态。

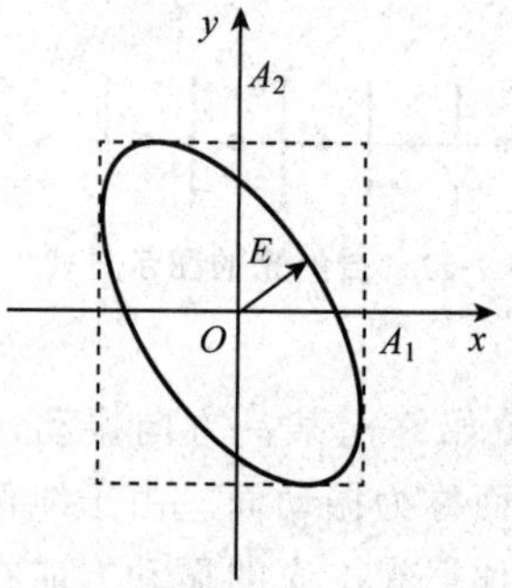

图 7-30 椭圆偏振光

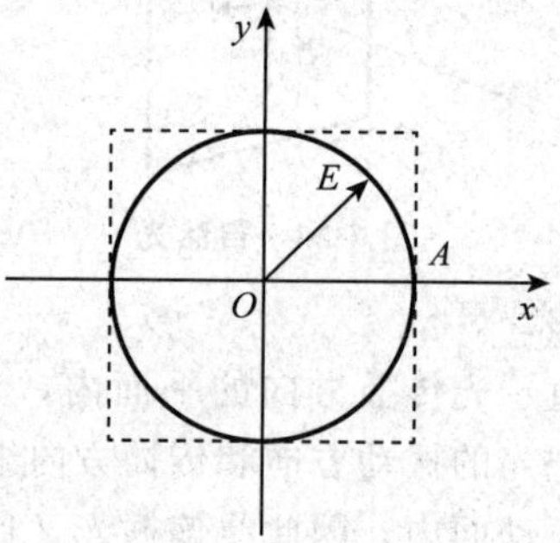

图 7-31 圆偏振光

7.3.2 偏振片的起偏和检偏

(1)偏振片的起偏和检偏

自然光通过偏振片可以产生偏振光，这样的过程称为起偏。偏振片是一种常用的起偏器，它用特殊物质(如硫酸金鸡纳碱)制成，使其能够对某一方向的光振动产生强烈的吸收，而让与之相垂直方向的振动最大限度地透过。通常把偏振片透光的方向称为偏振片的偏振化方向或透振方向，如图 7-32 所示。

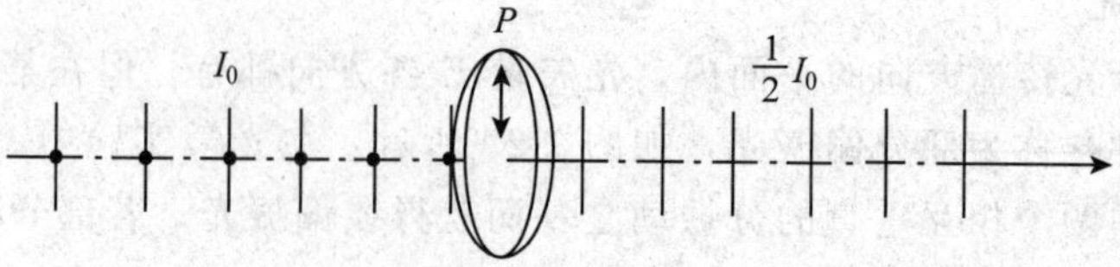

图 7-32 起偏

用来检验一束光是否为线偏振光的装置通常称为检偏振器，如图 7-33 所示，让一束线偏振光入射到偏振片 P_2 上，当 P_2 的偏振化方向与入射线偏振光的光振动方向相同时，则该线偏振光仍可继续经过 P_2 而射出，此时观察到最明情况；把 P_2 沿入射光线为轴转

动 α 角($0<\alpha<\frac{\pi}{2}$)时，线偏振光的光矢量在 P_2 的偏振化方向有一分量能通过 P_2，可观测到明的情况(非最明)；当 P_2 转动 $\alpha=\frac{\pi}{2}$时，则入射 P_2 上线偏振光振动方向与 P_2 偏振化方向垂直，故无光通过 P_2，此时可观测到最暗(消光)。在 P_2 转动一周的过程中，可发现：最明→最暗(消光)→最明→最暗(消光)。

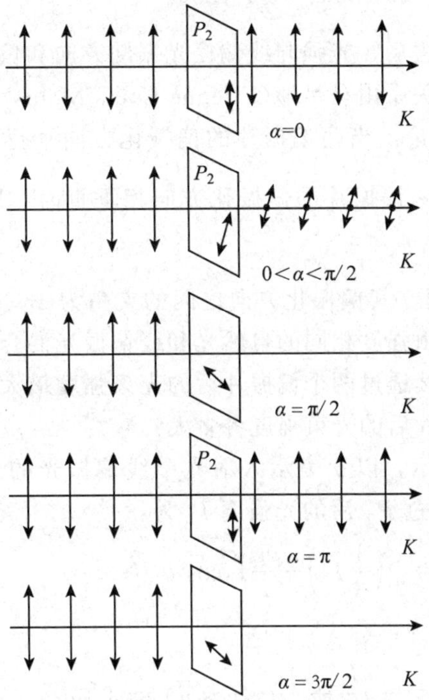

图 7-33　检偏

所以，可以得出以下结论：①在垂直于偏振光的传播方向上加入偏振片，如果线偏振光的振动方向与偏振片的偏振化方向相同，则偏振光能够最大限度地透过偏振片；②若线偏振光的振动方向与偏振片的偏振化方向相垂直，则光线不能够透过偏振片；③线偏振光的振动方向与偏振片的偏振化方向成一定角度时，只有部分偏振光透过偏振片。因此，根据一束光沿不同角度透过偏振片后的情况可以判断该光是否为偏振光。

(2)马吕斯定律

如图 7-34 所示，设自然光振幅为 A_0，光强为 I_0，经偏振片 P_1 后获得线偏振光，该

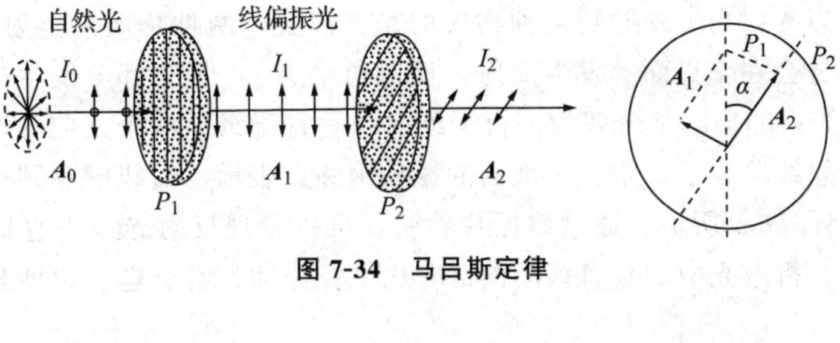

图 7-34　马吕斯定律

线偏振光振幅为 A_1，光强为 I_1。根据上文分析，$I_0=2I_1$。线偏振光再经偏振片 P_2，其中偏振片 P_1 和 P_2 的偏振化方向夹角为 α，透射出 P_2 的光振幅为 A_2，光强为 I_2。

由于偏振片只允许平行于其偏振化方向的振动通过，所以有：

$$A_2=A_1\cos\alpha \tag{7-61}$$

于是可以得出 I_0、I_1、I_2 之间的关系为：

$$I_2=I_1\cos^2\alpha=\frac{1}{2}I_0\cos^2\alpha \tag{7-62}$$

即当线偏振光从偏振片透射出去后，光强与线偏振光振动方向和偏振片偏振化方向之间夹角余弦值的平方呈正比，这一关系由马吕斯(Etienne Louis Malus)1808 年发现，所以称为马吕斯定律。由此可以得出结论：当两偏振片的偏振化方向平行，即 $\alpha-0$ 或 $\alpha=\pi$ 时，光强最大，等于入射光强；当两偏振片的偏振化方向相垂直时，即 $\alpha=\frac{\pi}{2}$ 或 $\alpha=\frac{3\pi}{2}$ 时，光强最小，等于零。

【例 7-6】有两个偏振片叠在一起，其偏振化方向之间的夹角为 45°。一束强度为 I_0 的光垂直入射到偏振片上，该入射光由强度相同的自然光和线偏振光混合而成。此入射光中线偏振光矢量沿什么方向才能使连续透过两个偏振片后的光束强度最大？在此情况下，透过第一个偏振片的和透过两个偏振片后的光束强度各多大？

解：设两个偏振片以 P_1P_2 表示，以 θ 表示入射光中线偏振光的光矢量振动方向与 P_1 的偏振化方向之间的夹角，则透过 P_1 后的光强度 I_1 为：

$$I_1=\frac{1}{2}\left(\frac{1}{2}I_0\right)+\frac{1}{2}I_0\cos^2\theta$$

连续透过 P_1，P_2 后的光强 I_2 为：

$$I_2=I_1\cos^2 45°=\left[\frac{I_0}{4}+\frac{1}{2}(I_0\cos^2\theta)\right]\cos^2 45°$$

要使 I_2 最大，应取$\cos^2\theta=1$，即 $\theta=0$，入射光中线偏振光的矢量振动方向与 P_1 的偏振化方向平行。

$$I_1=\frac{3I_0}{4}$$

$$I_2=\frac{3I_0}{4}\cos^2 45°=\frac{3I_0}{8}$$

7.3.3 反射和折射时光的偏振

自然光在折射率不同的两种介质上发生反射和折射的时候，反射光和折射光都是部分偏振光。自然光以入射角 i 入射到两种物质的交界面上，两种物质的折射率分别为 n_1 和 n_2。光束的一部分会在交界面上发生反射，反射角也为 i，另一部分发生折射，设折射角为 γ。若把所有光束的振动都分解为平行于纸面和垂直于纸面两个方向的振动，其中平行于纸面的振动用短线段表示，垂直于纸面的振动用圆点表示，短线段和圆点的多少代表光强度的强弱。如图 7-35 所示，通过偏振片检验，可以发现反射光中垂直振动的部分比平行振动的部分强，折射光中的垂直振动的部分比平行振动的部分弱。也就是说，反射光和折射光都将成为部分偏振光。

实验表明，如果使入射角 i 连续变化，反射光和折射光的偏振化程度都会随之变化。当入射角等于某一特定角度 i_0，反射光中只有垂直方向的振动，而平行方向的振动为零，这一规律称为布儒斯特定律，是由布儒斯特(David Brewster)于 1815 年发现的。这一特殊的入射角 i_0 称为起偏角或布儒斯特角，如图 7-36 所示。此时有：

$$\tan i_0=\frac{n_2}{n_1} \tag{7-63}$$

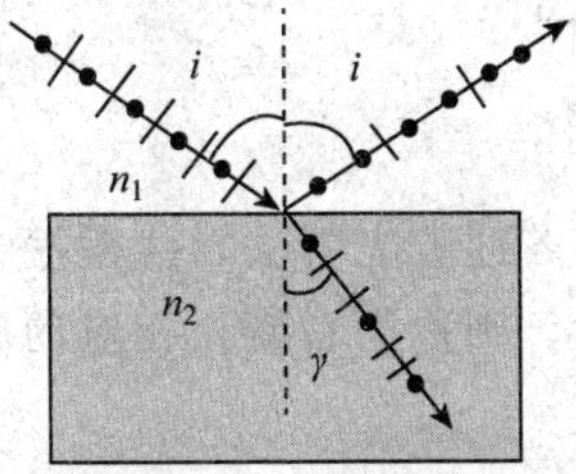

图 7-35　自然光的反射和折射

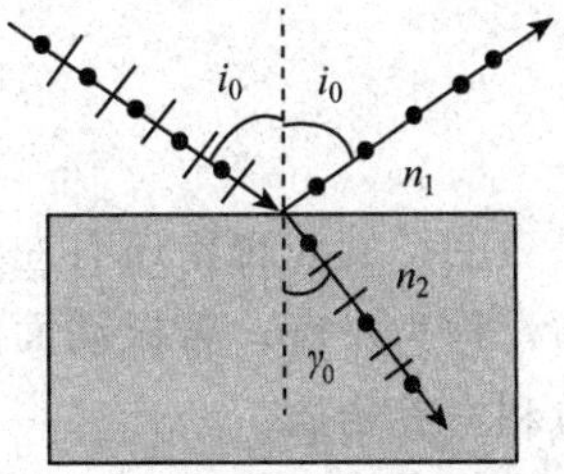

图 7-36　入射角为布儒斯特角

根据折射定律：

$$\frac{\sin i_0}{\sin \gamma_0}=\frac{n_2}{n_1} \tag{7-64}$$

入射角为起偏角 i_0 时，有：

$$\tan i_0=\frac{n_2}{n_1} \tag{7-65}$$

所以

$$\sin \gamma_0=\cos i_0 \tag{7-66}$$

即

$$\gamma_0+i_0=\frac{\pi}{2} \tag{7-67}$$

也就是说，当入射角为起偏角 i_0 时，反射光和折射光相互垂直。根据光的可逆性，当入射光以 γ_0 角从折射率为 n_2 的介质入射于界面时，此 γ_0 角也为布儒斯特角。

7.3.4　旋光现象

1811 年，阿拉果(Arago，Dominique Francois Jean)发现当线偏振光通过石英晶体时，其振动平面将以光的传播方向为轴旋转一定的角度，这种现象称为旋光现象，亦称旋光效应，能够产生旋光效应的物质称为旋光物质，除石英晶体外，某些糖溶液、酒石酸等液体均具有良好的旋光性。

研究物质旋光性的实验装置如图 7-37 所示，P_A 是起偏器，P_B 是检偏器，F 是滤色片，可获得单色光，C 是旋光物质，使 P_A，P_B 偏振方向正交，放入旋光物质之前，透射光强为零；放入旋光物质之后，透射光强不为零，如偏振片 P_B 偏振方向旋转某一角度将会使透射光强为零，这表明线偏振光经过旋光物质后仍为线偏振光，但是振动平面旋转了一定的角度，其值就是 P_B 转过的角度。上述情况用的是单色光，若用白光，由于旋转角度与波长有关，各种波长的光的振动平面转过的角度不同，经检偏器 P_B，各色光通过的量不同，不同量的各色光合成显示某一色彩，转动 P_B，各色光通过强度发生变化，合成后的色彩也会相应改变。

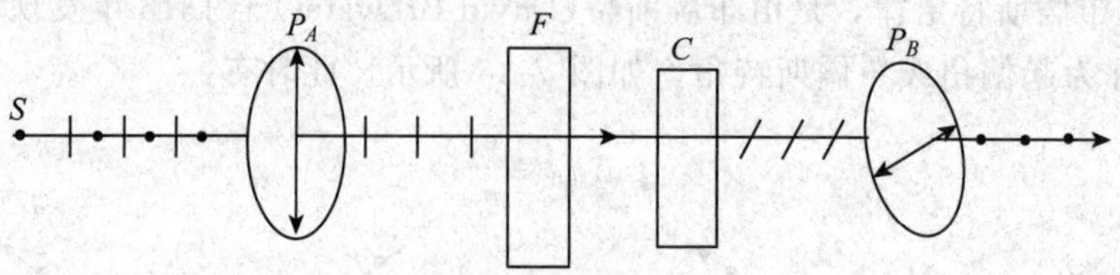

图 7-37 旋光现象

实验结果表明，旋光现象还有左旋和右旋之分，若迎着光看去，线偏振光振动面的旋转是逆时针的，称为左旋；若振动面的旋转是顺时针，则称为右旋，相应的旋光物质分别称为左旋物质和右旋物质。

若旋光物质为晶体，则线偏振光通过晶体时振动平面转过的角度 $\Delta\varphi$ 与晶体的长度 l 呈正比，即

$$\Delta\varphi = \alpha l \tag{7-68}$$

式中，α 称为物质的旋光常量，大小与旋光物质及入射光的波长有关。

若旋光物质为液体，则线偏振光通过溶液时振动平面转过的角度 $\Delta\varphi$ 除了与溶液的长度成正比外，还与溶液的浓度 ρ 呈正比，即

$$\Delta\varphi = \alpha\rho l \tag{7-69}$$

在已知溶液的 α 和 l 下，测出 $\Delta\varphi$，就可以得到溶液的浓度，制糖工业和医学检验中所用到的糖量计就是利用这一原理制成的。

物理广角

一、光的吸收

光波在物质中传播时，其一部分能量被转变为物质的内能，这种现象就是物质对光的吸收。

(1)物质对光的吸收的一般规律

实验表明：光强度的变化为：

$$-\mathrm{d}I = \alpha l\,\mathrm{d}x$$

式中，a 为比例系数，称为该物质对此单色光的吸收系数。上式改写为：

$$\frac{\mathrm{d}I}{I} = -\alpha\,\mathrm{d}x$$

积分得

$$I = I_0 \mathrm{e}^{-\alpha x}$$

这表示，由于物质对光的吸收，随着光进入物质的深度的增加，光的强度按指数方式

衰减，这个规律称为朗伯定律。对于激光光束，朗伯定律不再适用。

实验表明：溶液对光的吸收与溶液的浓度有关，即

$$\alpha = AC$$

于是朗伯定律可以表示为：

$$I = I_0 e^{-ACx}$$

式中，A 为与溶液浓度 C 无关的常量，以上所表示的规律称为比尔定律，这正是吸收光谱分析的原理。

注意：比尔定律只有在溶质分子对光的吸收本领不受周围分子影响的条件下才是正确的。

(2)选择吸收和吸收光谱

物质对光的吸收与光的波长 λ 无关的，称为普遍吸收。物质对光的吸收对某些波长的光的吸收特别强烈称为选择吸收，具有连续谱的光(白光)通过有选择吸收的物质后，再经光谱仪分析，可显示出某些波段的光或某些波长的光被吸收的情况，这就是吸收光谱，图 7-38 太阳光经过大气层时的吸收光谱。原子吸收光谱具有很高的灵敏度，所以近几十年来，在定量分析中原子吸收光谱得到了越来越广泛的应用，不少新元素都是用这种方法发现的。

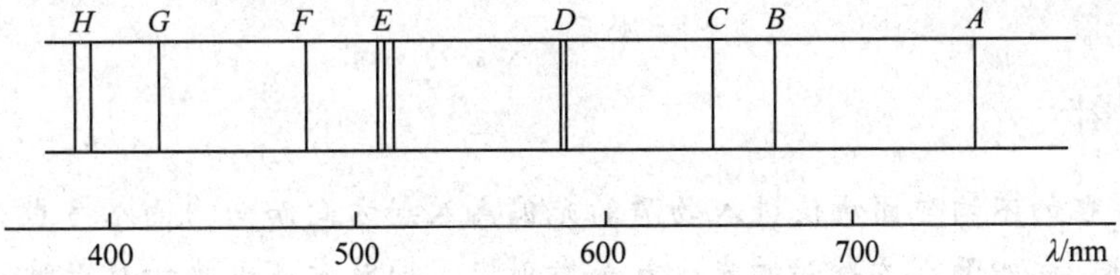

图 7-38　太阳光经过大气层时的吸收光谱

二、光的色散

光在物质中传播速度 v 随波长 λ 而改变的现象，称为光的色散。因为 $n=\frac{c}{v}$，折射率随波长变化，即

$$n = f(\lambda)$$

上式所表示的关系曲线，也就是折射率随波长的变化曲线，称为色散曲线。色散率常用 $\frac{dn}{d\lambda}$ 来表征。在普遍吸收波段内物质表现出正常色散；在选择吸收波段附近和选择吸收波段内物质表现出反常色散。图 7-39 中为几种物质在可见光区域附近所表现出的正常色散的色散曲线。

正常色散的规律可以用柯西公式来描述：

$$n = A + \frac{B}{\lambda^2} + \frac{C}{\lambda^4}$$

式中，A、B 和 C 为由物质决定的常量，其值由实验确定。若波长的变化不大，柯西公式可只取前两项，即

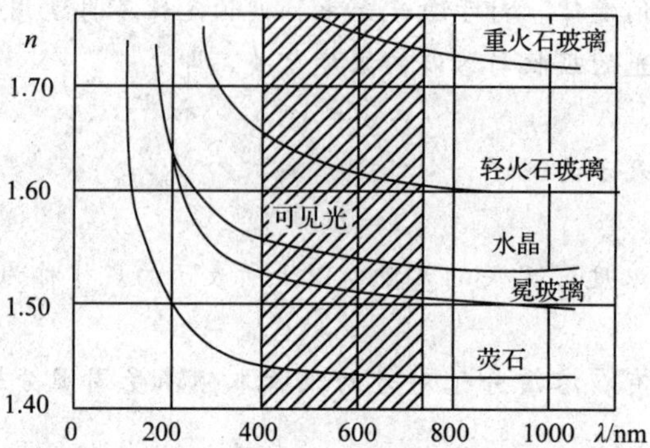

图 7-39 色散曲线

$$n=A+\frac{B}{\lambda^2}$$

这时色散率可以表示为：

$$\frac{\mathrm{d}n}{\mathrm{d}\lambda}=-\frac{2B}{\lambda^3}$$

在吸收波段附近和吸收波段内物质所表现出的与柯西公式推断的结果不同的色散，称为反常色散。

三、光的散射

物质中存在的不均匀团块使进入物质的光偏离入射方向而向四面八方散开，这种现象称为光的散射。向四面八方散开的光，就是散射光。同时考虑吸收和散射时，光强为：

$$I=I_0\mathrm{e}^{-(\alpha+\beta)x}$$

式中，β 为物质的散射系数。可以把 $\alpha+\beta$ 称为消光系数。

(1)瑞利散射

通过对光散射的研究证明，引起光散射的不均匀团块的尺度不同，散射的规律不一样。引起光散射的不均匀团块看作半径为 a 的球形颗粒，入射光的波长为 λ，当 $2\pi a/\lambda<0.3$ 时，散射过程遵从瑞利散射定律，即散射光强与 λ^4 呈反比。瑞利散射的不均匀团块分为两类：一类是乳浊液中的固体微粒、大气中的烟、雾或灰尘等，称为悬浮质点散射；另一类是纯净的液体或气体，称为分子散射，如蔚蓝色的天空、红色旭日和夕阳都是大气对阳光的散射的结果。实验发现，自然光被散射时，在垂直入射方向上，散射光是线偏振光，在原入射方向及其逆方向上，散射光仍是自然光，而在其他方向上，散射光是部分偏振光。同时，在垂直于入射方向上散射光的强度等于原入射方向及其逆方向上散射光强度的一半。

(2)拉曼散射

在散射光中出现与入射光频率不同的散射光，这种现象称为拉曼散射。

拉曼散射光谱的特征：①在与入射光角频率 ω_0 相同的散射谱线(瑞利散射线)两侧，对称地分布着角频率为 $\omega_0\pm\omega_1$，$\omega_0\pm\omega_2$，…的散射谱线，长波一侧(角频率为 $\omega_0-\omega_1$，$\omega_0-\omega_2$，…)的谱线称为红伴线或斯托克斯线，在短波一侧(角频率为 $\omega_0+\omega_1$，$\omega_0+\omega_2$，…)的谱线称为紫伴线或反斯托克斯线。②角频率差 ω_1，ω_2，…与散射物质的红外吸收角频率相对应，表征散射物质的分子振动角频率，而与入射光的角频率 ω_0 无关。

拉曼散射为研究分子结构、分子的对称性和分子内部的作用力等提供了重要的分析手段。它已成为分子光谱学中红外吸收方法的重要补充。

习　题

7-1　双缝干涉实验中，波长 $\lambda=550\text{nm}$ 的单色平行光垂直入射到缝间距 $d=2\times10^{-4}\text{m}$ 的双缝上，屏到双缝的距离 $D=2\text{m}$，求：①中央明纹两侧的两条第 10 级明纹中心的距离；②用一厚度为 $e=6.6\times10^{-6}\text{m}$、折射率 $n=1.58$ 的玻璃片覆盖一缝后，零级明纹将移到原来的第几级明纹处？

7-2　用很薄的云母片($n=1.58$)覆盖在双缝实验中的一条缝上，这时的屏幕上的零级明条纹移到原来的的第七级明条纹位置上。如果入射光波长为 550nm，试问云母片的厚度为多少？

7-3　在如习题 7-3 图所示的牛顿环装置中把玻璃平凸透镜和平面玻璃(设玻璃折射率 $n_1=1.50$)之间的空气($n_2=1.00$)改换成水($n'_2=1.33$)，求第 k 个暗环半径的相对改变量 $\frac{(r_k-r'_k)}{r_k}$。

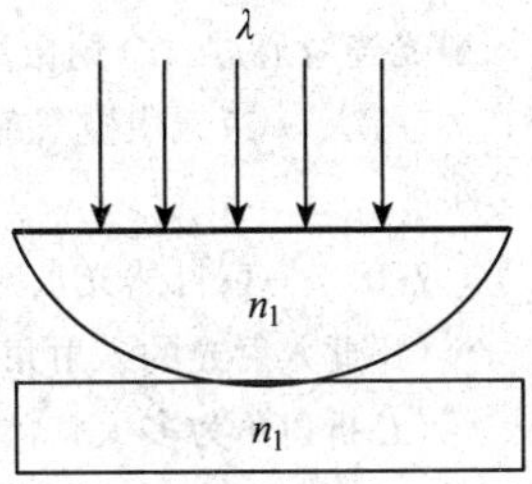

习题 7-3 图

7-4　在利用牛顿环测未知单色光波长的实验中，当用已知波长为 589.3nm 的钠黄光垂直照射时，测得第一和第四暗环的距离为 $\Delta_1=4\times10^{-3}\text{m}$；而当用未知单色光垂直照射时，测得第一和第四暗环的距离 $\Delta_2=3.85\times10^{-3}\text{m}$，求未知单色光的波长。

7-5　一玻璃片，厚度为 $0.4\mu\text{m}$，折射率为 1.50，用白色垂直照射，问在可见光范围内，哪些波长的光在反射中加强？哪些波长的光在投射中加强？

7-6　折射率为 n，厚度为 h 的薄玻璃片放在迈克逊干涉仪的一臂上，问两光路光程差的改变量是多少？

7-7　使用波长为 632.8nm 的激光器作为光源垂直入射到宽为 0.3nm 的狭缝上，进行单缝衍射实验，狭缝后设置一个焦距为 30cm 的透镜，求衍射条纹中中央明纹的宽度是多少？

7-8　一单色光垂直入射一单缝，其衍射后的第三级明纹位置恰好与波长为 600mm 的单色光入射该单缝后衍射的第二级明纹位置重合，求波长。

7-9　假设汽车两盏灯相距 $r=1.5\text{m}$，人的眼睛瞳孔直径 $D=4\text{mm}$，问最远在多少米的地方，人眼恰好能分辨出这两盏灯？

7-10　波长为 5000Å 的平行单色光垂直照射到每毫米有 200 条刻痕的光栅上，光栅后的透镜焦距为 60cm。求：

(1)屏幕上中央明条纹与第一级明条纹的间距；

(2)当光线与光栅法线呈 30°斜入射时，中央明条纹的位移为多少？

7-11　用波长 $\lambda=700\text{nm}$ 的单色光，垂直入射在平面透射光栅上，光栅常数为 $3\times10^{-6}\text{m}$ 的光栅观察，试问：

(1)最多能看到第几级衍射明条纹？

(2)若缝宽 0.001mm，第几级条纹缺级？

7-12　在光栅衍射实验中，采用每厘米有 5000 条缝的衍射光栅，光源采用波长为 590.3nm 的钠光灯，试回答下面的问题。

(1)若光线垂直入射，可以看到衍射条纹的第几级谱线？

(2)若光线以 $i=30°$角入射，最多可看到几条条纹？

(3)实际上钠光灯的光谱是由峰值波长为 $\lambda_1=589.0\text{nm}$ 和 $\lambda_2=589.6\text{nm}$ 的两条谱线组成的，求正入射时最高级条纹中此双线分开的角距离及在屏上分开的线距离。设光栅后透镜的焦距为 2m。

7-13 偏振片 A，B 平行放置，二者偏振化方向呈 45°角，入射光是振动方向与 A 的偏振化方向平行的线偏振光，强度为 I_0，求下列两种情况下透射光的强度：

(1)光从 A 射到 B；

(2)光从 B 射到 A。

7-14 自然光通过两个偏振化方向成 60°的偏振片，若每个偏振片把通过的光线吸收了 10%，求透射光强和原光强之比。

7-15 两个偏振片叠在一起，在它们的偏振化方向成 $\alpha_1=30°$时，观测一束单色自然光，又在 $\alpha_2=45°$时，观测另一束单色自然光。若两次所测得的透射光强度相等，求两次入射自然光的强度之比。

7-16 有三个偏振片叠在一起，已知第一个与第三个偏振片的偏振化方向相互垂直。一束光强为 I_0 的自然光垂直入射在偏振片上，问第二个偏振片与第一个偏振片的偏振化方向之间的夹角为多大时，该入射光连续通过三个偏振片后的光强为最大？

7-17 一束光由空气射到折射率为 1.4 的液体上时，反射光是完全偏振的，试问此光束的折射角是多少？

7-18 一束自然光自空气入射到水面上(折射率为 1.33)，若反射光是线偏振光，试问：

(1)此入射光的入射角为多大？

(2)折射角为多大？

第8章　静电场

任何电荷都会在其周围激发电场，对于观察者而言，静止的电荷所产生的电场称为静电场。静电场是矢量场，是电磁学的基础研究对象。本章介绍真空中的静电场，以库仑定律和场强叠加原理为基础，引入描述静电场的两个基本物理量——电场强度和电势，并导出反映静电场特征的高斯定理。

8.1　电荷和库仑定律

8.1.1　电荷的性质

人们对于电的认识，最初来自摩擦起电和自然界的雷电现象。我们把物体经摩擦后能吸引羽毛、纸片等轻微物体的状态称为带电，并认为物体带有电荷，把表示物体所带电荷数量的物理量称为电荷量。

物体所带的电荷有两种，分别称为正电荷和负电荷。带同号电荷的物体互相排斥，带异号电荷的物体互相吸引，这种相互作用称为电性力，电性力与万有引力有些相似，不同之处在于万有引力总是相互吸引的，而电性力却随电荷的异号或同号有吸引与排斥之分。

摩擦使物体带电的现象可以从物质结构加以说明。宏观物体(实物)都由分子、原子组成，而任何元素的原子都由一个带正电的原子核和一定数目的绕核运动的电子所组成，原子核又由带正电的质子和不带电的中子组成。每一个质子所带正电荷量和电子所带负电荷量是等值的，通常用$+e$和$-e$来表示。在正常情况下，原子内的电子数和原子核内的质子数相等，整个原子呈电中性。由于构成物体的原子是电中性的，因此，通常的宏观物体将处于电中性状态，物体对外不显示电的作用。当两种不同材质的物体相互紧密接触时，有一些电子会从一个物体迁移到另一个物体上去，结果使两物体都处于带电状态。因此所谓起电，实际上是通过某种作用，使该物体内电子不足或过多而呈带电状态。例如，通过摩擦可使两物体的接触面温度升高，促使一定量的电子获得足够的动能从一个物体迁移到另一个物体，从而使获得更多电子的物体带负电，失去电子的物体带正电。

实验证明，在一个与外界没有电荷交换的系统内，无论经过怎样的物理过程，系统内正负电荷量的代数和总是保持不变，这就是由实验总结出来的电荷守恒定律，是物理学的基本定律之一。这个定律不仅在宏观带电体中的起电、中和、静电感应和电极化等现象中得到了证明，而且在微观物理过程中更是得到了精确验证。例如，在下面典型的放射性衰变过程中：具有放射性的铀核$^{238}_{92}U$含有92个质子，自发发射一个α粒子(即$^{4}_{2}He$)后，蜕变为含有 90 个质子的钍核$^{234}_{90}Th$，保持了蜕变前后的总电荷量不变。

$$^{238}_{92}U \rightarrow ^{234}_{90}Th + ^{4}_{2}He \tag{8-1}$$

又如，一个高能光子在重核附近可以转化为电子偶(一个正电子和一个负电子)，光子的电荷量为零，电子偶的电荷量的代数和也为零；反之，电子偶也能湮没为光子，湮没前后，电荷量的代数和仍相等。其反应可表示为：

$$\gamma \rightarrow e^{+} + e^{-} \tag{8-2}$$

$$e^{+} + e^{-} \rightarrow 2\gamma \tag{8-3}$$

还要指出的是，电荷是相对论不变量，即电荷量与运动无关。

到目前为止的所有实验表明，电子或质子是自然界带有最小电荷量的粒子，任何带电体或其他微观粒子所带的电荷量都是电子或质子电荷量的整数倍。这个事实说明，物体所带的电荷量不可能连续地取任意量值，而只能取某已知基本单元的整数倍值。一个电子或一个质子所带的电荷量就是这个基本单元，称为元电荷 e。在国际单位制中，电荷量的单位是库仑，相当于导线中的恒定电流等于 1A 时，在 1s 内流过导线横截面的电荷量。元电荷的值为 $e=1.60217653\times10^{-19}$C。一个质子和一个电子所带的电荷量分别是 $+1.602177\times10^{-19}$C 和 -1.602177×10^{-19}C。电荷量的这种只能取分立的、不连续量值的性质，称为电荷的量子化。

20 世纪 50 年代以来，各国理论物理工作者陆续提出了一些关于物质结构更深层次的模型，认为强子(质子、中子、介子等)是由更基本的粒子(称为层子和夸克)构成的。夸克理论认为，夸克带有分数电荷，它们所带的电荷量是电子电荷量的 ±1/3、±2/3。中子是中性的但并不是说中子内部没有电荷，按夸克理论，中子内包含一个带有$\frac{2e}{3}$电荷量的上夸克和两个带有$-\frac{e}{3}$电荷量的下夸克，总电荷量为零。强子由夸克组成在理论上已是无可置疑的，只是迄今为止，尚未在实验中找到自由状态的夸克。但无论今后能否发现自由夸克的存在，都不会改变电荷量子化的结论。

量子化是微观世界一个基本概念，在微观世界中我们将看到能量、角动量等也是量子化的。

8.1.2 库仑定律

物体带电后的主要特征是带电体之间存在相互作用的电性力。为了定量描述电性力，首先引入点电荷的模型，即当带电体的形状和大小与它们之间的距离相比可忽略时，这些带电体可看作点电荷。这是从实际问题抽象出来的理想模型。在具体问题中，点电荷的概念只具有相对意义，它本身不一定是很小的带电体。

1785 年，库仑(Charlse-Augustin de Coulomb)从扭秤实验结果总结出了点电荷之间相互作用的静电力所服从的基本规律，称为库仑定律。可陈述如下：两个静止点电荷之间相互作用力(或称静电力)的大小与这两个点电荷的电荷量 q_1 和 q_2 的乘积呈正比，而与这两个点电荷之间的距离 r_{12}(或 r_{21})的平方呈反比，作用力的方向沿着这两个点电荷的连线，同号电荷相斥，异号电荷相吸。其数学形式可表示为：

$$F_{12}=k\frac{q_1q_2}{r_{12}^2}e_{r_{12}} \tag{8-4}$$

式中，k 是比例系数；F_{12} 表示 q_2 对 q_1 的作用力；$e_{r_{12}}$ 是由点电荷 q_2 指向点电荷 q_1 的单位矢量(图 8-1)。不论 q_1 和 q_2 的正负如何，式(8-4)都适用。当 q_1 和 q_2 同号时，F_{12} 与单位矢量 $e_{r_{12}}$ 的方向相同，表明 q_2 对 q_1 的作用力是斥力；q_1 和 q_2 是异号时，F_{12} 与 $e_{r_{12}}$ 的方向相反，表明 q_2 对 q_1 的作用是引力。

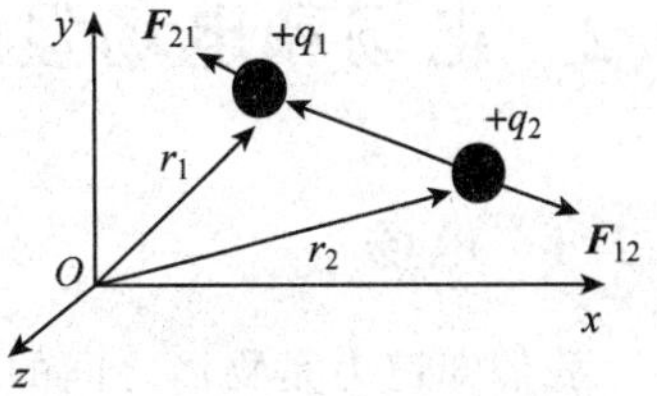

图 8-1　两个点电荷之间的作用力

式(8-4)中距离单位采用 m，力的单位采用 N，电量的单位采用 C，根据实验测得在真空中的比例系数 $k=8.9875\times10^9\,\text{N}\cdot\text{m}^2/\text{C}^2$，通常引入新的常量 ε_0 来代表 k，并把 k 写成：

$$k=\frac{1}{4\pi\varepsilon_0} \tag{8-5}$$

于是，真空中库仑定律就写作：

$$F_{12}=-F_{21}=\frac{1}{4\pi\varepsilon_0}\frac{q_1q_2}{r_{12}^2}e_{r_{12}} \tag{8-6}$$

式中，常量 ε_0 称为真空电容率，或真空介电常量，是电磁学中的一个基本常量。

$$\varepsilon_0=\frac{1}{4\pi k}\approx8.8542\times10^{-12}[\text{C}^2/(\text{N}\cdot\text{m}^2)] \tag{8-7}$$

应该指出，在库仑定律表示式中引入了真空电容率，这个做法称为单位制的有理化。由此看上去库仑定律的数学形式变得复杂了，但在此后导出的一些常用公式中本可以出现 4π 的地方将因此而消失，这使得运算反而更加简便。

库仑定律是直接由实验总结出来的规律，它是静电场理论的基础。库仑定律中平方反比规律的精确性以及定律的适用范围一直是物理学家关心的问题。现代精密的实验测得电性力与距离平方呈反比中的幂 2 的误差不超过 10^{-16}。而且根据现代 α 粒子对原子核的散射实验，可证实距离 r 在 $10^{-15}\sim10^{-12}$ m 的范围内库仑定律仍是正确的。

8.1.3　静电力的叠加原理

库仑的扭秤实验还证明，当空间有两个以上的点电荷时，作用在某一点电荷的总静电力等于其他各点电荷单独存在时对该点电荷所施静电力的矢量和，这一结论称为静电力的叠加原理。库仑定律只适用于点电荷，欲求带电体之间的相互作用力，可将带电体看作由许多电荷元组成的，电荷元之间的静电力则可运用库仑定律求得，最后根据静电力的叠加原理而求出两带电体之间的总静电力。库仑定律和叠加原理相配合，原则上可以求解静电学中的全部问题。

由于任何带电体都可以看成由很多点电荷组成的，从理论上讲，利用库仑定律和静电力叠加原理，可以知道任何带电体间的相互作用力。

平衡规律：三点共线，两同夹异，两大夹小，近小远大。

需要注意，叠加原理并不是普遍成立的，对于微小距离或极强作用力情形，叠加原理不成立。

8.2　电场和电场强度

8.2.1　电场

我们知道力是物体之间的相互作用。两个物体彼此不相接触时，其相互作用必须依赖其间的物质作为传递介质。没有物质作为传递介质的所谓“超级作用”是不存在的。真空中两个相互隔开的点电荷也可以发生相互作用。这就说明，电荷周围存在一种特殊的物质，我们称之为电场。因此，电荷之间的相互作用是通过其中一个电荷所激发的电场对另一个电荷的作用来传递的，可表达为：

$$电荷 \Longleftrightarrow 电场 \Longleftrightarrow 电荷$$

电场对处在其中的其他电荷的作用力称为电场力，两个电荷之间的相互作用力本质上是一个电荷的电场作用在另一个电荷上的电场力。

现已证实，电磁场是物质存在的一种形态，它分布在一定范围的空间里，和一切实物粒子一样具有能量、动量等属性，并通过交换场量子来实现相互作用的传递。电磁场的场量子是光子。因此，电荷之间的相互传递速度也是电磁场的运动速度，即光速。

本章着重介绍的是静电场，即相对于观察者为静止的电荷在其周围所激发的电场。静电场是电磁场中的一种特殊情况。

8.2.2　电场强度

一个被研究对象的物理特性，总是能通过该对象与其他物体的相互作用显示出来。电场对电荷有力的作用，电荷在电场中移动时电场力要对电荷做功。利用前者，引入了电场强度这一物理量。

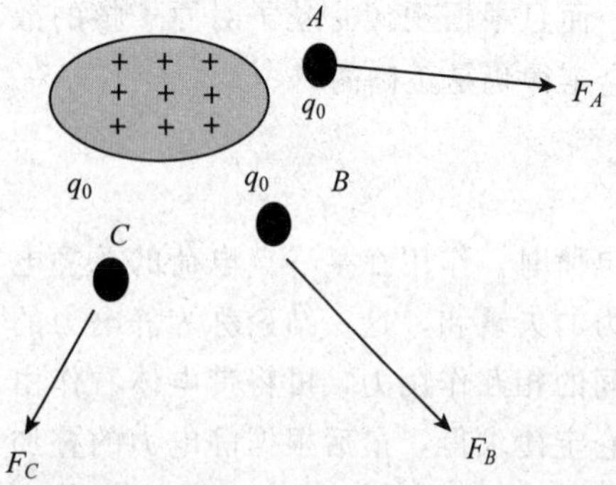

图 8-2　试探电荷 q_0 在电场中受力情况

利用电场对引入其中的任何电荷有力的作用这一基本事实，可找出能反映电场分布的物理量。将一个试探电荷 q_0 放到电场中各点，观测 q_0 受到的电场力。试探电荷应该满足下列的条件：首先，所带的电荷量必须尽可能地小，当把它引入电场时，不致扰乱原来的电场分布，否则测出来的将是原有电荷作重新分布后的电场；其次，线度必须小到可以被看作点电荷，以便能用它来确定场中每一点的性质，不然，只能反映出所占空间的平均性质。实验指出，把同一试探电荷 q_0 放入电场不同地点时，q_0 所受力的大小和方向逐点不同(参考图 8-2，图中 q_0 为正电荷)。

但在电场中每一给定点处，q_0 所受力的大小和方向却是完全一定的。如果在电场中某给定点处改变试探电荷 q_0 的量值，将发现 q_0 所受力的方向仍然不变，但力的大小却和 q_0 的值呈正比地改变。由此可见，试探电荷在电场中某点所受到的力，不仅与试探电荷所在点的电场性质有关，而且与试探电荷本身的电荷量有关。但是，比值 F/q_0 却与试探电荷本身无关，而仅仅与试探电荷所在点处的电场性质有关。所以，可用试探电荷所受的力与试探电荷所带电荷量之比，作为描述静电场中给定点的客观性质的一个物理量，称为电场强度。电场强度是矢量，由符号$\boldsymbol{E}$ 表示，即

$$\boldsymbol{E}=\frac{\boldsymbol{F}}{q_0} \tag{8-8}$$

由上式可知，电场中某点的电场强度的大小等于单位电荷在该点所受的力的大小，其方向为正电荷在该点受力的方向。在电场中给定的任一点 $r(x, y, z)$处，就有一确定的电场强度$\boldsymbol{E}$，在电场中不同点处的$\boldsymbol{E}$ 一般不相同，因此，$\boldsymbol{E}$ 也是空间坐标(x, y, z)的函数，可记作$\boldsymbol{E}(x, y, z)$，所有这些电场强度$\boldsymbol{E}(x, y, z)$的总体形成一矢量场。

在国际单位制中，力的单位是 N，电荷量的单位是 C，根据式(8-8)，电场强度的单位是 N/C。

另一方面，如果已知电场强度分布$\boldsymbol{E}$，就不难求得任一点电荷 q 在电场中的受力：

$$\boldsymbol{F}=q\boldsymbol{E} \tag{8-9}$$

q 为正时，所受力$\boldsymbol{F}$ 的方向与电场强度$\boldsymbol{E}$ 的方向相同。q 为负时，所受力$\boldsymbol{F}$ 的方向与电场强度$\boldsymbol{E}$ 的方向相反[式(8-9)]，式(8-9)是一个体现电场力特点的结果。库仑定律描述了点电荷之间的作用力，对一个受复杂带电体作用的点电荷的受力计算，直接运用库仑定律是困难的，但若知道任何复杂带电体的电场强度$\boldsymbol{E}(r)$，那么由式(8-9)却可能方便地计算出点电荷 q 在其中所受的作用力。

【例 8-1】两个大小相等符号相反的点电荷$+q$ 和$-q$，它的分开距离 l，这一电荷系统就称之为电偶极子。通常这个距离 l 比所考虑的场点到它们的距离小得多。联结两电荷的直线称之为电偶极子的轴线，取从负电荷指向正电荷的矢量 l 作为轴线的正方向。电荷量 q 与矢量 l 的乘积定义为电偶极矩。电矩是矢量，用$\boldsymbol{p}$ 表示，即$\boldsymbol{p}=ql$；求该电偶极子在均匀外电场所受的作用，并分析电偶极子在非均匀外电场中的运动。

解：如图 8-3(a)所示，设在均匀外电场中，电偶极子的电矩 $\boldsymbol{p}$ 的方向与场强 E 方向间的夹角为θ，根据式(8-9)，$\boldsymbol{F}=q\boldsymbol{E}$，作用在电偶极子正负电荷上的力$\boldsymbol{F}_1$ 和$\boldsymbol{F}_2$ 的大小均为$\boldsymbol{F}=\boldsymbol{F}_1=\boldsymbol{F}_2=q\boldsymbol{E}$ 由于$\boldsymbol{F}_1$ 和$\boldsymbol{F}_2$ 的大小相等，方向相反，合力为零，电偶极子没有平动运动；但由于作用力不在同一直线上，所以电偶极子要受到力矩的作用，这个力矩的大小为：

$$\boldsymbol{M}=\boldsymbol{F}l\sin\theta=q\boldsymbol{E}l\sin\theta=\boldsymbol{pE}\sin\theta \tag{8-10}$$

写成矢量为：

$$\boldsymbol{M}=\boldsymbol{p}\times\boldsymbol{E} \tag{8-11}$$

在这力矩的作用下，电偶极子的电偶极矩$\boldsymbol{p}$ 将转向外电场$\boldsymbol{E}$ 的方向，直到$\boldsymbol{p}$ 和$\boldsymbol{E}$ 的方向一致时$(\theta=0)$，力矩才等于零而平衡。显然，当$\boldsymbol{p}$ 和$\boldsymbol{E}$ 的方向相反时$(\theta=\pi)$，力矩也等于零，但这种情况是不稳定的平衡，如果电偶极子稍受扰动偏离这个位置，力矩的作用将使电偶极子$\boldsymbol{p}$ 的方向转到和$\boldsymbol{E}$ 的方向一致为止。

在不均匀电场中[图 8-3(b)]，电偶极子一方面将受到力矩的作用，使电矩$\boldsymbol{p}$ 转到与电场一致的方向，同时，电偶极子还受到一个合力的作用，$\boldsymbol{F}_1>\boldsymbol{F}_2$，促使它向电场较强的

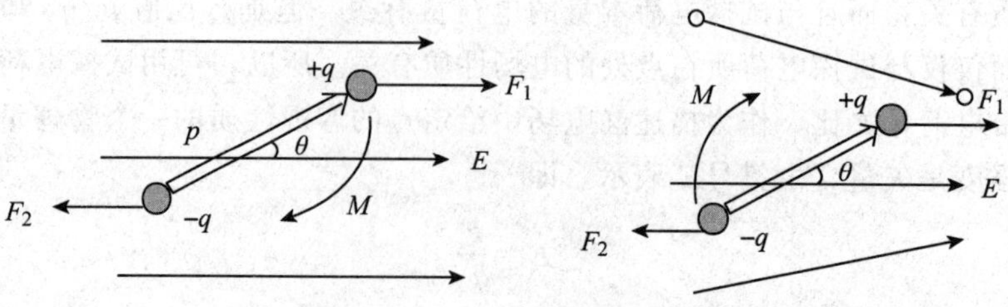

（a）在均匀外电场中　　（b）在不均匀外电场中

图 8-3　电偶极子在外电场中的受力

方向移动。在摩擦起电的实验中，小纸片被吸引到玻璃棒上的运动就是这种情况。

8.2.3　电场强度的计算

如果电荷分布已知，那么从点电荷的电场强度公式出发，根据电场强度的叠加原理，就可以求出任意电荷分布所激发电场的场强。下面说明计算电场强度的方法。

(1)点电荷的电场强度

设在真空中的一个静止的点电荷 q，则距 q 为 r 的 P 点的电场强度，可由式(8-5)和式(8-6)求得。其步骤是先设想在 P 点放一个试探电荷 q_0，由式(8-5)可知，作用在 q_0 上的电场力为：

$$\boldsymbol{F}=\frac{1}{4\pi\varepsilon_0}\frac{qq_0}{r^2}\boldsymbol{e}_r \tag{8-12}$$

式中，$\boldsymbol{e}_r$ 是由点电荷 q 指向 P 点的单位矢量，再应用式(8-8)可求得 P 点的电场强度为：

$$\boldsymbol{E}=\frac{1}{4\pi\varepsilon_0}\frac{q}{r^2}\boldsymbol{e}_r \tag{8-13}$$

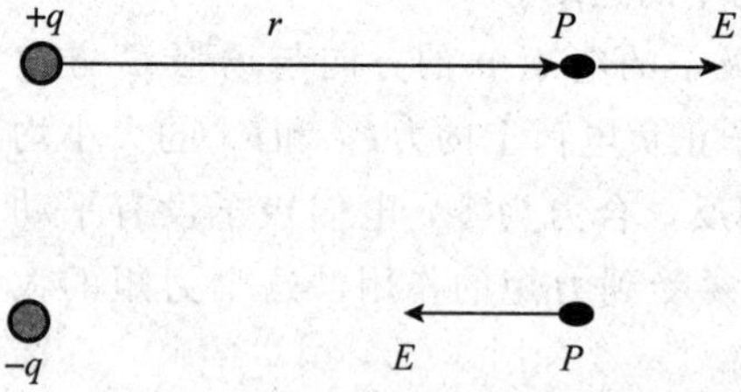

图 8-4　点电荷的电场强度

点电荷 q 在空间任一点所激发的电场强度大小，与点电荷的电荷量 q 呈正比，与点电荷 q 到该点距离 r 的平方呈反比。如果 q 为正电荷，$\boldsymbol{E}$ 的方向与$\boldsymbol{e}_r$ 的方向一致，即背离 q；如果 q 为负电荷，$\boldsymbol{E}$ 的方向与$\boldsymbol{e}_r$ 的方向相反，即指向 q，如图 8-4 所示。

(2)电场强度叠加原理和点电荷系的电场强度

如果电场是由 n 个点电荷 q_1，q_2，…，q_n 共同激发的，这些电荷组成一个电荷系。根据电场力的叠加原理，试探电荷 q_1 在电荷系的电场中某点 P 处所受的力等于各个点电荷单独存在时对 q_0 作用的力的矢量和，即

$$\boldsymbol{F}=\boldsymbol{F}_1+\boldsymbol{F}_2+\cdots+\boldsymbol{F}_n=\sum_{i=1}^{n}\boldsymbol{F}_i \tag{8-14}$$

两边除以 q_0 得

$$\frac{\boldsymbol{F}}{q_0}=\frac{\boldsymbol{F}_1}{q_0}+\frac{\boldsymbol{F}_2}{q_0}+\cdots+\frac{\boldsymbol{F}_n}{q_0} \tag{8-15}$$

按电场强度的定义，等号右边各项分别是各个点电荷在 P 点激发的电场强度，而左边的为 P 点的总电场强度，即

$$\boldsymbol{E}=\boldsymbol{E}_1+\boldsymbol{E}_2+\cdots+\boldsymbol{E}_n=\sum_{i=1}^{n}\boldsymbol{E}_i \tag{8-16}$$

上式说明，点电荷系在空间任意一点所激发的总电场强度等于各个点电荷单独存在时在该点各自所激发的电场强度的矢量和。这就是电场强度叠加原理，它是电场的基本性质之一，利用这一原理，可以计算任意点带电体所激发的电场强度，因为任何带电体都可以看做许多点电荷的集合。

设各点电荷指向 P 点的单位矢量分别为 $\boldsymbol{e}_{r1}$， $\boldsymbol{e}_{r2}$，…， $\boldsymbol{e}_{rn}$，各点电荷在 P 点激发的电场强度分别为：

$$\boldsymbol{E}_1=\frac{1}{4\pi\varepsilon_0}\frac{q}{r^2}\boldsymbol{e}_{r1},\quad \boldsymbol{E}_2=\frac{1}{4\pi\varepsilon_0}\frac{q}{r^2}\boldsymbol{e}_{r2},\ \cdots,\quad \boldsymbol{E}_n=\frac{1}{4\pi\varepsilon_0}\frac{q}{r^2}\boldsymbol{e}_{rn} \tag{8-17}$$

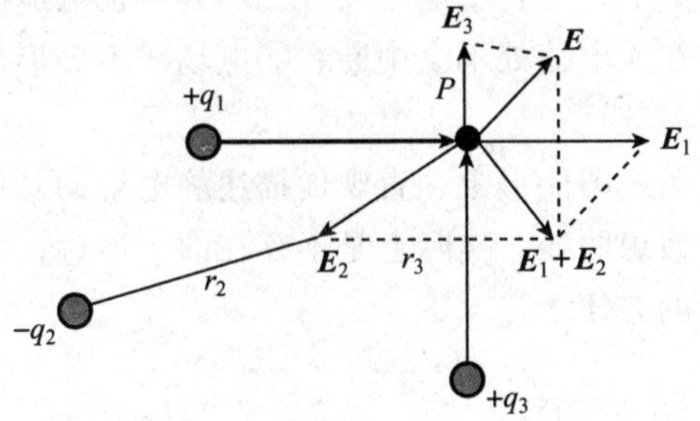

图 8-5　点电荷系的电场强度

根据场强叠加原理，这个点电荷系在 P 点所激发的总电场强度 $\boldsymbol{E}$(图 8-5)为：

$$\boldsymbol{E}=\boldsymbol{E}_1+\boldsymbol{E}_2+\cdots+\boldsymbol{E}_n=\sum_{i=1}^{n}\frac{1}{4\pi\varepsilon_0}\frac{q_i}{r^2}\boldsymbol{e}_{ri} \tag{8-18}$$

8.3　高斯定理

8.3.1　电场线

电场是一种看不见、摸不着的特殊物质。为了使电场的概念形象化，使人们对电场有一个比较直观的认识，引入电场线来描述电场。所谓电场线，是按下述规定在电场中所作的一簇假想曲线：电场线上任一点的切线方向表示点电场强度 E 的方向，如图 8-6 所示。为了能根据电场线的分布直接判断电场中各点电场强度大小的分布情况，引入电场线密度的概念。如图 8-7 所示，$\mathrm{d}S$ 是电场中某点 A 处与该点场强的方向垂直的小面积元，$\mathrm{d}N$ 是垂直穿过的电场线条数，则比值 $\mathrm{d}N/\mathrm{d}S$ 称为电场中该点的电场线密度(其意义是通过该点的与 $\boldsymbol{E}$ 垂直的单位截面的电场线条数)。在作电场线图时规定，总是保证电场中任一点的电场线密度与该点场强的大小相等，即 $E=\dfrac{\mathrm{d}N}{\mathrm{d}S}$。

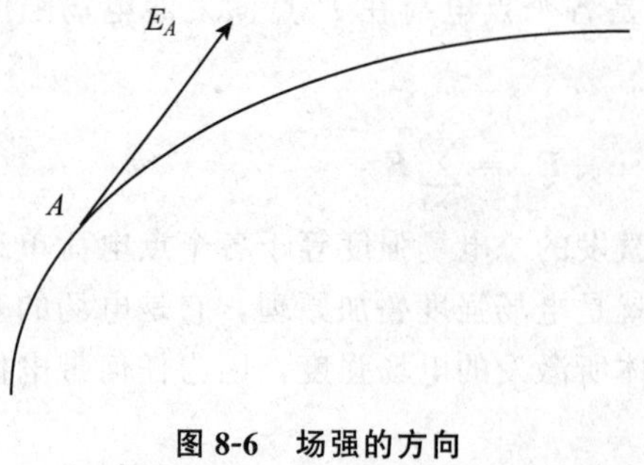

图 8-6　场强的方向

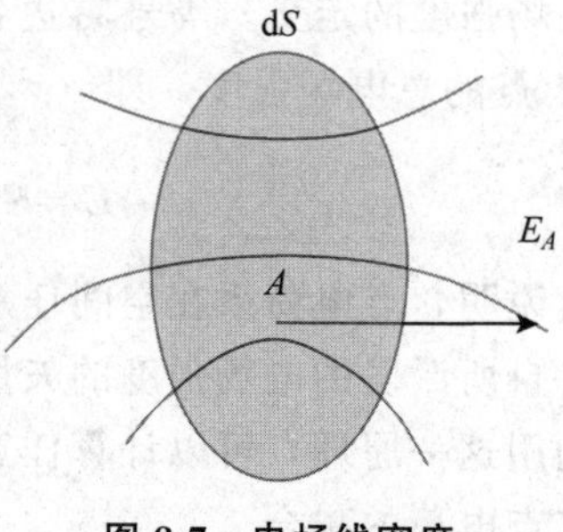

图 8-7　电场线密度

显然，按照电场线的定义和作电场线图的规定(保证$E=\mathrm{d}N/\mathrm{d}S$)作出的电场线图就能形象、直观地描述静电场的总体情况。在电场中，任一点的场强方向与电场线在该点的切线方向一致，场强的大小可根据电场线的疏密来判断，电场线密的地方场强大，电场线疏的地方场强小。电场线有如下特性：①电场线(**E** 线)起自正电荷(或来自无穷远)，终止于负电荷(或伸向无穷远)，在无电荷处不会中断；②电场线不会形成闭合曲线；③任意两条电场线都不会相交。

有必要指出，虽然电场线图能形象、直观地描述静电场的总体情况，但是，电场线仅仅是为描述电场而引入的假想曲线，实际上是不存在的。不过，电场线的引入，却为分析某些实际问题带来了很大的方便。

8.3.2　电通量

在介绍电通量之前，我们先给出面积矢量的定义。如图 8-8 所示，空间有一个面积大小为 d**S** 面积元。显然，在其面积 d**S** 一定时，它在空间的方位有多种可能性。为了把面积元 d**S** 的大小和它在空间的方位同时表示出来，我们引入面积矢量 d**S**，规定其大小等于面积元的面积 d**S**，其方向沿与它垂直的法线单位矢量 **n** 的方向，即

$$\mathrm{d}\boldsymbol{S}=\mathrm{d}S\boldsymbol{n}\begin{cases}\text{大小：等于 d}\boldsymbol{S}\text{ 的面积 d}S\\ \text{方向：沿与 d}S\text{ 垂直的方向}\end{cases}\text{，法线单位矢量 }\boldsymbol{n}\text{ 的方向} \tag{8-19}$$

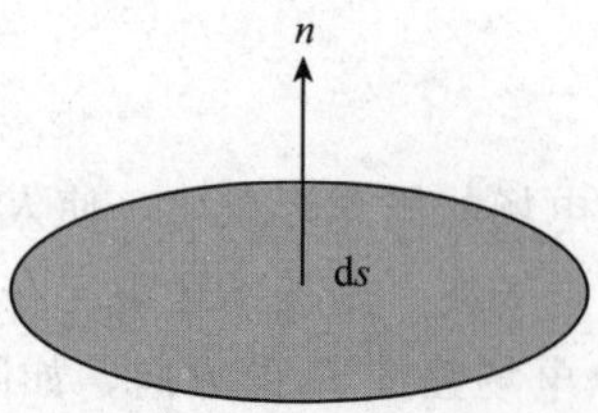

图 8-8　面积矢量

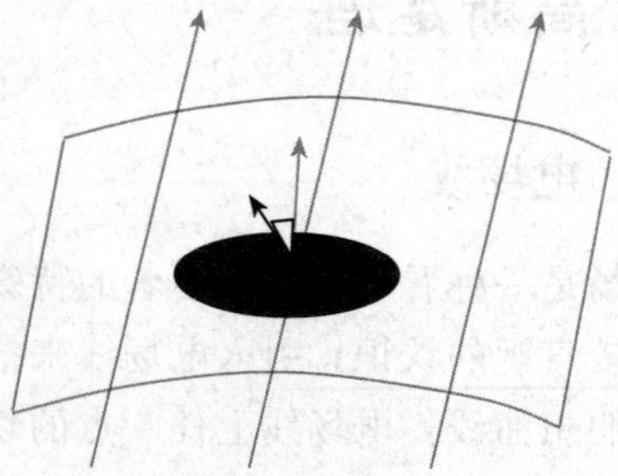

图 8-9　曲面电通量

下面，我们首先讨论穿过曲面 S 的电通量。如图 8-9 所示，S 是电场中的一张曲面，dS 是曲面 S 上的一个面积元。若 d**S** 处的场强为**E**，**E** 与 dS 的夹角为 θ，则穿过 dS 的电通量定义为：

$$\mathrm{d}\Phi_e=\boldsymbol{E}\cdot\mathrm{d}\boldsymbol{S}=E\,\mathrm{d}S\cos\theta \tag{8-20}$$

因此，穿过整个曲面 S 的电通量 Φ_e 为：

$$\Phi_e = \int_{(S)} \boldsymbol{E} \cdot \mathrm{d}\boldsymbol{S} \tag{8-21}$$

“$\int_{(S)}$”表示积分沿曲面进行。

若曲面 S 为闭合曲面，如图 8-10 所示，则通过该曲面 S 的电通量Φ_e 要通过下式来计算 。

$$\Phi_e = \oint_{(S)} \boldsymbol{E} \cdot \mathrm{d}\boldsymbol{S} \tag{8-22}$$

式(8-21)中，“$\oint_{(S)}$”表示积分沿闭合曲面进行。对于闭合曲面，习惯上规定其法线正向沿曲面的外法线方向，即 n 垂直于曲面并指向曲面的外侧。有了这一规定之后，穿过闭曲面的电通量就有了正负之分：

当电场线穿入闭曲面时，$\theta > \pi/2$，此时 $\mathrm{d}\Phi_e = \boldsymbol{E} \cdot \mathrm{d}\boldsymbol{S} = E\mathrm{d}S\cos\theta < 0$；

当电场线穿出闭曲面时，$\theta < \pi/2$，此时 $\mathrm{d}\Phi_e = \boldsymbol{E} \cdot \mathrm{d}\boldsymbol{S} = E\mathrm{d}S\cos\theta > 0$；

当电场线与闭曲面相切时，$\theta = \pi/2$，此时 $\mathrm{d}\Phi_e = \boldsymbol{E} \cdot \mathrm{d}\boldsymbol{S} = E\mathrm{d}S\cos\theta = 0$。

前面，我们引入了电场线来描述电场。在作电场线图时，必须保证电场中任意一点处场强的大小满足：

$$E = \frac{\mathrm{d}N}{\mathrm{d}S} \tag{8-23}$$

式中，$\mathrm{d}S$ 是与场强 E 的方向垂直的面积元；$\mathrm{d}N$ 是垂直穿过 $\mathrm{d}S$ 的电场线条数。

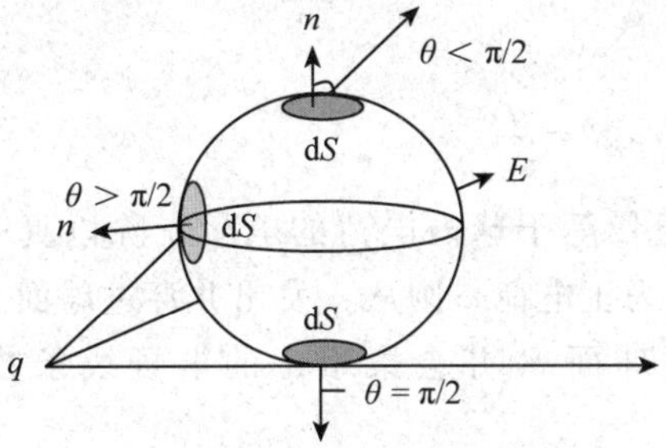

图 8-10　闭合曲面电通量

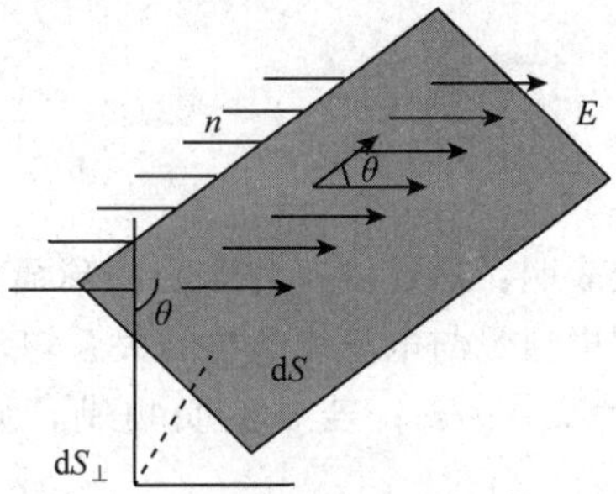

图 8-11　电通量与电场线条数的关系

如果面积元 $\mathrm{d}S$ 与场强$\boldsymbol{E}$ 的方向不垂直，场强与电场线密度之间应满足什么关系呢？如图 8-11 所示，$\mathrm{d}S$ 是电场中的一个面积元，其法向单位矢量 $\boldsymbol{n}$ 与场强$\boldsymbol{E}$ 的夹角为θ。我们将 $\mathrm{d}\boldsymbol{S}$ 沿与$\boldsymbol{E}$ 垂直的方向投影，假设投影面积为 $\mathrm{d}S_\perp$，由于 $\mathrm{d}S_\perp$和 $\mathrm{d}S$ 都是很小的面积元，因此将它们所处区域的电场看作是均匀电场，这样可以得到如下关系：

$$E = \frac{\mathrm{d}N}{\mathrm{d}S_\perp} = \frac{\mathrm{d}N}{\mathrm{d}S\cos\theta} \tag{8-24}$$

于是有：

$$\mathrm{d}N = E\mathrm{d}S\cos\theta = \boldsymbol{E} \cdot \mathrm{d}\boldsymbol{S} = \mathrm{d}\Phi_e \tag{8-25}$$

由此可见，穿过 $\mathrm{d}S$ 的电通量 $\mathrm{d}\Phi_e$ 在数值上等于穿过 $\mathrm{d}S$ 的电场线条数 $\mathrm{d}N$。所以，穿过电场中某一曲面的电通量 Φ_e 应为：

$$\Phi_e = \int_{(S)} \boldsymbol{E} \cdot \mathrm{d}\boldsymbol{S} = \int_{(S)} \mathrm{d}N = N \tag{8-26}$$

上式表明，穿过曲面 S 的电通量，在数值上等于穿过该曲面的电场线的总条数，这就是电通量与电场线条数的关系。

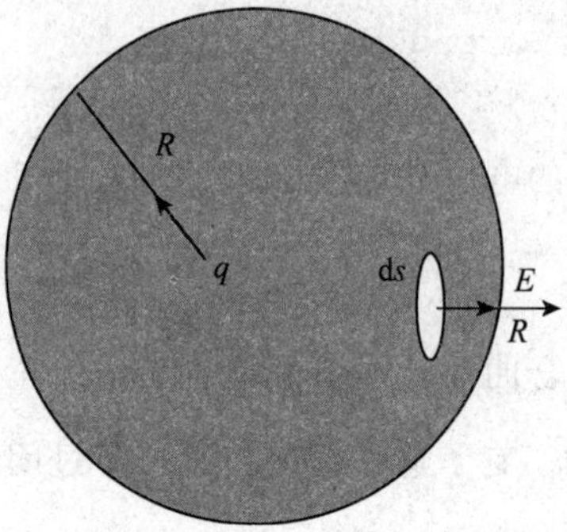

图 8-12　穿过以 q 为球心的电通量

8.3.3　高斯定理

下面分五步来导出高斯定理。为方便起见，我们假设 q 为正点电荷。

(1)穿过球面的电通量($\Phi_e=q/\varepsilon_0$)

假设真空中有一个点电荷 q，曲面 S 是以 q 为球心，R 为半径的球面，如图 8-12 所示。若以 $\boldsymbol{r}_0$ 表示由 q 指向球面上某点的单位矢量，则球面上任意一点处的电场强度 E 可以表示为：在球面上任取一面积元 $\mathrm{d}S$，其 $\boldsymbol{n}$ 的方向如图 8-12 所示。由图可见，由于 $\boldsymbol{n}$ 的方向是沿曲面的半径由 q 指向球面 S 外侧的，故 $\mathrm{d}S$ 与 $\mathrm{d}\Phi_e$ 同向，因此，穿过 $\mathrm{d}S$ 的电通量为：

$$\mathrm{d}\Phi_e=\boldsymbol{E}\cdot\mathrm{d}\boldsymbol{S}=\frac{1}{4\pi\varepsilon_0}\cdot\frac{q}{R^2}\boldsymbol{r}_0\cdot\mathrm{d}\boldsymbol{S}_n=\frac{1}{4\pi\varepsilon_0}\frac{q}{R^2}\mathrm{d}S \tag{8-27}$$

所以，穿过整个球的电通量为：

$$\Phi_e=\oint_{(s)}\mathrm{d}\Phi_e=\oint_{(s)}\boldsymbol{E}\cdot\mathrm{d}\boldsymbol{S}=\oint_{(s)}\frac{1}{4\pi\varepsilon_0}\frac{q}{R^2}\mathrm{d}S=\frac{1}{4\pi\varepsilon_0}\frac{q}{R^2}\oint_{(s)}\mathrm{d}S=\frac{1}{4\pi\varepsilon_0}\frac{q}{R^2}\cdot4\pi R^2 \tag{8-28}$$

即有：

$$\Phi_e=\oint_{(s)}\boldsymbol{E}\cdot\mathrm{d}\boldsymbol{S}=\frac{q}{\varepsilon_0} \tag{8-29}$$

上式表明：通过以 q 为球心的球面的电通量等于球内电荷的电量 q 除以真空的电容率，根据电通量与电场线条数的关系知，若 q 为正电荷，则从 q 发出并穿过球面 S 的电场线条数为 $N=q/\varepsilon_0$；若 q 为负电荷，则穿过球面 S 并会聚于 q 的电场线条数为 $N=-q/\varepsilon_0$。

(2)穿过任意闭合曲面的电通量($\Phi_e=q/\varepsilon_0$)

如图 8-13 所示，有一点电荷 q 处于任意形状的闭曲面 S 内。我们以 q 为球心，在曲面 S 的内部和外部，分别作两个半径为 R_1 和 R_2 的球面 S_1 和 S_2，则由式(8-29)知，穿过 S_1 和 S_2 的电场线条数分别为：N_1 和 N_2。

由图 8-13 知，S_2 处在 S_1 和 S 之外，因而从 q 发出的电场线，必然先穿过 S_1 和 S，才能穿过 S_2。由于穿过 S_1 和 S_2 的电场线条数相等($N_1=N_2$)，而且 S 夹在 S_1 和 S_2 之间，因此，穿过 S 的电场线条数 N 必然与 N_1 和 N_2 相等。所以，穿过曲面 S 的电通量应为：

$$\Phi_e=N_1=N_2=\oint_{(s)}\boldsymbol{E}\cdot\mathrm{d}S=\frac{q}{\varepsilon_0} \tag{8-30}$$

(3)穿过不包围点电荷的任意闭合曲面的电通量($\Phi_e=0$)

如图 8-14 所示，点电荷 q 位于 S 之外。由图可知，电场线穿过曲面 S 的情形可分为两类：一类是电场线与曲面相切(图中 A 点处)；另一类是电场线从曲面的一侧进入曲面内

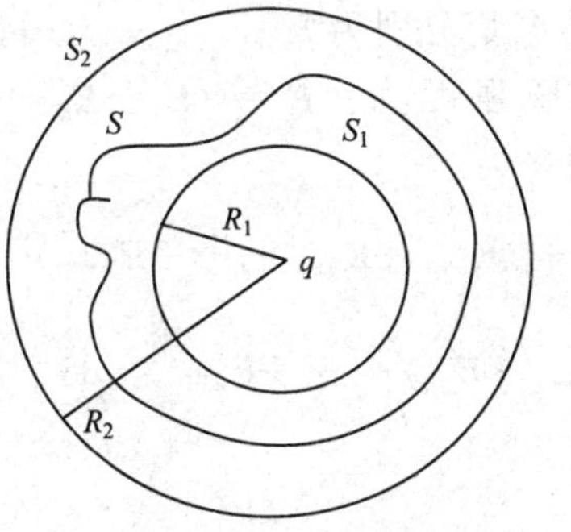

图 8-13 任意闭合曲面电通量

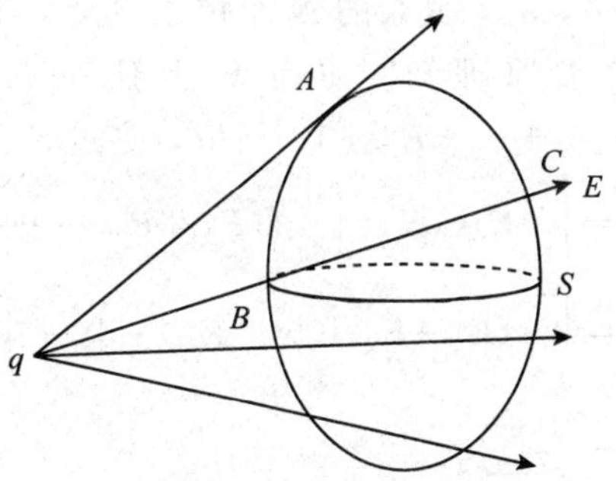

图 8-14 不包围点电荷的闭合曲面电通量

(图中的 B 点处)，又从曲面的另一侧穿出曲面(图中的 C 点处)，因此，穿进 S 的电场线条数与穿出 S 的电场线条数相等。由于 S 的法线单位矢量是直指向曲面外侧的，因此，穿进闭曲面的电通量为负，穿出闭曲面的电通量为正。若假设穿出闭曲面的电场线条数为 N，则有：

$$\Phi_{e_{入}}=-N, \quad \Phi_{e出}=N \tag{8-31}$$

因此，穿过 S 的电通量 Φ_e 为：

$$\Phi_e=\Phi_{e_{入}}+\Phi_{e出}=-N+N=0 \tag{8-32}$$

由此可见，点电荷 q 位于 S 之外时，穿过闭合面 S 的电通量为零，即有：

$$\Phi_e=\oint_{(s)}\boldsymbol{E}\cdot \mathrm{d}\boldsymbol{S}=0 \tag{8-33}$$

(4)曲面 S 内有多个点电荷时穿过 S 的电通量 $\left(\varphi_e=\sum\limits_{i=0}^{n}\dfrac{q_{i内}}{q_0}\right)$

如图 8-15 所示，曲面 S 内有 n 个点电荷，其电荷量分别为 q_1，q_2，…，q_n。由场强叠加原理知，S 上各点的场强 E 为：

$$\boldsymbol{E}=\boldsymbol{E}_1+\boldsymbol{E}_2+\cdots+\boldsymbol{E}_n \tag{8-34}$$

在 S 上任取一面积元 $\mathrm{d}S$，则穿过 $\mathrm{d}S$ 的电通量为

$$\mathrm{d}\Phi_e=\boldsymbol{E}\cdot \mathrm{d}\boldsymbol{S}=(\boldsymbol{E}_1+\boldsymbol{E}_2+\cdots+\boldsymbol{E}_n)\cdot \mathrm{d}\boldsymbol{S} \tag{8-35}$$

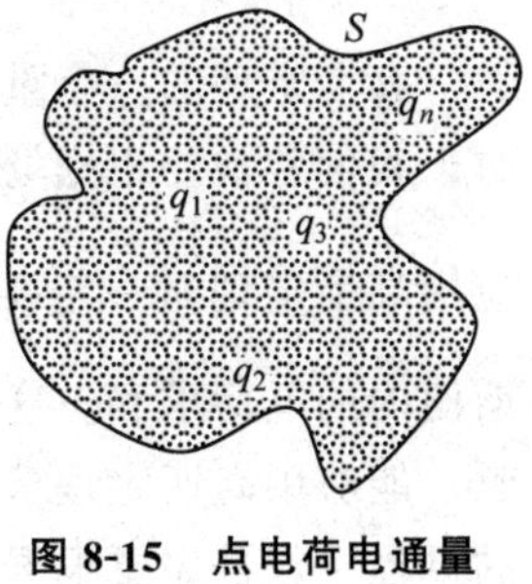

图 8-15 点电荷电通量

因此，穿过 S 的电通量为：

$$\begin{aligned}\Phi_e&=\oint_{(s)}\boldsymbol{E}\cdot \mathrm{d}\boldsymbol{S}=\oint_{(s)}(\boldsymbol{E}_1+\boldsymbol{E}_2+\cdots+\boldsymbol{E}_n)\cdot \mathrm{d}\boldsymbol{S}\\&=\oint_{(s)}\boldsymbol{E}_1\cdot \mathrm{d}\boldsymbol{S}+\oint_{(s)}\boldsymbol{E}_2\cdot \mathrm{d}\boldsymbol{S}+\cdots+\oint_{(s)}\boldsymbol{E}_n\cdot \mathrm{d}\boldsymbol{S}\\&=\frac{q_1}{\varepsilon_0}+\frac{q_2}{\varepsilon_0}+\cdots+\frac{q_n}{\varepsilon_0}\\&=\frac{1}{\varepsilon_0}\sum_{i=1}^{n}q_{i内}\end{aligned} \tag{8-36}$$

即有

$$\Phi_e=\oint_{(s)}\boldsymbol{E}\cdot \mathrm{d}\boldsymbol{S}=\frac{1}{\varepsilon_0}\sum_{i=1}^{n}q_{i内} \tag{8-37}$$

(5)高斯定理

设真空中有 $n+N$ 个点电荷，其中，有 n 个处于闭合曲面 S 内，它们的电量分别为

q_1，q_2，…，q_n，其余的 N 个位于 S 外，它们的电量分别为 q_{n+1}，q_{n+2}，…，q_{n+N}。根据场强叠加原理知，曲面 S 上任一点的电场强度为：$\boldsymbol{E}=(\boldsymbol{E}_1+\boldsymbol{E}_2+\cdots+\boldsymbol{E}_n)+(\boldsymbol{E}_{n+1}+\boldsymbol{E}_{n+2}+\cdots+\boldsymbol{E}_{n+N})$。所以，穿过 S 的电通量为：

$$\begin{aligned}\Phi_e&=\oint_{(s)}\boldsymbol{E}\cdot \mathrm{d}\boldsymbol{S}=\oint_{(s)}[(\boldsymbol{E}_1+\boldsymbol{E}_2+\cdots+\boldsymbol{E}_n)+(\boldsymbol{E}_{n+1}+\boldsymbol{E}_{n+2}+\cdots+\boldsymbol{E}_{n+N})]\cdot \mathrm{d}\boldsymbol{S}\\&=\oint_{(s)}(\boldsymbol{E}_1+\boldsymbol{E}_2+\cdots+\boldsymbol{E}_n)\cdot \mathrm{d}\boldsymbol{S}+\oint_{(s)}(\boldsymbol{E}_{n+1}+\boldsymbol{E}_{n+2}+\cdots+\boldsymbol{E}_{n+N})\cdot \mathrm{d}\boldsymbol{S}\\&=\frac{1}{\varepsilon_0}\sum_{i=1}^{n}q_{i内}\end{aligned}\tag{8-38}$$

即有

$$\Phi_e=\oint_{(s)}\boldsymbol{E}\cdot \mathrm{d}\boldsymbol{S}=\frac{1}{\varepsilon_0}\sum_{i=1}^{n}q_{i内}\tag{8-39}$$

式(8-39)表明：在真空中，穿过任意一个闭合曲面 S 的电通量，等于该闭合曲面包围的所有电荷电量代数和的 $\frac{1}{\varepsilon_0}$ 倍，与闭合曲面外的电荷无关。这一结论称为真空中的高斯定理。式(8-39)就是这定理的数学表达式。

应当指出，高斯定理虽然是在库仑定律的基础上得出的，但它的应用范围比库仑定律更广泛。库仑定律只适用于静电场，而高斯定理不仅适用于静电场，而且还适用于变化的电场，它是电磁学的基本方程之一。高斯定理说明了电场线起始于正电荷，终止于负电荷，亦即静电场是有源场。

8.3.4　高斯定理的应用

高斯定理的一个重要应用就是计算带电体周围的电场强度。在应用高斯定理求解场强时，我们常常要根据场强分布的特点，选择合适的闭合曲面，这样的曲面称为高斯面。在应用高斯定理时一定要注意：式(8-24)中的 $\boldsymbol{E}$ 是所有电荷产生的总场强，而 $\sum_{i=1}^{n}q_{i内}$ 只对高斯面内的电荷求和。这是因为高斯面外的电荷对总的电通量没有贡献，但对总场强 $\boldsymbol{E}$ 有贡献。能够用高斯定理求出的场强，其分布必须具有一定的对称性。因此，在讲解下面例子的过程中，首先要根据电荷分布的特点对场强的对称性进行分析，然后再根据场强的分布特点选择适当的高斯面进行求解。需要特别注意的是，关于场强对称性的分析。

【例 8-2】计算均匀带电薄球壳内外的电场分布。设球壳带电总量为 q，半径为 R。

解：我们用高斯定理来求解这个问题。由于电荷是均匀分布在薄球壳上的，因此，电荷的分布具有球对称性。可以证明，如果以 O 为球心，作一个半径为 r 的球面 S，则在 S 上各点场强的大小相等，场强的方向与球面垂直，即场强的分布是球对称性的。为了说明这一点，我们考察空间任一点 P 的场强。

我们先讨论 P 点的场强方向。如图 8-16 所示，P 点是空间任意一点，它相对于球心的位置矢量为 $\boldsymbol{r}$，$\boldsymbol{r}_0$ 是沿 r 方向的单位矢量。过 P 点和球心 O 作条直线 OP。我们用 $n+1$ 个与 OP 垂直且等间距的平面切割带电球壳，可以切割出 n 个等宽度的均匀带电圆环，直线 OP 就是这些圆环的中心轴线。每个带电圆环在 p 点产生的场强方向都是沿着 OP 的，

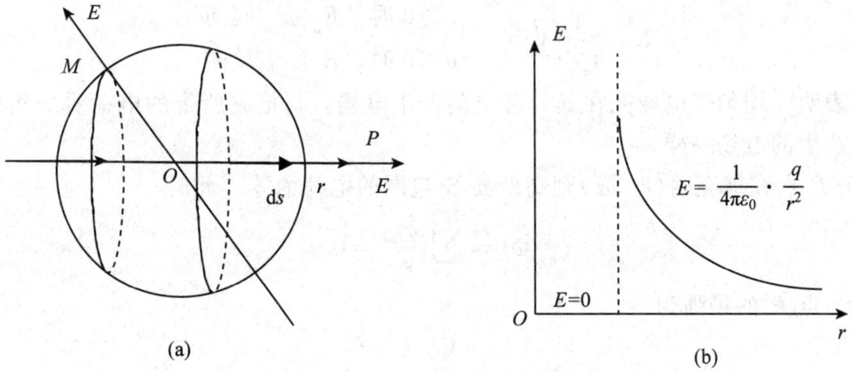

图 8-16　例 8-2 分析及结果图

因此，整个带电球壳在 P 点产生的场强的方向必然也是沿着 OP 的。如果 q 是正电荷，则 P 点的场强方向与$\boldsymbol{r}_0$ 同向。我们过 P 点作一个半径为 r 的，与带电球壳同心的球面 S 做高斯面，则 P 点的场强 $\boldsymbol{E}$ 与球面 $\boldsymbol{S}$ 是垂直的。采用类似的方法可以证明，S 上其他点的场强 $\boldsymbol{E}$ 与球面 $\boldsymbol{S}$ 也是垂直的。

下面讨论场强大小的分布情况。由于电荷分布具有对称性，因此对于球壳同心的球面 S 上的每一点来讲，互相之间的地位是完全相同的，这就决定了在所选球面 S 上，各点的场强大小完全相等。关于这一点还可以用其他方法来证明。

由以上分析不难看出，如果过点 P 做一个以 O 为球心，r 为半径的球面 S 上，各点的场强大小处处相等，场强方向与球面垂直。场强的这种分布称为球对称分布。

根据场强的分布特点，取过 P 点，以 O 为球心、r 为半径的球面 S 作为高斯面，则穿过 S 的电通量为：

$$\Phi_e=\oint_{(s)}\boldsymbol{E}\cdot\mathrm{d}\boldsymbol{S}=\oint_{(s)}\boldsymbol{E}\cdot\mathrm{d}S\boldsymbol{n}=\oint_{(s)}E\,\mathrm{d}S=4\pi r^2E$$

根据高斯定理有：

$$\Phi_e=\sum_{i=1}^{n}q_{i内}$$

由以上两式可得：

$$\boldsymbol{E}=\frac{1}{4\pi\varepsilon_0}\frac{\sum_{i=1}^{n}q_{i内}}{r^2}\boldsymbol{r}_0$$

显然，前面关于场强对称性的分析，对于球壳内、外的场点都是适用的，所以上式对于球壳的内、外的高斯定理都是适用。

(1)若 P 点在球壳外($r\geqslant R$)，则高斯面 S 包围了球壳上的所有电荷 q，故有：

$$\Phi_e=\sum_{i=1}^{n}\frac{q_{i内}}{\varepsilon_0}=\frac{q}{\varepsilon_0}$$

所以球壳外的场强为：

$$E=\frac{1}{4\pi\varepsilon_0}\frac{q}{r^2}$$

写成矢量为：

$$\boldsymbol{E}=\frac{1}{4\pi\varepsilon_0}\frac{q}{r^2}\boldsymbol{r}_0 \quad \begin{cases} q>0\text{ 时，}\boldsymbol{E}\text{ 与}\boldsymbol{r}_0\text{ 同向} \\ q<0\text{ 时，}\boldsymbol{E}\text{ 与}\boldsymbol{r}_0\text{ 反向} \end{cases}$$

上式表明：均匀带电球壳在其外部空间产生电场，与把它所带的电荷看成集中在球心的点电荷产生的电场一样。

(2)若 P 点在球壳内($r<R$)则高斯面 S 包围的电荷为零，此时

$$\Phi_e=\sum_{i=1}^{n}\frac{q_{i内}}{\varepsilon_0}=0$$

因此，点 P 的场强为：

$$E=0$$

这就表明：在均匀带电球壳的内部，空间各点的场强处处为零。

图 8-16(b)是$\boldsymbol{E}$ 随 r 变化的曲线。由图可知，在球壳内($r<R$)的$\boldsymbol{E}$ 为零，球壳外($r>R$)的$\boldsymbol{E}$ 与 r^2 呈反比，在球壳处($r=R$)的场强度有跃变，即从零跃变到$\frac{1}{4\pi\varepsilon_0}\frac{q}{R^2}$。

如果电荷 q 均匀分布在半径为R 的球体内，可以证明，带电球体产生的电场也是球对称分布的。根据高斯定理可以求出带电球体内、外的场强分别为：

$$\boldsymbol{E}=\frac{1}{4\pi\varepsilon_0}\frac{q}{r^2}\boldsymbol{r}_0 \quad (r\geqslant R)$$

及

$$\boldsymbol{E}=\frac{1}{4\pi\varepsilon_0}\frac{qr}{R^3}\boldsymbol{r}_0 \quad (r<R)$$

式中，$\boldsymbol{r}_0$ 是由球心指向场点的矢量。

在场强的特殊分布中，除了上面讲到的球对称分布外，还有面对称分布和轴对称分布，如图 8-17 所示。“无限大”均匀带电平面产生的场强是面对称分布的，而“无限长”均匀带电线产生的场强是轴对称分布的。一般来讲，在实际中遇到的都是有限大均匀带电平面和有限长均匀带电线的情况。

对于有限大均匀带电平面来讲，如果场点处于有限大均匀带电平面中心表面附近，则

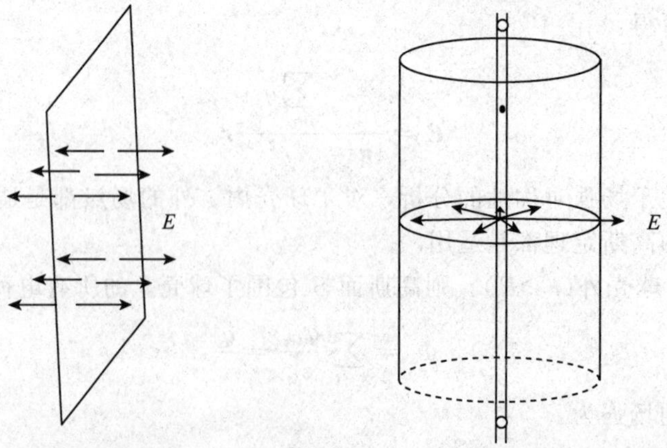

(a) 面对称分布　　(b) 轴对称分布

图 8-17　场强的面对称和轴对称分布

有限大均匀带电平面产生的场强也是面对称分布的。在利用高斯定理求解它产生的场强时，所选的高斯面应是侧面与带电面垂直，两底面与带电面平行且等距的柱面，如图 8-18(a)所示；同理，有限长均匀带电线在其中点表面附近产生的场强也是柱对称分布的，利用高新定理求它产生的场强时，所选的高斯面应是侧面与带电线单行，两底面与带电线垂直的圆柱面，且圆柱面与带电线是同轴的，如图 8-18(b)所示。

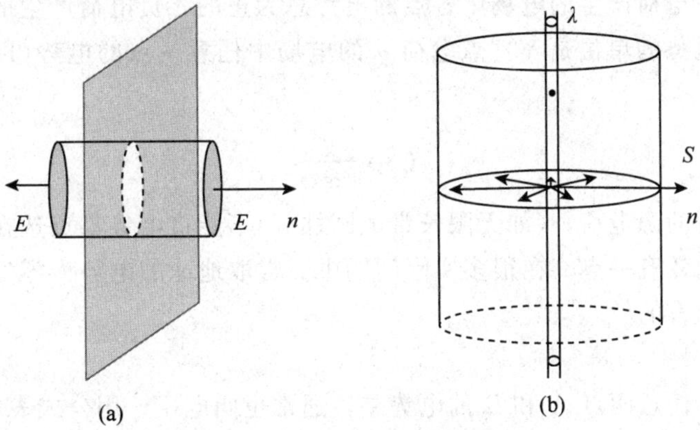

图 8-18　高斯面的选取

8.4　电势及其与电场强度的关系

8.4.1　电势能和电势

1)电势能

电荷在电场中要受电场力的作用，电荷在电场中移动时，电场力要对电荷做功。电场力所做的功只与电荷移动路径的起点和终点的位置有关，而与路径无关，因而电场力是保守力。电场力对电荷作功，使电荷在电场中相应位置的电势能发生变化，即

$$A_{12}=\int_1^2 q\boldsymbol{E}\cdot \mathrm{d}\boldsymbol{l}=W_1-W_2=-\Delta W \tag{8-40}$$

式中，A_{12} 表示电荷在电场中从位置 1 移动到位置 2 电场力所做的功；ΔW 表示电势能的增量。若电场力对电荷做正功，则 $W_1-W_2>0$，电势能减小；若电场力对电荷做负功，即电荷反抗电场力作功，则 $W_1-W_2<0$，电势能增加。

2)电势

(1)电势的定义

电势是从做功的角度来描述静电场特性的物理量，用 U 表示(单位为 V)，静电场中某一点的电势等于单位正电荷在该点所具有的电势能。

$$U_P=\frac{W_P}{q} \tag{8-41}$$

由于电势只具有相对的意义，因而确定电荷在电场中某一点电势的大小，必须选定一个作为参考的电势零点。这样静电场中某点的电势数值上等于单位正电荷在该点经任意路

径到电势零点过程中电场力所做的功，即

$$U_P=\int_P^{\text{电势零点}}\boldsymbol{E}\cdot \mathrm{d}\boldsymbol{l} \tag{8-42}$$

(2)电势零点的选取

电势零点的选取可视问题的性质而定，若原电荷为有限大小，一般习惯规定无限远处电势为零。这样正电荷产生的电场中各点的电势总为正的，负电荷产生的的电场中各点的电势总为负的，电势的单位是V。点电荷 q 的电场中任意一点的电势(以无限远为零电势点)。

$$U=\frac{q}{4\pi\varepsilon_0 r} \tag{8-43}$$

对于无限扩展的源电荷，(如无限长带电圆柱等)不能将电势零点选在无限远处，只能选在有限区域内的任意一点。在很多实际问题中，常取地球的电势为零，其他带电体的电势都是相对地球而言的。

(3)电势差

在静电场中，任意两点 A 和 B 的电势差，通常也叫电压，用公式表示为：

$$U_{AB}=U_A-U_B=\int_A^B\boldsymbol{E}\cdot \mathrm{d}\boldsymbol{l} \tag{8-44}$$

也就是说，静电场中 A，B 两点的电势差，等于单位正电荷在电场中从 A 经过任意路径到达 B 点时，电场力所作的功。

(4)用电势差表示电场力的功

当任一电荷 q_0 在电场中从 A 点移动到 B 点时，电场力所做的功也可以用电势差表示，即

$$A=q_0(U_A-U_B)=q_0U_{AB} \tag{8-45}$$

8.4.2　电势的计算

已知电荷分布，求电势的方法有两种：一种是若已经知道了电场强度 E 的分布函数，那么就可以直接应用电势的定义作一积分运算(但电荷分布到无限远时，则不能取无限远为零电势点)；另一种方法是根据电势的叠加原理求出任意电荷分布的电势。下面就最后一种方法作进一步的讨论。

(1)点电荷电场中的电势

设电荷 q 静止于坐标系的原点，则距 q 为 r 的 P 点的电势为：

$$U_P=\frac{W_P}{q_0}=\frac{A_{P\infty}}{q_0} \tag{8-46}$$

由此可知

$$A_{P\infty}=\frac{qq_0}{4\pi\varepsilon_0 r} \tag{8-47}$$

将 $A_{P\infty}$ 代入上式，求得

$$U_P=\frac{q}{4\pi\varepsilon_0 r} \tag{8-48}$$

由此可见，点电荷周围空间任一点的电势与该点离点电荷 q 的距离 r 呈反比。如果 q 是正的，各点电势是正的，离点电荷越远处电势越低，在无限远处电势为零；如果 q 是负的，各点的电势也是负的，离点电荷越远处电势越高，在无限远处电势最大为零值。

(2)点电荷系电场中的电势

如果电场由 n 个点电荷 q_1，q_2，…，q_n 所激发，某点 P 的电势由电场强度叠加原理可知为：

$$U_P=\int_P^{\infty}\boldsymbol{E}\cdot \mathrm{d}\boldsymbol{l}=\int_P^{\infty}\boldsymbol{E}_1\cdot \mathrm{d}\boldsymbol{l}+\int_P^{\infty}\boldsymbol{E}_2\cdot \mathrm{d}\boldsymbol{l}+\cdots+\int_P^{\infty}\boldsymbol{E}_n\cdot \mathrm{d}\boldsymbol{l}$$
$$=\sum_{i=1}^{n}\int_P^{\infty}\boldsymbol{E}_i\cdot \mathrm{d}\boldsymbol{l}=\sum_{i=1}^{n}V_{P_i}=\sum_{i=1}^{n}\frac{q_i}{4\pi\varepsilon_0 r_i} \tag{8-49}$$

式中，r_i 是 P 点离开点电荷 q_i 的相应的距离。

上式表明，在点电荷系的静电场中，某点的电势等于每一个点电荷单独在该点所激发的电势的代数和。电势的这个性质称为电势的叠加原理。

(3)连续分布电荷电场中的电势

如果静电场是由电荷连续分布的带电体所激发，要求某点 P 的电势，可以根据电势叠加原理将带电体分成许多电荷元 $\mathrm{d}q$，每个点电荷元在 P 点的电势按式(8-48)计算，那么整个带电体在 P 点的电势为：

$$U_P=\int\frac{\mathrm{d}q}{4\pi\varepsilon_0 r} \tag{8-50}$$

根据电荷是体分布、面分布或线分布等不同情况将积分遍及整个带电体。因为电势是标量，这里的积分是标量积分，所以电势的计算比电场强度的计算较为简便。

8.4.3　等势面的性质

前面我们已介绍用电场线来描述电场中各点的电场强度情况，现在我们说明如何用等势面的图像来形象地表示电场中的电势分布情况。一般说来，静电场中的各点的电势是逐点变化的，但是场中有许多点的电势值是相等的。将这些电势值相等的各点连起来所构成的曲面称为做等势面。从点电荷的静电场开始，研究等势面的性质。已知在点电荷 q 的电场中，与电荷 q 相距为 r 处的各点的电势为：

$$U=\frac{q}{4\pi\varepsilon_0 r} \tag{8-51}$$

由此可见，r 相同的各点电势相等，所以在点电荷电场中，等势面是以点电荷为中心的一系列同心球面，如图 8-19(a)虚线所示；点电荷电场中的电场线是由正电荷发出(或向负电荷汇聚)的一系列直线，显然，这些电场线(沿半径方向)与等势面(同心球面)处处正交，电场线的方向指向电势降落的方向。这一结论不仅在点电荷的电场中成立，在任何带电体的电场中都成立。可证明如下，如图 8-19 所示，设试探电荷 q_0 在某等势面上的 P 点沿等势面作一微小的位移 $\mathrm{d}l$ 到达 Q 点，这时电场力 $q_0\boldsymbol{E}$ 所做的功为：

$$\mathrm{d}A=q_0E\cos\theta\,\mathrm{d}l \tag{8-52}$$

式中，$\boldsymbol{E}$ 是 PQ 范围内电场强度$\boldsymbol{E}$ 的量值；θ 是 $\boldsymbol{E}$ 和 $\mathrm{d}\boldsymbol{l}$ 之间的夹角。这功也等于 P、Q 两点的电势差乘以 q_0。因为 P、Q 两点在同一等势面上，$U_P=U_Q$，所以

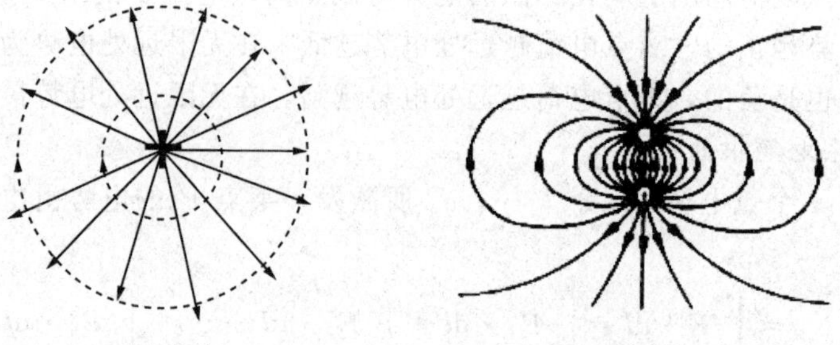

（a）正点电荷　　（b）电偶极子

图 8-19　两种电场的等势面和电场线

$$dA = q_0 E\cos\theta dl = q(U_P - U_Q) = 0 \tag{8-53}$$

式中，q_0、E、dl 都不等于零，必然是 $\cos\theta = 0$，即 $\theta = 90°$，这说明电场强度$\boldsymbol{E}$ 垂直于 $d\boldsymbol{l}$，由于 $d\boldsymbol{l}$ 是等势面上的任意位移元，因此，电场强度与等势面必定处处正交。总之，在静电场中，电场线和等势面是相互正交的线族和面族(图 8-20)。

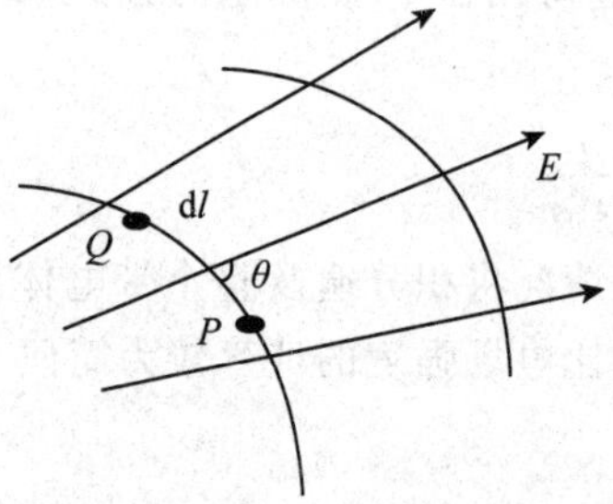

图 8-20　等势面与电场线正交的证明

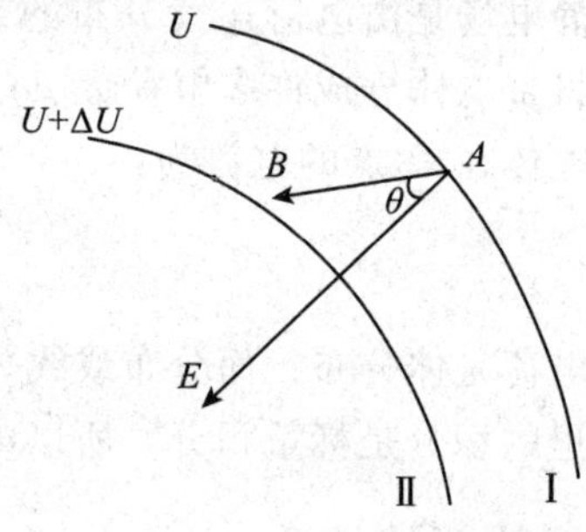

图 8-21　求 $\boldsymbol{E}$ 和 $\boldsymbol{U}$ 的关系

8.4.4　电场强度与电势梯度

如图 8-21 所示，设想在静电场中有两个靠的很近的等势面Ⅰ和Ⅱ，它们的电势分别为 U 和 $U+\Delta U$。在两等势面上分别取点 A 和点 B，这两点非常靠近，间距为 Δl，因此，它们之间的电场强度$\boldsymbol{E}$ 可以认为是不变的。设 $\Delta\boldsymbol{l}$ 与 $\boldsymbol{E}$ 之间的夹角为 θ，则将单位正电荷由点 A 移到点 B，电场力所做的功为：

$$-\Delta U = \boldsymbol{E}\cdot\Delta\boldsymbol{l} = E\Delta l\cos\theta \tag{8-54}$$

而电场强度$\boldsymbol{E}$ 在 $\Delta\boldsymbol{l}$ 上的分量为$E\cos\theta = E_l$，所以有：

$$E_l = -\frac{\Delta U}{\Delta l} \tag{8-55}$$

式中，$\Delta U/\Delta l$ 为电势沿 Δl 方向的单位长度上电势的变化率。

从式(8-55)可以看出，等势面密集处的电场强度大，等势面稀疏处的电场强度小，所以从等势面的分布可以定性地看出电场强度的强弱分布情况。

若把 Δl 取得极小，则 $\Delta U/\Delta l$ 的极限值可写作：

$$\lim_{\Delta l \to 0} \frac{\Delta U}{\Delta l} = \frac{\mathrm{d}U}{\mathrm{d}l} \tag{8-56}$$

于是，式(8-55)为：

$$E_l = -\frac{\mathrm{d}U}{\mathrm{d}l} \tag{8-57}$$

$\mathrm{d}U/\mathrm{d}l$ 是沿 l 方向单位长度的电势变化率。式(8-57)表明，电场中某一点的电场强度沿任一方向的分量，等于这一点的电势沿该方向的电势变化率的负值。显然，电势沿不同方向的单位长度变化率是不同的。这里，我们只讨论电势沿两个有代表性方向的单位长度的变化率。由于等势面上各点的电势是相等的，因此，电场中某一点的电势在沿等势面上任一方向的 $\mathrm{d}U/\mathrm{d}l_\tau = 0$。这说明，等势面上任一点电场强度的切向分量为零，即$\boldsymbol{E}_\tau = 0$。此外，如图 8-22 所示，由于两等势面相距很近，且两等势面法线方向的单位法线矢量为 $\boldsymbol{e}_n$，它的方向通常规定由低电势指向高电势。于是由式(8-57)可知，电场强度沿法线的分量 E_n 为：

$$E_n = -\frac{\mathrm{d}U}{\mathrm{d}l_n} \tag{8-58}$$

式中，$\dfrac{\mathrm{d}U}{\mathrm{d}l_n}$是沿法线方向单位长度上电势的变化率，它比任何方向上的空间变化率都大，是电势空间变化率的最大值。此外，因为等势面上任一点电场强度的切向分量为零，所以，电场中任意点$\boldsymbol{E}$ 的大小就是该点$\boldsymbol{E}$ 的法向分量 E_n。于是，有：

$$E = -\frac{\mathrm{d}U}{\mathrm{d}l_n} \tag{8-59}$$

式中，负号表示当$\dfrac{\mathrm{d}U}{\mathrm{d}l_n} < 0$ 时，$\boldsymbol{E} > 0$，即$\boldsymbol{E}$ 的方向总是由高电势指向低电势，$\boldsymbol{E}$ 的方向与$\boldsymbol{e}_n$ 的方向相反。写成矢量式，则有：

$$\boldsymbol{E} = -\frac{\mathrm{d}U}{\mathrm{d}l_n}\boldsymbol{e}_n \tag{8-60}$$

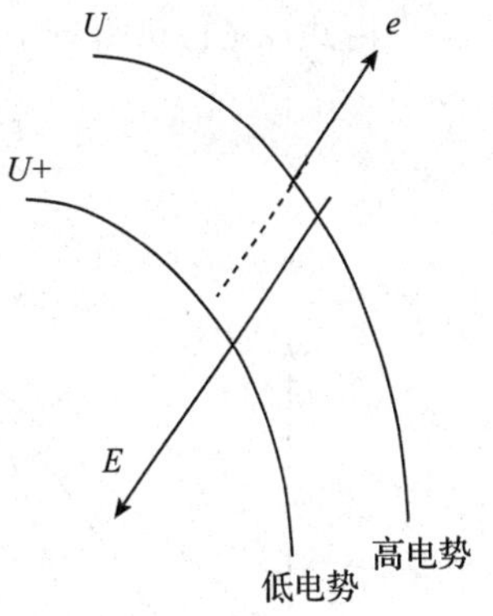

图 8-22　两等势面的法线与电场线

上式表明，在电场中任意一点的电场强度$\boldsymbol{E}$，等于该点的电势沿等势面法线方向的变化率的负值。这也就是说，在电场中任一点$\boldsymbol{E}$ 的大小，等于该点电势沿等势面法线方向的空间变化率，$\boldsymbol{E}$ 的方向与法线方向相反。式(8-60)是电场强度与电势关系的矢量表达式，较之式(8-57)更具普遍性。式(8-60)也是电场强度常用伏每米(即 $\mathrm{V \cdot m^{-1}}$)作为其单位名称的缘由。

一般说来，在直角坐标系中，电势 U 是坐标 x，y 和 z 的函数。因此，如果把 x 轴、y 轴和 z 轴正方向分别取作 $\mathrm{d}l$ 的方向，由式(8-57)可得，电场强度在这三个方向上的分量分别为：

$$E_x = -\frac{\partial U}{\partial x}, E_y = -\frac{\partial U}{\partial y}, E_z = -\frac{\partial U}{\partial z} \tag{8-61}$$

于是电场强度与电势关系的矢量表达式可写成：

$$\boldsymbol{E}=-\left(\frac{\partial U}{\partial x}\boldsymbol{i}+\frac{\partial U}{\partial y}\boldsymbol{j}+\frac{\partial U}{\partial z}\boldsymbol{k}\right)=-\frac{\mathrm{d}U}{\mathrm{d}l_n}\boldsymbol{e}_n \tag{8-62}$$

应当指出，电势U是标量，与矢量$\boldsymbol{E}$相比，U比较容易计算，所以，在实际计算时，常是先计算电势U，然后再用式(8-62)来求出电场强度$\boldsymbol{E}$。

在数学上，常把标量函数$f=(x, y, z)$的梯度$\mathrm{grad}f$定义为：

$$\mathrm{grad}f=\frac{\partial f}{\partial x}\boldsymbol{i}+\frac{\partial f}{\partial y}\boldsymbol{j}+\frac{\partial f}{\partial z}\boldsymbol{k} \tag{8-63}$$

$\mathrm{grad}f$是坐标x，y，z矢量函数，也可以写成∇f。因此，式(8-62)可写为：

$$\boldsymbol{E}=-\mathrm{grad}U=-\nabla U \tag{8-64}$$

即电场强度$\boldsymbol{E}$等于电势梯度的负值。

【例 8-3】用电场强度与电势的关系，求均匀带电细圆环轴线上一点的电场强度。

解：已求得在x轴在点P的电势为：

$$U=\frac{1}{4\pi\varepsilon_0}\frac{q}{(x^2+R^2)^{1/2}}$$

式中，R为圆环的半径。

由式(8-61)可得点P的电场强度为：

$$E=E_x=-\frac{\partial U}{\partial x}=-\frac{\partial}{\partial x}\left[\frac{1}{4\pi\varepsilon_0}\frac{q}{(x^2+R^2)^{1/2}}\right]$$

$$=\frac{1}{4\pi\varepsilon_0}\frac{qx}{(x^2+R^2)^{3/2}}$$

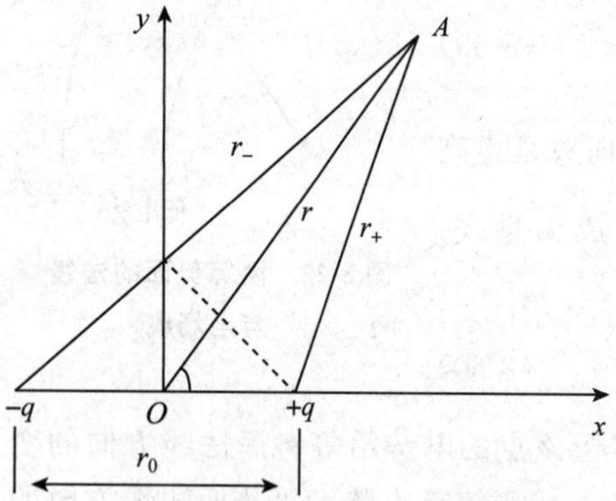

图 8-23 例 8-4 电偶极子电场图

【例 8-4】求电偶极子电场中任意一点A的电势和电场强度。

解：图 8-23 所示的电偶极子，已知其电偶极矩为$\boldsymbol{p}=q\,\boldsymbol{r}_0$。设点$A$与$-q$和$+q$均在$Oxy$平面内，点$A$到$-q$和$+q$的距离分别为$r_-$和$r_+$，点$A$到偶极子中心点$O$的距离为$r$。$+q$及$-q$在点$A$的电势分别为：

$$U_+=\frac{1}{4\pi\varepsilon_0}\frac{q}{r_+}$$

和

$$U_-=-\frac{1}{4\pi\varepsilon_0}\frac{q}{r_-}$$

根据电势的叠加原理，点A的电势为：

$$U=U_++U_-=\frac{q}{4\pi\varepsilon_0}\left(\frac{1}{r_+}-\frac{1}{r_-}\right)=\frac{q}{4\pi\varepsilon_0}\left(\frac{r_--r_+}{r_+r_-}\right) \tag{a}$$

对电偶极子来说，$r_0 \ll r$，所以$r_--r_+\approx r_0\cos\theta$，及$r_-r_+\approx r^2$。于是，式(a)可写成

$$U=\frac{q}{4\pi\varepsilon_0}\frac{r_0\cos\theta}{r^2}=\frac{1}{4\pi\varepsilon_0}\frac{\boldsymbol{p}\cos\theta}{r^2} \tag{b}$$

这表明，在电偶极子的电场中，远离电偶极子一点的电势与电偶极矩$\boldsymbol{p}$的大小呈正

比，与$\boldsymbol{p}$与r之间夹角的余弦呈正比，而与r的二次方呈反比。

式(b)也可用点A的坐标x，y写成：

$$U=\frac{\boldsymbol{p}}{4\pi\varepsilon_0}\frac{x}{(x^2+y^2)^{3/2}} \tag{c}$$

故由式(c)和式(8-61)可得点A的电场强度$\boldsymbol{E}$在x，y轴的分量分别为：

$$\boldsymbol{E}_x=-\frac{\partial U}{\partial x}=-\frac{\boldsymbol{p}}{4\pi\varepsilon_0}\frac{y^2-2x^2}{(x^2+y^2)^{5/2}}$$

$$\boldsymbol{E}_y=-\frac{\partial U}{\partial y}=\frac{\boldsymbol{p}}{4\pi\varepsilon_0}\frac{3xy}{(x^2+y^2)^{5/2}}$$

于是，点A电场强度$\boldsymbol{E}$的值为：

$$\boldsymbol{E}=\frac{\boldsymbol{p}}{4\pi\varepsilon_0}\frac{(4x^2+y^2)^{1/2}}{(x^2+y^2)^2}$$

当$y=0$时，即点A在电偶极矩$\boldsymbol{p}$的延长线上，有：

$$\boldsymbol{E}=\frac{2\boldsymbol{p}}{4\pi\varepsilon_0}\frac{1}{x^3}$$

当$x=0$时，即点A在电偶极子中垂线上，有：

$$\boldsymbol{E}=\frac{\boldsymbol{p}}{4\pi\varepsilon_0}\frac{1}{y^3}$$

8.5 静电场中的电偶极子

在研究电介质的极化机理、电场对有极分子的作用等问题时，电场对电偶极子的作用，以及电偶极子对电场的影响都是十分重要的问题。

如图 8-24 所示，在电场强度为$\boldsymbol{E}$的匀强电场中，放置一电偶极矩为$\boldsymbol{p}=q\,\boldsymbol{r}_0$的电偶极子。电场作用在$+q$和$-q$上的力分别为$\boldsymbol{F}_+=q\boldsymbol{E}$和$\boldsymbol{F}_-=-q\boldsymbol{E}$。于是作用在电偶极子上的合力为：

$$\boldsymbol{F}=\boldsymbol{F}_++\boldsymbol{F}_-=q\boldsymbol{E}-q\boldsymbol{E}=0 \tag{8-65}$$

这表明，在均匀电场中，电偶极子不受电场力的作用。但是，由于力$\boldsymbol{F}_+$和$\boldsymbol{F}_-$的作用线不在同一直线上，它们构成力矩。根据力矩的定义，电偶极子所受的力矩为：

$$M=qr_0E\sin\theta=pE\sin\theta \tag{8-66}$$

式(8-66)的矢量形式为：

$$\boldsymbol{M}=\boldsymbol{p}\times\boldsymbol{E} \tag{8-67}$$

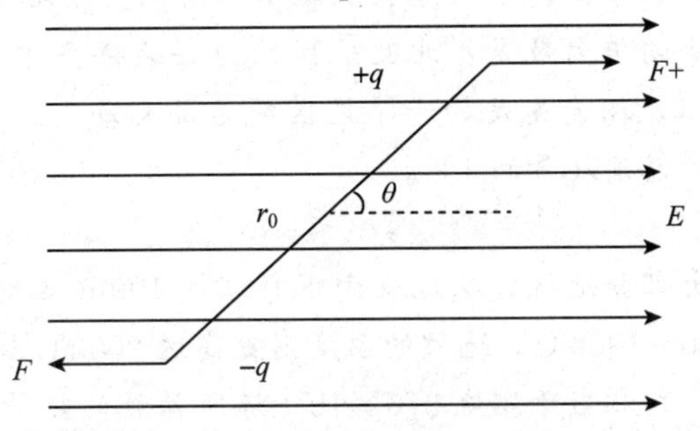

图 8-24 在均匀电场中电偶极子所受的力矩

在力矩作用下，电偶极子将在图示情况下作顺时针转动。当$\theta=0$，即电偶极子的电矩$\boldsymbol{p}$的方向与电场强度$\boldsymbol{E}$的方向相同时，电偶极子所受力矩为零，这个位置是电偶极子的稳定平衡位置。应当指出，当$\theta=\pi$，即$\boldsymbol{p}$的方向与$\boldsymbol{E}$的方向相反时，电偶极子所受的力矩虽也为零，但此时电偶极子处于非稳定平衡，只要θ稍微偏离这个位置，电偶极子将在力矩作用下，使$\boldsymbol{p}$的方向转至与$\boldsymbol{E}$的方向相一致。关于这一点，下面我们还将从电势能的角度作些讨论。

如果电偶极子放在不均匀电场中，这时作用在$+q$和$-q$上的力为：

$$\boldsymbol{F}=\boldsymbol{F}_{+}+\boldsymbol{F}_{-}=q\boldsymbol{E}_{+}-q\boldsymbol{E}_{-}\neq 0 \tag{8-68}$$

所以，在非均匀电场中，电偶极子不仅要转动，而且还会在电场力作用下发生移动。

仍如图 8-24 所示，电矩为$\boldsymbol{p}=\boldsymbol{q}\,r_0$的电偶极子处于电场强度为$\boldsymbol{E}$的匀强电场中，设$+q$和$-q$所处的电势分别为$U_+$和$U_-$。此电偶极子的电势能为：

$$\boldsymbol{E}_p=q\boldsymbol{E}_{+}-q\boldsymbol{E}_{-}=-q\left(-\frac{U_+-U_-}{r_0\cos\theta}\right)\boldsymbol{r}_0\cos\theta=-qr_0E\cos\theta \tag{8-69}$$

有：

$$\boldsymbol{E}_p=-\boldsymbol{p}E\cos\theta \tag{8-70}$$

上式表明，在均匀电场中电偶极子的电势能与电偶极矩在电场中的方位有关。当电偶极子的中电偶极矩$\boldsymbol{p}$的方向与$\boldsymbol{E}$一致时($\theta=0$)，其电势能$\boldsymbol{E}_p=-\boldsymbol{p}\,\boldsymbol{E}$，此时，电势能最低；当$\boldsymbol{p}$与$\boldsymbol{E}$垂直时($\theta=\pi/2$)，其电势能为零；当$\boldsymbol{p}$的方向与$\boldsymbol{E}$的方向相反时($\theta=\pi$)，其电势能$\boldsymbol{E}_p=\boldsymbol{p}\,\boldsymbol{E}$，此时，电势能最大。从能量的观点来看，能量越低，系统的状态越稳定。由此可见，电偶极子电势能最低的位置，即为稳定平衡位置。这就是说，在电场中的电偶极子，一般情况下总具有使自己的$\boldsymbol{p}$转向$\theta=0$的趋势。

物理广角

一、新能源技术

(1)太阳能

太阳向宇宙空间辐射能量极大，而地球所接受的只是其中极其微小的一部分。因地理位置以及季节和气候条件的不同，不同地点和在不同时间里所接受到的太阳能有所差异，地面所接受到的太阳能平均值大致是：北欧地区约为每天每平方米 2kW/h，大部分沙漠地带和大部分热带地区以及阳光充足的干旱地区约为每天每平方米 6kW/h。目前人类所利用的太阳能尚不及能源总消耗量的1%。

(2)地热能

据测算，在地球的大部分地区，从地表向下每深入 100m 温度就约升高 3℃，地面下 35km 处的温度约为 1100～1300℃，地核的温度则更高达 2000℃以上。估计每年从地球内部传到地球表面的热量，约相当于燃烧 370×10^8t 煤所释放的热量。如果只计算地下热水和地下蒸汽的总热量，就是地球上全部煤炭所储藏的热量的 1700 万倍。

现在地热能主要用来发电，不过非电应用的途径也十分广阔。世界第一座利用地热发电的试验电站于1904年在意大利运行。地热资源受到普遍重视是20世纪60年代以后的事。目前世界上许多国家都在积极地研究地热资源的开发和利用。地热能主要用来发电，地热发电的装机总容量已达数百万千瓦。

我国地热资源也比较丰富，高温地热资源主要分布在西藏、云南西部和台湾等地。

(3)核能

核能与传统能源相比，其优越性极为明显。1kg ^{235}U 裂变所产生的能量大约相当于2500t标准煤燃烧所释放的热量。现代一座装机容量为 100×10^4kW的火力发电站每年约需 $200\times10^4\sim300\times10^4$t原煤，大约是每天8列火车的运量。同样规模的核电站每年仅需含铀 ^{235}U 3%的浓缩铀28t或天然铀燃料150t。所以，即使不计算把节省下来的煤用作化工原料所带来的经济效益，只是从燃料的运输、储存上来考虑就便利得多和节省得多。据测算，地壳里有经济开采价值的铀矿不超过 400×10^4t，所能释放的能量与石油资源的能量大致相当。如按目前速度消耗，充其量也只能用几十年。不过，在 ^{235}U 裂变时除产生热能之外还产生多余的中子，这些中子的一部分可与 ^{238}U 发生核反应，经过一系列变化之后能够得到 ^{239}U，而 ^{239}U 也可以作为核燃料。运用这些方法就能大大扩展宝贵的 ^{235}U 资源。

目前，核反应堆还只是利用核的裂变反应，如果可控热核反应发电的设想得以实现，其效益必将极其可观。核能利用的一大问题是安全问题。核电站正常运行时不可避免地会有少量放射性物质随废气、废水排放到周围环境，必须加以严格的控制。现在有不少人担心核电站的放射物会造成危害，其实在人类生活的环境中自古以来就存在着放射性。数据表明，即使人们居住在核电站附近，它所增加的放射性照射剂量也是微不足道的。事实证明，只要认真对待，措施周密，核电站的危害远小于火电站。据专家估计，相对于同等发电量的电站来说，燃煤电站所引起的癌症致死人数比核电站高出50～1000倍，遗传效应也要高出100倍。

(4)海洋能

海洋能包括潮汐能、波浪能、海流能和海水温差能等，这些都是可再生能源。

海水的潮汐运动是月球和太阳的引力所造成的，经计算可知，在日月的共同作用下，潮汐的最大涨落为0.8m左右。由于近岸地带地形等因素的影响，某些海岸的实际潮汐涨落还会大大超过一般数值，例如，我国杭州湾的最大潮差为8～9m。潮汐的涨落蕴藏着很可观的能量，据测算全世界可利用的潮汐能约 109×10^8kW·h，大部集中在比较浅窄的海面上。潮汐能发电是从20世纪50年代才开始的，现已建成的最大的潮汐发电站是法国朗斯河口发电站，它的总装机容量为 24×10^4kW·h，年发电量 5×10^8kW·h。我国从50年代末开始兴建了一批潮汐发电站，目前规模最大的是1974年建成的广东省顺德县甘竹滩发电站，装机容量为500kW。浙江和福建沿海是我国建设大型潮汐发电站的比较理想的地区，专家们已经作了大量调研和论证工作，一旦条件成熟便可大规模开发。

大海里有永不停息的波浪，据估算每平方千米海面上波浪能的功率约为 $10\times10^4\sim20\times10^4$kW。70年代末我国已开始在南海上使用以波浪能作能源的浮标航标灯。1974年日本建成的波浪能发电装置的功率达到100kW。许多国家目前都在积极地进行开发波浪能的研究工作。

海流亦称洋流，它好比是海洋中的河流，有一定宽度、长度、深度和流速，一般宽度为几十到几百海里之间，长度可达数千海里，深度约几百米，流速通常为 1～2nmile/h，最快的可达 45nmile/h。太平洋上有一条名为“黑潮”的暖流，宽度在 100nmile/h 左右，平均深度为 400m，平均日流速 30～80nmile/h，它的流量为陆地上所有河流之总和的 20 倍。现在一些国家的海流发电的试验装置已在运行之中。

水是地球上热容量最大的物质，到达地球的太阳辐射能大部分都为海水所吸收，它使海水的表层维持着较高的温度，而深层海水的温度基本上是恒定的，这就造成海洋表层与深层之间的温差。依热力学第二定律，存在着一个高温热源和一个低温热源就可以构成热机对外做功，海水温差能的利用就是根据这个原理。20 世纪 20 年代就已有人做过海水温差能发电的试验。1956 年，在西非海岸建成了一座大型试验性海水温差能发电站，它利用 20℃的温差发出了 7500kW 的电能。

(5)超导能

超导储能是一种无需经过能量转换而直接储存电能的方式，它将电流导入电感线圈，由于线圈由超导体制成，理论上电流可以无损失地不断循环，直到导出。目前，超导线圈采用的材料主要有铌钛(NbTi)和铌三锡(Nb3Sn)超导材料、铋系和钇钡铜氧(YBCO)高温超导材料等，这些材料的共同特点是需要运行在液氦或液氮的低温条件下才能保持超导特性。因此，目前一个典型的超导磁储能装置包括超导磁体单元、低温恒温以及电源转换系统等。

超导磁储能具有能量转换效率高(可达 95%)、毫秒级响应速度、大功率和大容量系统、寿命长等特点，但与其他技术相比，超导储能系统的超导材料及维持低温的费用较高。未来要实现超导磁储能的大规模应用，仍需在发展适合液氮温区运行的 MJ 级系统的超导体，解决高场磁体绕组力学支撑问题，与柔性输电技术结合，进一步降低投资和运行成本，分布式超导磁储能及其有效控制和保护策略等方面开展研究应用。

二、新能源技术在汽车行业的应用

当今社会经济和科技在不断的快速发展的同时，能源消耗太大造成能源不断的枯竭与环境污染严重等问题日益明显。如今全世界各个地方都在提倡节能、减排。绿色环保成了当今社会上的主体。如今汽车行业已经成为世界上最大的能源消耗和污染行业之一。而要解决能源消耗与环境污染问题就应该先从汽车行业抓起，减少能源消耗和污染。

(1)混合动力汽车

混合动力一般指由汽油、柴油与电能混合在仪器所形成的动力车型。这样能有效地改善燃油和功率输出低的车型。根据其不同，主要又可以分为汽油混合动力和柴油混合动力两种。它的优点是：①采用混合动力后可以增加汽车内部机器功率的输出和减少耗油量。当大功率内燃机功率不足时，可由电池来补充，同时电池也可以得到充电，所以其行程和普通汽车是一样的；②因为使用电池，可以方便地回收以便循环使用；③在市中心人流量大的地方，完全用电池单独驱动，实现“零”排放；④可以在现有的加油站加油，不必再投资建设新的加油站；⑤用户可以让电池在延长寿命和降低成本的基础上保持良好的工作状态。

(2)纯电动汽车

纯电动汽车是直接采用电机作为驱动器，是以电力作为全部驱动力的汽车。这种车研究技术的难点在于电力的储存技术。传统汽车消耗石油等不可再生能源造成能源消耗和环境污染，而电能可以从核能、水力和风力等可再生能源中获得且无污染。电动汽车还可以利用在其空余的时间进行充电，使发电设备日夜都能充分使用，大大提高行驶效率。由于这些优点，电动汽车的应用成为汽车工业的一个非常重要的问题。对于电动车而言由于建设成本高且基础设施不是一个独立的企业就能够完成的，需要各个企业联合起来与当地政府部门一起努力，才可能大规模地推广。这使得电动汽车的价格非常的高昂，但是与混合动力汽车相比较，电动汽车的技术简单，成熟且操作方便，只要有足够的电力就能驱动汽车，充电方便。但电动车所使用的蓄电池的蓄电能力不足、存储的电量少，且构建电池的原材料成本高，还没有形成一定的经济规模，所以价格高。

(3)燃料电池汽车

燃料电池汽车是以液化石油气(LPG)和压缩天然气为燃料，采用先进的电子控制技术和高性能的污染净化装置来减少污染。而且经过有机材料的化学反应产生的电流作为汽车的驱动力。

习　题

8-1　一个金属球带上正电荷后，该球的质量是增大、减小还是不变？

8-2　带电荷是否一定是很小的带电体？什么样的带电体可以看作是点电荷？

8-3　在干燥的冬季，人们脱毛衣时能听见噼里啪啦的放电声，试对这一现象做一解释。

8-4　带电棒吸引干燥软木屑，木屑接触到棒以后，往往又剧烈地跳离此棒，试解释此现象。

8-5　已知无限长带直线的电场强度为$\boldsymbol{E}(r)=\dfrac{1}{2\pi\varepsilon_0}\dfrac{\lambda}{r}\boldsymbol{r}_0$。我们能否利用$U_A=\int_{A\infty}\boldsymbol{E}\cdot \mathrm{d}\boldsymbol{l}+U_\infty$并使无限远处的电势为零($U_\infty=0$)，来计算“无限长”带电直线附近点$A$的电势？

8-6　在电场中，电场强度为零的点，电势是否一定为零？电势为零的点，电场强度是否一定为零？试举例说明。

8-7　电场中，有两点的电势差均为零，如在两点间选一路径，在这路径上，电场强度也处处为零吗？试说明。

8-8　有一均匀带电圆盘，半径为R，电荷面密度为σ。求圆盘中心轴线上任意一点P的场强；如$R\to\infty$，P点的场强应为多少？

8-9　一半径为R的“无限长”均匀带电圆柱面，其单位面积上所带的电荷(即电荷面密度)为σ。求距该圆柱面为r处某点的场强。

8-10　大多数生物细胞的细胞膜可以看成是两个带有电荷的同心球壳，如图所示。若球壳的半径分别为R_1和R_2，所带的电荷量分别为q_1和q_2，求：(1)细胞内外的场强分布；(2)若$q_1=-q_2$，细胞内外的场强分布有何变化？

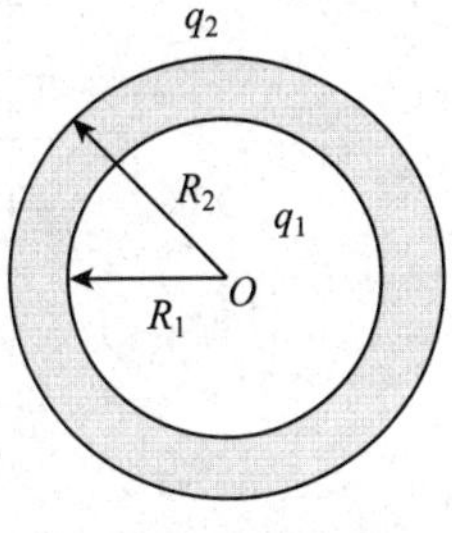

题 8-10 图

8-11　两个同心球面，半径分别为 10cm 和 30cm，小球面均匀带有正电荷10^{-8} C，大球面带有正电荷1.5×10^{-8} C求离球心分别为 20cm、50cm 处的电势。

第 9 章　静电场中的导体和电介质

本章将介绍静电场中有金属导体和电介质(绝缘体)存在时的各种静电特征，介绍引入电容、电容器、电场的能量和能量密度等内容。

9.1　静电场中的导体

9.1.1　导体的静电平衡条件

金属导体的电结构特征是其内部具有大量的自由电子。当导体不带电、也不受外电场作用时，自由电子只作微观热运动，没有宏观电荷的迁移，大量的自由电子和晶格点阵的正电荷相互中和，整个导体或其中任一宏观部分都呈现电中性。

将一个金属导体放入静电场中，导体内部的自由电子将受外电场$\boldsymbol{E}_0$的作用而产生宏观定向运动，如图 9-1(a)所示。由于自由电子的定向运动，结果使导体的一侧出现负电荷，而相对的另一侧面出现正电荷，这就是静电感应现象。由静电感应现象产生的电荷称为感应电荷，感应电荷在导体内激发的电场 E' 称附加电场，其方向与$\boldsymbol{E}_0$ 相反，如图 9-1(b)所示。只要$\boldsymbol{E}'$不足以抵消外加电场$\boldsymbol{E}_0$，导体内部自由电子的定向移动就不会停止，感应电荷及它激发的电场$\boldsymbol{E}_0$ 将相应增加，直至导体内的合场强$\boldsymbol{E}_i=\boldsymbol{E}'+\boldsymbol{E}_0=0$ 时，导体内部自由电子的宏观定向运动才完全停止，如图 9-1(c)所示。

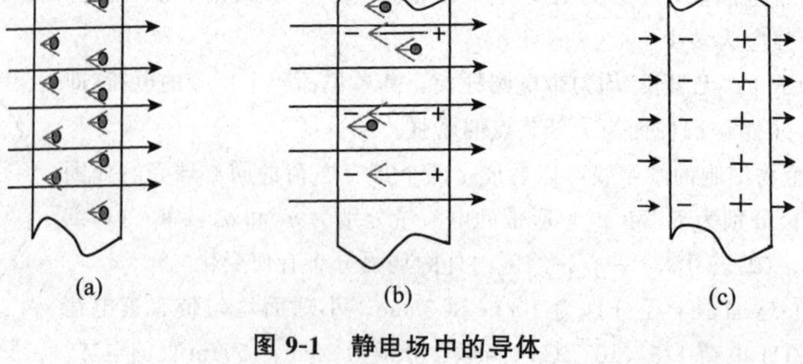

图 9-1　静电场中的导体

导体中没有电荷做任何宏观定向运动的状态称为导体的静电平衡状态。导体建立静电平衡状态的过程实际上是在极短暂的时间(约 10^{-6} s 数量级)内完成的。一般来说，由于导体上出现感应电荷，感应电荷激发的电场 E' 不仅导致导体内部的电场强度为零，而且将对原来的外电场施加影响而改变其分布。

根据导体静电平衡的条件（导体内场强$\boldsymbol{E}_i=0$），可以推断处于静电平衡状态的导体必定具有以下性质：

①整个导体是等势体，其表面是等势面。这是因为在导体内部任取两点 P、Q，它们之间的电势差可表示为：

$$U_P-U_Q=\int_P^Q \boldsymbol{E}_i\cdot \mathrm{d}\boldsymbol{l} \tag{9-1}$$

式中，$\boldsymbol{E}_i$ 为处于静电平衡状态的导体内部的场强，其值为零，故上式积分必定为零，$U_P=U_Q$。也就是说，导体内部任意两点的电势都相等，整个导体必定是等势体，其表面必定是等势面。

②导体表面附近处的电场强度处处与表面垂直。因为导体表面是等势面，电场线与等势面处处正交，所以导体表面附近各处的电场强度必定与该处表面相垂直。

应该指出，以上两点推论是由导体的电结构特征和静电平衡条件所决定的，与导体的形状无关。

9.1.2　静电平衡时导体上的电荷分布

当带电导体处于静电平衡状态时，导体上的电荷分布具有以下规律：

(1)导体内部各处净电荷为零，电荷只能分布在导体的表面

这一规律可以由高斯定理直接推出。假定有一个处于静电平衡下的任意形状的实心导体，如图9-2(a)所示，若在导体内任取一点 P，围绕 P 点任作一闭合曲面 S，由于静电平衡时，导体内部场强处处为零，所以通过此闭合面的电通量等于零，根据高斯定理可得，该闭合面内电荷的代数和必然为零(没有净电荷存在)。由于 P 点是任意的，所取闭合面可以任意地小，所以在整个导体内部无净电荷，电荷只能分布在导体表面。

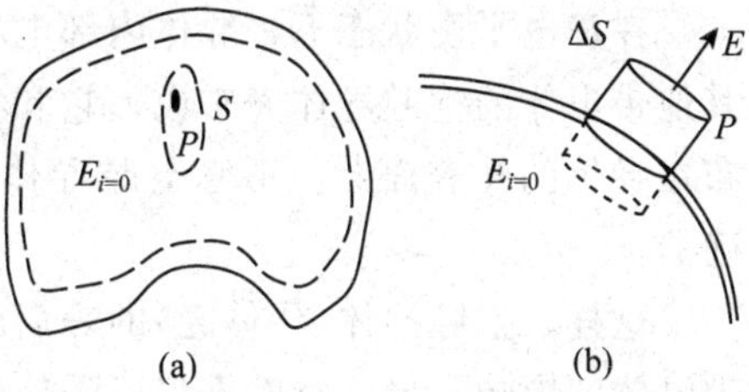

图 9-2　导体静电平衡的电荷分布图

(2)导体表面上各处的电荷面密度与该处表面附近的场强的大小呈正比

这一规律亦可由高斯定理得出，在导体表面之外紧邻处取一点 P，其场强为$\boldsymbol{E}$，如图9-2(b)所示。过 P 点做一个平行于导体表面的小面积元 S，以 ΔS 为底，以过 P 点与导体表面垂直的线为轴做一圆柱形高斯面，并使另一底面在导体内部，由于导体内部场强为零，外部场强与圆柱侧表面平行，所以通过此圆柱形高斯面的电通量就是通过 ΔS 面的电通量 $E\Delta S$，若以 σ 表示 P 点附近导体表面上的电荷面密度，则高斯面内的电荷就等于 $\sigma\Delta S$，根据高斯定理得：

$$\oint_S \boldsymbol{E}\cdot \mathrm{d}\boldsymbol{S}=E\Delta S=\frac{\sigma\Delta S}{\varepsilon_0} \tag{9-2}$$

由此得：

$$E=\frac{\sigma}{\varepsilon_0} \tag{9-3}$$

式中，E 是所有电荷的合场强的大小。

③孤立的导体处于静电平衡时，其表面各处的电荷面密度与各处表面的曲率有关，曲率越大的地方(表面凸出而尖锐的地方)，电荷面密度越大

对于孤立导体(指远离其他物体的导体，即其他物体对此导体的影响可以忽略不计)，上述规律是对大量的实验现象的定性分析得出的结论。

由式(9-1)知，带电导体表面处的场强与该处的电荷面密度呈正比，因此在导体表面上曲率较大的地方，场强较大。对于具有尖端的带电导体，尖端处的场强特别强，达到一定量值时，在尖端附近可使空气分子电离，同时使离子急剧运动。在离子运动的过程中，由于碰撞而使更多的空气分子电离，其中与金属上电荷异号的离子向着尖端运动，被吸引到尖端上，并与其上的电荷中和；而与导体上同号的离子背离尖端做加速运动，这种使得空气被“击穿”而产生的放电现象称为尖端放电。避雷针就是根据尖端放电原理，利用其尖端强度大的电场，电离空气，形成放电通道，使云地间电流通过与避雷针连接的接地导线流入地下，从而避免建筑物遭受雷击的破坏。在高压设备中，为了防止因尖端放电而引起的危险和漏电造成的损失，输电线采用表面光滑的粗导线，高压设备中的零部件都必须做得十分光滑并尽可能做成球形面。

9.1.3 静电屏蔽

在静电平衡状态下，导体内部电场强度处处为零。对于导体内部有空腔存在且腔内无其他带电体的空腔导体壳来说，它和实心导体一样，其内部没有静电荷存在，电荷只能分布在导体的外表面上。不管空腔导体本身带电或是导体处于外电场中，这一结论总是正确的。

这样，空腔导体(导体壳)的表面就“保护”了它所包围的区域，使之不受空腔导体外面带电体的影响。导体空腔不仅可隔绝外部电场的影响，而且可使导体空腔内的电场不影响空腔导体外部。如在空腔导体内存在电量$+q$ 的带电体，由于静电感应，在空腔导体内表面产生电量为$-q$ 的感应电荷，而在导体壳外表面产生电量$+q$ 的感应电荷，并在导体外部产生电场，如图 9-3(a)所示，若将导体接地，则外表面的感应电荷将消失。由这些感应电荷在导体外部产生的场也随之消失，如图 9-3(b)所示。这样导体空腔的电场就不再影响导体外部空间。

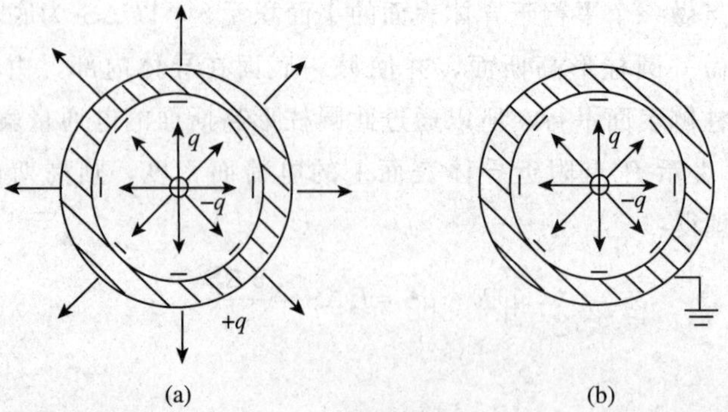

图 9-3 空腔导体

综上所述，使导体空腔内的电场不受外界影响或利用接地的空腔导体将腔内带电体对外界的影响隔绝的现象，称为静电屏蔽。静电屏蔽原理在电磁测量等生产技术上有许多应用。例如，为了避免外界电场对某些精密电磁测量仪器电路的干扰，一般都在这些设备外边安装接地的金属制外壳，以达到屏蔽的作用。

9.2　电容和电容器

9.2.1　孤立导体的电容

金属导体处于静电平衡时是一个等势体，具有一定的电势。实验指出，对于一个大小形状确定的孤立导体，它的电势 U(选无限远处为电势的零点)与其所带的电量 q 呈线性关系。当导体上的电荷量增加时，导体的电势值也随之增加，但其比值为一常量，因此，定义孤立导体的电量 q 与它的电势 U 的比值为该孤立导体的电容 C，即

$$C=\frac{q}{U} \tag{9-4}$$

电容 C 是表征导体存储电荷能力的物理量，其物理意义是导体电势升高 1 个单位所需的电量。电容的大小与导体的大小和形状有关的，与导体是否带电无关。对一定的导体，其电容 C 是一定的，例如，一个半径为 R 的孤立球形导体的电容为：

$$C=\frac{q}{U}=4\pi\varepsilon_0 R \tag{9-5}$$

在国际单位制中，电容的单位为 F，1F＝1C/V，实际中常用 μF、pF 作为电容的单位。

9.2.2　电容器及其电容

在实际中，一个带电导体附近，总会有其他物体存在。在这种情况下，该导体的电势 U 不仅与自身所带的电量有关，还取决于附近其他导体的形状和位置，以及带电状况。在这种情况下，单个导体的电容 C 就不成立了。为了满足实际应用的要求，可采用静电屏蔽原理，设计一种导体组合(由绝缘物质隔开的两个导体)，构成一个电容器。其优点是既能使电容增加，又能使电容的大小不受外界影响。当电容器的两个导体(称电容器的极板)带有等量异号电荷 $\pm q$ 时，两导体就有电势差(电压)$U_{AB}=U_A-U_B$。实验表明，对于给定的电容器，U_{AB} 与 q 呈正比，将比值 C 定义为电容器的电容。

$$C=\frac{q}{U_A-U_B}=\frac{q}{U_{AB}} \tag{9-6}$$

电容器的电容取决于本身的结构，即与两导体的形状、尺寸及导体间所填充的介质有关。简单电容器的电容可以很容易地计算出来，下面计算几种常见的真空电容器的电容。

(1)平行板电容器的电容

由两块彼此靠近、同样大小的平行金属板构成的电容器称为平行板电容器。设每块金属板的面积 S，两极板内表面间的距离为 d，两块板上所带电量分别为 $+q$ 和 $-q$，如图

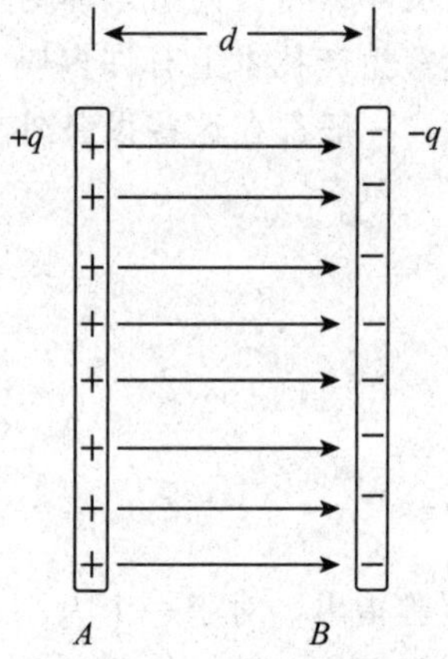

图 9-4 平板电容器

9-4 所示。忽略边缘效应，电荷均匀分布在两极板内表面上，把金属板视为无限大平面，两板之间的电场可视为匀强电场。若电荷面密度为 σ，得两板之间电场强度的大小为：

$$E=\frac{\sigma}{\varepsilon_0}=\frac{1}{\varepsilon_0}\frac{q}{S} \tag{9-7}$$

两板之间的电势差为：

$$U_A-U_B=\int_A^B \boldsymbol{E}\cdot \mathrm{d}\boldsymbol{l}=Ed=\frac{q\mathrm{d}}{\varepsilon_0} \tag{9-8}$$

由式(9-6)得其电容为：

$$C=\frac{q}{U_A-U_B}=\frac{\varepsilon_0 S}{d} \tag{9-9}$$

可见，平行板电容器的电容与板的面积 S 呈正比，与两板之间的距离 d 呈反比。

(2)圆柱形电容器的电容

圆柱形电容器是由两个彼此靠得很近的同轴金属圆柱面构成的(图 9-5)。设其内、外半径分别为 R_A、R_B，圆柱的长度为 l，内圆柱的外表面带正电荷，外圆柱的内表面带负电荷，当 $l \gg (R_A-R_B)$时，可以忽略柱面两端的边缘效应，把柱面看作无限长，这时圆柱面单位长度上的电荷量 $\lambda=q/l$，在两圆柱面间场强为均匀场。利用高斯定理可以求得两导体(柱面)之间距轴线为 r 处电场强度的大小为：

$$E=\frac{\lambda}{2\pi\varepsilon_0 r} \tag{9-10}$$

则两柱面间的电势差为：

$$U_A-U_B=\int_{R_A}^{R_B}\boldsymbol{E}\cdot \mathrm{d}\boldsymbol{r}=\int_{R_A}^{R_B}\frac{1}{2\pi\varepsilon_0}\frac{\lambda}{r}\mathrm{d}r=\frac{\lambda}{2\pi\varepsilon_0}\ln\frac{R_B}{R_A}=\frac{q}{2\pi\varepsilon_0 l}\ln\frac{R_B}{R_A} \tag{9-11}$$

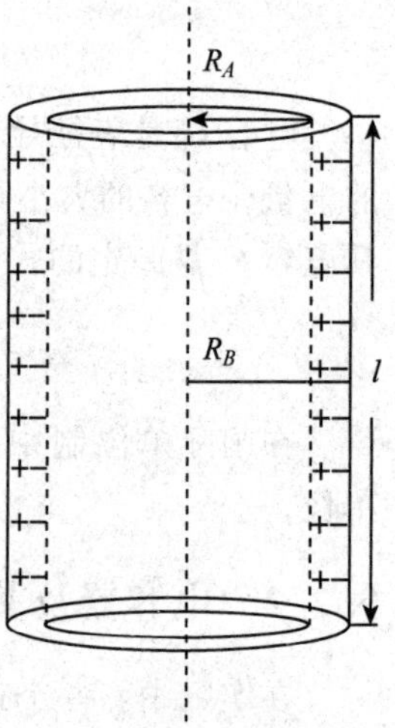

图 9-5 圆柱形电容器

根据式(9-9)可求得其电容为：

$$C=\frac{q}{U_A-U_B}=\frac{2\pi\varepsilon_0 l}{\ln(R_A/R_B)} \tag{9-12}$$

(3)球形电容器的电容

球形电容器是由两个同心的导体球壳组成。如果两球壳间为真空时，则可用前面类似的方法求得其电容为：

$$C=\frac{4\pi\varepsilon_0 R_B R_A}{R_B-R_A} \tag{9-13}$$

式中，R_A，R_B 分别为内、外球壳表面的半径。

由上述各式可以看出，电容器的电容只与它的几何结构有关(如果电容器中充满电介质，还与介质的介电常量有关)，而与电容器是否带电或带电的多少无关。

在实际中，常用的电容器多数在两极板之间充满某种电介质(绝缘材料)，实验表明，如果在电容器的极板间放入均匀电介质时，其电容量 C 将是真空中电容量 C_0 的 ε_r 倍，其中 ε_r 称为电介质的相对介电常量，亦称相对电容率，它是表征电介质本身特征的物理量。例如，平板电容器极板间充满相对介电常量为 ε_r 的电介质后，其电容为：

$$C=\varepsilon_r C_0=\varepsilon_r \frac{\varepsilon_0 S}{d}=\varepsilon \frac{S}{d} \tag{9-14}$$

式中，ε 称为电介质的介电常量。其可用下式表示：

$$\varepsilon=\varepsilon_r \varepsilon_0 \tag{9-15}$$

表 9-1 给出了一些电介质的 ε_r 值。

表 9-1　电介质的相对介电常量($\varepsilon_r>1$)

电介质	ε_r	电介质	ε_r
空气	1.0059	陶瓷	6
石蜡	2.1	云母	6.4～9.3
木材	2.2～3.7	血液	50～60
聚苯乙烯	2.5	水	81

按所充电介质的不同，电容器可分为空气电容器、纸介质电容器、云母电容器、陶瓷电容器、涤纶电容器和电解电容器等。在生产和科研实践中，使用的电容器种类很多，外形各不相同，但它们的基本结构是一致的。电容器的用途很多，各种电子仪器中都用到电容器。电容器在电路中具有隔直流、通交流的作用，电容器和其他元件可组合成振荡放大器、时间延迟电路等。

9.2.3　电容器的串联和并联

反映实际电容器的性能指标主要有：电容和耐(电)压能力。成品电容器上均标明有这两个指标的数值。使用电容器时，所加的电压不能超过规定的耐压值，否则就会产生过大的场强，而使它有被击穿的危险。在实际电路中如果单个电容器的电容量或耐压值不能满足要求时，可采用串联或并联的方法来达到目的。

(1)电容器的串联

如果 9-6(a)所示，若将 n 个电容量分别为 C_1，C_2，…，C_n 的电容器串联在电路的 A、B 两端，这时各电容器所带电量相等，均等于 A、B 间电容器组的总电量 q，总电压 V 等于各个电容器的电压之和。若以 $C=q/U$ 表示电容器组的总电容(等效电容)，则可以证明，对于串联电容器组来说：

$$\frac{1}{C}=\frac{1}{C_1}+\frac{1}{C_2}+\cdots+\frac{1}{C_n}=\sum_{i=1}^{n} \frac{1}{C_i} \tag{9-16}$$

即电容器串联的总电容的倒数等于每个电容器电容的倒数之和。

(2)电容器的并联

若把 n 个电容量分别为 C_1，C_2，…，C_n 的电容器并联在电路的 A、B 两端，如图 9-6(b)所示，这时各电容器的电压都等于总电压 U，而总电量 q 为各电容器所带的电量之和，可以证明，其总电容为：

$$C = C_1 + C_2 + \cdots + C_n = \sum_{i=1}^{n} C_i \tag{9-17}$$

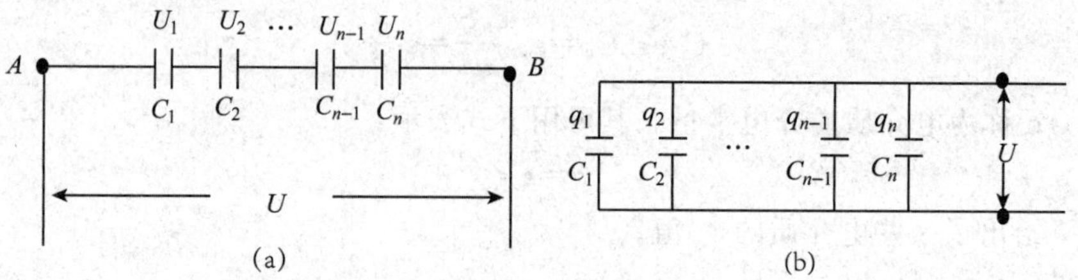

图 9-6　电容器的联接

即电容器并联后的总电容等于每个电容器之和。

电容器串联起来的特点是总电容量小于每个电容器的电容，但由于每个电容器所承受的电压小于总电压，即串联提高了耐压性。当电容器并联时，其特点是总电容量增大，而每个电容器上的电压都等于电路 A、B 两端的电压，所以电容器组的耐压能力只能和其中耐压能力最低的电容器耐压值相等，受到了一定的限制。在实际中可根据电路的要求采取并联或串联，特殊的电路还可以采用混联的连接方法。

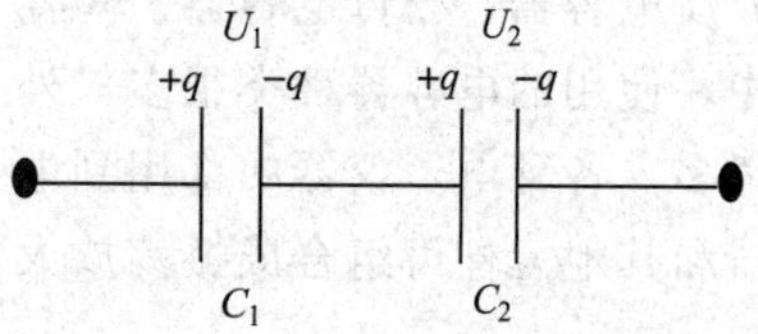

图 9-7　例 9-1 电容串联图

【例 9-1】如图 9-7 所示，将分别标有 200pF、500V 和 300pF、900V 的两个电容器 C_1、C_2 串联起来后，总电容是多少？如果 A、B 两端加上 1000V 的电压后，电容器是否被击穿？

解：根据电容器串联公式(9-6)，可得串联后的总电容 C 满足：

$$\frac{1}{C} = \frac{1}{C_1} + \frac{1}{C_2}$$

因此

$$C = \frac{C_1 C_2}{C_1 + C_2} = \frac{600}{5} = 120(\text{pF})$$

串联后加上电压，电容器是否会被击穿，不能直接以两个电容器的耐压值来判断，而需要分别求出每个电容器所承受的实际电压值是多少，因串联后每个电容器上所带电量绝对值均为 q，根据电容器电容定义式可得：

$$U_1 = \frac{q}{C_1} \tag{a}$$

由此可得：

$$\frac{U_1}{U_2} = \frac{C_2}{C_1} \tag{b}$$

又因为串联电路中：

$$U = U_1 + U_2$$

联列式(a)和式(b)可解得 $U_1 = 600\text{V}$，$U_2 = 400\text{V}$。由于加在 C_1 上的电压为 600V，已

超过了其耐压值，因此 C_1 将被击穿。当 C_1 被击穿成为导体后，外加 1000V 电压就全部加在了 C_2 两端，超过其耐压值 900V，这时，C_2 也将被击穿。

9.3　静电场中的电介质

9.3.1　电介质的极化

电介质是非导体或称绝缘材料。在电介质中，所有的电子都被束缚在特定的原子中，不存在可以自由移动的电荷。但在外电场作用时，每个原子中的电子将会产生微小的位移或改变方向，其结果是使介质表面出现极化电荷，亦称束缚电荷，这些电荷产生的电场虽然不能完全抵消介质中的电场，但却能削弱它，我们把电介质在外电场作用下，介质表面产生极化电荷的现象，称为电介质的极化。

电介质中每个分子都是由正负电荷构成的复杂带电系统，所占体积的线度为 10^{-10}m，一般来说，电介质的分子都是由带负电的电子和带正电的原子核组成的，正负电荷在分子中都不集中于一点，但是，分子中全部负电荷对远离该分子的地方(远大于分子线度的地方)的作用，却与一个集中在一点上的负电荷等效，这个等效负电荷的位置称为负电荷的“中心”。例如，一个电子绕核做匀速圆周运动时，它的“中心”就在圆心；同样，每个分子的正电荷也有一个“中心”，电介质可以分为两类，一类电介质，如 H_2、O_2、N_2、CH_4 等气体，它们的分子在没有外电场作用时，每个分子的正负电荷“中心”重合，这类分子叫做无极性分子；另一类电介质，如 SO_2、H_2S、NH_3 等气体，水、硝基苯、酯类、有机酸等液体，它们在没有外电场的作用时，每个分子的正、负电荷“中心”不重合，这样虽然分子中正负电量代数和仍然是零，但等量的正负电荷“中心”互相错开，形成一定的电偶极矩，称为分子的固有电矩，这类分子称为极性分子。下面分别对这两种电介质的极化过程进行讨论。

(1)无极性分子的位移极化

无极性分子在没有外电场作用时的整个分子没有电矩[图 9-8(a)]。当它受到外电场作用时，每一分子的正负电荷“中心”产生相对的位移，形成了一个电偶极子，其电矩称为感生电矩，分子感生电矩的方向沿外电场方向，它的大小比极性分子的固有电矩小得多[图 9-8(b)]。当外电场撤去时，正负电荷的“中心”又将重合，这时分子又呈电中性状态。由于电子的质量比原子核小得多，所以在外电场作用下，主要是电子的位移，这种过程称为电子位移极化。

对于一块电介质整体来说，在外电场作用下，由于每个分子都成为一个电偶极子，在电介质内排列如图 9-8(c)所示，在均匀电介质内部，相邻电偶极子的正、负电荷相互靠近，电性中和，使得内部各处仍然保持电中性。但在电介质的两个和外电场 $\boldsymbol{E}_0$ 相垂直的表面层里(厚度为分子等效电偶极矩的轴长 l)出现了等量异种电荷。这种电荷与导体中的自由电荷不同，它们不能在电介质内部自由运动，也不能离开电介质，故称为束缚电荷(极化电荷)。

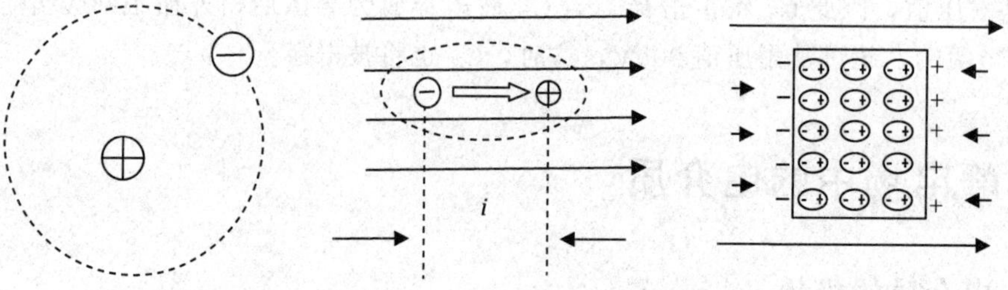

图 9-8 无极性分子的位移极化

(2)极性分子的取向极化

对于极性分子来说，即使没有外电场作用时，每个分子也等效于一个电偶极子。但由于分子的热运动，分子电矩的方向是杂乱的。所以就整块电介质来说，每一部分都是电中性的，对外不显电性[图 9-9(a)]。当有外电场作用时，每个分子电矩都受到电场的力矩作用，电矩转向外电场的方向[图 9-9(b)]。由于分子热运动的干扰，并不是所有的分子都很整齐地按照外电场的方向排列，排列的整齐程度与外电场的场强呈正比，与热运动的程度呈反比。但随着分子的转向与排列，在垂直于电场方向的两端面上也产生极化电荷[图 9-9(c)]。这种极化是由于电偶极子转向而产生的，故称为转向极化或取向极化，撤去外电场后，由于分子热运动，使它们的排列又变为杂乱无章，电解质又成为电中性状态，一般来说，有极性分子电解质在转向极化的同时也还存在着位移极化，不过转向极化是主要的。

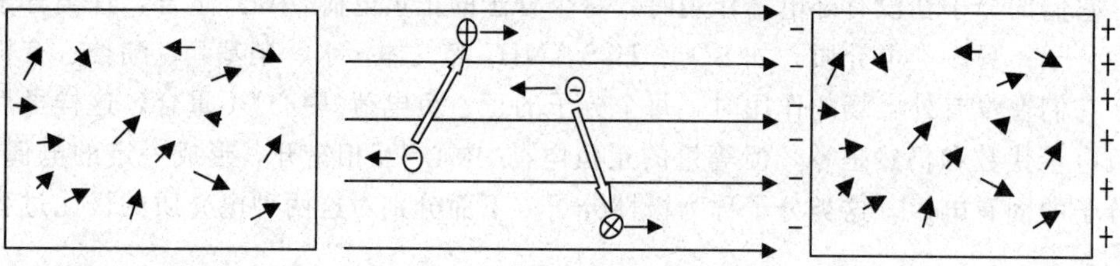

图 9-9 极性分子的取向极化

尽管极性分子电介质和无极性分子电介质极化的微观机制不同，但宏观结果却是一样的，都是在电介质表面出现束缚电荷。因此，在讨论是介质对电场的影响时无需把它们相区别。

9.3.2 极化强度和极化电荷

为了定量地描述电介质在外电场中的电极化程度，引入电极化强度$\boldsymbol{P}$这一物理量，若以$\boldsymbol{p}_i$表示电介质中任一小体积元 ΔV 内某个分子(第 i 个分子)的电偶极矩，则该 ΔV 处的电极强化强度$\boldsymbol{P}$定义为：

$$\boldsymbol{P}=\frac{\sum_i \boldsymbol{p}_i}{\Delta V} \tag{9-18}$$

即电极化强度等于单位体积内分子电偶极矩的矢量和。

如果电介质的分子是非极性的，则每个分子的电偶极矩(感生电矩)都相同，若以 n 表示 ΔV 内的分子数密度，则有：

$$\boldsymbol{P}=n\boldsymbol{p} \tag{9-19}$$

在国际单位制中，电极化强度的单位是 C/m^2。

由于电介质极化的宏观结果是在电介质表面出现极化电荷，因此电介质极化程度的强弱，即电极化强度矢量$\boldsymbol{P}$，必定和极化电荷之间存在着确定的定量关系，下面以非极性分子电介质为例，讨论电极化强度矢量$\boldsymbol{P}$ 与极化电荷面密度之间的关系。

设在均匀电介质表面某处任取一小面元 $\mathrm{d}S$，并向介质中截取底面为 $\mathrm{d}S$，轴线长为 L，体积为 $\mathrm{d}V$ 的斜柱体，其轴线 L 与电极化强度$\boldsymbol{P}$ 平行，如图 9-10 所示，设电介质是被均匀极化，斜柱体极化的结果就是两底面 $\mathrm{d}S$ 上出现面电荷，设其电荷面密度分别为$+\sigma'$、$-\sigma'$，则整个斜柱体可等效为一个电量为 $q(\sigma'\mathrm{d}S)$，轴长为 L 的电偶极子，其电矩为 $PL=\sigma'\mathrm{d}S$，它就是斜柱体内所有分子的电偶极矩的矢量和 $\sum \boldsymbol{p}_i$，于是有：

$$\sum_i \boldsymbol{p}_i=\sigma'\mathrm{d}SL \tag{9-20}$$

由式(9-18)得$\boldsymbol{P}$ 的大小为：

$$P=\frac{\sum P_i}{\mathrm{d}V}=\frac{\sigma'\mathrm{d}S}{\mathrm{d}V}L$$

由于P 与 L 方向一致，斜柱体的体积 $\mathrm{d}V=L\,\mathrm{d}S\cos\theta$，故$\boldsymbol{P}$ 的大小为：

$$P=\frac{\sigma'\mathrm{d}S}{\mathrm{d}V}L=\frac{\sigma'}{\cos\theta} \tag{9-21}$$

因而，极化电荷面密度为：

$$\sigma'=P\cos\theta=P_n=P\Delta n \tag{9-22}$$

上式表明，电介质极化时产生的极化电荷面密度，等于电极化强度沿其表面的外法线方向的分量。当 $\theta<\frac{\pi}{2}$时，$\sigma'>0$，介质表面出现极化正电荷(图 9-10 中斜柱体右方底面)；当 $\theta>\frac{\pi}{2}$时，$\sigma'<0$，介质表面出现极化负电荷(图 9-10 中斜柱体左方底面)；当 $\sigma'=0$ 时，$\sigma'=0$(如图 9-10 中斜柱体侧面)。

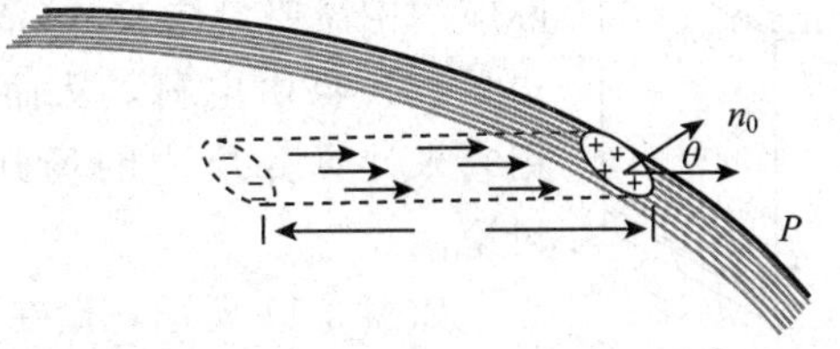

图 9-10　电极化强度与极化电荷面密度的关系

9.3.3　电介质中的电场强度

电介质极化所产生的束缚电荷虽与自由电荷不同，但同样能够激发电场，因此根据场强叠加原理，在有介质存在时，空间任意一点的场强$\boldsymbol{E}$ 是外电场$\boldsymbol{E}_0$ 和束缚电荷的电场$\boldsymbol{E}'$

的矢量和，即

$$\boldsymbol{E}=\boldsymbol{E}_0+\boldsymbol{E}' \tag{9-23}$$

实验表明，对于各向同性的电介质，电介质中某处的电极化强度与该处的合场强呈正比，即

$$\boldsymbol{P}=\varepsilon_0\chi_e\boldsymbol{E} \tag{9-24}$$

式中，χ_e 与电介质的性质有关，称做电介质的电极化率。

由于在均匀电介质中，自由电荷激发的外电场$\boldsymbol{E}_0$ 与来缚电荷产生的电场$\boldsymbol{E}'$的方向总是相反，所以在电介质中的合场强$\boldsymbol{E}$ 和外电场$\boldsymbol{E}_0$ 相比，总是减弱，合场强$\boldsymbol{E}$ 与束缚电荷产生的电场$\boldsymbol{E}'$存在一比例关系。

$$\boldsymbol{E}'=-\chi_e\boldsymbol{E} \tag{9-25}$$

将上式代入式(9-23)中，得

$$\boldsymbol{E}=\boldsymbol{E}_0-\chi_e\boldsymbol{E} \tag{9-26}$$

$$\boldsymbol{E}=\frac{1}{1+\chi_e}\boldsymbol{E}_0=\frac{1}{\varepsilon_r}\boldsymbol{E}_0 \tag{9-27}$$

上式表明，在电场中充满介质以后，介质中场强比原来的外电场减弱了 $1/\varepsilon_r$，式中 $\varepsilon_r=1+\chi_e=\dfrac{\boldsymbol{E}_0}{\boldsymbol{E}}$称为介质的相对介电常数，$\varepsilon_r$ 的数值反映了电介质在外电场中极化程度的大小。

需要指出的是，式(9-27)是有适用条件的，这个条件就是各向同性的均匀电介质要充满电场所在的空间。

9.3.4 电位移 有电介质时的高斯定理

如前所述，在有介质存在时，空间各点的场强$\boldsymbol{E}$ 是由自由电荷在空间激发的电场$\boldsymbol{E}_0$ 和极化电荷激发的附加电场$\boldsymbol{E}'$的叠加的结果。因此，在电介质中，应用高斯定理表达式，其右端的电量就应包括自由电荷 q 和极化电荷 q'，即应写为：

$$\oint\!\!\!\oint_S \boldsymbol{E}\cdot \mathrm{d}\boldsymbol{S}=\frac{1}{\varepsilon_0}\left(\sum_i q_i+\sum_i q_i'\right) \tag{9-28}$$

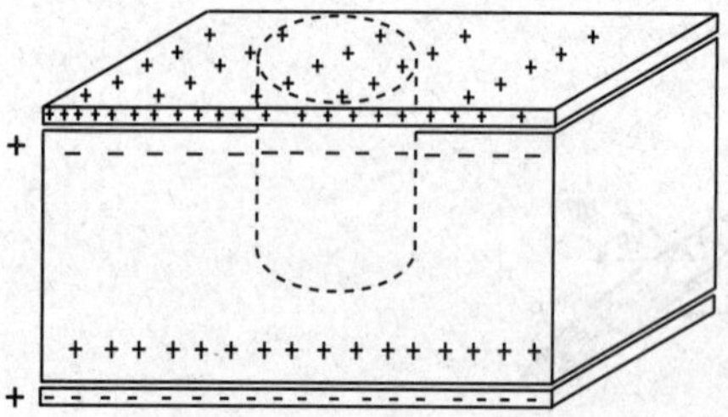

图 9-11 带介质平板的场强

由于电介质中的极化电荷难以测定，因此在实际应用中需要设法避开(消去)极化电荷，使等式右边只包含自由电荷，从而得出介质中的高斯定理，用它来计算介质中的场强。下面通过一特例进行讨论。

如图 9-11 所示，设在两块无限大带有等量均匀分布异号电荷的金属薄板中，充满了各向同性的均匀电介质，两金属板上的自由电荷面密度分别为$+\sigma$与$-\sigma$，电介质两端面的极化电荷面密度分别为$+\sigma'$与$-\sigma'$。通过在导体与介质上端面附近作一上、下底面与极板平行，轴线与极板垂直的圆柱形闭合曲面(高斯面)，如图 9-11 中虚线部分。由于电极化强度矢量$\boldsymbol{P}$ 的方向与介质端面垂直，即与圆柱形高斯面两底面垂

直，与侧面平行，故其大小 $P=\sigma'$，且 P 对整个圆柱形闭合面的积分：

$$\oiint_S \boldsymbol{P}\cdot \mathrm{d}\boldsymbol{S}=\iint_{S_{下}} \boldsymbol{P}\cdot \mathrm{d}\boldsymbol{S}=PS_{下}=\sigma' S_{下} \tag{9-29}$$

对柱形高斯面，式可写为：

$$\oiint_S \boldsymbol{E}\cdot \mathrm{d}\boldsymbol{S}=\frac{1}{\varepsilon_r}(\sigma \Delta S_{上}-\sigma' \Delta S_{下}) \tag{9-30}$$

将式(9-29)代入式(9-30)中，用 $\sigma S_{下}=\sum_i q_i$ 表示柱形封闭面内的自由电荷，则经移项后得：

$$\oiint_S (\varepsilon_0 \boldsymbol{E}+\boldsymbol{P})\cdot \mathrm{d}\boldsymbol{S}=\sum_i q_i \tag{9-31}$$

引入电位移矢量 $\boldsymbol{D}$，并定义：

$$\boldsymbol{D}=\varepsilon_0 \boldsymbol{E}+\boldsymbol{P} \tag{9-32}$$

则式(9-31)可写做：

$$\oiint_S \boldsymbol{D}\cdot \mathrm{d}\boldsymbol{S}=\sum_i q_i \tag{9-33}$$

式(9-33)说明，通过电介质中任意闭合曲面的电位移通量等于该面所包围的自由电荷电量的代数和，这一关系叫有介质时的高斯定理。式(9-33)虽然是从特例情况下推出的，但它是普遍适用的，是电磁学的一条基本定律。若将式(9-24)代入式(9-32)可得：

$$\boldsymbol{D}=\varepsilon_0 \varepsilon_r \boldsymbol{E}=\varepsilon \boldsymbol{E} \tag{9-34}$$

式(9-34)说明在各向同性的电介质中，$\boldsymbol{D}$ 与 $\boldsymbol{E}$ 的点点对应关系，即某点的 $\boldsymbol{D}$ 等于该点的 $\boldsymbol{E}$ 与该点 ε 的乘积，二者的方向相同。在国际单位制中电位移的单位是 $\mathrm{C/m^2}$。

在自由电荷和电介质分布具有一定对称性的情况下，利用式(9-33)可简便地求出 $\boldsymbol{D}$，求出 $\boldsymbol{D}$ 后，再进一步得到 $\boldsymbol{E}$、σ 等物理量，应该注意 $\boldsymbol{D}$ 只是一个辅助量，描述电场性质的物理量仍是电场强度 $\boldsymbol{E}$。

【例 9-2】一个半径为 R 电量为 q 的金属球，浸没在一个大油箱中(图 9-12)，油的相对介电常量为 ε_r，求球外任一点 P 的场强及贴近金属球油面上的极化电荷总量 q'。

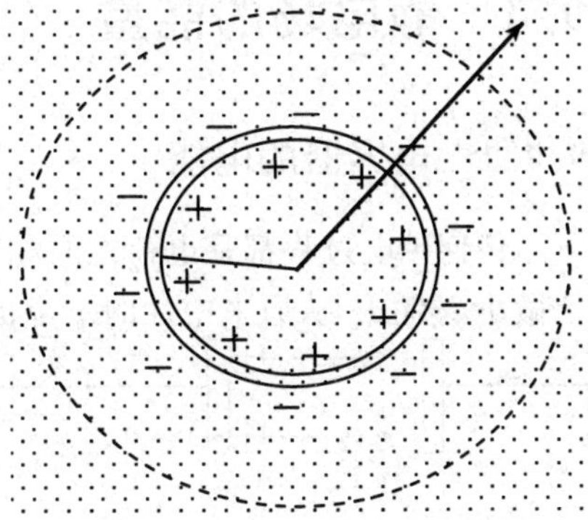

图 9-12　例 9-2 金属球油面极化电荷图

解：由对称性分析可知，自由电荷 q 和电介质极化电荷以及电介质中的总场强 $\boldsymbol{E}$ 和 $\boldsymbol{D}$ 的分布均具有球对称性，在介质中任选一点 P，过 P 点以 P 点到金属球心 O 的距离 r 为半径作一辅助球面 S(高斯面)，根据电介质中高斯定理：

$$\oiint_S \boldsymbol{D}\cdot \mathrm{d}\boldsymbol{S}=\sum_i q_i$$

可得：

$$D4\pi r^2=q$$

P 点位移大小为：

$$D=\frac{q}{4\pi r^2}$$

写成矢量式：

$$\boldsymbol{D}=\frac{q}{4\pi r^2}\boldsymbol{r}_0$$

因$\boldsymbol{D}=\varepsilon\boldsymbol{E}$，所以 P 点的场强为：

$$\boldsymbol{E}=\frac{\boldsymbol{D}}{\varepsilon}=\frac{q}{4\pi r^2}\boldsymbol{r}_0=\frac{q}{4\pi\varepsilon_0\varepsilon_r r^2}\boldsymbol{r}_0$$

电介质油中的场强减弱到真空时场强的$\frac{1}{\varepsilon_r}$。这就是极化电荷的附加场强削弱原来电场的缘故。由式(9-24)得电极化强度为：

$$\boldsymbol{P}=\varepsilon_0\chi_e\boldsymbol{E}=\varepsilon_0(\varepsilon_r-1)\frac{q}{4\pi\varepsilon_0\varepsilon_r r^2}\boldsymbol{r}_0$$

在电介质内部极化电荷体密度等于零，极化电荷分布在与金属交界处的电介质表面上，其电荷面密度为：

$$\sigma'=P\Delta n=-P\Delta r_0$$

代入界面处的$\boldsymbol{P}$ 的值：

$$\sigma'=\frac{q}{4\pi R^2}\left(\frac{\varepsilon_r-1}{\varepsilon_r}\right)$$

上式中的负号表示介质表面的法线指向球心，与金属交界处的电介质表面上的总极化电荷为：

$$q'=4\pi R^2\sigma'=-\left(\frac{\varepsilon_r-1}{\varepsilon_r}\right)q$$

因为 $\varepsilon_r>1$，故 q'与 q 为异号，其数值小于 q。

9.4 静电场的能量

9.4.1 电容器的电能

任何带电过程都是电荷之间相对移动的过程，电容器带电过程，就可以等效于不断地把微小电荷 dq 从原来中性的一个极板移到另一个极板的过程，结果使电容器两极分别带上等量异号电荷，在这迁移电荷的过程中，外界必须不断地做功，外界能源所供给的能量就转变为电容器的电能。

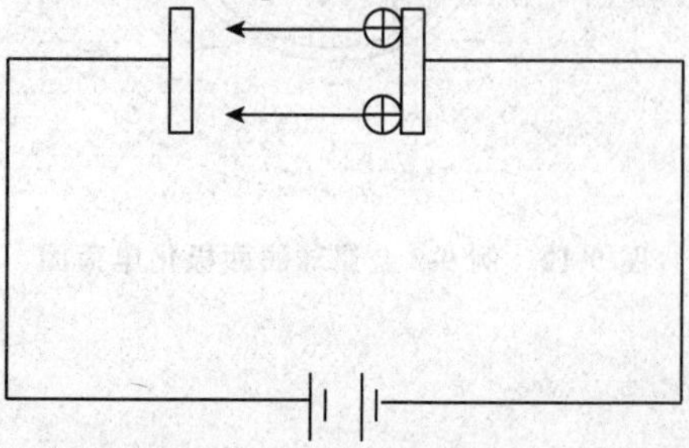

图 9-13 电容器的电能

设电容量为 C 的电容器，在某一时刻所带电量为 q，两极板间的电势差为 $U_{AB}=U_A-U_B$，且 $q=CU_{AB}$，若这时再把电量 dq 从 B 板(负极)移到 A 板(正极)，如图 9-13 所示，外力做功为：

$$dA = U_{AB}\,dq = \frac{q}{C}dq \tag{9-35}$$

所以电容器上的电荷由 0 开始充到 Q 时外力所做的总功为：

$$A = \int_0^Q \frac{1}{C}q\,dq = \frac{1}{2C}Q^2 \tag{9-36}$$

这功就等于电容器贮存的静电能 W_e，利用关系式 $Q = CU_{AB}$，带电电容器的能量可写为：

$$W_e = \frac{1}{2C}Q^2 = \frac{1}{2}CU_{AB}^2 = \frac{1}{2}QU_{AB} \tag{9-37}$$

不论电容器的结构如何，这一结果都是正确的。电容器具有储能这一特点，在工农业生产和科学中有广泛的应用，例如，电焊机就是利用电容器储存的能量在短时间内释放出来，将被焊金属片在极小的局部区域熔化而焊接在一起的；又如，在日常生活和工作学习中我们摄影用的闪光灯，把电容器的能量短时间通过特制的灯释放出来，而获得强烈的闪光。

9.4.2 静电场的能量

电容器是一种储能元件，那么电容器的电能是带电体本身所具有的，还是带电体所形成的电场所具有的？也就是说，电能是储存在带电体上，还是储存在电场中？对于这个问题；如果只限于静电范围是难以判别的，因为在稳恒状态下电荷与电场总是同时存在相伴而生的。电磁波的发现表明电场和磁场可以脱离电荷以一定的速度传播，电磁波携带能量，这能量已被成功地用于无线电通信等领域中。这样的许多事实表明能量是储藏在电场中。因此，上述能量公式应该而且有必要用描述电场的物理量来表示。

下面我们就把电容器的能量式(9-37)通过平行板电容器(忽略边缘效应)这个特例用场强来表示。

设电容器上的电荷保持不变，则由无限大平板外场强结果知平行板电容器间的场强为 $E = \dfrac{\sigma}{\varepsilon_0}$，式中 C 为自由电荷面密度，而总电量 Q 为 $Q = \sigma S = \varepsilon_0 ES$，其中 S 为极板的面积。若 d 为两极板间的距离，则电势 U_{AB} 为代入式(9-37)中，得电场能量：

$$\omega_e = \frac{1}{2}\varepsilon_0 ES\Delta Ed = \frac{\varepsilon_0 E^2}{2}Sd \tag{9-38}$$

所以电容器中静电场的能量密度为：

$$\omega_e = \frac{W_e}{U} = \frac{W_e}{S\mathrm{d}} = \frac{\varepsilon_0}{2}E^2 \tag{9-39}$$

从上式可以看出，场强越大的地方，电场所具有的能量密度越大，即电场中单位体积内所储存的能量越大。如果电场中存在电介质(各向同性)，不难证明电场的能量密度为：

$$\omega_e = \frac{1}{2}\varepsilon_0\varepsilon_r E^2 = \frac{\varepsilon}{2}E^2 = \frac{1}{2}DE \tag{9-40}$$

能量密度的单位为 $\mathrm{J/m^2}$。上式虽然是从特例推得，但可以证明它是普遍成立的。一般情况下，能量密度不是恒量，而是逐点改变的，所以电场能量可以由下式表示：

$$W_e = \iiint_V \frac{\varepsilon}{2} E^2 \mathrm{d}V = \iiint_V \frac{1}{2} ED \mathrm{d}V \tag{9-41}$$

式中，V 为电场分布的区域。

上式表明，凡是有电场的地方就有能量，静电能是储存在电场中。电场具有能量，它确实是一种特殊的物质。

【例 9-3】试计算一带电球形电容器电场中所储存的能量和球形电容器的电容。

解：设球形电容器的内外球面分别带电为$+Q$ 和$-Q$，球面间充满电介质，根据高斯定理，可求得其间半径为 r 处的电场强度为：

$$E = \frac{Q}{4\pi\varepsilon r^2} \quad (R_A \leqslant r \leqslant R_B)$$

而内球面以内$\boldsymbol{E}_{内}=0$，外球面之外$\boldsymbol{E}_{外}=0$，即电场集中在内外球面之间。因为半径为 r 的球面上，电场强度是等值的，所以在内、外球面间取体积元 $\mathrm{d}V = 4\pi r^2 \mathrm{d}r$，其中的电场能量为：

$$\mathrm{d}W_e = \frac{1}{2}\varepsilon E^2 \cdot \mathrm{d}V = \frac{1}{2}\varepsilon E^2 4\pi r^2 \mathrm{d}r = 2\pi\varepsilon E^2 r^2 \mathrm{d}r$$

全部电场的能量为：

$$W_e = \iiint_V \mathrm{d}W_e = \int_{R_A}^{R_B} 2\pi\varepsilon E^2 r^2 \mathrm{d}r = \int_{R_A}^{R_B} 2\pi\varepsilon \frac{Q^2}{(4\pi\varepsilon)^2} r^2 \mathrm{d}r$$

$$= \frac{Q^2}{8\pi\varepsilon}\int_{R_A}^{R_B} \frac{\mathrm{d}r}{r^2} = \frac{Q^2}{8\pi\varepsilon}\left(\frac{1}{R_A} - \frac{1}{R_B}\right) = \frac{1}{2}\frac{Q^2}{4\pi\varepsilon \dfrac{R_A R_B}{R_B - R_A}}$$

将上式与电容器能量 $W_e = \dfrac{Q^2}{2C}$比较，可得

$$C = 4\pi\varepsilon \frac{R_A R_B}{R_B - R_A}$$

物理广角

一、物质的第四态

等离子体是不同于固体、液体和气体的物质第四态。随着温度的升高，一般物质依次表现为固体、液体和气体，它们统称物质的三态。当气体温度进一步升高时，其中许多，甚至全部分子或原子将由于激烈的相互碰撞而离解为电子和正离子。这时物质将进入一种新的状态，即主要由电子和正离子(或是带正电的核)组成的状态。这种状态的物质称为等离子体，也称为物质的第四态。

宇宙中 99%的物质是等离子体，太阳和其他所有恒星、星云都是等离子体。只是在行星某些星际气体或尘云中人们发现有固体、液体或气体，但是这些物体只是宇宙物质的很小的一部分。在地球上，天然的等离子体是非常稀少的，这是因为等离子体存在的条件和

人类生存的条件是不相容的。在地球上的自然现象中，只有闪电、极光等等离子体现象。地球表面以上约 50km 到几万千米的高空存在一层等离子体，称为电离层，它对地球的环境和无线电通信有重要的影响。近代技术越来越多地利用人造的等离子体，例如，霓虹灯、电弧、日光灯内的发光物质都是等离子体，火箭体内燃料燃烧后喷出的火焰、原子弹爆炸时形成的火球也都是等离子体。

通常，气体中也可能存在电子和正离子，但它们不是等离子体。把气体加热使之温度越来越高，它就可以转化为等离子体。但是，通常气体和等离子体的转化并没有严格的界限，它不像固体溶解或液体汽化那么明显。例如，蜡烛的火焰就处于一种临界状态，其中电子和离子数多时就是等离子体，少时就是一般的高温气体。高温气体和等离子体的主要差别在于其电磁特性。等离子体因为具有大量的电子和正离子而成为良好的导体，宏观电磁场对它有明显的影响；而高温气体是绝缘体，它对电磁场几乎没有什么反应。表 9-2 列出了几种等离子体，其中大多数是发光的，但也有些不发光，如地球的电离层、日冕、太阳风等。它们所以不发光，是因为构成它们的等离子体太稀薄，以致不能发足够多的能量，尽管它们的温度很高。

表 9-2　几种等离子体

等离子体	电离温度/K	电离数密度/cm^{-3}
太阳中心	2×10^7	10^{25}
太阳表面	5×10^3	10^6
日冕	10^6	10^5
聚变实验(托卡马克)	10^8	10^{14}
原子弹爆炸火球	10^7	10^{20}
太阳风	10^5	5
闪电	3×10^4	10^{18}
辉光放电(氖管)	2×10^4	10^9
地球电离层	2×10^3	10^5
一般火焰	2×10^3	10^8

二、热核反应

热核反应也称原子核的聚变反应，是当前很有前途的能源获取形式。在这种反应中，几个较轻的核，如氘核(D，包含一个质子和一个中子)或氚核(T，包含一个质子和两个中子)结合成一个较重的核，如氦核，同时放出巨大的能量。这种能源之所以诱人，首先是因为自然界中有大量这种燃料存在。天然的氘存在于重水的分子(HDO)中，而海水中大约有 0.03%是重水。氚具有放射性，在自然界中没有天然的氚，但它可以在反应堆中用中子轰击锂原子而产生。海水中氘的储量估计能满足人类十亿年的所有能量的需求，而地壳中锂的含量也足够人类使用一百万年。聚变能源的另一特点是它放出的能量多，例如：1kg 的氘聚变时放出的能量约等于 1kg 的铀裂变时放出的能量的 4 倍。另外，聚变比较“干净”，它的生成物是无害的核(放出的中子可以用适当材料吸收掉)，不像铀核裂变那样生成许多种放射性核。

最易实现的聚变反应是氘氘反应和氘氚反应。氘氘反应实际上是由四步组成的，它们是：

$$D+D\longrightarrow {}^{3}He+n$$

$$D+D\longrightarrow T+p$$

$$D+T\longrightarrow {}^{4}He+n$$

$$D+{}^{3}He\longrightarrow {}^{4}He+p$$

$$6D\longrightarrow 2\,{}^{4}He+2p+2n+43.1MeV$$

总结果是六个氘核反应生成两个氦核、两个质子、两个中子和 43.1MeV 的能量。

氘氚反应需要有锂核参加，它分两步进行：

$$n+{}^{6}Li\longrightarrow {}^{4}He+T$$

$$D+T\longrightarrow {}^{4}He+n$$

$$D+{}^{6}Li\longrightarrow 2\,{}^{4}He+22.4MeV$$

总结果是氘核和锂核反应生成氦核和 22.44MeV 的能量，氚核只是在中间过程中出现。氘氚反应比氘氘反应在技术上要复杂得多，但由于前者的点火温度比较低，所以被认为是种更有希望的聚变反应。

不论是氘氘反应，还是氘氚反应，都是带正电的原子核相结合的反应。由于核之间的库仑斥力很大，所以参加反应的核必须具有很大的动能。增大核动能唯一可行的方法是通过热运动，因此，参加反应的物质必须具有很高的温度，这一温度就称为聚变的点火温度。对氘氘反应，所需温度约为 5×10^{9}K，对氘氚反应，所需温度约为 1×10^{8}K。这样的温度都比太阳中心的温度高，因此这些聚变反应又称为热核反应。在这样高的温度下，氘和的原子都已经完全电离成原子核和电子，所以参与聚变反应的物质是等离子体。

引发核聚变需要供给能量使燃料达到其点火温度。不但如此，要建成一个有实用价值的反应器，就必须使热核反应放出的能量至少要和加热燃料所用的能量相等。为达到这一目的，就必须增加燃料核的密度。同时，由于等离子体极不稳定，所以还必须设法延长等离子体存在的时间。燃料核的密度越大，它们之间碰撞的机会越多，反应就越充分。在一定燃料核密度下，稳定时间越长，反应也越充分。反应越充分，释放的能量就越多、计算表明要使热核反应器成为一个自行维持反应的系统的条件是：

$$n(\text{离子数密度})\times\tau(\text{稳定时间})\geqslant\text{常数}$$

这一条件称为劳森判据。如果式中 n 表示每立方厘米的离子数，时间用秒计算，则对氘氘反应，式中的常数为 5×10^{15}，对于氘氚反应，这一常数为 2×10^{14}。因此，对于氘氚反应，如果等离子体的密度为 10^{14} 个/cm^{3}，则至少需要它稳定 2s；如果等离子体的密度为 10^{23} 个/cm^{3}，则稳定时间可以减小到 2×10^{-9}s。

三、等离子体的约束

要产生有效的热核反应，不仅需要燃料等离子体处于很高的温度，同时还要维持等离子体存在一定的时间。这两方面的要求都是很难达到的，这正是受控热核反应所要解决的问题。

要使热核反应在某种置内进行，首先碰到的问题是要把超高温等离子体盛放在一定的容器中。任何实际的固体容器都不能用来盛放这种等离子体，因为到 4000℃ 以上的温度时，现有的任何耐火材料都会熔化。现在技术中用来盛放或约束等离子体的方法是借助于磁场来实现的。

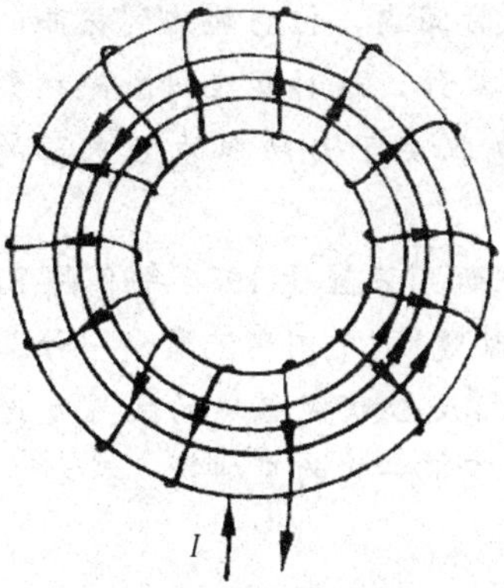

图 9-14　托卡马克装置

于是人们设计了环形磁瓶来约束等离子体。它实际上是一个环形螺线管，通以电流后在其内部形成封闭的环向磁场。在这无头无尾的磁场内，人们期望等离子体中的粒子会无休止地绕磁感线旋进，从而实现稳定的约束。但事实上达到稳定的约束很难，因为在环管的截面上磁场的分布实际上是不均匀的，内侧强而外侧弱。这不均匀磁场将把等离子体推向环管的外侧壁上，从而使其失去约束。

根据磁场对等离子体本身的箍缩效应原理设计的装置如图 9-14 所示，一个变压器的原线圈通过一个开关与一组高压电容器相连，另有一个环形反应室作为变压器的副线圈。首先向反应室内充入等离子体热核燃料，然后合上开关。这时预先充了电的电容器立即通过变压器的原线圈放电，从而产生强大的脉冲电流。同时在环状反应室内的等离子体中感应出更为强大的电流（可达 10^6A）这电流将对等离子体自身产生箍缩压力，而使等离子体约束在一个环内。在这一过程中，还由于强大的电流通过等离子体而起了加热作用，使等离子体温度进一步升高，同时由于等离子体环受箍缩变细而提高了等离子体的密度。这都有利于实现等离子体热核燃料的点火为了进一步保证等离子体在环形反应室内运动的稳定性，还在环形反应室外面绕上线圈（图 9-15）。这线圈通上电流后，它产生的沿环形反应宣轴线方向的磁场 $\boldsymbol{B}_1$ 与等离子体内由于变压器互感产生的环绕此轴线方向的磁场 $\boldsymbol{B}_2$ 与合成一螺形总磁场 $\boldsymbol{B}$。这一合磁场的作用使等离子体总游荡于磁场之中而不致散开。

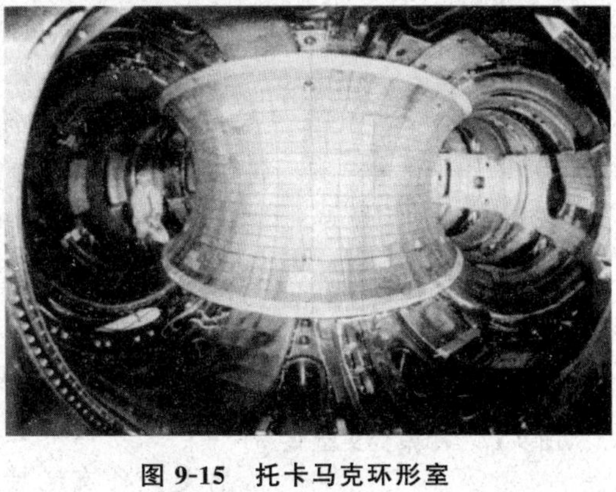

图 9-15　托卡马克环形室

图 9-15 是美国普林斯顿大学的托卡马克装置的环形反应室内景照片。托卡马克装置是目前建造得比较多的受控热核反应实验装置。它算是相对比较简单、比较容易制造的装置。在这种装置上，已能使等离子体加热至 4×10^8K，约束时间达到 5s。尽管困难还有很多，但看来这种装置最有希望首先实现受控热核反应。为了改善这种装置的性能，

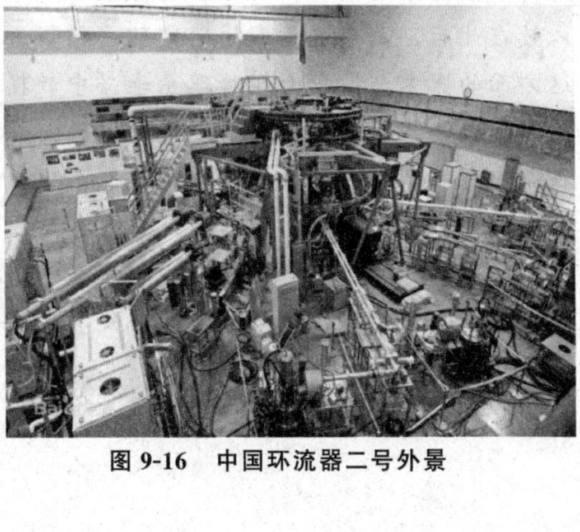

图 9-16　中国环流器二号外景

有的还把反应室的形状改变成球形托卡马克装置。

除了利用磁约束来实现受控热核反应以外，目前还在设计试验一种惯性约束方法它，基本做法是：把聚变燃料做成直径约 1mm 的小靶九。每一次有一个小靶丸放入反应室，然后用强的激光脉冲(延续 10^{-9}s，具有 100kJ 的能量)照射。这样高能量的输入会使靶丸变成等离子体，而且在这等离子体由于惯性还来不及飞散的短时间内，把它加热到极高的温度而发生聚变反应。这实际上是强激光一个个地引爆超小型氢弹，这种反应叫激光核聚变。这种技术的成功一方面取决于燃料靶丸的制造，同时也取决于大功率的激光器的发展。

由我国自行设计、建造的“中国环流器一号”受控热核反应研究装置于 1984 年 9 月 21 日建成启动，它是一种托卡马克装置。20 世纪 90 年代已把它改建成“中国环流器新一号”，2002 年已建成了“新二号”(图 9-16)。这标志着我国在受控热核反应研究领域的装置建造和实验手段有了新的突破，为我国进一步追赶世界先进水平打下了一定的基础。

四、冷聚变

聚变反应有可能在低温(例如室温)下实现吗?

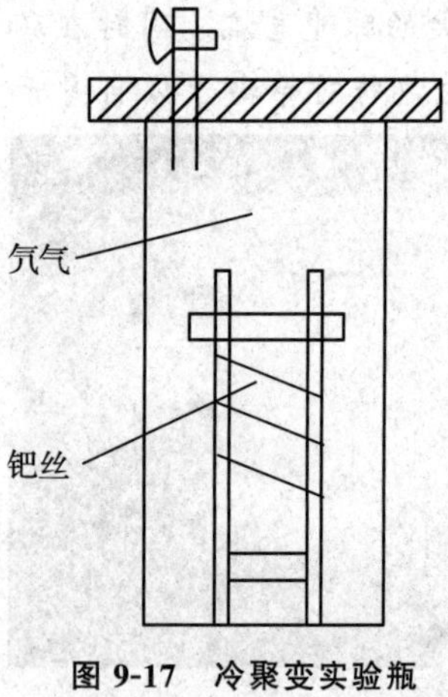

图 9-17　冷聚变实验瓶

1989 年春天出现过一条轰动世界科技界的新闻。3 月 23 日在美国盐湖城犹他大学的一次记者招待会上，弗雷希曼受(M. Freischmann)和庞斯(B. S. Pons)宣布他们实现了冷聚变或室温核聚变。他们用的实验仪器很普通，是在一个烧瓶内装入一个钯(Pd)制的管状阴极，外围绕以铂丝作为阳极，都浸在用少量锂电离的重水(D_2O)中。当通入电流经过近百小时后，他们发现有“过量热”释放，同时有中子产生。他们认为这不是一般的化学反应，而是在室温下的核聚变。对这一实验的可能解释是：钯有强烈的吸收氢或氘的本领(一体积的钯可吸收 700 体积的氘)。重水被电解后产生的氘在钯中的紧密聚集可能引起的结合——核聚变。如果这真是在室温条件下实现的核聚变，那将是一件有绝对重大意义的科学发现。消息传出后，很多科学家都来做类似的实验。由于当时该实验的重复性差，很多科学家对这一发现持怀疑态度，以致在此后，关于这方面的研究似乎销声匿迹了。但还有些研究人员乐此不疲，继续坚持这方面的探索。清华大学物理系李兴中教授就是其中之一。他所用的实验基本置如图 9-18 所示，在一容器中用石英架张拉着一条钯丝，通入氘气以观察其变化。他们已确切地证实在瓶内有“过量热”释放。对于同时并无中子或 γ 射线释放也给予了一定的理论解释。他们还发现在与氢气长时间接触的钯丝内有锌原子甚至氯原子产生，在钯丝表面层内锌原子甚至占总原子数的 40%，他们认为这是钯发生核变的信号。国际上还有多个研究小组从事这种冷聚变的研究，并经常召集国际会议交流研究成果。

习　题

9-1　在一个孤立导体球壳的中心放一个点电荷，球壳内、外表面上的电荷分布是否均匀？如果点电荷偏离球心，情况又如何？

9-2　一个孤立导体球带电量 Q，试问其表面附近的场强沿什么方向？当我们将另一带电体移近这个导体球时，球表面附近的场强将沿什么方向？其上电荷分布是否均匀？其表面是否等电势？导体内任一点 P 的电场强度有无变化？导体球的电势有无变化？

9-3　一带电导体放在封闭的金属壳内部。(1)若将另一带电导体从外面移近金属壳，壳内的电场是否改变？(2)若将金属壳内部的带电导体在壳内移动或与壳接触时，壳外部的电场是否改变？(3)如果壳内有两个等值异号的带电体，则壳外的电场如何？

9-4　一导体球不带电，其电容是否为零？当平行板电容器的两极板上分别带上等值同号电荷时，其电容值是否与不带电时相同？

9-5　一对相同的电容器，分别串联、并联后连接到相同的电源上，问哪一种情况用手触及极板较为危险？为什么？

9-6　比较电介质极化现象与导体的静电平衡有什么不同。

9-7　点电荷 q 处在导体球壳的中心，壳的内、外半径分别为 R_1 和 R_2(如习题 9-7 图所示)。求电场强度和电势分布，并画出$\boldsymbol{E}-r$ 和 U 曲线。

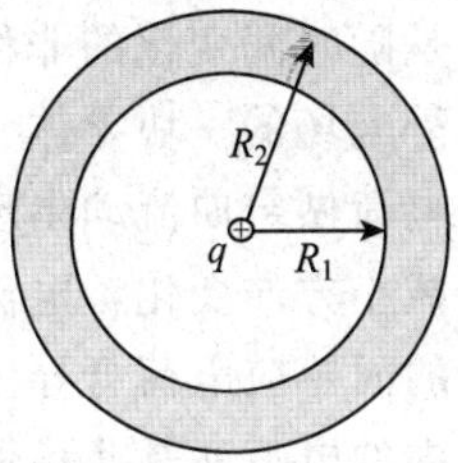

习题 9-7 图

9-8　一球形电容器是由半径为 R_A 和 R_B 的两个同心导体异体球面构成 $R_B>R_A$，若两球面间充满相对介电常量为 ε_r 的电介质，试证明其他电容为：$C=\dfrac{4\pi\varepsilon_0\varepsilon_r R_A R_B}{R_B-R_A}$。

9-9　一平行板电容器的电容为 10pF，充电到带电量为 1.0×10^{-9}C 后，断开电源。试计算：(1)两极板间的电势差和电场能量；(2)若把两极拉到原距离的两倍，拉开前后电场能量的改变量为多大？并解释其原因。

第 10 章　稳恒电流的磁场

10.1　稳恒电流

导体中存在着大量可以自由运动的带电载流子，这些载流子所带的电荷称为自由电荷。导体内如果存在电场，这些自由电荷将会在电场作用下做定向流动。电荷的定向流动构成电流。所以，要形成电流就需要：①有可以自由移动的电荷；②有推动电荷做定向流动的电场(超导体情况例外)或某种非静电力。如果导体内推动自由电荷做定向流动的电场是随时间变化的非稳恒电场，则形成的电流也是随时间变化的非稳恒电流。例如，刚放入静电场的一块导体，在刚放入的极短瞬间，导体内存在电场，在电场作用下导体内的自由电荷做定向流动出现电流，这个电流势必改变导体上的电荷分布，从而使导体内的电场向减小方向变化，电流也跟着向减小方向变化，在极短的瞬间，达到导体表面出现稳定分布的面感应电荷且导体内处处电场为零的静电平衡状态，电流也随之消失。这极短瞬间导体内的电流就是非稳恒电流。如果由导体组成一个供电流做循环流动的闭合回路，使组成闭合回路的导体中电荷的分布不发生变化，从而回路中的电场也稳定不变，那么，这个闭合电路中的电流将是不随时间变化的稳恒电流。

10.1.1　稳恒电流和电流密度矢量

在电场中，正负电荷运动的方向相反，正电荷沿着电场方向从高电势向低电势运动，而负电荷沿电场反方向从低电势向高电势运动。实验表明，除个别现象(如霍尔效应)外，正电荷沿某方向运动和等量负电荷反方向运动所产生的电磁效应相同。因此，尽管不同导体中的载流子所带电荷的电性可能不同(金属导体为带负电荷的电子，电解液中为带正负电荷的正负离子，电离气体中为带正电的正离子和带负电的电子)，但为了便于问题的分析，习惯上把电流看作正电荷的流动，并规定正电荷流动的方向为电流的方向。这样，导体中电流的方向总是沿着电场的方向，从高电势流向低电势。

导体中电流的强弱，用电流 I 这个物理量来描述。单位时间内通过导体任一横截面的电荷量，称为电流。如果 Δt 时间内通过导体任一横截面的电量为 Δq，则电流 I 定义为：

$$I=\frac{\Delta q}{\Delta t} \tag{10-1}$$

或取 $\Delta t\rightarrow 0$ 的极限

$$I=\lim_{\Delta t\rightarrow 0}\frac{\Delta q}{\Delta t}=\frac{\mathrm{d}q}{\mathrm{d}t} \tag{10-2}$$

电流是 MKSA 单位制中的 4 个基本量之一，它的单位为安培，用 A 表示。在实际中还常用毫安(mA)和微安(μA)，$1\text{mA}=10^{-3}\text{A}$，$1\mu\text{A}=10^{-6}\text{A}$。

电流这个物理量只反映通过导体横截面电流的整体特征，而不能反映导体横截面上各处的电流强弱和电流方向等细微情况，要细致地描述导体内各处的电流情况，需要引入电流密度矢量。电流密度矢量是这样定义的：通电流导体内任一点的电流密度矢量$\boldsymbol{j}$ 的方向是该点电流的方向，$\boldsymbol{j}$ 的大小等于通过该点单位垂直截面的电流。取通电流导体内某点垂直电流方向的截面面元为 dS_0，通过该面元 dS_0 的电流为 dI，则该点的电流密度矢量$\boldsymbol{j}$ 为：

$$\boldsymbol{j}=\frac{dI}{dS_0}\boldsymbol{n} \tag{10-3}$$

式中，$\boldsymbol{n}$ 为该点电流方向的单位矢量。在通电流导体内，每一点都有一个电流密度矢量$\boldsymbol{j}$ 值与之对应，它完全把该点的电流强弱和方向表达了出来，这样，载流导体空间各点的矢量$\boldsymbol{j}$ 构成了一个矢量场，并称之为电流场。类似于用电场线描述电场，在电流场内也可以引出电流线来描述电流场，电流线是这样一些曲线：其上每点的切线方向都和该点的电流密度矢量方向一致。由于电流场中任何一点的电流方向总是确定的，所以电流线不会相交。由电流线围成的管称电流管。电流管内电流不会通过管壁流出管外，管外电流也不会通过管壁流进管内。

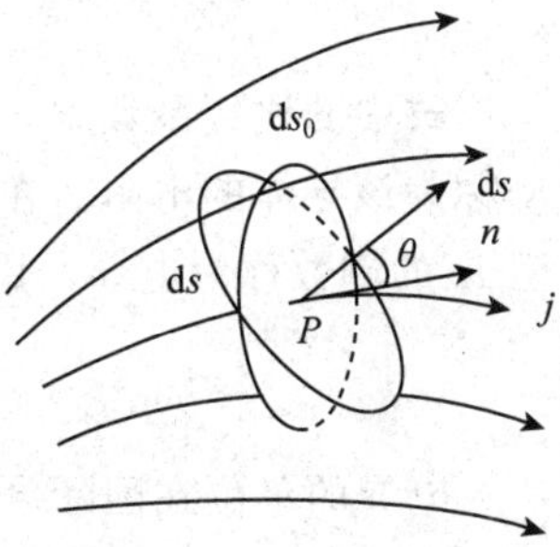

图 10-1　面元 dS 的电流

若载流导体内 P 点电流密度矢量为$\boldsymbol{j}$，则通过过 P 点的任一面元 dS 的电流 dI，可以通过面元 dS 的面元矢量 $d\boldsymbol{S}$ 和电流密度矢量$\boldsymbol{j}$ 来表示。显然，面元 dS 在与$\boldsymbol{j}$ 垂直平面上的投影为$dS_0=dS\cos\theta$ 这里，θ 为面元矢量 dS 与$\boldsymbol{n}$ 之间的夹角。

如图 10-1 所示，$\boldsymbol{n}$ 为$\boldsymbol{j}$ 方向的位矢量。通过 dS 的电流 dI 即为通过 $d\boldsymbol{S}_0$ 的电流。由式(10-3)可知 dI 为：

$$dI=\boldsymbol{j}\cdot d\boldsymbol{S}_0=j\,dS\cos\theta=j\,dS \tag{10-4}$$

这样，通过导体中任意有限截面 S 的电流 I 与电流密度矢量$\boldsymbol{j}$ 的关系应为：

$$I=\iint_S \boldsymbol{j}\cdot d\boldsymbol{S} \tag{10-5}$$

即通过 S 面的电流 I 等于通过该面的电流密度矢量通量。采用国际单位制，电流密度$\boldsymbol{j}$ 的单位为 $A\cdot m^{-2}$。

10.1.2　欧姆定律 电阻

稳恒电路里的电场是由不随时间变化的电荷分布产生的电场，虽然这种电场在载流导体内不等于零，但它仍然是一种静电性质的电场，因此，它仍然遵守由静电场得出的环路定理和高斯定理，即对于任何闭合回路 L，有

$$\oint_L \boldsymbol{E}\cdot d\boldsymbol{l}=0 \tag{10-6}$$

对于任一闭合曲面 S，有

$$\oiint_S \boldsymbol{E} \cdot \mathrm{d}S = \frac{1}{\varepsilon_0}\sum q \tag{10-7}$$

由于稳恒电路中电场依然遵守环路定理，所以在稳恒电路中，电势、电势差(电路中称为电压)的概念仍然适用。只是在截流导体中，静电平衡条件($\boldsymbol{E}=0$)及由它引出的一些推论不再成立了。

关于稳恒电路中导体内的电流与电场之间的关系，最先是由德国物理学家欧姆(G. S. Ohm)于1826年通过实验测量建立起来的，并称之为欧姆定律，这个定律指出：在稳恒条件下，通过一段导体的电流和导体两端的电压呈正比，即

$$I=\frac{U}{R} \quad 或 \quad U=IR \tag{10-8}$$

式中的比例系数 R 与电流 I 的大小无关，而由导体的材料性质、大小和形状所决定，R 称为该导体的电阻。在国际单位制中，电阻的单位为V/A，叫做欧姆，用Ω表示。电阻 R 的倒数称为电导，用 G 表示，即

$$G=\frac{1}{R} \tag{10-9}$$

电导的单位在国际单位制中为 Ω^{-1}，称为西门子。

实验表明，对于横截面均匀的各向同性导体，其电阻 R 与导体长度 l 呈正比，与横截面 S 呈反比，即

$$R=\rho\,\frac{1}{S} \tag{10-10}$$

式中，ρ 是完全由导体材料性质决定的量，称为导体的电阻率，电阻率的单位为Ω·m。电阻率的倒数 σ 称为导体的电导率，即

$$\sigma=\frac{1}{\rho} \tag{10-11}$$

电导率的单位为 $\Omega^{-1}\cdot \mathrm{m}^{-1}$。对于横截面或电阻率不均匀的导体电阻 R，可通过下列积分求出：

$$R=\int\frac{\rho\,\mathrm{d}l}{S} \tag{10-12}$$

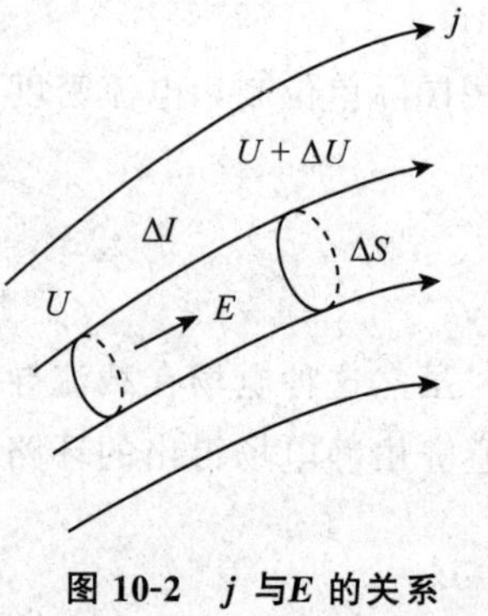

图 10-2 j 与E 的关系

由欧姆定律可知，在导体中，电荷在电场的推动下流动形成电流，电流场的分布与电场$\boldsymbol{E}$ 的分布密切相关。但是，并没有反映出逐点的电流与电场的关系，为此，我们研究导体内任意一点的电流与电场的关系。

如图10-2所示，在导体的电流场内任取一由电流线围成的小电流管，其长度 Δl，垂直$\boldsymbol{j}$ 的截面为 ΔS，两端的电势分别为 U 和 $U+\Delta U$，电流管中的电流为 ΔI，由欧姆定律

$$\Delta l=\frac{-\Delta U}{R} \tag{10-13}$$

将

$$\Delta l = j\,\Delta S,\qquad R=\rho\,\frac{\Delta l}{\Delta S}=\frac{\Delta l}{\sigma\Delta S},\qquad E=\frac{-\Delta U}{\Delta l} \tag{10-14}$$

代入得$\boldsymbol{j}=\sigma\boldsymbol{E}$，$\boldsymbol{j}$ 与$\boldsymbol{E}$ 的方向一致，故

$$\boldsymbol{j}=\sigma\boldsymbol{E} \tag{10-15}$$

式中，$\boldsymbol{j}$ 为导体中的传导电流密度，电导率是标量；σ 只与导体性质有关。上式称为欧姆定律的微分形式。

欧姆定律的微分形式适用于线性的各向同性的导体，对于线性的各向异性的导体，应将式(10-10)改写为$\boldsymbol{j}=\sigma\boldsymbol{E}$，其中$\sigma$ 是二阶张量，描述导体的导电性能随空间方位的变化。对于非线性导体仍可采用上式，但应注意$\sigma(\boldsymbol{E})$不只取决于导体性质，还与场强$\boldsymbol{E}$ 有关。

与欧姆定律的积分形式有所不同，其微分形式给出了点点对应的关系，不仅能更细致地描述导体的导电规律，而且不受恒定、似稳条件的限制，适用于一般的非恒定情形。

10.2　电源电动势和全电路欧姆定律

10.2.1　非静电力

一段电路的欧姆定律给出了当导体中存在恒定电流时，电流与导体的电阻以及导体两端电压之间的关系。但怎样才能在导体中产生恒定电流呢？产生电流的条件是存在可以自由运动的电荷和迫使电荷做定向运动的作用力，但电流产生后不一定稳定，也不一定能持久。考虑两块金属 A 和 B，A 带正电，B 带负电，它们在空间产生一静电场，如图 10-3 所示。若用一导体 L 把 A，B 连接起来，则导体 L 中的正电荷在静电力作用下，由高电势的 A 流向低电势的 B，导体 L 中出现电流。由于稳恒电路中的电场 E 遵守环路定理$\oint_L \boldsymbol{E}\cdot \mathrm{d}\boldsymbol{l}=0$，沿闭合曲线 L 看，电势从 A 沿 L_{AB} 线段到 B 电势不断下降，过 $\mathrm{d}l$ 线元电势下降 $-\mathrm{d}l=\boldsymbol{E}\cdot\mathrm{d}\boldsymbol{l}$，而电势从 B 沿 L_{BA} 线段到 A 电势不断上升，经过 $\mathrm{d}l$ 线元电势上升 $-\mathrm{d}U=-\boldsymbol{E}\cdot\mathrm{d}\boldsymbol{l}$(注意，在 L_{BA} 线段中$\boldsymbol{E}$ 与 $\mathrm{d}\boldsymbol{l}$ 方向相反)，$\oint_L \boldsymbol{E}\cdot\mathrm{d}\boldsymbol{l}=0$ 表明，电势沿闭合曲线 L 一周的变化为零。电流使导体 A 上的正电荷减少，B 上的负电荷减少，空间的电场不断减弱，A，B 间的电势差逐渐消失，最后 A，B 和 L 成为等势体，电流消失。而这一过程实际上仅发生在瞬息之间，在这过程中，原来的静电能量全部转化为焦耳热。

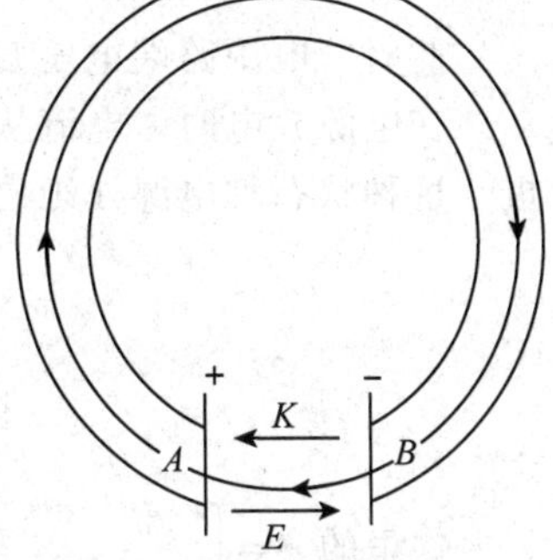

图 10-3　直流电源原理图

由此可见，仅在静电场作用下形成的电流是一种不稳定的短暂的电流，这种电流的电流线是不闭合的，因为在静电场作用下，正电荷只能从高电势处向低电势处运动，负电荷只能从低电势处向高电势处运动，不能向相反方向运动。要保持电流恒定，就得保证电荷分布不因电荷的定向运动而改变，这就要求把由 A 经 L 到达 B 的正电荷不折不扣地送回到 A，使正电荷从低电势的 B 回到高电势的 A，让电流线闭合起来。当然，依靠静电场是无法实现这一要求的。亦即要形

成稳恒的电流，就必须存在一种本质上不同于静电力的作用力，它能使正电荷反抗静电力的作用，从低电势处向高电势处运动。我们将这种作用力称为非静电起源的作用力，或简称非静电力。

10.2.2 电源电动势

作用于单位正电荷的非静电力称为非静电场的场强，用$\boldsymbol{K}$表示。凡能产生这类非静电力的装置称为电源。原理如图 10-3 所示，无负载时，电源内部在非静电力的作用下搬运电荷，形成积累正电荷的正极和积累负电荷的负极，同时产生静电场。

在电源外部只有静电场$\boldsymbol{E}$，在电源内部除$\boldsymbol{E}$外还有$\boldsymbol{K}$，且$\boldsymbol{K}$与$\boldsymbol{E}$反向，因此，在电源内部欧姆定律的微分形式为：

$$\boldsymbol{j}=\sigma(\boldsymbol{K}+\boldsymbol{E}) \tag{10-16}$$

从能量角度看，电源是提供电能的装置。为了描绘电源中非静电力做功的本领，定义电源的电动势ε为把单位正电荷从负极通过电源内部移到正极时，非静电力所做的功，即

$$\varepsilon=\underset{(\text{电源内})}{\int_{-}^{+}}\boldsymbol{K}\cdot\mathrm{d}\boldsymbol{l} \tag{10-17}$$

电源的电动势是描述电源性质的特征量，与外电路性质以及电路是否接通无关，直流电源的电动势具有恒定值。电动势是标量，其单位与电势的单位相同，也是伏特(V)。

如果非静电力并非只存在于电源内部的局部区域，而是存在于整个闭合回路上，无法区分电源内或外，例如，温差电动势和感生电动势，则定义整个闭合回路的电动势为：

$$\varepsilon=\underset{(\text{闭合回路})}{\oint}\boldsymbol{K}\cdot\mathrm{d}\boldsymbol{l} \tag{10-18}$$

10.2.3 电源的路端电压

每个电源都有一个电势最高的正极(用U_+表示其电势)和一个电势最低的负极(用U_-表示其电势)，电源正极与负极之间的电势差$U=U_+-U_-$称为电源的路端电压。电源路端电压U与电压的通电状态和电源的本身特性有关。

在电源不通电流时，电源同外电路断开、两相同电源并联以及电源在平衡补偿电路中的情况。在这种情况下，电源内电流密度$\boldsymbol{j}=0$，由普遍形式的欧姆定律知道，这时电源内$\boldsymbol{K}=-\boldsymbol{E}$，所以有关系

$$U=U_+-U_-=-\int_{-}^{+}\boldsymbol{E}\cdot\mathrm{d}\boldsymbol{l}=-\int_{-}^{+}\boldsymbol{K}\cdot\mathrm{d}\boldsymbol{l}=\varepsilon \tag{10-19}$$

此时，电源路端电压U等于电源电动势ε。

在电源放电时，电流从正极流出，经外电路回到电源负极，再经过电源从负极流向正极。这种状态称电源处于放点状态。电源内部

$$\boldsymbol{K}=\frac{\boldsymbol{j}}{\sigma}-\boldsymbol{E} \tag{10-20}$$

$$\varepsilon=\int_{-}^{+}\boldsymbol{K}\cdot\mathrm{d}\boldsymbol{l}=\int_{-}^{+}\frac{\boldsymbol{j}}{\sigma}\cdot\mathrm{d}\boldsymbol{l}-\int_{-}^{+}\boldsymbol{E}\cdot\mathrm{d}\boldsymbol{l}=Ir+U \tag{10-21}$$

这里的$r=\int_{-}^{+}\frac{\mathrm{d}l}{\sigma S}$，$S$是电源内部道题的横截面，$r$称为电源的内阻。电源内阻$r$是电源的另一个特征量，每个电源都有一定的内阻，它是由电源的内部构造情况所决定的。电

源电动势 ε 和内阻 r 是电源的两个基本特征物理量。Ir 称为电源内部导体的电势降落。处于放电状态的电源，其路端电压由上式得：

$$U=\varepsilon-Ir \tag{10-22}$$

若电源在充电，电源内 j 的方向从正极到负极，与积分路径 $\mathrm{d}l$ 的方向相反，故电源电压为：

$$U=\varepsilon+Ir \tag{10-23}$$

10.2.4　全电路欧姆定律

若电源(ε，r)与负载 r 构成最简单的闭合电路，则电源的路端电压 U 就是 R 两端的电压，由式(10-22)的放电公式和欧姆定律 $U=IR$，得：

$$\varepsilon=I(R+r)\quad 或\quad I=\frac{\varepsilon}{R+r} \tag{10-24}$$

式(10-24)称为全电路欧姆定律。

10.3　磁场和磁感应强度

电流通过导体时，除了产生热效应外，还产生磁效应，即电流产生磁场，磁场对处在场内的电流有力的作用。

10.3.1　磁现象

我国是世界上最早发现并应用磁现象的国家，指南针是我国古代的四大发明之一。早在远古时代，人们就发现某些天然矿石(Fe_3O_4)具有吸引铁屑的性质，这种矿石称为天然磁铁。若把天然磁铁制成磁针，使之可在水平面内自由转动，则磁针的一端总是指向地球的南极，另一端总是指向地球的北极，这就是指南针(罗盘)，如图 10-4 所示。历史上把磁针或磁棒指南的一端称为磁南极，用 S 表示，指北的一端称为磁北极，用 N 表示。地磁北南极的位置与地理南北极并不一致，地磁北极靠近地理南极，地磁南极靠近地理北极，期间偏离的角度称为地磁偏角。

除此之外，磁铁间也存在相互作用：同种磁性相互排斥，异种磁性互相吸引。如图 10-5 所示，两根磁铁棒之间存在着相互作用力，同名磁极互相排斥，异名磁极互相吸引。早年，人们设想，磁铁棒的 N 极和 S 极上分别存在正、负磁荷，同号磁荷相斥，异号磁荷

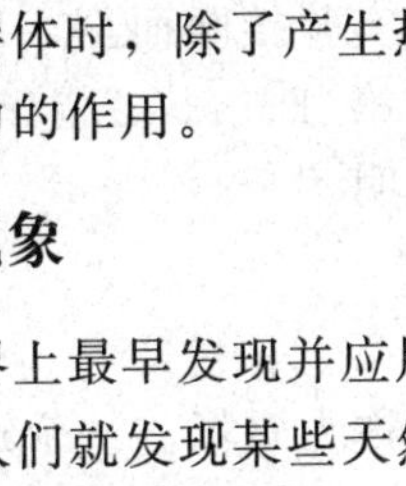

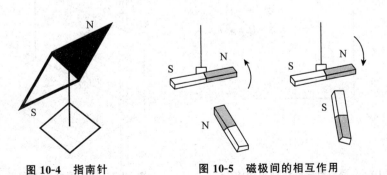

图 10-4　指南针

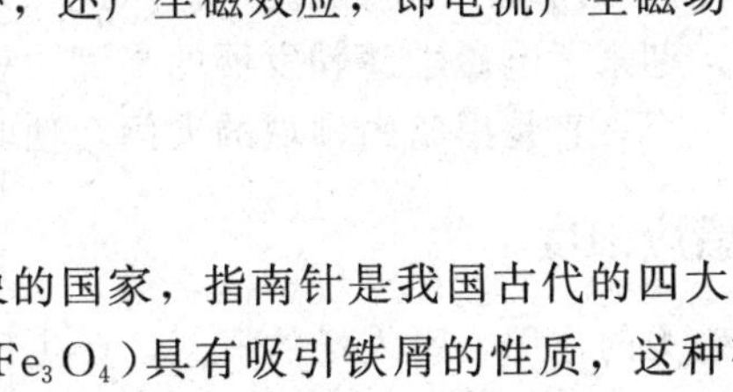

图 10-5　磁极间的相互作用

相吸，磁铁棒的磁性来源于集中在两端的磁荷。库仑曾通过实验得到两个点磁荷之间相互作用力$\boldsymbol{F}$的规律，称为磁的库仑定律。它指出，$\boldsymbol{F}$的方向沿两点磁荷的连线，$\boldsymbol{F}$的大小与两点磁荷距离的平方呈反比，并与磁荷的数量呈正比。可见，磁力与电力的库仑定律类似。然而，与正负电荷可以分开并单独存在的情形不同，磁铁棒的N极和S极总是并存的，把磁铁棒分割成几段后，在断开处必将出现成对的新磁极，并不存在单独的磁极，何以如此，曾经长期令人困惑不解。包括安培、库仑等在内的许多物理学家都认为电与磁是风牛马不相及的。

直到1820年7月，丹麦物理学家奥斯特(H. C. Oersted)发现了电流的磁效应：在载流直导线附近，平行放置的磁针受力向垂直于导线的方向偏转，这就是电流的磁效应。奥斯特发现电流的磁效应以后，人们对磁的认识和利用才得到了较快的发展，改变了把电与磁截然分开的看法，开始了探索电、磁内在联系的新时期。另外，奥斯特发现的电流对磁针的作用力是一种横向力，而在这以前人们认为全部作用力都是有心力。众所周知，当时已知的非接触物体之间的作用力，如万有引力、电力、磁力(指磁铁之间或磁铁对铁制品的作用力)都是彼此排斥或吸引其方向沿连线的有心力，横向力则明显不同。因此，奥斯特实验还突破了非接触物体之间只存在有心力的观念，拓宽了作用力的类型。

电流的磁效应的发现，揭示了此前一直认为彼此无关的电现象与磁现象之间的联系，宣告了电磁学作为一门统一学科的诞生。从此一系列新的实验接踵而至，许多重要的研究成果应运而生，迎来了电磁学蓬勃发展的高潮。就像法拉第(Faraday)指出的那样："它突然打开科学中一个一直是黑暗的领域的大门，使其充满光明。"

10.3.2 磁感应强度

为了说明磁力的作用，引入场的概念，产生磁力的场称为磁场。一个运动电荷在它的周围除产生电场外，还产生磁场。另一个在它附近运动的电荷受到的磁力就是该磁场对它的作用。

定量地描述磁场，需要根据定量的实验。实验表明，在某一惯性参考系S(如实验室参考系)中观察一个运动电荷q_0在另外的运动电荷(或电流或永磁体)周围运动时，它受到的作用力$\boldsymbol{F}$一般总可以表示为两部分的矢量和(图10-6)。

即

$$\boldsymbol{F}=\boldsymbol{F}_e+\boldsymbol{F}_m \tag{10-25}$$

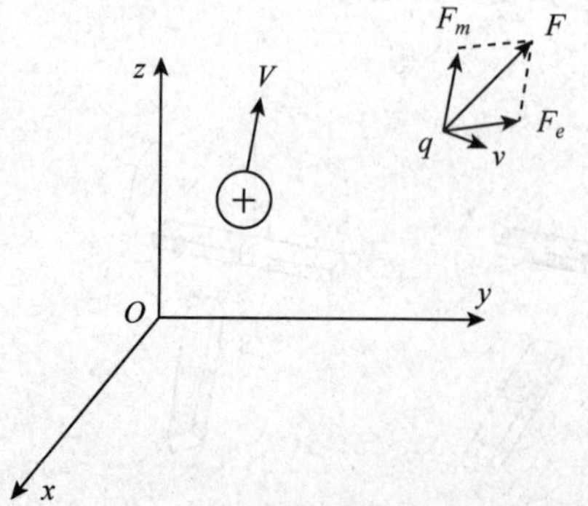

图10-6 运动电荷受运动电荷的力

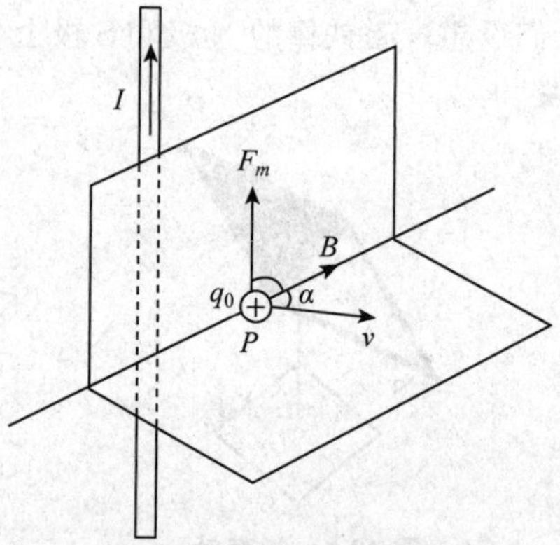

图10-7 磁感应强度的定义

式中，第一部分力$\boldsymbol{F}_e$与电荷q_0的运动速度无关。即使q_0静止时，它也受到这种力的作用。我们已把静止电荷受的力归于电场，所以这一部分力即为电场力。以$\boldsymbol{E}$表示相应的电场强度，则有

$$\boldsymbol{F}_e=q_0\boldsymbol{E} \tag{10-26}$$

式(10-25)中第二部分力$\boldsymbol{F}_m$与电荷q_0相对于参考系S的速度$\boldsymbol{v}$有直接关系。$\boldsymbol{v}$的方向和大小不同，这一部分力的大小和方向也不相同。它不是电场力，我们就把它归之于磁场的作用，称为磁场力或磁力。实验表明，在参考系S中观察，一个以速度$\boldsymbol{v}$运动的电荷q_0所受的磁场力总可以用下式表示：

$$\boldsymbol{F}_m=q_0\boldsymbol{v}\times\boldsymbol{B} \tag{10-27}$$

式中，矢量$\boldsymbol{B}$是由此式定义的描述磁场本身性质的矢量，称为磁感应强度。在磁场中，不同地点的磁感应强度大小和方向都可以不同。

将式(10-26)和式(10-27)代入式(10-25)可得：

$$\boldsymbol{F}=q_0\boldsymbol{E}+q_0\boldsymbol{v}\times\boldsymbol{B} \tag{10-28}$$

这个表示一个运动电荷在另外的运动电荷周围所受的力的一般表示式称为洛伦兹力公式。通常也把式(10-28)表示的磁场力称为洛伦兹力。

根据洛伦兹力公式，原则上可以通过设计以下的实验步骤来确定空间任一点P处的$\boldsymbol{B}$的大小和方向(图 10-7)：

①将一检验电荷q_0置于运动电荷(或电流、永磁体)周围某点P，并保持其静止，测出这时它受的力$\boldsymbol{F}_e$，然后测出q_0以某一速度$\boldsymbol{v}$通过P点时受的力F。由$(\boldsymbol{F}-\boldsymbol{F}_e)$求出$\boldsymbol{F}_m$。

②令q_0沿不同的方向通过P点，重复上述方法测量$\boldsymbol{F}_m$。这时可发现当q_0沿某一特定方向(或其反方向)运动时，不受磁力。这一方向(或其反方向)就定义为$\boldsymbol{B}$的方向。

③q_0沿其他方向运动时，它所受的磁力$\boldsymbol{F}_m$的方向总与上述$\boldsymbol{B}$的方向垂直，也与q_0的速度$\boldsymbol{v}$的方向垂直。我们可以根据任意一次$\boldsymbol{v}$和相应的$\boldsymbol{F}_m$的方向进一步规定$\boldsymbol{B}$的指向，使它满足式(10-27)表示的矢量积关系。

④以α表示q_0的速度$\boldsymbol{v}$的方向和$\boldsymbol{B}$的方向之间的夹角，则可以发现，磁力的大小F_m和$q_0 v\sin\alpha$这一乘积呈正比，我们就用这比值表示$\boldsymbol{B}$的大小，即

$$B=\frac{F_m}{q_0\boldsymbol{v}\sin\alpha} \tag{10-29}$$

这一公式正是式(10-27)表示的数量关系。这样，经过上述步骤后，我们可以完全确定磁场中各处的磁感应强度$\boldsymbol{B}$了。

在国际单位制中磁感应强度的单位为特斯拉，符号为 T。几种典型的磁感应强度的大小见表 10-1。

表 10-1　典型磁感应强度的大小　　单位：T

位置	强度大小	位置	强度大小
原子核表面	约10^{12}	小型条形磁铁近旁	约10^{-2}
中子星表面	约10^{8}	木星表面	约10^{-3}
大型气泡室内	2	地球表面	约 5×10^{-5}
太阳黑子中	约 0.3	星际空间	10^{-10}
电视机内偏转磁场	约 0.1	人体表面(例如头部)	3×10^{-10}
太阳表面	约10^{-2}	磁屏蔽室内	3×10^{-14}

10.4　毕奥—萨伐尔定律及其应用

与电相互作用一样，磁相互作用也不是超距作用，它们是通过磁场来传递的。静止的电荷周围只产生静电场，而同一电荷在运动时周围既产生电场又产生磁场。

10.4.1　毕奥—萨伐尔定律

电流在其周围产生磁场，其规律的基本形式是电流元产生的磁场和该电流元的关系。以 $I\mathrm{d}l$ 表示恒定电流的一电流元，以 r 表示从此电流元指向某一场点 P 的径矢(图 10-8)，实验给出，此电流元在 P 点产生的磁场 $\mathrm{d}\boldsymbol{B}$ 由下式决定：

$$\mathrm{d}\boldsymbol{B}=\frac{\mu_0}{4\pi}\frac{I\mathrm{d}l\Delta\boldsymbol{e}_r}{r^2} \tag{10-30}$$

式中，$\mu_0=4\pi\times10^{-7}\mathrm{N/A^2}$，称作真空磁导率。由于电流元不能孤立地存在，所以式(10-30)不是直接对实验数据的总结。它于 1820 年先由毕奥和萨伐尔根据对电流的磁作用的实验结果分析得出的，现在称为毕奥—萨伐尔定律。

有了电流元的磁场公式(10-30)，对这一公式进行积分，就可以求出任意电流的磁场分布。如

$$\boldsymbol{B}=\oint\mathrm{d}\boldsymbol{B}=\frac{\mu_0}{4\pi}\oint\frac{I\mathrm{d}l\Delta\boldsymbol{e}_r}{r^2} \tag{10-31}$$

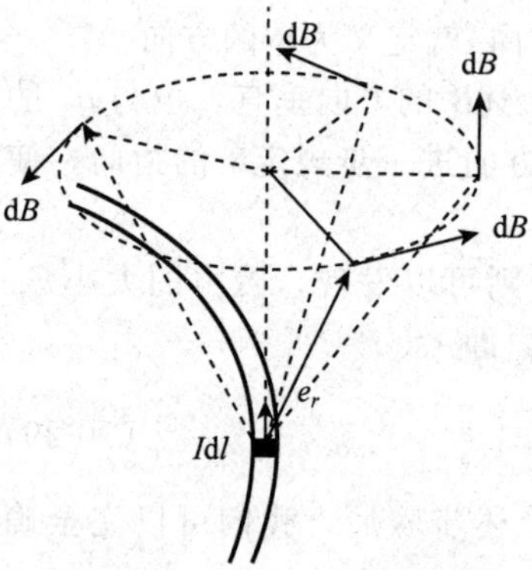

图 10-8　电流元的磁场

这就是磁感应强度的叠加原理，也称毕奥—萨伐尔定律的积分形式。根据式(10-30)的矢量积关系可知，电流元的磁场的磁感线也都是圆心在电流元轴线上的同心圆(图 10-8)。由于这些圆都是闭合曲线，所以通过任意封闭曲面的磁通量都等于零；又由于任何电流都是一段段电流元组成，根据叠加原理，在它的磁场中通过一个封闭曲面的磁通量应是各个电流元的磁场通过该封闭曲面的磁通量的代数和。既然每一个电流元的磁场通过该封闭曲面的磁通量为零，所以在任何磁场中通过任意封闭曲面的磁通量总和等于零。这个关于磁场的结论称为磁通连续定律或磁场高斯定律。

10.4.2　毕奥—萨伐尔定律的应用

利用毕奥—萨伐尔定律的基本步骤：①在载流导线中选取电流元 $I\mathrm{d}l$。②根据毕奥—萨伐尔定律写出该电流元 $I\mathrm{d}l$ 在场点所产生的磁感应强度 $\mathrm{d}\boldsymbol{B}$。③矢量分析，写出各分量式：$\mathrm{d}\boldsymbol{B}_x$，$\mathrm{d}\boldsymbol{B}_y$，$\mathrm{d}\boldsymbol{B}_z$。④对各分量式进行积分。⑤求出总磁感应强度大小：$B=\sqrt{B_x^{\ 2}+B_y^{\ 2}+B_z^{\ 2}}$。

【例 10-1】求无限长载流直导线的磁场。

解：设无限长直导线中的电流为 I，考察点离导线的距离为 R，在导线上任取一电流

元 Idl，它离考察点的距离为 r，如图 10-9(a)所示，电流元在考察点处产生的磁场垂直于纸面向里，其大小为：

$$dB=\frac{\mu_0}{4\pi}\frac{Idl\cdot\sin\theta}{r^2}$$

由图 10-9(a)可知，$l=R\tan\varphi$，$R=r\cos\varphi$，$\sin\theta=\cos\varphi$，代入上式并进行积分得：

$$B=\frac{\mu_0 I}{4\pi R}\int_{\varphi_2}^{\varphi_1}\cos\varphi\,d\varphi=\frac{\mu_0 l}{4\pi}(\sin\varphi_2-\sin\varphi_1)$$

式中，φ_1，φ_2 分别为从参考点到导线两端的连线与 R 的夹角。对于无限长的直导线，$\varphi_1\to-\frac{\pi}{2}$，$\varphi_2\to\frac{\pi}{2}$，于是得：

$$B=\frac{\mu_0 I}{2\pi R}$$

即磁感强度 $\boldsymbol{B}$ 的大小与导线中的电流呈正比，与离开导线的距离呈反比，方向沿以导线为中心的圆周的切线，与电流方向组成右手螺旋。

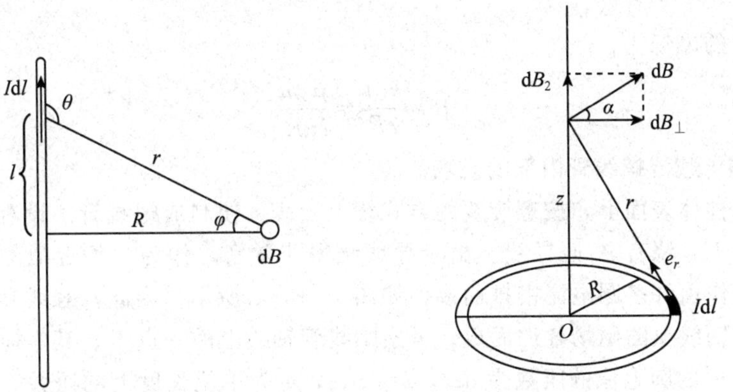

(a) 载流直导线的磁场　　(b) 圆电流轴线上的磁场

图 10-9　无限长载流直导线、圆电流轴线上的磁场

【例 10-2】求圆电流轴线上的磁场。

解：一半径为 R 的导线圆环，流过的恒定电流为 I，考察过圆心垂直于圆环平面的轴线上任一点的磁场。设考察点到圆面的距离为 z，如图 10-9(b)所示，圆电流上任一电流元 Idl 在考察点的磁场为：

$$d\boldsymbol{B}=\frac{\mu_0}{4\pi}\cdot\frac{Idl\Delta\boldsymbol{e}_r}{r^2}$$

把 $d\boldsymbol{B}$ 分解成沿着 z 轴的分量 $d\boldsymbol{B}_z$ 和垂直 z 轴的分量 $d\boldsymbol{B}_\perp$

$$dB_z=dB\sin\alpha=\frac{\mu_0}{4\pi}\frac{Idl\cdot\sin\alpha}{r^2}$$

$$dB_\perp=dB\cos\alpha=\frac{\mu_0}{4\pi}\frac{Idl\cdot\cos\alpha}{r^2}$$

由对称性可知，所有各 $d\boldsymbol{B}_\perp$ 叠加的结果为零，于是

$$B=\int \mathrm{d}B_z=\frac{\mu_0}{4\pi}\int \frac{I\mathrm{d}l \cdot \sin\alpha}{r^2}$$

由于 r 和 α 与电流元的位置无关，而 $\int \mathrm{d}l$ 即圆电流的周长为 $2\pi R$，注意到 $\sin\alpha=R/r$，得

$$B=\frac{\mu_0}{2}\frac{IR^2}{r^3}=\frac{\mu_0 IR^2}{2(R^2+z^2)^{3/2}}$$

即圆电流轴线上的磁场与该点离开圆心的距离有关，当考察点远离圆电流即 $z\gg R$ 时，上式可简化为：

$$B=\frac{\mu_0 iR^2}{2z^3}=\frac{\mu_0 m}{2\pi z^3}$$

式中，$m=\pi IR^2$，为圆电流的磁矩。引入磁矩后，在圆电流轴线上远处一点的磁感强度为：

$$B=\frac{\mu_0 m}{2\pi z^3}$$

而圆心处的磁场为：

$$B=\frac{\mu_0 I}{2R}=\frac{\mu_0 m}{2\pi R^3}$$

【例 10-3】求载流螺线管内部的磁场。

解：在圆柱体表面上，按螺旋线的方式绕上导线，便制成螺线管。设有一密绕的螺线管，总长度为 L，绕有 N 匝导线。由于导线绕得非常密，作为一种近似的处理，我们可以把螺线管看作由许多圆电流密排而成，如图 10-10(a)所示。因此，螺线管轴线上的磁场由各圆电流在轴线上的磁场叠加而成。考察螺线管轴线上的一点 P，其坐标为 z_p。位于 z 到 $z+\mathrm{d}z$ 间隔内的圆电流的匝数为 $\mathrm{d}zN/l=n\mathrm{d}z$，$n$ 为单位长度上的匝数，这些圆电流在 P 点的磁场可由[例 10-2]求得，即

$$\mathrm{d}B=\frac{\mu_0 R^2 nI\mathrm{d}z}{2\left[R^2+(z_p-z)^2\right]^{3/2}}$$

式中，R 为螺线管的半径。整个螺线管的电流在 P 点的磁场为：

$$B=\int_0^L \frac{\mu_0 R^2 nI\mathrm{d}z}{2\left[R^2+(z_p-z)^2\right]^{3/2}}$$

由图 10-10(a)可知

$$\sin\beta=\frac{R}{\sqrt{R^2+(z_p-z)^2}}$$

$$\cos\beta=\frac{z_p-z}{R}$$

故

$$\frac{\mathrm{d}\beta}{\sin^2\beta}=\frac{\mathrm{d}z}{R}$$

把积分号中的变量 z 换成 β，得

$$B=\frac{\mu_0 nI}{2}\int_{\beta_1}^{\beta_2}\sin\beta\,\mathrm{d}\beta=\frac{1}{2}\mu_0 nI(\cos\beta_1-\cos\beta_2)$$

式中，β_1，β_2 分别为 $z=0$ 和 $z=L$ 时的 β 值。

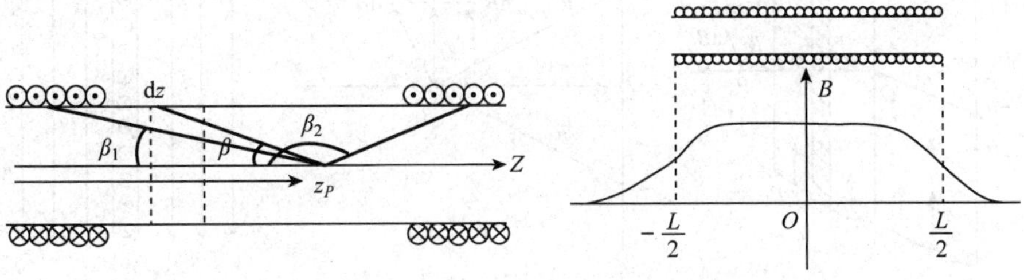

（a）密绕螺线管的磁场　（b）看作紧密排列圆电流的磁场的叠加

图 10-10　载流螺线管内部的磁场

下面，我们讨论几种特殊情况：

①螺线管为无限长，即 $L\to\infty$，$\beta_1=0$，$\beta_2=\pi$，因此

$$B=\mu_0 nI$$

即无限长的密绕螺线管轴线上的磁感应强度是一个常量，与考察点的位置无关。方向沿螺线管的轴线，与电流组成右手螺旋。

②半无限长螺线管端点的磁场。由 $\beta_1=0$，$\beta_2=\pi/2$，或 $\beta_1=\pi/2$，$\beta_2=\pi$ 都可得出

$$B=\frac{1}{2}\mu_0 nI$$

即长螺线管轴线的端点的磁感应强度正好为中心处的一半。螺线管轴线上磁场的分布如图 10-10(b)所示。

【例 10-4】电流均匀地通过无限长的平面导体薄板，求到薄板的距离为 x 处的磁感应强度。

解：设导体板的宽度为 $2a$，通过宽度为单位长度的狭条的电流为 i。取 Oyz 平面与导体板重合，x 轴与板垂直，如图 10-11(a)所示。在板上任取一宽度为 $\mathrm{d}y$，位于 y 到 $y+\mathrm{d}y$ 之间内的狭条。这狭条可作为无限长的直导线处理，其中的电流为 $i\mathrm{d}y$，它在考察点 P 的磁场为：

$$\mathrm{d}\boldsymbol{B}=\frac{\mu_0\boldsymbol{i}\,\mathrm{d}y}{2\pi R}$$

其方向与 R 垂直。把 $\mathrm{d}\boldsymbol{B}$ 分解成沿 x 和 y 方向的两个分量：

$$\mathrm{d}B_x=\mathrm{d}B\sin\beta$$

$$\mathrm{d}B_y=\mathrm{d}B\cos\beta$$

由于对称性，与 z 轴对称的任意两狭条在 P 点的磁场 $\mathrm{d}\boldsymbol{B}$ 和 $\mathrm{d}\boldsymbol{B}'$ 的 x 分量互相抵消，如图 10-11(b)所示。因此，P 点的磁感应强度由各狭条在 P 点产生的磁场的 y 分量叠加而成，即

$$\boldsymbol{B}=\int\mathrm{d}\boldsymbol{B}=\int\frac{\mu_0}{2\pi}\frac{\boldsymbol{i}\cos\beta}{R}\mathrm{d}y$$

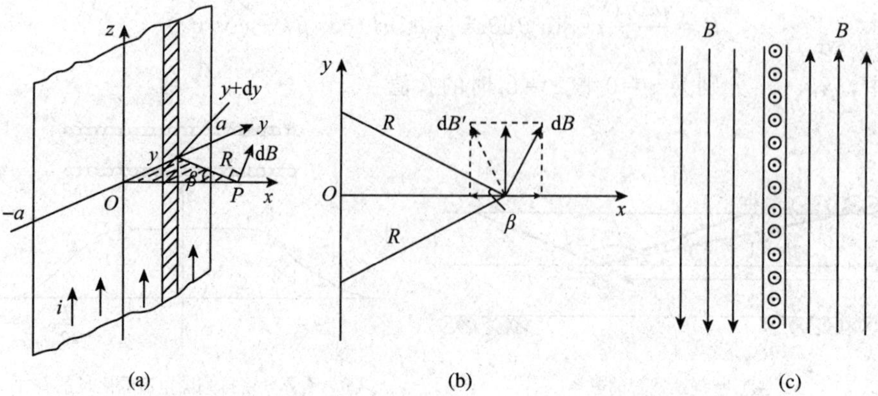

图 10-11 求到薄板的距离为 x 处的磁感应强度

由图知 $R\cos\beta=x$，$y=x\tan\beta$，因此 $\mathrm{d}y=x\,\mathrm{d}\beta/\cos^2\beta$，代入上式得：

$$\boldsymbol{B}=\frac{\mu_0 \boldsymbol{i}}{2\pi}\int_{-\beta_0}^{\beta_0}\mathrm{d}\beta=\frac{\mu_0 \boldsymbol{i}}{\pi}\beta_0$$

因

$$\beta_0=\arctan\frac{a}{x}$$

故得

$$\boldsymbol{B}=\frac{\mu_0 \boldsymbol{i}}{\pi}\arctan\frac{a}{x}$$

即 x 轴上任一点的磁场与该点到薄板的距离有关。若薄板是无限宽的，即 $a\to\infty$，则 $\beta=\pi/2$，由此得：

$$\boldsymbol{B}=\frac{\mu_0 \boldsymbol{i}}{2}$$

无限大的载流导体板产生的磁场是均匀磁场，与考察点的位置无关。磁感强度$\boldsymbol{B}$ 与载流平面平行，其方向与板中的电流方向垂直，板两侧的磁感强度$\boldsymbol{B}$ 的方向相反，如图 10-11(c)所示。

10.5 磁场的高斯定理

10.5.1 磁感应线

由磁感应强度$\boldsymbol{B}$ 所描述的磁场是矢量场。对于矢量场，总可以引出一些场线对场进行直观的几何描述，在讨论电场时就曾引入电场线。在磁场中，我们也引出一些带方向的曲线，要求这些曲线上每一点的切线方向正是该点磁感应强度$\boldsymbol{B}$ 的方向，这样的曲线称为磁感应线或磁场线。在画磁感应曲线图时，要求所画的磁感应曲线数密度(垂直磁感应线的单位横截面穿过的磁感应线数)与该处磁感应强度值相等。这样，只要通过这种磁感应曲线图，就可以把磁场在空间各处的强弱、方向分布情况直观、形象地表示出来。同时，通过引入磁场的磁感应曲线，也可以使像通过曲面 S 的磁感应通量。

$$\varphi_B = \iint_S \boldsymbol{B} \cdot \mathrm{d}\boldsymbol{S} \tag{10-32}$$

Φ_B 可理解为通过曲面 S 的磁感应线数目。

下面我们来具体看几种电流磁场的磁感应曲线情况。我们知道，虽然独立的电流元是不存在的，但它是组成稳恒电流的基元。因此，对于电流元产生的磁场进行全面地了解，有助于对磁场基本性质的认识。电流元 $\boldsymbol{I}\mathrm{d}\boldsymbol{l}$ 的磁场 $\mathrm{d}\boldsymbol{B}$ 由毕奥—萨伐尔定律给出，即

$$\mathrm{d}\boldsymbol{B} = \frac{\mu_0}{4\pi} \frac{\boldsymbol{I}\mathrm{d}l \times \boldsymbol{R}}{R^3} \tag{10-33}$$

式中，$\boldsymbol{R}$ 是从电流元到场点的距离矢量；$\mathrm{d}\boldsymbol{B}$ 的方向总是垂直于由 $\mathrm{d}\boldsymbol{l}$ 和 $\boldsymbol{R}$ 组成的平面。

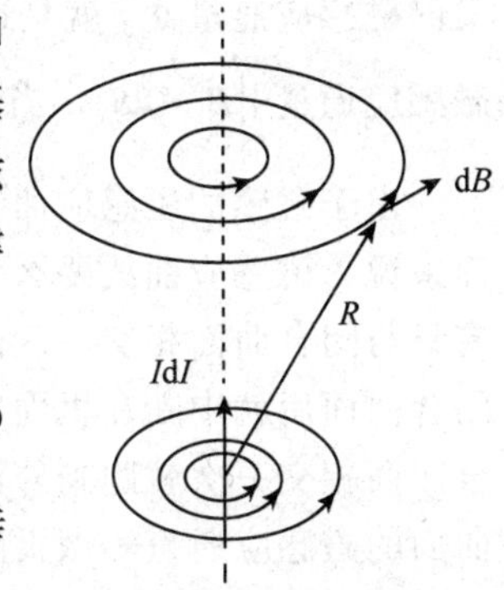

图 10-12　电流元磁场的磁感应线

如果以 $\mathrm{d}\boldsymbol{l}$ 及其延长线为转轴，让 $\mathrm{d}\boldsymbol{l}$ 和 $\boldsymbol{R}$ 组成的平面旋转一周，$\boldsymbol{R}$ 的终端将划出一个以 $\mathrm{d}\boldsymbol{l}$ 的延长线为轴线的圆，显然，圆上每点磁感应强度 $\mathrm{d}\boldsymbol{B}$ 的方向均为此圆该点的切线方向。即，电流元磁场的磁感应曲线，是围绕 $\mathrm{d}\boldsymbol{l}$ 的延长线为轴的一些圆。如图 10-12 所示。至此应该记住：组成稳恒电流的电流元，其磁场的磁感应曲线是一些圆闭合曲线。

如图 10-13 所示，从这些磁场的磁感应曲线情况看，磁感应曲线有两个明显的特点：①磁感应曲线不是闭合曲线就是从无穷远处来到无穷远处去的曲线，在有限空间范围内没有起点和终点。这和静电场的电场线起自正电荷终于负电荷的情况完全不同。②闭合的磁感应曲线都是围绕电流的闭合曲线，对于稳恒磁场来说，不会出现不围绕电流的闭合磁感应曲线。

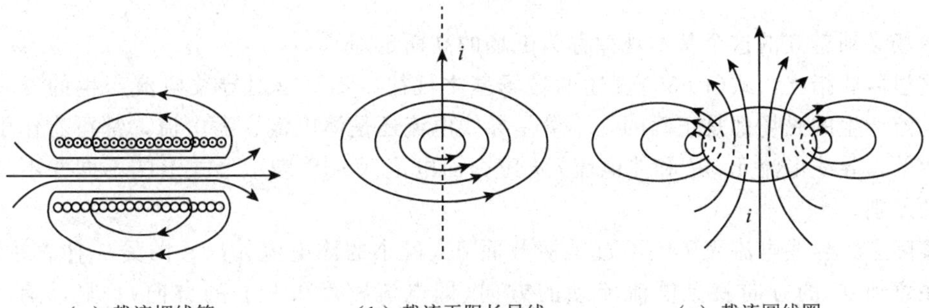

（a）载流螺线管　（b）载流无限长导线　（c）载流圆线圈

图 10-13　磁感应曲线

10.5.2　磁通量

磁场的磁感应曲线都是闭合曲线或来自无穷远去向无穷远的曲线，在有限空间的任何地方磁感应曲线都不会中断，这反映了磁场的一个基本性质。为表明这个性质，引出磁场

的磁感应通量。通过任意曲面 S 的磁感应通量 Φ_B 定义为：

$$\Phi_B=\iint_S \boldsymbol{B}\cdot \mathrm{d}\boldsymbol{S}=\iint_S B\cos\theta\,\mathrm{d}S \tag{10-34}$$

这里 θ 是 $\boldsymbol{B}$ 与面元矢量 $\mathrm{d}\boldsymbol{S}$ 的夹角。由于我们规定了磁感应曲线密度，即垂直于磁感应强度的单位横截面通过的磁感应曲线数，等于磁感应强度的大小 $\boldsymbol{B}$，所以由式(10-34)定义的磁感应通量 Φ_B 就是通过曲面 S 的磁感应曲线数目。对于磁场中任意闭合曲面 S。其磁感应通量 $\iint_S \boldsymbol{B}\cdot \mathrm{d}\boldsymbol{S}$，当然就是通过该闭合曲面 S 的磁感应曲线数目。

由于磁感的磁感应曲线都是闭合曲线或者从无穷远来到无穷远去，因此，对于闭合曲面来说，磁感应曲线要么不与其相交，要么与其相交两次，一次穿入，一次穿出，不可能有只与闭合曲面相交一次的磁感应曲线，因为不可能有从外面只与闭合曲面相交一次进入闭合曲面后就中断在里面的磁感应曲线，也不可能有从闭合曲面里面某处生出一根只与闭合曲面相交一次就跑到外面来的磁感应曲线。不与闭合曲面相交的磁感应曲线，是对闭合曲面的磁感应通量不做贡献的。与闭合曲面相交两次的磁感应曲线进入闭合曲面时对闭合曲面磁感应通量做负的贡献，因为进入处的面元矢量 $\mathrm{d}\boldsymbol{S}$ 与磁感应曲线上 $\boldsymbol{B}$ 的尖角 θ 大于 $\frac{\pi}{2}$，$\boldsymbol{B}\cdot\mathrm{d}\boldsymbol{S}$ 为负值；而跑出闭合曲面时对磁感应通量做正的贡献，因这时 $\boldsymbol{B}\cdot\mathrm{d}\boldsymbol{S}$ 为正值(这里请注意：闭合曲面上的面元矢量 $\mathrm{d}\boldsymbol{S}$ 的方向总是取外法线方向)，这样与闭合曲面相交两次的磁感应曲线对闭合曲面磁感应通量总的贡献也为零。

10.5.3 磁场的高斯定理

由上面的分析可以得出如下结论：在磁场中没有对闭合曲面的磁感应通量做净贡献的磁感应曲线，这样，通过磁场中任意闭合曲面的磁感应曲线总数目为零。或者说，通过磁场中任何闭合曲面的磁感应通量总是为零，即

$$\oint_S \boldsymbol{B}\cdot \mathrm{d}\boldsymbol{S}=0 \tag{10-35}$$

磁场必须遵守的这个基本规律称为磁场的高斯定理。

这里需要指出，式(10-35)表述的磁场基本规律，不管是对导线电流产生的磁场还是对体电流产生的磁场都是正确的，不管是导线电流还是体电流、面电流，都可看作由电流元组成的，导线电流元 $\boldsymbol{i}\mathrm{d}l$ 和体电流元 $\boldsymbol{j}\mathrm{d}V$，面电流元 $\boldsymbol{i}\mathrm{d}S$ 表示形式上的不同并不具有实质上的差别。

实际上，导线电流元 $I\mathrm{d}l$ 不过是横截面 $\mathrm{d}S$ 极小的体电流元 $\boldsymbol{j}\mathrm{d}V$ 的另一种表达形式，只要注意到 $\mathrm{d}l$ 的方向就是电流流动的方向(即电流密度矢量 $\boldsymbol{j}$ 的方向)，显然有 $I\mathrm{d}l=\boldsymbol{j}\mathrm{d}S\mathrm{d}l=\boldsymbol{j}\mathrm{d}V$。同样，面电流元 $i\mathrm{d}S$ 也只不过是厚度 δ 极小的体电流元 $\boldsymbol{j}\mathrm{d}V$ 的另一种表达形式。正是由于体电流元、面电流元与导线电流元没有实质区别，所以它们产生的元磁场 $\mathrm{d}\boldsymbol{B}$ 遵守同样毕奥—萨伐尔定律。因此，在以圆闭合曲线为磁感应曲线的电流元磁场 $\mathrm{d}\boldsymbol{B}$ 中，任何闭合曲面 S 的磁感应通量 $\iint_S \boldsymbol{B}\cdot \mathrm{d}\boldsymbol{S}$。按照磁场叠加原理，不管是导线电流、体电流，还是面电流的磁场 $\boldsymbol{B}$，都是其电流元磁场 $\mathrm{d}\boldsymbol{B}$ 的矢量和，即 $\boldsymbol{B}=\int \mathrm{d}\boldsymbol{B}$，因此有：

$$\oiint_S \boldsymbol{B} \cdot \mathrm{d}\boldsymbol{S} = \oiint_S \left(\int \mathrm{d}\boldsymbol{B}\right) \cdot \mathrm{d}\boldsymbol{S} = \int \oiint_S \mathrm{d}\boldsymbol{B} \cdot \mathrm{d}\boldsymbol{S} = 0 \tag{10-36}$$

由此证得式(10-35)表示的磁场高斯定理对导线电流、体电流、面电流产生的磁场$\boldsymbol{B}$都是正确的。

如果将磁场高斯定理同静电场的高斯定理对照一下，清楚地表明，磁场中没有像静电场中电荷那样的东西，即磁场是一个无源场。

根据数学上的高斯定理，一个矢量$\boldsymbol{B}$的闭合曲面积分可以变成该矢量$\boldsymbol{B}$的散度$\nabla \cdot \boldsymbol{B}$的体积分，即

$$\oiint_S \boldsymbol{B} \cdot \mathrm{d}\boldsymbol{S} = \iiint_V \nabla \cdot \boldsymbol{B} \mathrm{d}V \tag{10-37}$$

这里，V是闭合曲面S包围的体积。于是磁场高斯定理式(10-35)可以写成：

$$\oiint_S \boldsymbol{B} \cdot \mathrm{d}\boldsymbol{S} = \iiint_V \nabla \cdot \boldsymbol{B} \mathrm{d}V = 0 \tag{10-38}$$

由于S为磁场中任意闭合曲面，所以V为磁场中任意空间体积。欲使上式对磁场中任意空间体积V都成立，则必有

$$\nabla \cdot \boldsymbol{B} = 0 \tag{10-39}$$

这是磁场中每一点的磁感应强度$\boldsymbol{B}$都必须遵守的规律。式(10-39)称为磁场高斯定理的微分形式。

从磁感应通量Φ_B的定义式(10-34)可以看出，在 MKSA 单位制中，磁感应通量Φ_B的单位是$\mathrm{T \cdot m^2}$，这个单位称为 Wb，即

$$1\mathrm{Wb} = 1\mathrm{T} \times 1\mathrm{m}^2$$

反过来，也可以把磁感应强度$\boldsymbol{B}$看作是通过单位面积的磁感应通量，即磁感应通量密度。所以在 MKSA 单位制中，磁感应强度$\boldsymbol{B}$的单位又常称为$\mathrm{Wb/m^2}$。

10.6　安培环路定理及其应用

10.6.1　安培环路定理

由毕奥—萨伐尔定律表示的电流和它的磁场的关系，可以导出表示恒定电流的磁场的一条基本规律。这一规律称为安培环路定理，它表述为：在恒定电流的磁场中，磁感应强度$\boldsymbol{B}$沿任何闭合路径L的线积分(即环路积分)等于路径L所包围的电流强度的代数和的μ_0倍，它的数学表示式为：

$$\oint_L \boldsymbol{B} \cdot \mathrm{d}\boldsymbol{r} = \mu_0 \sum I_{\text{int}} \tag{10-40}$$

为了说明此式的正确性，让我们先考虑载有恒定电流I的无限长直导线的磁场。

根据毕奥—萨伐尔定律，与一无限长直电流相距为r处的磁感应强度为：

$$B = \frac{\mu_0 I}{2\pi r} \tag{10-41}$$

$\boldsymbol{B}$线为在垂直于导线的平面内围绕该导线的同心圆，其绕向与电流方向成右手螺旋关系。在上述平面内围绕导线作一任意形状的闭合路径L(图 10-14)，沿L计算$\boldsymbol{B}$的环路积

分$\oint_L \boldsymbol{B} \cdot \mathrm{d}\boldsymbol{r}$ 的值。先计算$\boldsymbol{B} \cdot \mathrm{d}\boldsymbol{r}$ 的值。如图 10-14 所示，在路径上任一点 P 处，$\mathrm{d}\boldsymbol{r}$ 的$\boldsymbol{B}$ 的夹角为θ，它对电流通过点所张的角为 $\mathrm{d}\alpha$。由于$\boldsymbol{B}$ 垂直于径矢$\boldsymbol{r}$，因而 $|\mathrm{d}\boldsymbol{r}|\cos\theta$ 就是 $|\mathrm{d}\boldsymbol{r}|$ 在垂直于$\boldsymbol{r}$ 方向上的投影，它等于 $\mathrm{d}\alpha$ 所对的以 r 为半径的弧长。由于此弧长等于 $r\mathrm{d}\alpha$，所以$\boldsymbol{B} \cdot \mathrm{d}\boldsymbol{r} = Br\mathrm{d}\alpha$

沿闭合路径 L 的$\boldsymbol{B}$ 的环路积分为：

$$\oint_L \boldsymbol{B} \cdot \mathrm{d}\boldsymbol{r} = \oint_L Br\mathrm{d}\alpha$$

将前面的$\boldsymbol{B}$ 值代入上式，可得

$$\oint_L \boldsymbol{B} \cdot \mathrm{d}\boldsymbol{r} = \oint_L \frac{\mu_0}{2\pi}\frac{I}{r} r\mathrm{d}\alpha = \frac{\mu_0 I}{2\pi}\oint_L \mathrm{d}\alpha$$

沿整个路径一周积分，$\oint_L \mathrm{d}\alpha = 2\pi$，所以

$$\oint_L \boldsymbol{B} \cdot \mathrm{d}\boldsymbol{r} = \mu_0 I \tag{10-42}$$

此式说明，当闭合路径 L 包围电流 I 时，这个电流对该环路上$\boldsymbol{B}$ 的环路积分的贡献为 $\mu_0 I$。

如果电流的方向相反，仍按如图 10-14 所示的路径 L 的方向进行积分时，由于$\boldsymbol{B}$ 的方向与图示方向相反，所以应该得：

$$\oint_L \boldsymbol{B} \cdot \mathrm{d}\boldsymbol{r} = -\mu_0 I$$

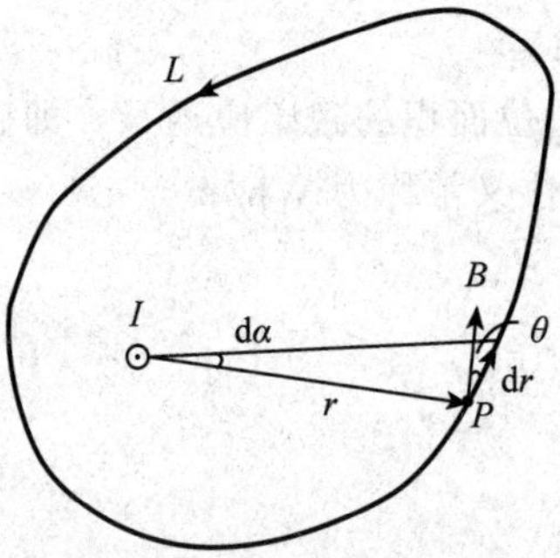

图 10-14　安培环路定理的说明

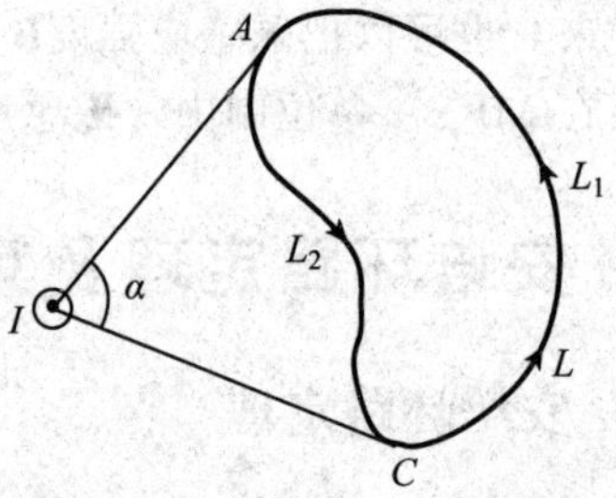

图 10-15　L 不包围电流的情况

可见积分的结果与电流的方向有关。如果对于电流的正负做如下的规定，即电流方向与 L 的绕行方向符合右手螺旋关系时，此电流为正，否则为负，则$\boldsymbol{B}$ 的环路积分的值可以统一地用式(10-42)表示。

如果闭合路径不包围电流，例如，图 10-15 中 L 为在垂直于直导线平面内的任一不围绕导线的闭合路径，那么可以从导线与上述平面的交点作 L 的切线，将 L 分成 L_1 和 L_2 两部分，再沿图示方向取$\boldsymbol{B}$ 的环流，于是有

$$\oint_L \boldsymbol{B} \cdot \mathrm{d}\boldsymbol{r} = \oint_{L_1} \boldsymbol{B} \cdot \mathrm{d}\boldsymbol{r} + \oint_{L_2} \boldsymbol{B} \cdot \mathrm{d}\boldsymbol{r}$$

$$= \frac{\mu_0 I}{2\pi}\left(\int_{L_1} \mathrm{d}\alpha + \int_{L_2} \mathrm{d}\alpha\right)$$

$$=\frac{\mu_0 I}{2\pi}[\alpha+(-\alpha)]=0 \tag{10-43}$$

可见，闭合路径 L 不包围电流时，该电流对沿这一闭合路径的 $\boldsymbol{B}$ 的环路积分无贡献。

上面的讨论只涉及在垂直于长直电流的平面内的闭合路径，可以比较容易地论证在长直电流的情况下，对非平面闭合路径，上述讨论也适用。还可以进一步证明，对于任意闭合恒定电流，上述 $\boldsymbol{B}$ 的环路积分和电流的关系仍然成立。这样，再根据磁场叠加原理可得到，当有若干个闭合恒定电流存在时，沿任一闭合路径 L 的合磁场 $\boldsymbol{B}$ 的环路积分应为：

$$\oint_L \boldsymbol{B}\cdot \mathrm{d}\boldsymbol{r}=\mu_0\sum I_{\text{int}} \tag{10-44}$$

式中，$\sum I_{\text{int}}$ 为环路 L 所包围的电流的代数和。这就是我们要说明的安培环路定理。

这里特别要注意闭合路径 L“包围”的电流的意义。对于闭合的恒定电流来说，只有与 L 相铰链的电流，才算被 L 包围的电流。图 10-16 中，电流 I_1，I_2 被回路 L 所包围，而且 I_1 为正，I_2 为负；I_3 和 I_4 没有被 L 包围，它们对沿 L 的 $\boldsymbol{B}$ 的环路积分无贡献。

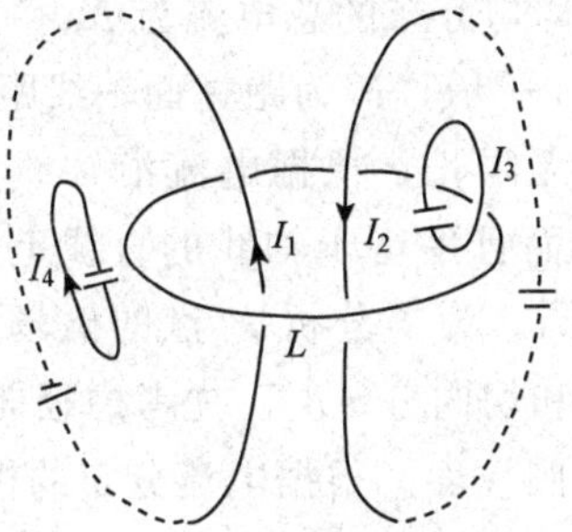

图 10-16　电流回路与环路 L 铰链

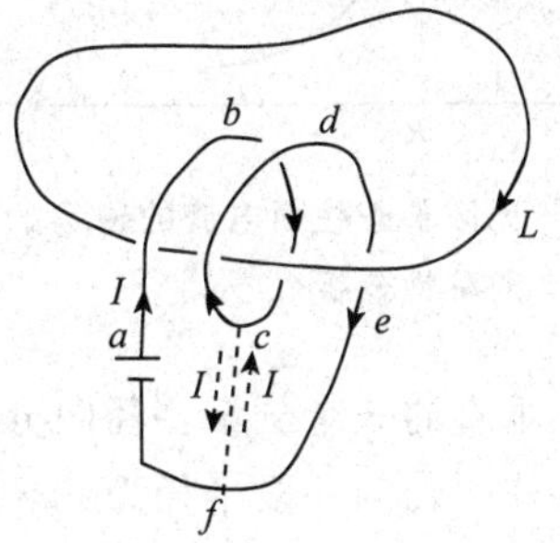

图 10-17　积分回路 L 与 2 匝电流铰链

如果电流回路为螺旋形，而积分环路 L 与匝数电流铰链，则可做如下处理。如图 10-17 所示，设电流有 2 匝，L 为积分路径。可以设想将 cf 用导线连接起来，并想象在这一段导线中有两支方向相反，大小都等于 I 的电流流通。这样的两支电流不影响原来的电流和磁场的分布。这时 $abccfa$ 组成了一个电流回路，$cdefc$ 也组成了一个电流回路，对 L 计算 $\boldsymbol{B}$ 的环路积分时，应有：

$$\oint_L \boldsymbol{B}\cdot \mathrm{d}\boldsymbol{r}=\mu_0(I+I)=\mu_0\cdot 2I \tag{10-45}$$

此式就是上述情况下实际存在的电流产生的磁场 $\boldsymbol{B}$ 沿 L 的环路积分。

如果电流在螺线管中流通，而积分环路 L 与 N 匝线圈铰链，则同理可得：

$$\oint_L \boldsymbol{B}\cdot \mathrm{d}\boldsymbol{r}=\mu_0 NI \tag{10-46}$$

应该强调指出，安培环路定理表达式中右端的 $\sum I_{\text{int}}$ 中包括闭合路径 L 所包围的电流的代数和，但在式左端的 $\boldsymbol{B}$ 却代表空间所有电流产生的磁感应强度的矢量和，其中也包括那些不被 L 所包围的电流产生的磁场，只不过后者的磁场对沿 L 的 $\boldsymbol{B}$ 的环路积分没有贡献。还应明确的是，安培环路定理中的电流都是闭合恒定电流，对于一段恒定电流的磁场，安培环路定理不成立。对于图 10-14 讨论的无限长直电流，可以认为是在无限远处闭合的。

10.6.2　安培环路定理应用举例

正如利用高斯定律可以方便地计算某些具有对称性的带电体的电场分布一样，利用安培环路定理也可以方便地计算出某些具有一定对称性的载流导线的磁场分布。

利用安培环路定理求磁场分布一般也包含两步：首先依据电流的对称性分析磁场分布的对称性，然后再利用安培环路定理计算磁感应强度的数值和方向。此过程中决定性的技巧是选取合适的闭合路径 L（也称安培环路），以便使积分 $\oint_L \boldsymbol{B}\cdot \mathrm{d}\boldsymbol{r}$ 中的$\boldsymbol{B}$ 能以标量形式从积分号内提出来。

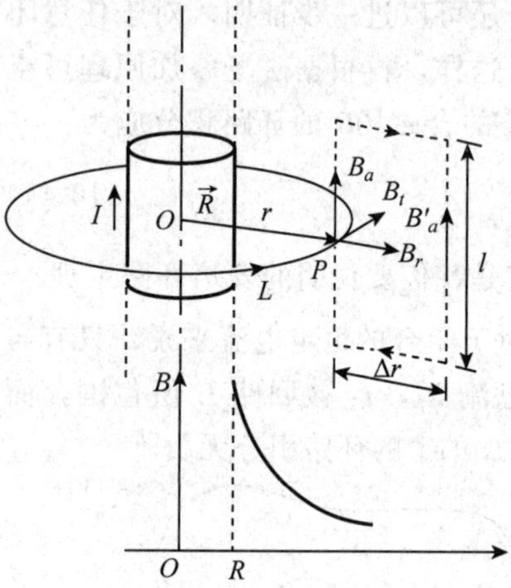

图 10-18　无限长圆柱面电流的磁场的对称性分析

下面举几个例子。

【例 10-5】无限长圆柱面电流的磁场分布。设圆柱面半径为 R，面上均匀分布的总电流为 I。

解：如图 10-18 所示，P 为距柱面轴线距离为 r 处的一点。由于圆柱无限长，根据电流沿轴线分布的平移对称性，通过 P 而且平行于轴线的直线上各点的磁感应强度$\boldsymbol{B}$ 应该相同。为了分析 P 点的磁场，将$\boldsymbol{B}$ 分解为相互垂直的 3 个分量：径向分量$\boldsymbol{B}_r$、轴向分量$\boldsymbol{B}_a$ 和切向分量$\boldsymbol{B}_t$。先考虑径向分量$\boldsymbol{B}_r$。设想与圆柱同轴的一段半径为 r，长为 l 的两端封闭的圆柱面。根据电流分布的柱对称性，在此封闭圆柱面 S_1 上各点的$\boldsymbol{B}_r$ 应该相等。通过此封闭圆柱面上底下底的磁通量由$\boldsymbol{B}_a$ 决定，一正一负相抵消为零。因此，通过封闭圆柱面的磁通量为：

$$\oint_L \boldsymbol{B}\cdot \mathrm{d}\boldsymbol{S}=\int_{S_1} B_r \mathrm{d}S=2\pi r l B_r$$

由磁通连续定理公式(10-35)可知此磁通量应等于零，于是 $B_r=0$。这就是说，无限长圆柱面电流的磁场不能有径向分量。

其次，考虑轴向分量$\boldsymbol{B}_a$。设想通过 P 点的一个长为 l，宽为 Δr 的，与圆柱轴线共面的闭合矩形回路 L，以$\boldsymbol{B}_a'$表示另一边处的磁场的轴向分量。沿此回路的磁场的环路积分为：

$$\oint_L \boldsymbol{B}\cdot \mathrm{d}\boldsymbol{r}=B_a l-B_a' l$$

由于此回路并未包围电流，所以此环路积分应等于零，于是得 $B_a=B_a'$。但是这意味着$\boldsymbol{B}_a$ 到处一样而且其大小无定解，即对于给定的电流，$\boldsymbol{B}_a$ 可以等于任意值。这是不可能的。因此，对于任意给定的电流 I 值，只能有$\boldsymbol{B}_a=0$。这就是说，无限长直圆柱面电流的磁场不可能有轴向分量。

这样，无限长直圆柱面电流的磁场就只可能有切向分量了，即$\boldsymbol{B}=\boldsymbol{B}_t$。由电流的轴对称性可知，在通过 P 点，垂直于圆柱面轴向的圆周 L 上各点的$\boldsymbol{B}$ 的指向都沿同一绕行方向，而且大小相等。于是沿此圆周(取与电流成右手螺线关系的绕向为正方向)的$\boldsymbol{B}$ 的环路积分为：

$$\oint_L \boldsymbol{B} \cdot \mathrm{d}\boldsymbol{r} = 2B\pi r$$

由此得

$$B = \frac{\mu_0 I}{2\pi r} \quad (r > R)$$

这一结果说明，在无限长圆柱面电流外面的磁场分布与电流都集中在轴线的直线电流产生的磁场相同。

如果选 $r<R$ 的圆周作安培环路，上述分析仍然使用，但由于 $\sum I_{\text{int}} = 0$，所以有

$$\boldsymbol{B} = 0 \quad (r < R)$$

即在无限长圆柱面电流内的磁场为零。图 10-18 中也画出了 $B-r$ 曲线。

【例 10-6】通电螺绕环的磁场分布。如图 10-19(a)所示的环状螺线管称为螺绕环。设环管的轴线半径为 R，环上均匀密绕 N 匝线圈[图 10-19(b)]，线圈中通有电流 I。

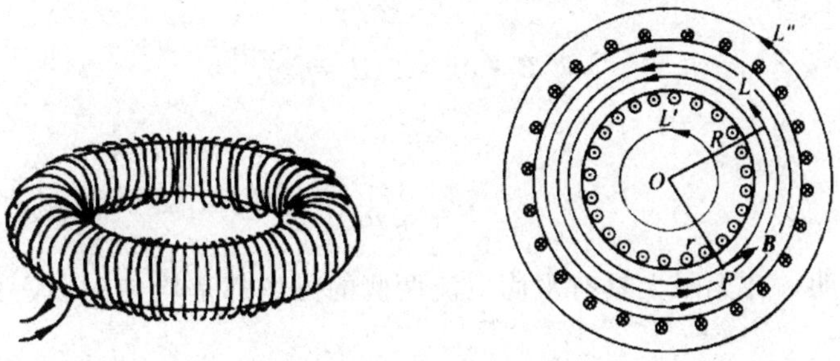

（a）螺绕环　　（b）螺绕环磁场分布

图 10-19　螺绕环及其磁场

解：根据电流分布的对称性，可得与螺绕环共轴的圆周上各点 $\boldsymbol{B}$ 的大小相等，方向沿圆周的切线方向。以在环管内顺着环管的，半径为 r 的圆周为安培环路 L，则

$$\oint_L \boldsymbol{B} \cdot \mathrm{d}\boldsymbol{r} = 2B\pi r$$

该环路所包围的电流为 NI，故安培环路定理给出：

$$2B\pi r = \mu_0 NI$$

由此得

$$B = \frac{\mu_0 NI}{2\pi r} \quad (\text{在环管内})$$

在环管横截面半径比环半径 R 小得多的情况下，可忽略从环心到管内各点的 r 的区别而取 $r=R$，这样就有：

$$B = \frac{\mu_0 NI}{2\pi r} = \mu_0 nI$$

式中，$n = N/2\pi R$ 为螺绕环单位长度上的匝数。

对于管外任一点，过该点作一与螺绕环共轴的圆周为安培环路 L' 和 L''，由于这时 $\sum I_{\text{int}} = 0$，所以有：

$$\boldsymbol{B} = 0 \quad (\text{在环管外})$$

上述两式的结果说明，密绕螺绕环的磁场集中在管内，外部无磁场。

【例 10-7】无限大平面电流的磁场分布。如图 10-20 所示，一无限大导体薄平板垂直于纸面放置，其上有方向指向读者的电流流通，面电流密度(即通过与电流方向垂直的单位长度的电流)到处均匀，大小为 j。

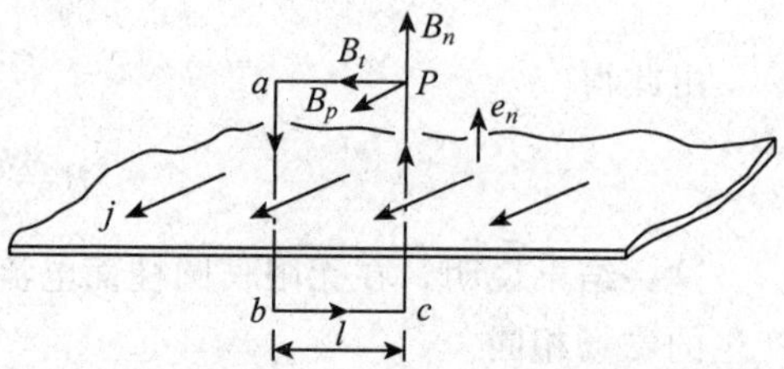

图 10-20 例 10-7 无限大平面电流的磁场分布图

解：先分析任一点 P 处的磁场$\boldsymbol{B}$。如图 10-20 所示，将$\boldsymbol{B}$ 分解为相互垂直的 3 个分量：垂直于电流平面的分量$\boldsymbol{B}_n$，与电流平行的分量$\boldsymbol{B}_P$ 以及与电流平面平行且与电流方向垂直的分量$\boldsymbol{B}_t$。利用平面对称和磁通连续定理可得$\boldsymbol{B}_n=0$，利用安培环路定理可得$\boldsymbol{B}_P=0$。因此，$\boldsymbol{B}=\boldsymbol{B}_t$。根据这一结果，可以做矩形回路 $PabcP$，其中 Pa 和 bc 两边与电流平面平行，长为 l，ab 和 cP 与电流平面垂直而且被电流平面等分。该回路所包围的电流为 jl，由安培环路定理，得

$$\oint_L \boldsymbol{B} \cdot \mathrm{d}\boldsymbol{r} = 2Bl = \mu_0 jl$$

由此得

$$B=\frac{1}{2}\mu_0 j$$

这个结果说明，在无限大具有平面电流两侧的磁场都是均匀磁场，并且大小相等，但方向相反。

10.7 带电粒子在磁场中的运动

10.7.1 洛伦兹力

实验发现，静止的电荷在磁场中不受力作用，当电荷运动时，才受到磁场的作用力。例如，把一阴极射线管置于磁场中，电子射线在磁场作用下运动轨道发生偏转。磁场对运动的离子也有力的作用。取一圆筒状玻璃器皿，内盛硫酸铜溶液，器皿的侧面贴一层铜片作为一个电极。器皿中央插一金属杆，作为另一电极。当两电极间加上电压时，正负离子都沿径向运动，若将该装置放在磁极上，如图 10-21 所示，做径向运动的正负电荷将因受磁场的作用而引起液体旋转。

测量结果表明，在磁场内同一点，运动电荷受到的作用力与运动电荷的电荷量 q、运动速度的大小和方向都密切相关，力的大小为：

$$F=qBv\sin\theta \tag{10-47}$$

式中，$\boldsymbol{B}$ 是电荷所在处的磁感强度；θ 是与$\boldsymbol{B}$ 的夹角，力的方向垂直于$\boldsymbol{v}$ 和$\boldsymbol{B}$ 组成的平面；$q>0$ 时，$\boldsymbol{F}$，$\boldsymbol{v}$，$\boldsymbol{B}$ 三个量的方向构成右手螺旋，如图 10-22 所示。利用矢积的特性，可以把磁场对运动电荷的作用力表示为：

$$\boldsymbol{F}=q\boldsymbol{v}\times\boldsymbol{B} \tag{10-48}$$

磁场对运动电荷的作用力亦称洛伦兹力。洛伦兹力垂直于电荷的速度，因而不做功，

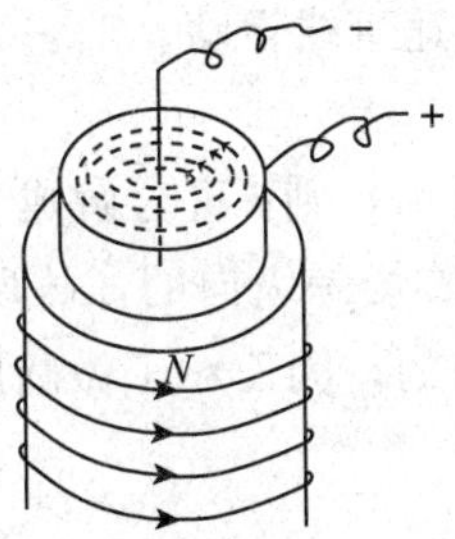

图 10-21　磁场对导电液体中做径向运动的粒子的作用

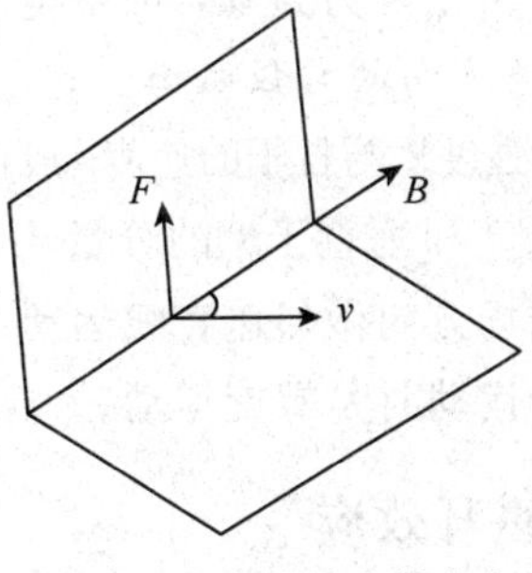

图 10-22　洛伦兹力的方向

它只改变电荷速度的方向，不改变速度的大小。

若空间除了存在磁场外，还存在电场，则运动电荷不仅受到磁场的作用力而且还受到电场的作用力。这时，电场与磁场对运动电荷的作用力为：

$$\boldsymbol{F}=q(\boldsymbol{E}\times\boldsymbol{v}\times\boldsymbol{B}) \tag{10-49}$$

式(10-49)称为洛伦兹公式，有的文献和参考书也把式(10-49)中的$\boldsymbol{F}$ 称为洛伦兹力，它由电场力与磁场力两部分组成。

10.7.2　带电粒子在均匀磁场中的运动

当空间只存在磁场时，处在该空间的运动电荷只受磁力作用。下面我们分三种情况讨论。

(1)横向匀强磁场

磁感强度$\boldsymbol{B}$ 与带电粒子的速度$\boldsymbol{v}$ 互相垂直的磁场称为横向磁场，如图 10-23 所示。处在横向匀强磁场中的带电粒子在洛伦兹力作用下做圆周运动，不难求得圆周的半径为：

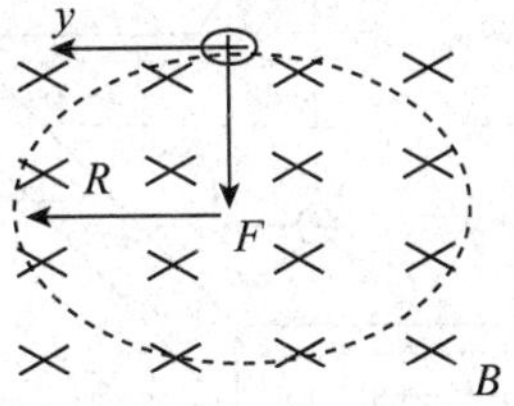

图 10-23　带正电粒子在横向匀强磁场中做圆周运动

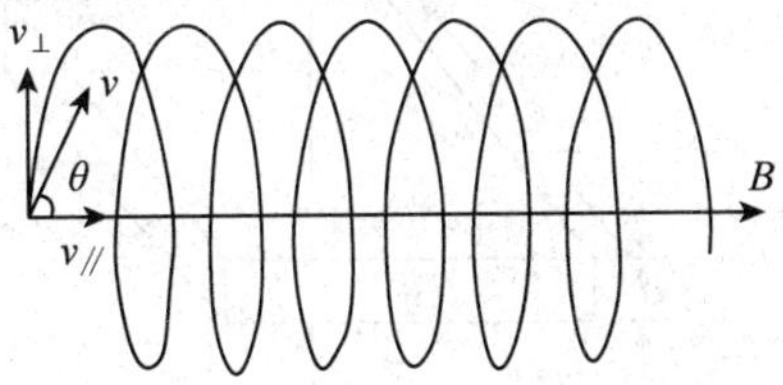

图 10-24　带电粒子的匀强磁场中做螺旋运动

$$R=\frac{\boldsymbol{v}}{\boldsymbol{B}q/m} \tag{10-50}$$

式中，m 为带电粒子的质量；q 为带电粒子的电荷量；q/m 称为带电粒子的比荷(又称荷质比)。圆周运动的周期为：

$$T=\frac{2\pi R}{v}=\frac{2\pi}{Bq/m} \tag{10-51}$$

它与带电粒子的速度无关，仅取决于磁感强度和带电粒子的比荷。

(2)纵向匀强磁场

磁感强度$\boldsymbol{B}$ 与带电粒子的速度$\boldsymbol{v}$ 互相平行的磁场称为纵向磁场。由于速度方向与磁场方向平行，洛伦兹力为零，故带电粒子在纵向磁场中作匀速直线运动。

(3)任意方向的匀强磁场

若磁感强度$\boldsymbol{B}$与粒子的速度$\boldsymbol{v}$成任意角θ，如图 10-24 所示，则$\boldsymbol{v}$可分解成平行于$\boldsymbol{B}$的分量$\boldsymbol{v}_{\parallel}=\boldsymbol{v}\cos\theta$和垂直于$\boldsymbol{B}$的分量$\boldsymbol{v}_{\perp}=\boldsymbol{v}\sin\theta$，对于$\boldsymbol{v}_{\parallel}$，磁场是纵向的，故质点将以$\boldsymbol{v}_{\parallel}$为速度沿着磁场方向做匀速直线运动；对于$\boldsymbol{v}_{\perp}$，磁场是横向的，因而粒子做圆周运动。这两种运动的合运动时是螺旋运动。

10.7.3 霍耳效应

1879 年，霍耳(E. H. Hall)发现，处在匀强磁场中的通电导体板，当电流的方向垂直于磁场时，在垂直于磁场和电流方向的导体板的两端面之间会出现电势差，这一现象称为霍耳效应，如图 10-25 所示，出现的电势差称为霍耳电势差或霍耳电压。实验指出，霍耳电势差与通过导体板的电流 I、磁场的磁感强度$\boldsymbol{B}$呈正比，与板的厚度 d 呈反比。

$$U_H=\varphi_a-\varphi_b=k\frac{BI}{d} \tag{10-52}$$

式中，k 称为霍耳系数。

霍耳效应可用洛伦兹力来说明。当电流通过导体板时，运动电荷在磁场的洛伦兹力作用下偏转，使 a 侧和 b 侧两个面上出现异号电荷分布，从而产生电势差，如图 10-26 所示。若导体中的载流子带的电荷为 q，定向运动的速度为 u，则载流子受到的洛伦兹力为 $q\boldsymbol{u}\times\boldsymbol{B}$，而霍耳电场对载流子的作用力为：

$$qE=q\frac{U_H}{l} \tag{10-53}$$

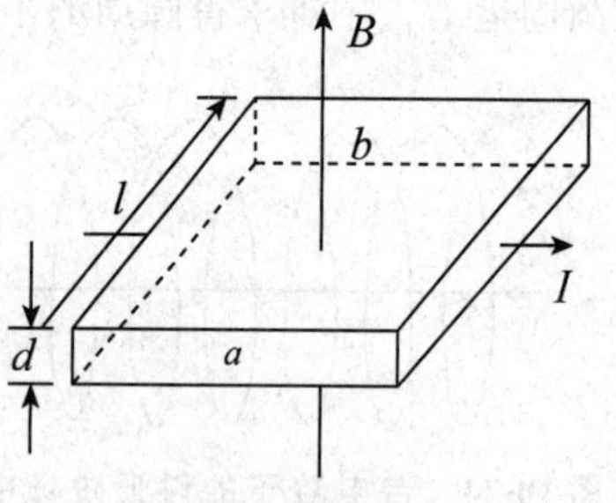

图 10-25 霍尔效应

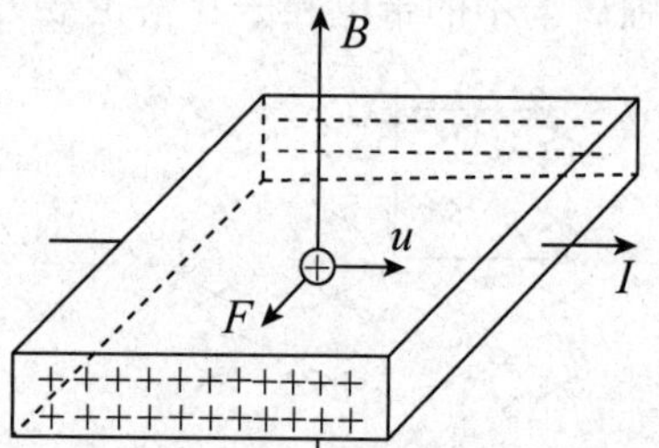

图 10-26 霍尔电势差的产生

达到平衡时，载流子不再偏转，这时洛伦兹力与霍耳电场力平衡。注意到电流 $I=ldnqu$，其中 n 为单位体积内的载流子数，于是得：

$$U_H=\varphi_a-\varphi_b=\frac{l}{nq}\frac{BI}{d} \tag{10-54}$$

与式(10-52)比较得：

$$k=\frac{l}{nq} \tag{10-55}$$

即霍耳系数与载流子的密度呈反比。通过测量霍耳系数，就可测得导体中载流子的密度。由于金属的载流子密度都很大，故金属的霍耳系数都很小。半导体的霍耳系数比较大，因为半导体的载流子密度比较小。霍耳效应可用于测量磁场的磁感强度，亦可用于测量电流，特别是测量较大的电流。

物理广角

磁场的应用已有悠久的历史，随着现代科技的进步，基于磁场传感器的应用越来越广泛，磁场传感技术向着高灵敏度、高分辨率、小型化以及和电子设备兼容的方向发展。例如，中频感应加热设备、罗盘、高铁车轨检测、导航系统、虚拟实景、金属材料探伤、实验室仪器、医疗仪器、姿态控制、伪钞鉴别、安全检测、电磁兼容测试、位置测量、探矿等领域。

电磁场理论由一套麦克斯韦方程组来描述，它分别由安培环路定律、法拉第电磁感应定律(我们将在第 11 章学习)、高斯电通定律和高斯磁通定律组成。从应用的观点出发，根据不同的被检测磁场性质和测量的要求，其采取的测量方式也不同。这里根据磁场范围大致归为以下两类。

一、中低强度磁场测量

(1)超导效应法

超导测磁方法是 20 世纪 60 年代中期利用超导技术发展起来的一种新型测磁方法。根据目前的仪器设计，其灵敏度可高达 7×10^{-6}r，测程可从零到数千高斯，能响应零到几兆甚至到 1000MHz 的快速磁场变化。

超导测磁方法是利用超导结的临界电流随磁场周期起伏的现象来测磁的。由于低温较难达到，为了使超导材料具有实用性，现有超导测磁仪器主要是对高温超导进行研究的成果。超导量子干涉装置(SQUID)是典型的高温超导测磁仪器，是目前已知的灵敏度最高的低强度磁场传感器，检测时的噪声极低(图 10-27)。SQUID 约在 1962 年发展起来，其中 Brian J. Josephson 使用点接触结构测量极低电流的工作对该装置的产生起到了较大作用。

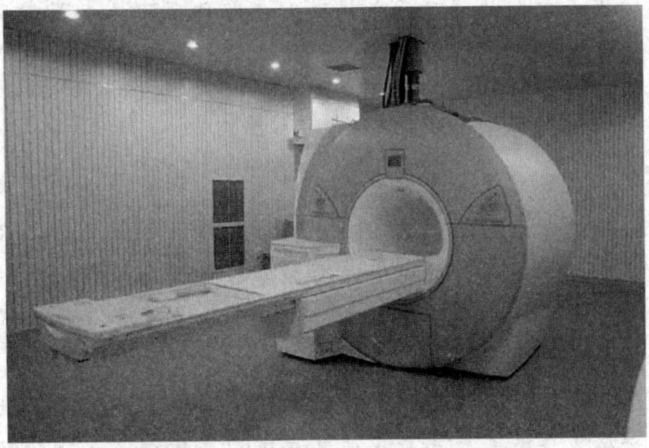

图 10-27　超导量子干涉器件(SQUID)

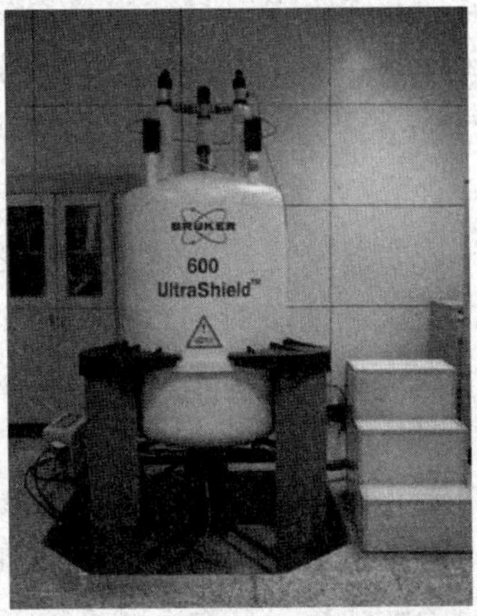

图 10-28　600M 超导核磁共振谱仪

SQUID磁力计可感应磁场范围从几个fT到9T，而人脑产生的一般磁场约为数十fT，这使得它在医学领域广泛应用。德国F.I.T和日本的Shimadzu Corporation正在对SQUID开展研究。2004年，俄罗斯科学院固体物理研究所电动力学研究室成功研制出世界首台超导低温磁场测量装置，能够研究温度从(0.3～300K)范围内的超导性质(图10-28)。

超导量子干涉装置在所有磁场传感器中灵敏度最高，但其结构复杂、体积庞大且价格昂贵，目前大多应用于医疗及材料磁性研究领域。

图10-29 磁通门罗盘

(2)磁通门法

磁通门法是利用在交变磁场的饱和激励下，处在被测磁场中磁芯的磁感应强度和被测磁场的磁场强度间的非线性关系来测量磁场的一种方法。磁通门磁力计可测量千分之一T以下的直流或缓慢变化的磁场，频率带宽约为数千赫兹。现有仪器基本精度可以达到±0.25%。磁通门具有较高的分辨率和良好的鲁棒性，但体积较大，价格较高且频率响应较低。如果能使传感器小型化及简单化，与微电子路更好兼容，将会占据更大的市场(图10-29)。目前，磁通门在导航系统中应用最为广泛。

除此之外，中低磁场的测量方法还有感应线圈、核子自旋进动测磁等。

二、高强度磁场

(1)半导体磁阻传感器

最简单的洛仑兹力传感器是半导体磁阻传感器，如半导体锑化铟(InSb)磁力计。沿半导体薄片长度方向加上电压，薄片上有电流流过，可以测量出电阻。此时如加上与薄片长度方向垂直的磁场，洛仑兹力使电荷发生偏转。如果半导体薄片的宽度比长度大，电荷将穿过薄片，沿侧面积累的电荷不多。磁场的影响增加了电荷运动路径的长度，从而增加了电阻。

由InSb构成的半导体磁阻在低磁场时灵敏度极低，但在高磁场时电阻变化却很大。电阻变化约和磁场的平方呈正比。它们仅对垂直于半导体片的磁场敏感，对磁场的正负不敏感。由于电荷运动随温度变化很大，因而电阻的温度系数很大。半导体磁阻传感器常用来探测大于200G的磁场，它和永磁体相结合，可用来制作邻近探测器。由于半导体传感器温度依赖性大并且非线性强，因此一般不用来准确测量磁场。

(2)霍尔效应

霍尔效应是半导体材料洛仑兹力所产生的结果。霍尔传感器电压方向的长度远比宽度长，载流子偏移到侧面产生霍尔电压，建立和洛仑兹力大小相等、方向相反的电场力。在平衡点上，载流子大约沿长度方向做直线运动，另外的电荷不再聚集在侧面上。在磁场作用下，两端电阻几乎没有变化。两侧面中部电极上所测霍尔差分电压和垂直于半导体片的磁场呈正比，其符号随外加磁场方向的改变而改变。

霍尔磁场传感器的基本特性好，运行原理及结构简单，和微电子电路兼容。由于其良好的基本特性，霍尔元件已广泛应用于磁场传感器。简单化使其在不同应用中易于优化及小型化，并且对灵敏度影响不大。与微电子电路的兼容使它可利用微电子工业中的先进校正方法和高质量材料，促进了自身的持续发展。霍尔元件和更好的接口及信号处理电子电路的集成将会导致性价比高的新型传感器系统的发展。

(3)巨磁电阻磁场传感器(GMR)

所谓巨磁电阻(GMR)效应，是指某些磁性或合金材料的磁电阻在一定磁场作用下急剧减小，而电阻变化率急剧增大的特性，一般增大的幅度比通常的磁性合金材料的磁电阻约高10倍。巨磁电阻效应只有在纳米尺度的薄膜中才能观测到，因此，纳米材料以及超薄膜制备技术的发展使巨磁电阻传感器芯片得以实现。

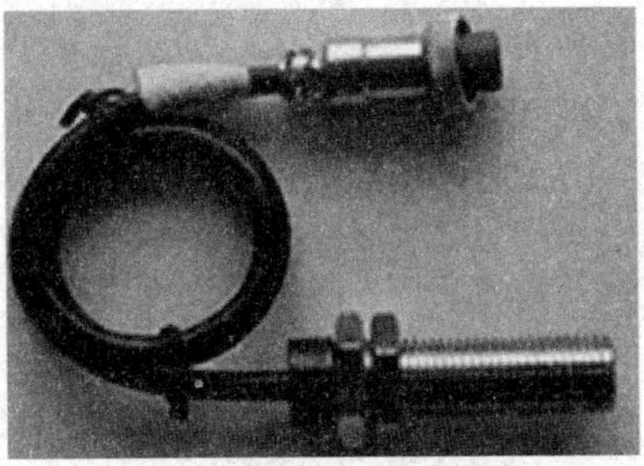

图 10-30　巨磁电阻磁场传感器

巨磁电阻传感器最具发展前景，对 GMR 材料的研究也方兴未艾，不断有新材料或新的 GMR 效应出现。GMR 传感器具有体积小、灵敏度高、线性好、线性范围宽，使用温度高、成本低等优点(图 10-30)，但目前对 GMR 的研究还处在探索阶段。

习　题

10-1　北京正负电子对撞机的储存环是周长为 240m 的近似圆形轨道。当环中电子流强度为 8mA 时，在整个环中有多少电子在运行？已知电子的速率接近光速。

10-2　设想在银这样的金属中，导电电子数等于原子数。当 1mm 直径的银线中通过 30A 的电流时，电子的漂移速率是多大？若银线温度是 20℃，按经典电子气模型，其中自由电子的平均速率是多大？银的摩尔质量取 $M=0.1\text{kg/mol}$，密度 $\rho=10^4\text{kg/m}^3$。

10-3　已知导线中的电流按 $I=t^2-5t+6$ 的规律随时间 t 变化，计算在 $t=1$ 到 $t=3$ 的时间内通过导线截面的电荷量。

10-4　如习题 10-4 图，已知两同心薄金属球壳，内外球壳半径分别为 a，$b(a<b)$，中间充满电容率为 ε 的材料，材料的电导率 σ 随外电场变化，且 $\sigma=kE$，其中 k 是常数，现将两球壳维持恒定电压 V，求两球壳间的电流强度和电场强度。

10-5　四条平行的载流无限长直导线，垂直地通过一连长为 a 的正方形顶点，每根导线中的电流都是 I，方向如习题 10-5 图，求正方形中心的磁感应强度 $\boldsymbol{B}$。

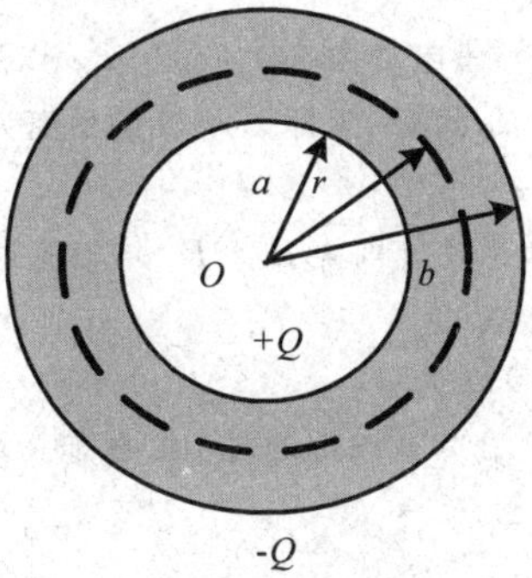

习题 10-4 图

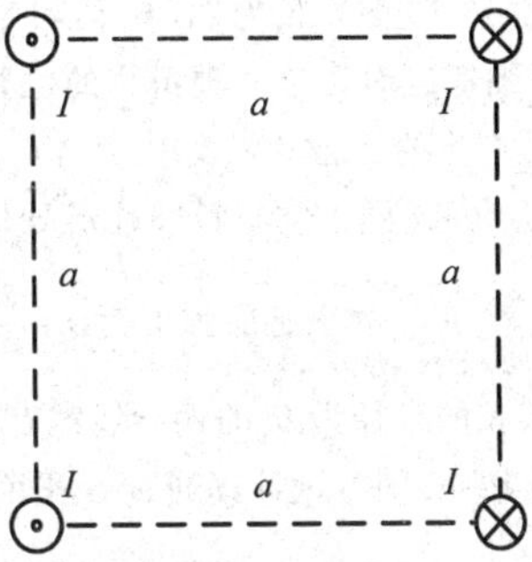

习题 10-5 图

10-6 如习题 10-6 图，已知地球北极地磁场磁感应强度$\boldsymbol{B}$ 的大小为 6.0×10^{-5}T，如设想此地磁场是由地球赤道上一圆电流所激发的，此电流有多大？流向如何？

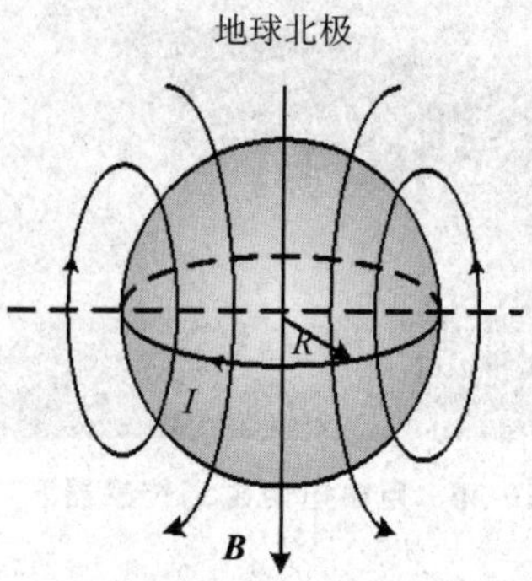

习题 10-6 图

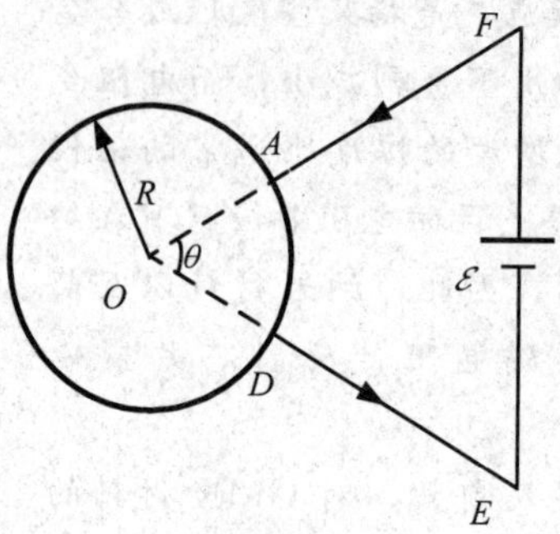

习题 10-7 图

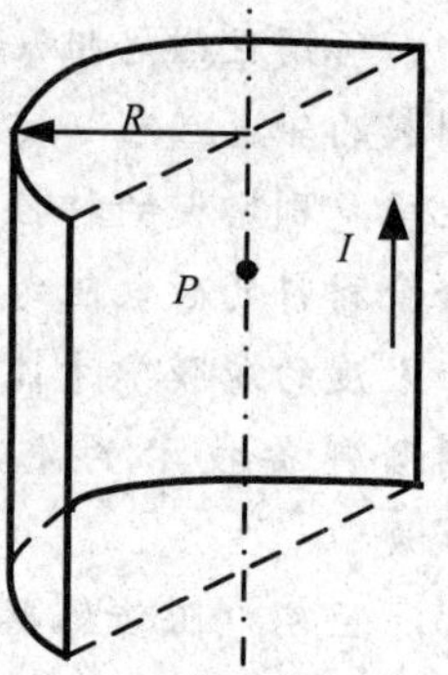

习题 10-8 图

10-7 两根导线沿半径方向被引到铁环上 A，D 两点，并与很远处的电源相接，电流方向如习题 10-7 图所示，铁环半径为 R，求环中心 O 处的磁感应强度。

10-8 一无限长半径为 R 的半圆柱金属薄片中，自下而上均匀地有电流 I 通过，如习题 10-8 图。试求半圆柱轴线上任一点 P 的磁感应强度$\boldsymbol{B}$。

10-9 如习题 10-9 图，一个半径为 R 的塑料圆盘，表面均匀带电 $+Q$，如果圆盘绕通过圆心并垂直于盘面的轴线以角速度 ω 匀速转动，求：(1)圆心 O 处的磁感应强度；(2)圆盘的磁矩。

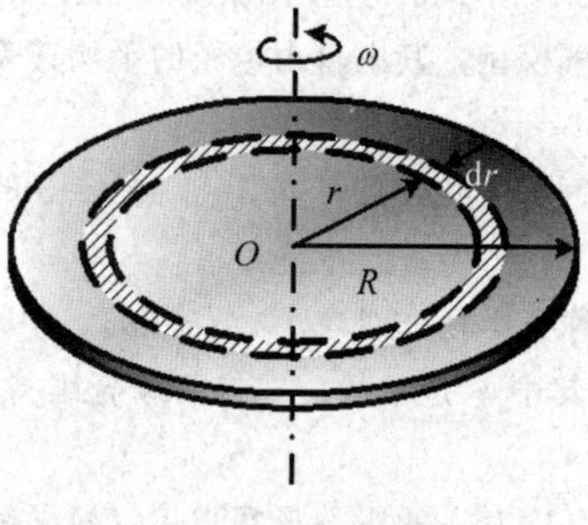

习题 10-9 图

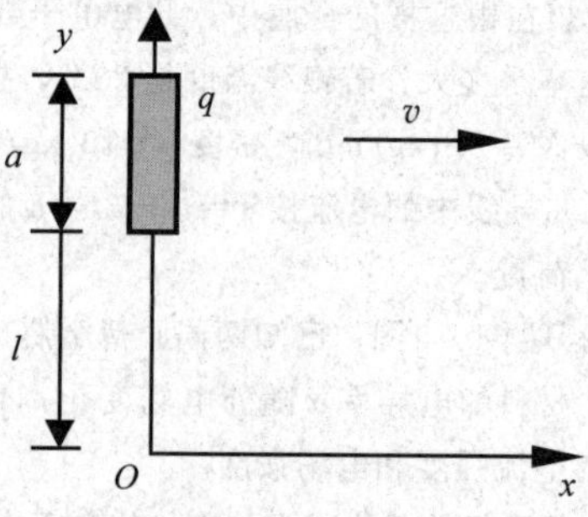

习题 10-10 图

10-10 如习题 10-10 图，长为 0.1m 的均匀带电细杆，带电量为 1.0×10^{-10}C，以速率 1.0m/s 沿 x 轴正方向运动。当细杆运动到与 y 轴重合的位置时，细杆的下端到坐标原点 O 的距离为 $l=0.1$m，试求此时杆在原点 O 处产生的磁感应强度$\boldsymbol{B}$。

10-11 如习题 10-11 图，空心长圆柱形导体的内、外半径分别为 R_1，R_2 均匀流过电流 I。求证导体内部各点（$R_1<r<R_2$）的磁感应强度为$\boldsymbol{B}=\dfrac{\mu_0 I(r^2-R_1^2)}{2\pi(R_2^2+R_1^2)r}$。

10-12 一根很长的半径为 R 的铜导线载有电流 10A，在导线内部通过中心线作一平面 S(长为 1m，宽为 $2R$)，如习题 10-12 图，试计算通过 S 平面内的磁通量。

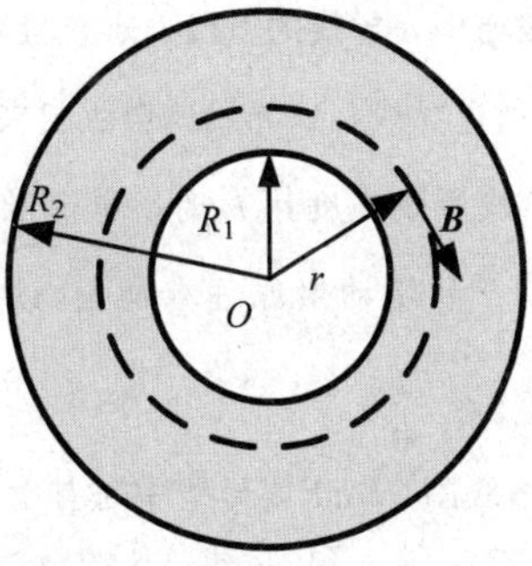

习题 10-11 图

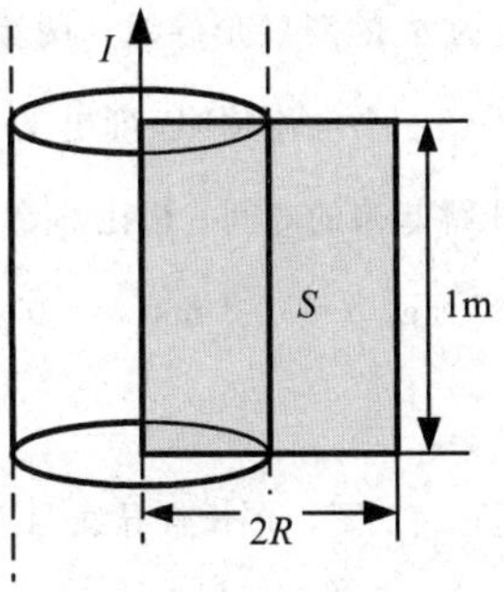

习题 10-12 图

10-13　如习题 10-13 图，线圈均匀密绕在截面为矩形的整个木环上(木环的内外半径分别为 R_1，R_2，厚度为 h)，共有 N 匝，求：

(1)通入电流 I 后，环内外磁场的分布。

(2)通过管截面的磁通量。

10-14　一无限长直载流导线，通过电流 50A，在离导线 0.05m 处有一电子以速率 1.0×10^7 m/s 运动。已知电子电荷的数值为 1.6×10^{-19}C，求下列情况下作用在电子上的洛伦兹力：(1)设电子的速度 $\boldsymbol{v}$ 平行于导线；(2)设 $\boldsymbol{v}$ 垂直于导线并指向导线；(3)设 $\boldsymbol{v}$ 垂直于导线和电子所构成的平面。

10-15　带电粒子在过饱和液体中运动，会留下一串气泡显示出粒子运动的径迹。设在气泡室有一质子垂直于磁场飞过，留下一个半径为 3.5cm 的圆弧径迹，测得磁感强度为 0.20T，求此质子的动量和动能。

10-16　一质子以 1.0×10^7 m/s 的速度射入磁感应强度 $\boldsymbol{B}=1.5$T 的均匀磁场中，其速度方向与磁场方向呈 30°，计算：(1)质子做螺旋运动的半径；(2)螺距；(3)旋转频率。

10-17　如习题 10-17 图，一铜片厚为 $d=1.0$mm，放在 $\boldsymbol{B}=1.5$T 的磁场中，磁场方向与铜片表面垂直。已知铜片中自由电子密度为 8.4×10^{22} 个/cm^3，每个电子的电荷为 $-e=-1.6\times10^{-19}$C，当铜片中有 $I=200$A 的电流流通时，求：(1)铜片两侧的电势差 $V_{aa''}$；(2)铜片宽度 b 对 $V_{aa'}$ 有无影响？为什么？

10-18　如习题 10-18 图，任意形状的一段导线 AB 中通有从 A 到 B 的电流 I，导线放在与均匀磁场 $\boldsymbol{B}$ 垂直的平面上，设 A，B 间直线距离为 l，试证明导线 AB 所受的安培力等于从 A 到 B 载有同样电流的直导线(长为 l)所受的安培力。

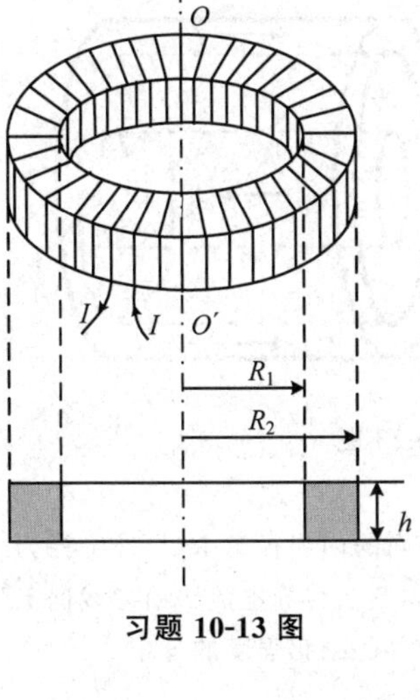

习题 10-13 图

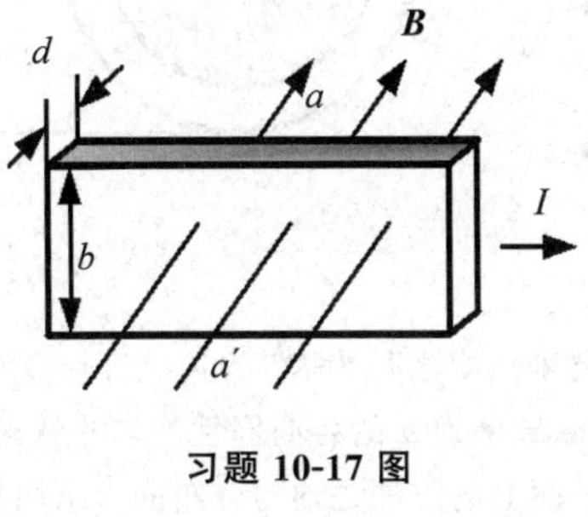

习题 10-17 图

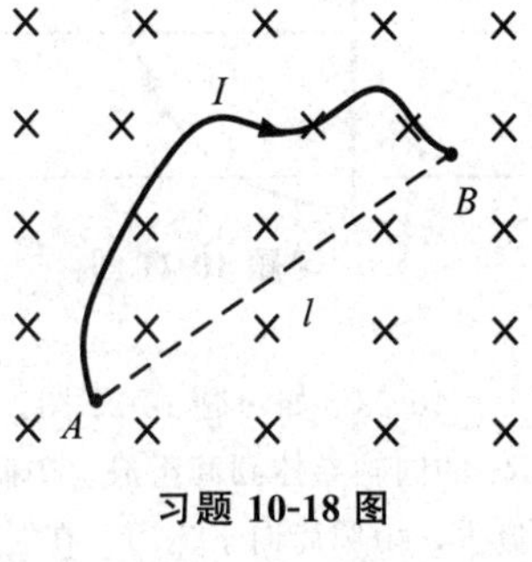

习题 10-18 图

10-19 有一根质量为 m 的倒 U 形导线，两端浸没在水银槽中，导线的上段 l 处于均匀磁场 $\boldsymbol{B}$ 中，如习题 10-19 图所示，如果使一个电流脉冲，即电量 $q=\int_{\Delta t} i\mathrm{d}t$ 通过导线，这导线就会跳起来，假定电流脉冲的持续时间 Δt 同导线跳起来的时间 t 相比非常小，试由导线所跳高度达 h 时，电流脉冲的大小。设 $B=0.1\ \mathrm{T}$，$m=10\times10^{-3}\mathrm{kg}$，$l=0.2\ \mathrm{m}$，$h=0.3\ \mathrm{m}$。(提示：利用动量原理求冲量，并找出 $\int_{\Delta t} i\mathrm{d}t$ 与冲量 $\int_{\Delta t}\boldsymbol{F}\mathrm{d}t$ 的关系)。

10-20 如习题 10-20 图，在长直导线 AB 旁有一矩形线圈 $CDEF$，导线中通有电流 $I_1=20$ A，线圈中通有电流 $I_2=10$ A。已知 $d=1$ cm，$a=9$ cm，$b=20$ cm，求：(1)导线 AB 的磁场对矩形线圈每边的作用力；(2)矩形线圈所受合力及合力矩。

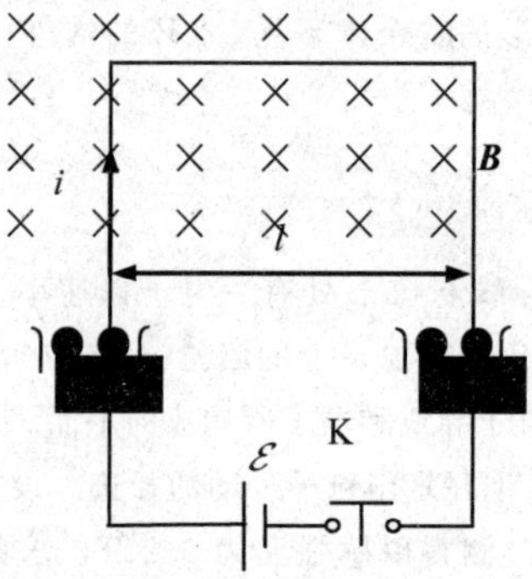

习题 10-19 图

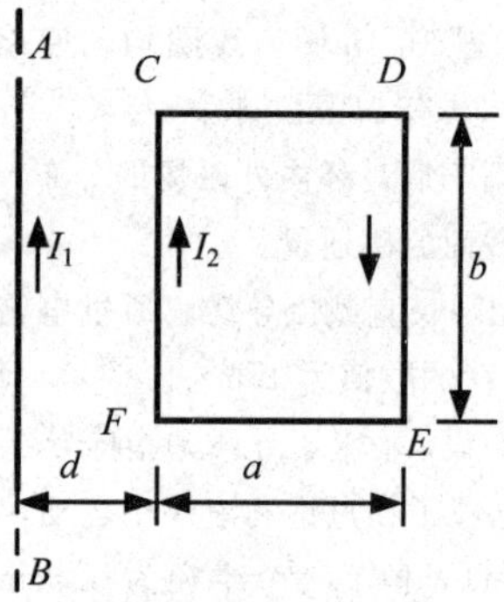

习题 10-20 图

10-21 一半径为 $R=0.1$ m 的半圆形闭合线圈，载有电流 $I=10$ A，放在均匀磁场中，磁场方向与线圈面平行，如习题 10-21 图，已知 $\boldsymbol{B}=0.5$ T。求：

(1)在图示位置时线圈的磁矩；

(2)以线圈的直径为转轴，线圈受到的力矩；

(3)当线圈平面从图示位置转到与磁场垂直的位置时，磁力矩所做的功。

10-22 螺绕环中心周长 $l=10$ cm，环上均匀密绕线圈 $N=200$ 匝，线圈中通有电流 $I=100$ mA，试求：(1)管内的磁感应强度 $\boldsymbol{B}_0$ 和磁场强度 $\boldsymbol{H}_0$；(2)若管内充满相对磁导率 $\mu_r=4200$ 的磁介质，则管内的 $\boldsymbol{B}$ 和 $\boldsymbol{H}$ 是多少？(3)磁介质内由导线中电流产生的 $\boldsymbol{B}_0$ 和由磁化电流产生的 $\boldsymbol{B}'$ 各是多少？

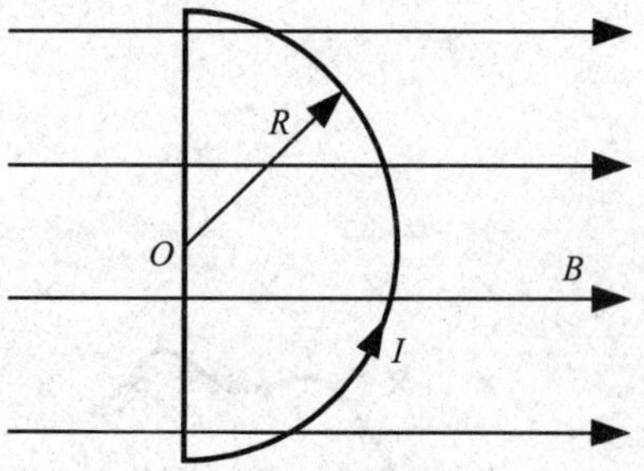

习题 10-21 图

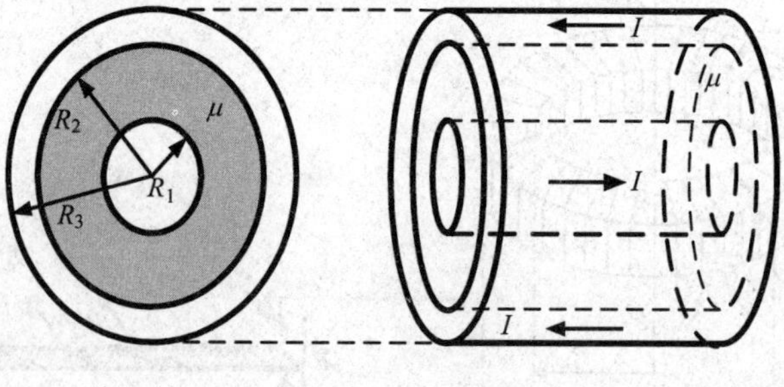

习题 10-23 图

10-23 如习题 10-23 图，一根同轴线由半径为 R_1 的长导线和套在它外面的内半径为 R_2、外半径为 R_3 的同轴导体圆筒组成。中间充满磁导率为 μ 的各向同性均匀非铁磁绝缘材料。传导电流 I 沿导线向上流去，由圆筒向下流回，在它们的截面上电流都是均匀分布的。求同轴线内外的磁感强度的分布。

第 11 章　电磁感应

11.1　电磁感应定律

11.1.1　电磁感应现象

自从奥斯特发现了电流的磁效应后，科学家们便开始了对磁产生电流的现象的探究。然而，道路并不平坦，法拉第和安培(曾将恒定电流或磁铁放在线圈附近，试图“感应”出电流，种种尝试均无所获，1823 年科拉顿(Jean-Daniel Colladon)做了把磁棒插入或拔出螺线管的实验，由于当时尚无电流计，需用小磁针的偏转来检验有无感应电流，或许是为了避免磁棒插入或拔出时对磁针的影响，科拉顿把与螺线管相连的长导线穿过墙壁上的小洞连同与之平行的小磁针一并置于邻屋，待在此屋将磁棒插入或拔出后再去邻屋观察，结果磁针并无动静。或许，科拉顿期待的是某种持久恒定的效应，以致与新发现擦肩而过，遗憾终生。1822 年，阿拉果在测量地磁时偶然发现，金属物对附近振动的磁针有阻尼作用。受此启发，1824 年阿拉果做了著名的圆盘实验，他把一个铜圆盘装在竖直轴上，盘上方用细丝吊一个磁针，当铜盘转动时，磁针会跟着转动(异步、滞后)。这种电磁阻尼或电磁驱动其实都是典型的电磁感应现象，但因表现间接，当时未能识别也无从解释。1829 年，亨利(Joseph Henry)发现通电线圈突然中断时，断处会出现电火花，此即自感现象，但因搁置未发表，不为人知。上述种种表明，电磁感应是一种在非恒定条件下出现的暂态效应。

1831 年 8 月 29 日，法拉第发现了电磁感应现象。如图 11-1 所示，法拉第在软铁环两侧分别缠绕 A，B 两线圈，A 线圈接电池与开关，B 线圈闭合并在其中一段直导线附近平行放置小磁针。当开关合上，A 线圈接通电流的瞬间，磁针偏转，随即复原；当开关打开，A 线圈电流中断的瞬间，磁针反向偏转，随即复原。实验表明，B 线圈中出现了瞬间的感应电流，寻找 11 年之久的电磁感应现象终于被发现了。

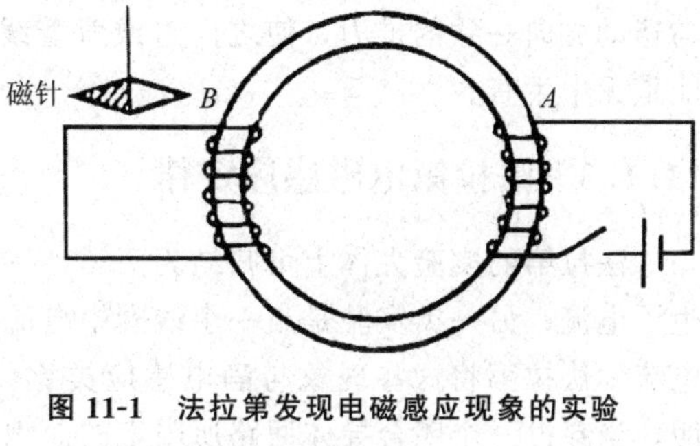

图 11-1　法拉第发现电磁感应现象的实验

11.1.2 楞次定律

1834 年，楞次(Heinrich Friedrich Emil Lenz)提出了直接判断感应电流方向的方法：闭合导体回路中感应电流的方向，总是使得感应电流所激发的磁场阻碍引起感应电流的磁通量的变化，称为楞次定律。

如图 11-2(a)所示，磁棒的插入使通过线圈的磁通量增加。根据楞次定律，感应电流产生的磁场应“阻碍”这种增加，故应如图中虚线所示，由此，感应电流的方向按右手定则即可确定。如图 11-2(b)所示，若磁棒拔出，则感应电流应反向。

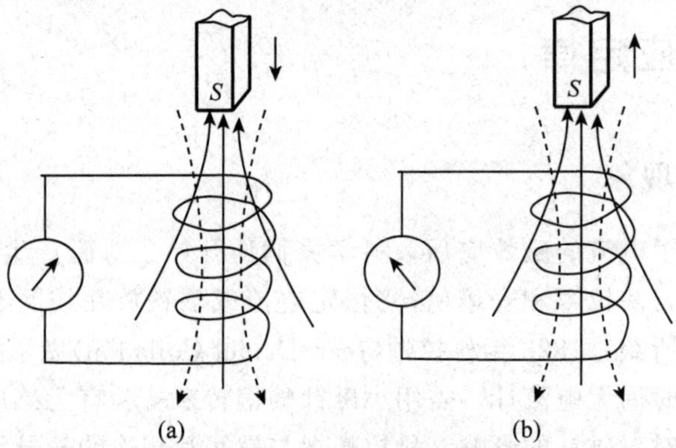

图 11-2 用楞次定律判断感应电流的方向

楞次定律也可以表述为：感应电流的效果总是反抗引起感应电流的原因。所谓原因，既可指磁通量的变化，也可指引起磁通量变化的相对运动或回路形变，感应电流的效果必定是反抗磁通量的变化、阻碍导致磁通量变化的相对运动或回路形变。在有些问题(如电磁阻尼、电磁驱动)中，不要求具体确定感应电流的方向，只需判明感应电流所引起的机械效果，这时采用楞次定律的后一种表述更为方便。

在楞次定律两种等价的表述中，用于确定感应电流方向的关键词是“阻碍”或“反抗”，这是能量守恒定律的必然结果。如图 11-2 所示，当磁棒插入或拔出线圈时，产生感应电流，释放焦耳热，同时必须克服斥力或引力(都是阻力)做机械功，实际上，正是这部分机械功转化为焦耳热。若感应电流方向与图 11-2 相反，则无论磁棒插入或拔出，都将受到与运动方向一致的推力，使之向着或背着线圈加速运动，则将既对外做功又释放焦耳热，能量无中生有。

11.1.3 法拉第电磁感应定律

法拉第的实验大体上可归结为两类：一类实验是磁铁与线圈有相对运动时，线圈中产生了电流；另一类实验是当一个线圈中电流发生变化时，在它附近的其他线圈中也产生了电流。法拉第将这些现象与静电感应类比，把它们称作电磁感应现象。电磁感应实验表明，当穿过一个闭合导体回路所限定的面积的磁通量(磁感应强度通量)发生变化时，回路中就出现电流，这电流称为感应电流。

回路中的感应电流也是一种带电粒子的定向运动。这种定向运动并不是由静电场力作用于带电粒子而形成的，因为在电磁感应实验中并没有静止的电荷作为静电场的场源。感应电流应该是电路中的一种非静电力对带电粒子作用的结果。在一个联有电池的回路中，产生电流是电池内非静电力(化学力)作用的结果，这化学力的作用可用电动势这一概念加以说明。类似地，在电磁感应实验中的非静电力也用电动势这个概念加以说明。也就是说，当穿过导体回路的磁通量发生变化时，回路中产生了感应电流，就是因为此时在回路中产生了电动势。由这一原因产生的电动势叫感应电动势。

实验表明，感应电动势的大小和通过导体回路的磁通量的变化率呈正比，感应电动势的方向有赖于磁场的方向和它的变化情况。以 Φ 表示通过闭合导体回路的磁通量，以 ε 表示磁通量发生变化时在导体回路中产生的感应电动势，由实验总结出的规律为：

$$\varepsilon=-\frac{\mathrm{d}\Phi}{\mathrm{d}t} \tag{11-1}$$

这一公式是法拉第电磁感应定律的一般表达式。

式(11-1)中的负号反映感应电动势的方向与磁通量变化的关系。在判定感应电动势的方向时，应先规定导体回路 L 的绕行正方向。如图 11-3 所示，当回路中磁力线的方向和所规定的回路的绕行正方向有右手螺旋关系时，磁通量 Φ 是正值。这时，如果穿过回路的磁通量增大 $\frac{\mathrm{d}\Phi}{\mathrm{d}t}>0$，则 $\varepsilon<0$，这表明此时感应电动势的方向和 L 的绕行正方向相反[图 11-3(a)]。如果穿过回路的磁通量减小，即 $\frac{\mathrm{d}\Phi}{\mathrm{d}t}<0$，则 $\varepsilon>0$，这表示此时感应电动势的方向和 L 的绕行正方向相同[图 11-3(b)]。

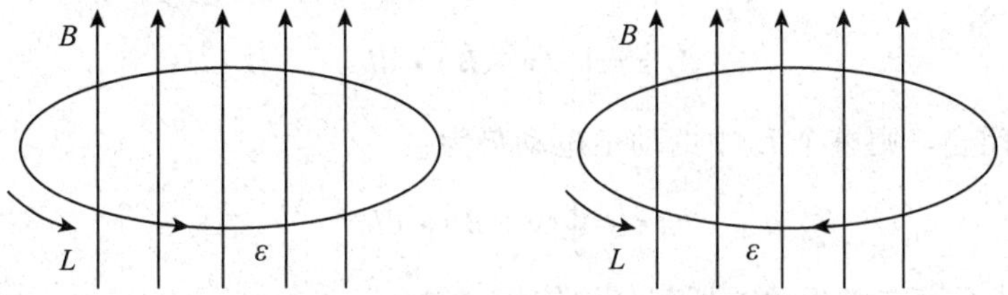

图 11-3　$\boldsymbol{\varepsilon}$ 的方向和 $\boldsymbol{\Phi}$ 的变化的关系

(a) Φ 增大时　(b) Φ 减小时

11.2　动生与感生电动势

按照磁通量变化原因的不同，通常把感应电动势分为两种，即动生电动势和感生电动势。在稳恒磁场中运动着的导体内产生的感应电动势称为动生电动势；而导体不动，只因磁场的变化而产生的感应电动势称为感生电动势。

11.2.1　动生电动势

产生动生电动势的非静电力是洛仑兹力，如图 11-4 所示，将一段导体 ab 放于匀强磁场中，当 ab 以速度 $\boldsymbol{v}$ 向右移动时，ab 中的电子亦以 $\boldsymbol{v}$ 向右移动，依洛伦兹力公式，电子将受到洛伦兹力的作用 $\boldsymbol{F}_m=-e\,\boldsymbol{v}\times\boldsymbol{B}$，方向向下。在此力的作用下，电子向 a 端运动，从

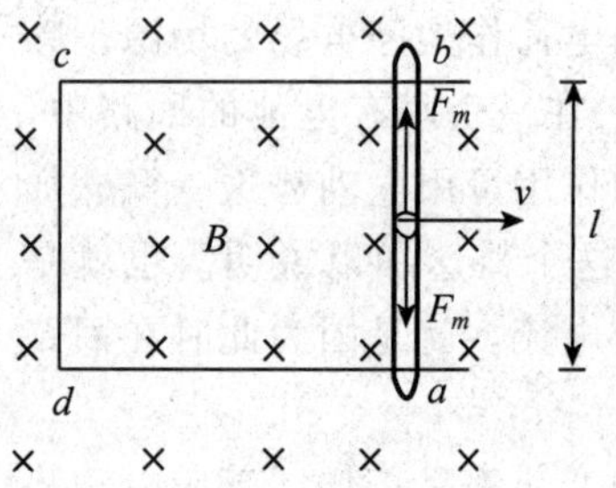

图 11-4 动生电动势

而在 a 端积累一定数量的负电荷，相应地在 b 端便积累了数量相等的正电荷，这些电荷在 ab 内形成一静电场$\boldsymbol{E}$，方向向下，这样电子还要受到静电场力$\boldsymbol{F}_e=-e\boldsymbol{E}$ 的作用。当电子受的静电子$\boldsymbol{F}_e$ 与洛伦兹力$\boldsymbol{F}_m$ 达到平衡时，$\boldsymbol{E}$ 取一稳定值，从而 ab 端形成稳定的电势差。因此，这段运动的导体相当于一个电源，b 端为高电位端，a 端为低电位端，而非静电力就是洛仑兹力。

依电动势的定义 $\varepsilon=\int_-^+ k\cdot \mathrm{d}l$，这里 k 是移动单位正电荷的非静电力，结合洛伦兹力公式$\boldsymbol{F}_m=-e\boldsymbol{v}\times\boldsymbol{B}$，有：

$$k=\frac{\boldsymbol{F}_m}{-e}=\boldsymbol{v}\times\boldsymbol{B} \tag{11-2}$$

由此可得，ab 导体中动生电动势的公式：

$$\varepsilon=\int_a^b(\boldsymbol{v}\times\boldsymbol{B})\cdot \mathrm{d}l \tag{11-3}$$

我们将上式推广到普遍的情况：设在一恒定磁场中，有一任意形状的导体线圈 L，可以闭合，也可以不闭合，它在磁场中运动着或在发生形变，设此线圈上任一线元 $\mathrm{d}l$ 的运动速度为$\boldsymbol{v}$，磁感应强度为$\boldsymbol{B}$，则线元 $\mathrm{d}l$ 中的动生电动势为：

$$\mathrm{d}\varepsilon=(\boldsymbol{v}\times\boldsymbol{B})\cdot \mathrm{d}l \tag{11-4}$$

若线圈 L 不闭合，则整个 L 中的动生电动势为：

$$\varepsilon=\int_L(\boldsymbol{v}\times\boldsymbol{B})\cdot \mathrm{d}l \tag{11-5}$$

若线圈 L 闭合，则整个 L 中的动生电动势为：

$$\varepsilon=\oint(\boldsymbol{v}\times\boldsymbol{B})\cdot \mathrm{d}l \tag{11-6}$$

动生电动势只存在于运动的那部分导体中。

11.2.2 感生电动势

由于感生电动势是由变化的磁场产生，导体回路并不运动，因此产生感生电动势的非静电力肯定不会再是洛伦兹力，那么是什么力呢？麦克斯韦(Maxwell)提出的假设认为：变化的磁场会在周围的空间激发一个电场，称之为感生电场，此感生电场对电荷有一个电力的作用，此力就是感应电动势所对应的非静电力。设此感生电场的场强为$\boldsymbol{E}$，它是作用于单位正电荷上的非静电力，则依电动势的定义，有感生电动势：

$$\varepsilon=\oint\boldsymbol{E}_i\cdot \mathrm{d}\boldsymbol{l} \tag{11-7}$$

由上式知，E_i 的环流不为零，因此感生电场是有旋场，称为涡旋电场。

根据法拉第电磁感应定律，导体回路中的感生电动势满足：

$$\varepsilon=-\frac{\mathrm{d}\Phi}{\mathrm{d}t}=-\frac{\mathrm{d}}{\mathrm{d}t}\iint_S\boldsymbol{B}\cdot \mathrm{d}\boldsymbol{S}=-\iint_S\frac{\partial\boldsymbol{B}}{\partial t}\cdot \mathrm{d}\boldsymbol{S} \tag{11-8}$$

式中，S 是以 L 为周界的任一曲面。

将式(11-7)和式(11-8)联立，有

$$\oint \boldsymbol{E}_i \cdot \mathrm{d}\boldsymbol{l} = -\iint_S \frac{\partial \boldsymbol{B}}{\partial t} \cdot \mathrm{d}\boldsymbol{S} \tag{11-9}$$

式中，dS 的法线方向必须与 L 的绕行方向成右手螺旋关系。

上述方程是电磁学的基本方程之一，它表明了感生电场与变化的磁场之间的关系。

11.3　自感和互感

11.3.1　自感电动势和自感

当通过某线圈的电流发生变化时，则电流激发的磁场会随之变化，进而穿过该线圈的磁链也会发生变化，从而在线圈中产生感应电动势。这种因线圈中电流变化而在线圈自身所引起的电磁感应现象称为自感现象，所产生的感应电动势称为自感电动势。

设线圈中通有电流 I，由于磁感应强度正比于 I，故穿过线圈的磁链也正比于 I，即 $\Phi = LI$，这里的 L 称为自感系数，它的大小只与线圈的形状、大小、匝数及周围磁介质的分布有关，通常与线圈中的电流无关，在国际单位制中，它的单位为 H。

由电磁感应定律知，在 L 一定的条件下，自感电动势满足：

$$\varepsilon = -\frac{\mathrm{d}\Phi}{\mathrm{d}t} = -L\frac{\mathrm{d}I}{\mathrm{d}t} \tag{11-10}$$

在上式中，取电流的方向为回路的绕行方向，故若 $\frac{\mathrm{d}I}{\mathrm{d}t} < 0$，则 $\varepsilon > 0$，说明自感电动势与电流方向相同；若 $\frac{\mathrm{d}I}{\mathrm{d}t} > 0$，则 $\varepsilon < 0$，说明自感电动势与电流方向相反。

由此可知，自感电动势的方向总是要使它阻碍回路本身电流的变化，L 越大这种阻碍作用越强。

【例 11-1】计算一长直密绕螺线管的自感系数。设螺线管的截面积为 S，单位长度的匝数为 n，长度为 l。

解：设螺线管中通有电流 I，则螺线管内的 $B = \mu_0 nI$，故

$$\varphi = nlBS = nl\mu_0 nIS = n^2 l\mu_0 IS$$

$$L = \frac{\Phi}{I} = n^2 l\mu_0 S = n^2 v\mu_0$$

11.3.2　互感电动势和互感

如图 11-5 所示，两相邻线圈 1 和 2，当线圈 1 中的电流 I_1 变化时，I_1 激发的变化磁场会在线圈 2 中产生感应电动势，线圈 2 中的电流 I_2 变化时，同样会在线圈 1 中产生感应电动势。这种一个线圈中的电流变化而在附近另一个线圈中产生感应电动势的现象称为互感现象，相应的感应电动势称为互感电动势。

设线圈 1 中电流 I_1 激发的磁场穿过线圈 2 的磁链为 φ_{21}，根据毕奥－萨伐尔定律，

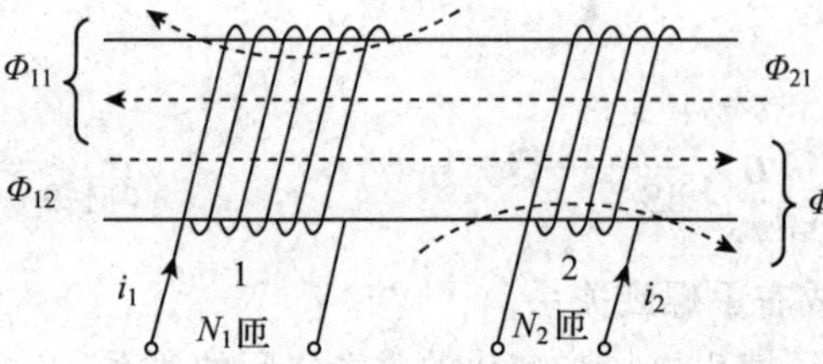

图 11-5 互感现象

Φ_{21} 正比于 I_1。写成等式有：

$$\Phi_{21}=M_{12}I_2 \tag{11-11}$$

同理，线圈 2 中通有电流 I_2 它在线圈 L 中产生的磁链为 φ_{12}，则与式(11-11)类似，有：

$$\Phi_{12}=M_{21}I_2 \tag{11-12}$$

可以证明

$$M_{12}=M_{21}=M \tag{11-13}$$

M 称为互感系数，简称互感，它的单位也是 H。M 的大小与两组线圈的大小、形状、匝数、相对位置及磁介质有关。

根据法拉第电磁感应定律，线圈 1 中电流 I_1 的变化在线圈 2 中产生的互感电动势：

$$\varepsilon_{21}=-\frac{\mathrm{d}\Phi_{21}}{\mathrm{d}t}=-M\frac{\mathrm{d}I_1}{\mathrm{d}t} \tag{11-14}$$

而线圈 2 中的电流流 I_2 的变化在线圈 1 中产生的互感电动势：

$$\varepsilon_{12}=-\frac{\mathrm{d}\Phi_{12}}{\mathrm{d}t}=-M\frac{\mathrm{d}I_2}{\mathrm{d}t} \tag{11-15}$$

互感系数的计算一般比较复杂，实际上常采用实验的方法测定。

物理广角

一、电子感应加速器

应用涡旋电场加速电子的电子感应加速器，是麦克斯韦关于变化的磁场在其周围激发涡旋电场的假设的最直接的实验验证。它的结构示意如图 11-6(a)所示。

在圆形电磁铁两极之间有一环形真空室，图 11-6(b)是俯视图，在交变电流激励下，两极间出现交变磁场，这个交变磁场激发一涡旋电场，涡旋电场成为同心圆，如图 11-6 中虚线所示。从电子枪射入真空室的电子受到两个作用力：①涡旋电场力使电子沿切向加速；②径向的洛伦兹力使电子作圆周运动。

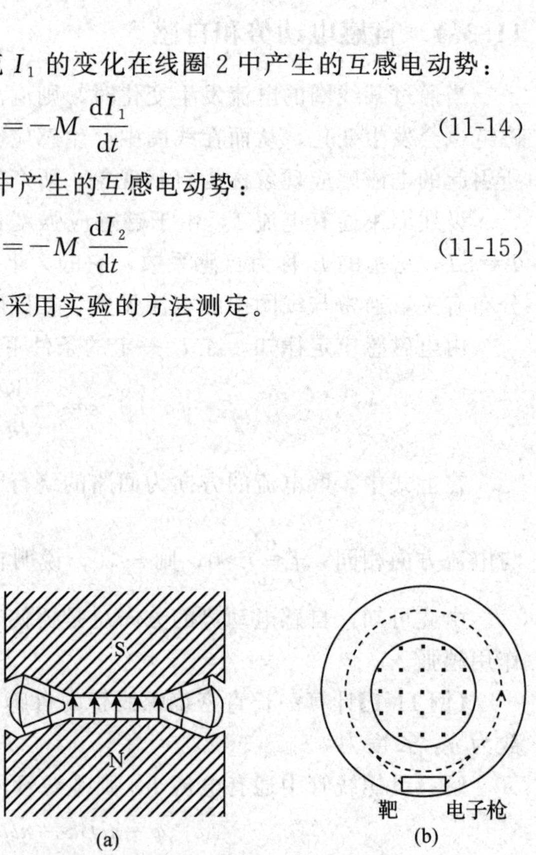

图 11-6 电子感应加速器

交变磁场随时间的正弦变化导致涡旋电场方向随时间而变。图 11-7 画出了一个周期内涡旋电场方向变化的情况。磁感应强度$\boldsymbol{B}$ 为正，表示$\boldsymbol{B}$ 向上；$\boldsymbol{B}$ 为负，表示$\boldsymbol{B}$ 向下。注意到电子带负电，显然只有在第一、第四两个 1/4 周期内才能被加速，但在第四个 1/4 周期中，洛伦兹力的方向由于$\boldsymbol{B}$ 向下而向外，不能作为向心力，因此在一个周期中只有第一个 1/4 周期能使电子作加速圆周运动，好在 1/4 周期内电子已经转了几十万圈，只要设法在每个周期的前 1/4 周期之末将电子束引离轨道进入靶室，就已经能使电子加速到足够高的能量。一台 100MeV 的大型电子感应加速器，可将电子加速到 $0.999986c$。

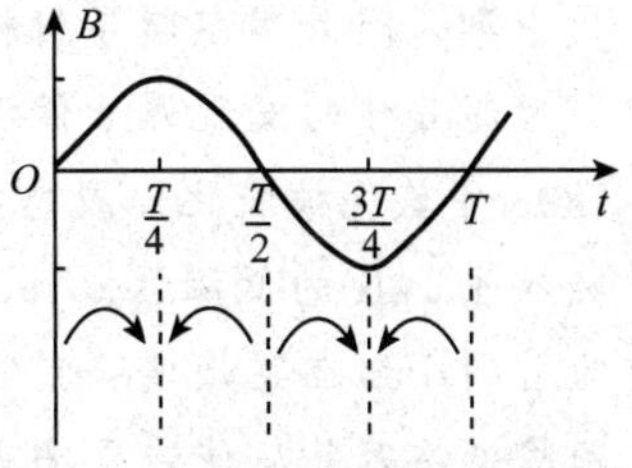

图 11-7　不同相位时涡旋电场的方向

根据工程上的需要，要求被加速的电子维持在恒定的圆形轨道上运动，该轨道半径为 R。设在轨道处的磁感应强度为$\boldsymbol{B}_R$，电子受到的洛伦兹力提供作向心力，根据牛顿第二定律，有：

$$m\frac{v^2}{R}=evB_R$$

即

$$mv=eRB_R \tag{a}$$

式(a)表明，只要电子动量 mv 与磁感应强度$\boldsymbol{B}_R$ 呈正比例增加，就能实现 R 不变。下面我们来分析电子动量的变化规律。电子受到的涡旋电场力为：

$$-eE_{\text{旋}}=\frac{e}{2\pi R}\frac{\mathrm{d}\Phi}{\mathrm{d}t}$$

根据牛顿第二定律，有：

$$\frac{\mathrm{d}(mv)}{\mathrm{d}t}=-eE_{\text{旋}}=\frac{e}{2\pi R}\frac{\mathrm{d}\Phi}{\mathrm{d}t}$$

设初始条件为 $t=0$ 时，$\Phi=0$，$v=0$，则对上式积分得：

$$mv=\frac{e}{2\pi R}\Phi\approx\frac{eR}{2}\overline{B} \tag{b}$$

式中，$\overline{B}$ 为通过电子轨道平面的平均磁感应强度，其大小为：

$$\overline{B}=\frac{1}{\pi R^2}\iint_{r<R}\boldsymbol{B}\cdot\mathrm{d}\boldsymbol{S} \tag{c}$$

比较式(a)和式(b)，得：

$$B_R=\frac{1}{2}\overline{B} \tag{d}$$

通过电磁铁的外形设计，可使条件式(d)得到满足，从而达到在恒定圆轨道上加速电子的目的。大型电子感应加速器可使电子能量达到到 100MeV，此时电子的速度已达到 $0.999860c$。

以上分析对相对论情况也成立，因此电子感应加速器不存在相对论限制。但是，做圆周运动的电子具有加速度，凡是电荷做加速运动，就会辐射电磁波而损失能量，电子能量越大，加速器尺寸越小(即 R 越小)，辐射损失就越厉害。只有补偿了这一辐射损失，才能使电子保持其速率，电子速率越大，需要补充的能量也越大，这是对电子感应加速器的一个严重限制。

二、超导体

自从 1911 年发现超导体以来，超导体独特的性质和诱人的应用前景引起了人们极大的兴趣，相关的实验研究、理论探索和技术开发此起彼伏、不断深入扩展。20 世纪 80 年代中期，随着高温超导材料的发现，超导体的研究再一次掀起了高潮。

超导体的发现源于低温技术的进展。1895 年，曾被视为"永久气体"的空气被液化，1898 年氢气被液化。液态空气和液态氢在 1 个大气压下的沸点分别是 81K 和 20K，由此进入了 14K 的低温区。1908 年，以荷兰物理学家卡末林·昂内斯(H. Kamerlingh-Onnes)为首的小组在莱顿实验室液化氦成功，并测出液态氦在 1 个大气压下的沸点是 4.25K，利用降低液蒸气压使液氦沸点下降的方法，他们获得了 4.25～1.15K 的低温。

1911 年，卡末林—昂内斯等在测量汞电阻率随温度的变化时发现，汞的电阻在 4.2K 附近突然消失。如图 11-8 所示，横坐标是温度，纵坐标是该温度下的汞电阻与 0℃的汞电阻之比，在 4.2K 附近，汞的电阻比从 0.0020 突然下降到低于 10^{-6}，当时估计，汞在 1.5K 条件下的电阻比将低于 10^{-9}。此后发现，除汞外，不少金属及化合物，在低温下也存在电阻突然跌落为零的现象。具有零电阻或超导电现象的物体称为超导体，它所处的特殊状态称为超导态，从正常态转变为超导态的温度称为超导转变温度或超导临界温度(T)。超导电性不仅会在 $T>T_C$ 时被破坏，实验发现，在 $T<T_C$ 时，外磁场或超导体中电流的增大也会破坏超导电性，通常用临界磁场 B_c 和临界电流 J_c 来表征，B_c 和 J_c 都随温度变化。

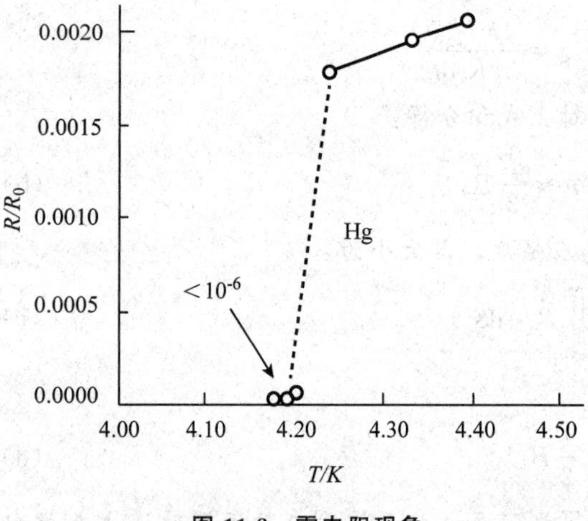

图 11-8　零电阻现象

零电阻现象还表现为超导回路中的电流长期持续不断，如前所述，若将金属环(电阻为 R，自感为 L)放在磁场中，突然撤去磁场，在涡旋电场的作用下环内会出现感应电流，因焦耳热损耗，感应电流逐渐衰减为零，衰减的快慢由时间常数 $\tau=L/R$ 表征，若在建立感应流的同时降温到 $T<T_c$。使之变为超导回路，实验得出，在无外源的条件下，电流可持续几年之久，仍观测不到任何衰减。近代的测量得出，超导体的电阻率小于 $10^{-28}\Omega\cdot m$，远小于正常金属的最低电阻率 $10^{-15}\Omega\cdot m$。以上实验表明，超导体的电阻率实际已为零。

由于导体有电阻，所以为了在导体中产生恒定电流，就需要在其中加电场、电阻越大，需要加的电场也就越强。对于超导体来说，由于它的电阻为零，即使在其中有电流产生，维持该电流也不需要加电场。这就是说，在超导体内部电场总为零。

利用超导体内电场总是零这点可以说明如何在超导体内激起持续电流。如图 11-9(a)所示，用绒吊起一个焊锡环(铅锡合金)，先使其温度在临界温度以上，当把一 A 形磁铁移近时，在环中激起了感应电流。但由于环有电阻，所以此电流很快就消失了、但环内留有磁通量。然后，如图 11-9(b)所示，将液氦容器上移，使焊锡环变成超导体，这时环内的磁通量不变，如果再移走磁铁，合金环内的磁通量是不能改变的。若改变了根据电磁感应定律，在环体内将产生电场，这和超导体内电场为零是矛盾的。因此，在铁移走的过程

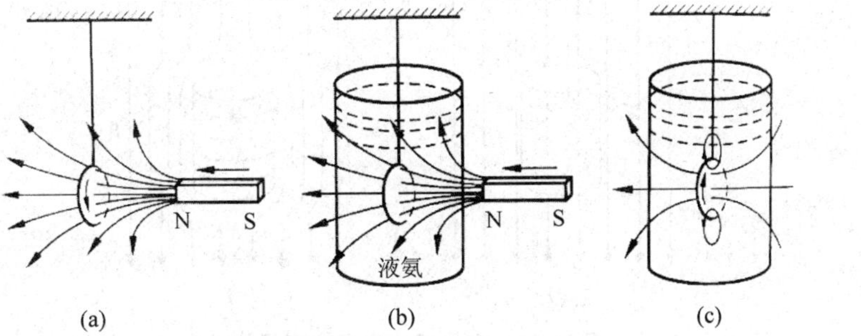

图 11-9　超导环中持续电流的产生

中，超导环内就会产生电流[图 11-9(c)]，它的大小自动地和 φ 值相应。这个电流就是超导体中的持续电流。

由于超导体内部电场强度为零，根据电磁感应定律，它内部各处的磁通量也不能变化。由此可以进一步导出超导体内部的磁场为零。例如，当把一个超导体样品放入一磁场中时，在放入的过程中，由于穿过超导体样品的磁通量发生了变化，所以将在样品的面产生感应电流[图 11-10(a)]。这电流将在超导体样品内部产生磁场。该磁场正好抵消外磁场，而使超导体内部磁场仍为零。在超导体的外部，超导体表面感应电流的磁场和原磁场的叠加将使合磁场的磁感线绕过超导体而发生弯曲[图 11-10(b)]。这种结果常常说成是磁感线不能进入超导体。

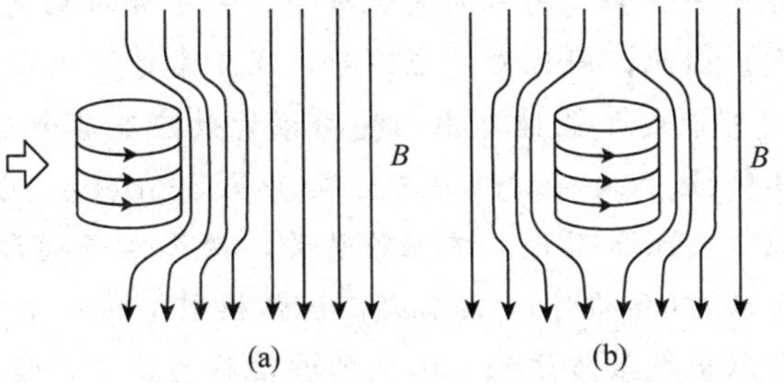

图 11-10　超导体样品放入磁场中

不但在把超导体移入磁场中时磁感线不能进入超导体，而且原来就在磁场中的超导体也会把磁场排斥到超导体之外。1933 年，迈斯纳(Meissner)和奥克森费尔特(Ochsenfeld)在实验中发现了下述事实。他们先把在临界温度以上的锡和铅样品放入磁场中，由于这时样品不是超导体，所以其中有磁场存在[图 11-11(a)]。他们维持磁场不变而降低样品的温度，当样品转变为超导体后，发现其内部也没有磁场了[图 11-11(b)]。这说明，在转变过程中，在超导体表面上也产生了电流，这电流在其内部的磁场完全抵消了原来的磁场。一种材料能减弱其内部磁场的性质称为抗磁性。迈斯纳实验表明，超导体具有完全的抗磁性。转变为超导体时能排除体内磁场的现象称为迈斯纳效应。迈斯纳效应中，只在超导体表面产生电流是就宏观而言的。在微观上，该电流是在表面薄层内产生的，薄层厚度约为 10^{-5} cm。在这表面层内，磁场并不完全为零，因而还有一些磁感线穿入表面层。

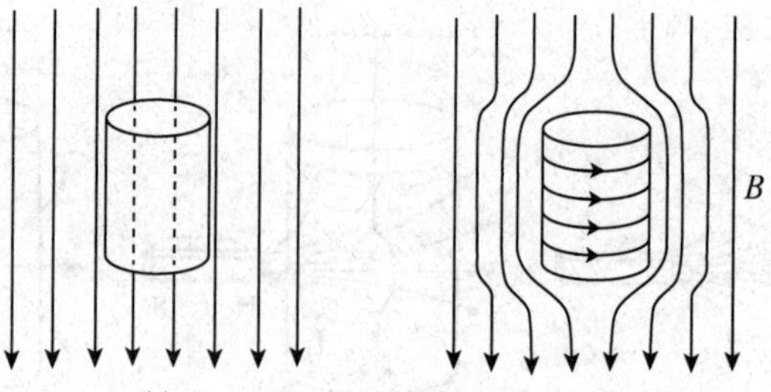

图 11-11 在磁场中样品向超导体转变

严格来说，理想的迈斯纳效应只能在沿磁场方向的非常长的圆柱体(如导线)中发生。对于其他形状的超导体，磁感线被排除的程度取决于样品的几何形状。在一般情况下，整个金属体内分成许多超导区和正常区。磁场增强时，正常区扩大，超导区缩小。当达到临界磁场时，整个金属都变成正常的了。

1950 年发现的超导体同位素效应表明，同一种金属不同同位素的 T_c 不同。实验得出，T_c 与晶格离子平均质量 M(改变不同同位素的混合比例可改变 M)的关系为：

$$T_c \propto M^{-\rho} \rho \sim \frac{1}{2}$$

众所周知，金属由晶格与共有化的自由电子(正常电子)构成，其中的作用十分复杂，但大体说来，无非是电子之间的相互作用、晶格离子之间的相互作用，以及电子与晶格离子之间的相互作用。在同一种金属的不同同位素中，电子分布相同，只是离子质量不同，即晶格的运动有所不同。因此，同位素效应暗示，在正常电子向超导电子转变的过程中，电子与晶格离子的作用可能起了关键作用。受同位素效应及其他有关实验的启发，1957 年巴丁(J. Barden)、库珀(L. N. Cooper)、施里弗(J. R. Schrieffer)在量子力学基础上建立了低温超导的微观理论——BCS 理论。该理论认为，两个电子通过交换声子产生净吸引力，形成束缚态，结合成对(库珀对)，这就是二流体模型中的超导电子。具体地说，在金属中，离子晶格相互关联地做集体运动，形成的波动称为格波，格波的能量是量子化的，其能量子称为声子。当某个电子经过离子晶格时，其间的库仑引力造成局部正电荷密度增大，这一扰动以格波形式在晶格内传播，会对别处的另一个电子产生吸引作用，当此吸引作用超过两电子间的库仑斥力时，两电子就结合成对，这是一个松弛的体系，两电子的距离约为 10^{-4} cm，BCS 理论成功地为低温超导的种种独特性质提供了定量的理论解释，为此荣获 1972 年诺贝尔物理学奖。

从 1911 年到 20 世纪 80 年代，除许多金属外，还发现大量合金、金属化合物、半导体也具有超导电性，但它们的转变温度都很低，以 Nb_3Ge 的 $T_c=23.3$K 为最高。换言之，T_c 大都处于液氦(4.2K)或液氢(20K)的温区，其实还必须伴随复杂昂贵的低温设备和技术，从而大大限制了超导体可能的应用前景。

1986 年以来高温超导材料的研究取得了突破性进展，发现了许多 T_c 在液氮(77K)温区以上的氧化物超导体。1986 年 4 月柏诺兹和缪勒发现 La－Ba－Cu－O 化合物的 T_c 高于 30K，以此为开端，1986 年 12 月中科院赵忠贤等发现 Sr－La－Cu－O 化合物的

$T_c=48.6K$，Ba－La－Cu－O 的 $T_c=46.3K$，1987 年 2 月，赵忠贤等又发现 $Ba_xY_{5-x}Cu_5O_{5(3-y)}$的 $T_c=78.5K$；1987 年 5 月，北京大学物理系制备出 $T_c=84K$ 的超导薄膜；1988 年 1 月，日本宣布 Bi－Sr－Ca－Cu－O 化合物的 $T_c\approx105K$；1988 年 3 月，美国宣布 Tl－Ba－Ca－Cu－O 化合物的 $T_c=125K$；1993 年 4 月，发现 Hg－Ba－Ca－Cu－O 的化合物 $T_c=134K$ 等，迎来了高 T_c 超导研究的热潮。

超导的应用十分广泛，前景诱人。已经制成的超导磁体避免了常规电磁铁因焦耳热产生的高温，具有磁场强、体积小、重量轻、耗电少的显著优点。超导电缆输电、超导发电机、超导电动机、超导储能，以及磁悬浮列车等的实现，将会引起新的电工技术革命。利用超导道效应制作的各种器件，已经在低温电子学等许多方面日益显示其重要性。此外，超导在电子计算机和加速器技术上也有重要应用。迄今，关于高温超导，尚无公认的理论解释。

习　题

11-1　如习题 11-1 图、一长直导线中通有电流 $I=5.0A$，在与其相距 $d=5.0cm$ 处放有一矩形线圈，共 100 匝。线圈以速度 $\boldsymbol{v}=3.0cm/s$ 沿垂直于长导线的方向向右运动时，试问线圈中的动生电动势多大？设线圈长 $l=4.0cm$，宽 $b=2.0cm$。

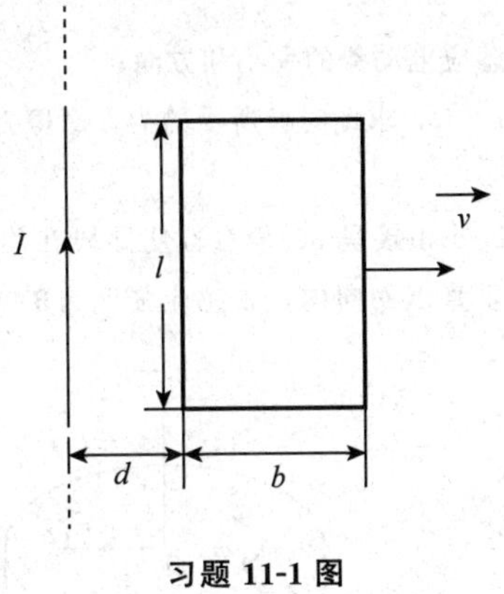

习题 11-1 图

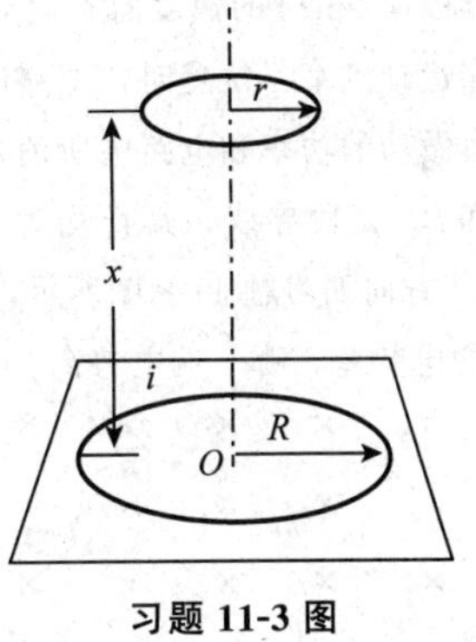

习题 11-3 图

11-2　若上题中的线圈不动，而长直导线中通有交变电流 $I=5\sin100\pi tA$，求线圈中的感生电动势是多少？

11-3　如习题 11-3 图，具有相同轴线的两个导线回路，小的回路在大的回路上面距离 x 处，$x\gg R$，大、小回路所在的两平面平行。大回路中有电流 i，方向如图所示，大回路电流在小线圈所围面积 πr^2 之内产生的磁场几乎是均匀的若$\dfrac{dx}{dt}=v$ 等速变化。试求：

(1)试确定穿过小回路的磁通量 Φ 和 x 之间的关系；

(2)当 $x=NR$ 时(N 为一正数)，求小回路内的感生电动势大小；

(3)若$\boldsymbol{v}>0$，确定小回路中感生电流的方向。

11-4　一横截面积为 $S=20cm^2$ 的空心螺绕环，每厘米长度上绕有 50 匝线圈，环外绕有 $N=5$ 匝的副线圈，副线圈与电流计 G 串联，构成一个电阻为 $R=2.0\Omega$ 的闭合回路。今使螺绕环中的电流每秒减小

20A，求副线圈中的感应电动势 ε 和感应电流。

11-5　一正方形线圈每边长 100mm，在地磁场中转动，每秒转 30 圈，转轴通过中心并与一边平行，且与地磁场 $\boldsymbol{B}$ 垂直。试求：

(1)线圈法线与地磁场 $\boldsymbol{B}$ 的夹角为什么值时，线圈中产生的感应电动势最大？

(2)设地磁场为 $\boldsymbol{B}=0.55\mathrm{G}$，这时要在线圈中最大产生 10mV 的感应电动势，求线圈的匝数 N。

11-6　如习题 11-6 图，电流为 I 的长直导线的附近有正方形线圈绕中心轴 OO' 以匀角速度 ω 旋转，求线圈中的感应电动势。已知正方形边长为 $2a$，OO' 轴与长导线平行，相距为 b。

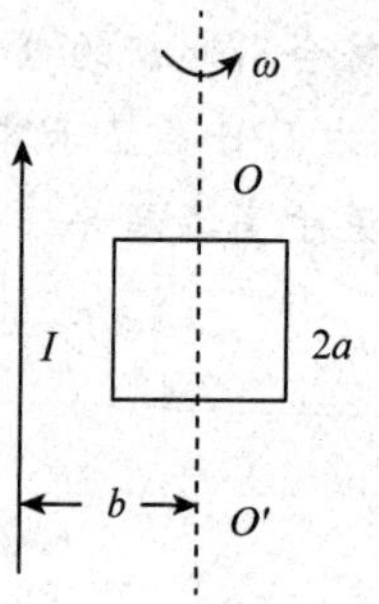

习题 11-6 图

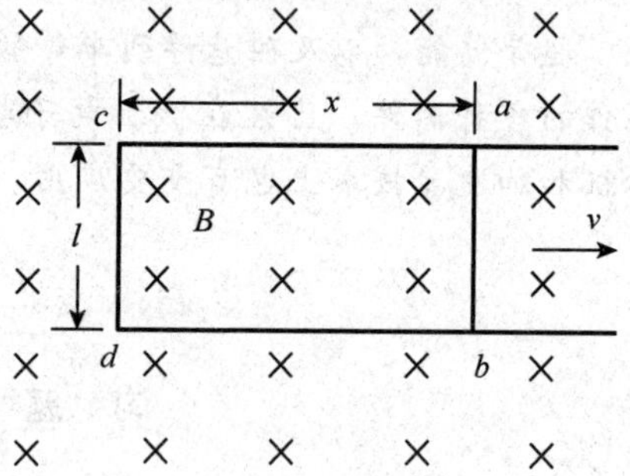

习题 11-7 图

11-7　如习题 11-7 图，整个线框 $abcd$ 放在 $\boldsymbol{B}=0.50\mathrm{T}$ 的均匀磁场中，磁场方向与图面垂直，可滑动的导体棒 ab 与金属轨道 ca 和 db 接触。试求：

(1)若导体棒以 4.0m/s 的速度向右运动，求棒内感应电动势的大小和方向；

(2)若导体棒运动到某一位置时，电路的电阻为 0.20Ω，求此时棒所受的力，摩擦力可不计；

(3)比较外力做功的功率和电路中所消耗的热功率。

11-8　AB 和 BC 两段导线，其长均为 10cm，在 $\boldsymbol{B}$ 处相接呈 30°角，若使导线在均匀磁场中以速度 $\boldsymbol{v}=1.5\mathrm{m/s}$ 运动，方向如习题 11-8 图所示，磁场方向垂直纸面向内，磁感应强度为 $\boldsymbol{B}=2.5\times10^{-2}\mathrm{T}$。问 A、C 两端之间的电势差，哪一端电势高？

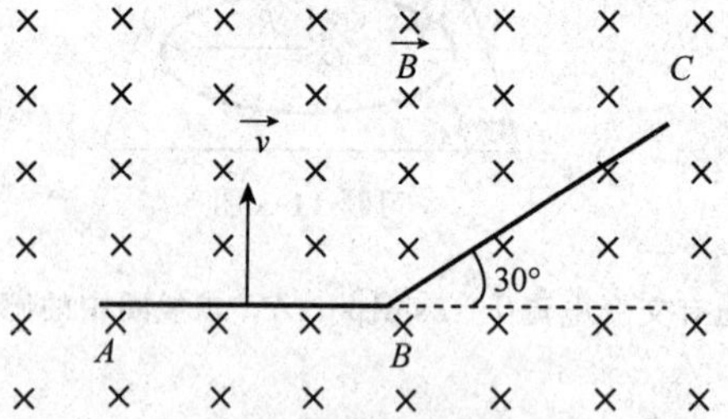

习题 11-8 图

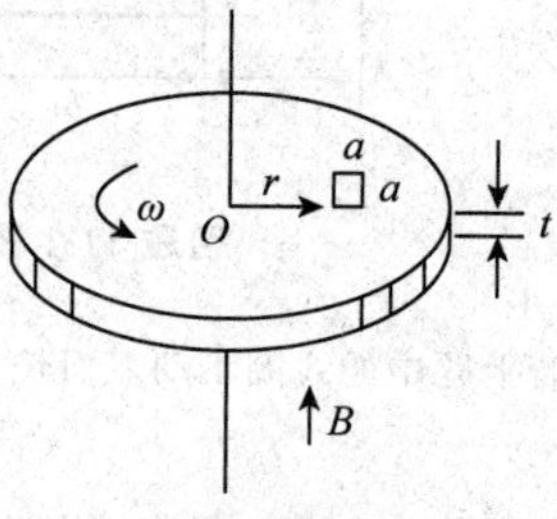

习题 11-9 图

11-9　如习题 11-9 图，一电磁“涡流”制动器，由电导率为 σ 且厚度为 t 的圆盘组成，此盘绕通过其中心的轴以 ω 角速度旋转，现有一覆盖面积为 a^2 的磁场 $\boldsymbol{B}$ 垂直于圆盘。若面积 a^2 是在离轴 r 处。试求使圆盘慢下来的转矩的近似表达式。

11-10　某型号喷气式飞机，机翼长 47m。如果此飞机在地磁场竖直分量为 $0.60\times10^{-4}\mathrm{T}$ 处水平飞行，速度为 690km/h，问两翼尖之间的感应电动势多大？

11-11　为了探测海水的运动，海洋学家有时依靠水流通过地磁场所产生的动生电动势来测定水流速度。假设在某处地磁场的竖直分量为 $0.70\times10^{-4}\mathrm{T}$，两个电极垂直插入被测的相距 200m 的水流中，如果与两极相连的灵敏伏特计指示 7.0×10^{-8}V 的电势差，问水流速率多大？

11-12　发电机由矩形线环组成，线环平面绕竖直轴旋转。此竖直轴与大小为 2.0×10^{-2}T 的均匀水平磁场垂直。环的尺寸为 10.0cm×20.0cm，共有 120 圈。导线的两端接到外电路上，为了在两端之间产生最大值为 12.0V 的感应电动势，线环必须以多大的转速旋转？

11-13　一种用小线圈测磁场的方法如下：做一个小线圈，匝数为 N，面积为 S，将它的两端与一测电量的冲击电流计相连。它和电流计线路的总电阻为 R。先把它放到待测磁场处，并使线圈平面与磁场方向垂直，然后急速地把它移到磁场外面，这时电流计给出通过的电量是 q。试用 N、S、q、R 表示待测磁场的大小。

11-14　在电子感应加速器中，保持电子在半径一定的轨道环内运动，试证明轨道环内的磁场磁感应强度 B 应该等于它围绕的面积内磁感应强度平均值 $\overline{B}$ 的 1/2。

11-15　一螺绕环横截面的半径为 a，环中心线的半径为 R，$R\gg a$，其上由表面绝缘的导线均匀地密绕两个线圈，一个为 N_1 匝，另一个为 N_2 匝，求两线圈的互感 M。

11-16　一圆形线圈由 50 匝表面绝缘的细导线绕成，圆面积为 $S=4.0\text{cm}^2$，放在另一个半径为 $R=20$cm 的大圆形线圈中心，两者同轴，如习题 11-16 图所示，大圆形线圈由 100 匝表面绝缘的导线绕成。求：

(1)这两个线圈的互感 M；

(2)当大线圈导线中的电流每秒减小 50A 时，求小线圈中的感应电动势 εl。

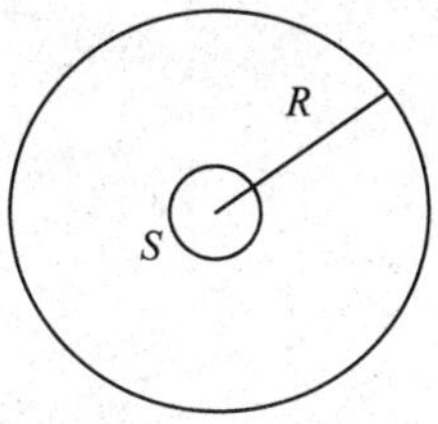

习题 11-16 图

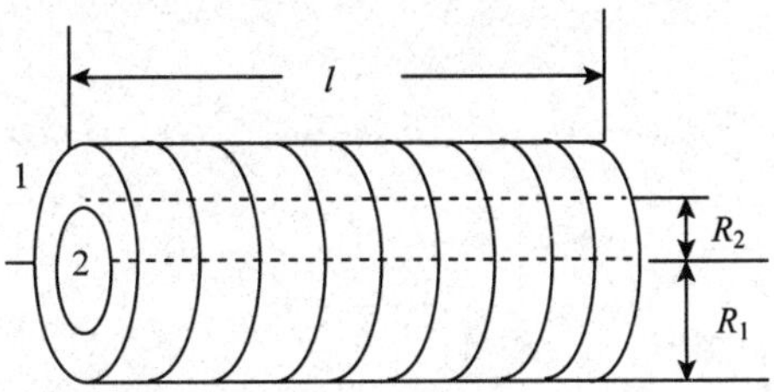

习题 11-17 图

11-17　如习题 11-17 图，两长直密绕螺线管同轴，半径分别为 R_1 和 R_2 ($R_1>R_2$)，长度为 $l(l\gg R_1, R_2)$，匝数分别为 N_1 和 N_2，求互感系数 M_{12} 和 M_{21}，由此验证 $M_{12}=M_{21}$。

11-18　在长为 60cm、直径为 5.0cm 的空心纸筒上绕多少匝导线，才能得到自感为 6.0×10^{-3}H 的线圈？

11-19　矩形截面螺绕环的尺寸如习题 11-19 图，总匝数为 N，内直径为 D_2，外直径为 D_1，截面高为 h。求：

(1)它的自感系数；

(2)若 $N=1000$ 匝，$D_1=20$cm，$D_2=5$cm，$h=1.0$cm，自感为多少？

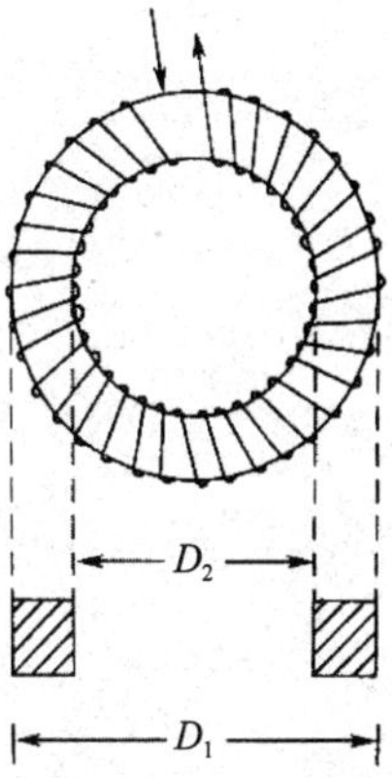

习题 11-19 图

11-20　两根平行导线，横截面的半径都是 a，中心相距为 d，载有大小相等而方向相反的电流。设 $d\gg a$，且两导线内部的磁通量都可略去不计。证明：这样一对导线长为 l 的一段上的自感为 $L\approx\frac{\mu_0 l}{\pi}\ln\left(\frac{d}{a}\right)$。

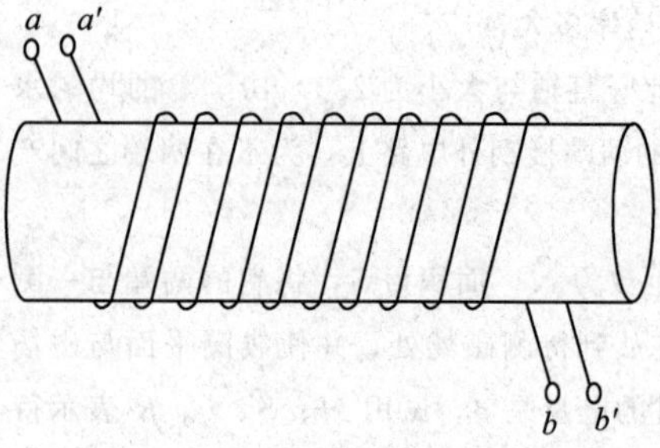

习题 11-21 图

11-21　在一纸筒上绕有两个相同的线圈 ab 和 $a'b'$，每个线圈的自感都是 0.05H，如习题 11-21 图。求：

(1)a 和 a' 相接时，b 和 b' 间的自感 L；

(2)a' 和 b 相接时，a 和 b' 间的自感 L。

11-22　两线圈顺接后总自感为 1.00H，在它们的形状和位置都不变的情况下，逆接后的总自感为 0.40H，求它们之间的互感。

参考文献

程守洙，江之永，2008. 普通物理学[M]. 6 版 . 北京：高等教育出版社 .

邓法金，2005. 大学物理学[M]. 2 版 . 北京：科学出版社 .

何世湘，1987. 大学物理学[M]. 重庆：重庆大学出版社 .

何维杰，欧阳玉，2001. 物理学思想史与方法论[M]. 长沙：湖南大学出版社 .

金钟辉，2002. 大学物理[M]. 北京：中国农业大学出版社 .

李承祖，杨丽佳，2007. 基础物理学[M]. 北京：科学出版社 .

马文蔚，周雨青，2006. 物理学教程(上册) [M]. 北京：高等教育出版社 .

沈黄晋，黄慧明，2016. 大学物理(上册)[M]. 北京：高等教育出版社 .

孙凡，习岗，2004. 普通物理学[M]. 北京：中国农业出版社 .

王国栋，2005. 大学物理学[M]. 北京：高等教育出版社 .

王纪龙，2008. 大学物理[M]. 3 版 . 北京：科学出版社 .

习岗，李伟昌，2001. 现代农业和生物学中的物理学[M]. 北京：科学出版社 .

杨亚玲，王开明，2013. 大学物理[M]. 北京：中国农业出版社 .

余虹，2008. 大学物理学[M]. 2 版 . 北京：科学出版社 .

张三慧，2007. 大学基础物理学[M]. 2 版 . 北京：清华大学出版社 .

赵近芳，2008. 大学物理学[M]. 3 版 . 北京：北京邮电大学出版社 .

祝之光，2008. 物理学[M]. 北京：高等教育出版社 .

[美]阿特·霍布森，2001. 物理学：基本概念极其与方方面面的联系[M]. 上海：上海科学技术出版社 .

Halliday D R，Resnick K S Krane，2002. Physics[M]. 5th Edition. New York：John Wiley & Sons，Inc.

Williamson S J，Kaufman L，1981. Biomagnetism，magnetism and magnetic materials[M]. Amsterdan：North Holland Pub Co.